HTML CSS JavaScript 标准教程

实例版（第5版）

本书编委会 编著

電子工業出版社
Publishing House of Electronics Industry
北京•BEIJING

内容简介

这是一本讲解HTML、CSS、JavaScript最基本语法的书，可作为网页制作初学者的入门教程。同时也可为网站建设的专业人士提供一些参考。

本书以“讲清语法、学以致用”为指导思想，不仅仅局限于语法讲解，还通过一个个鲜活、典型的小实例来达到学以致用的目的。从本书的目录可见一斑，每个语法都有相应的实例，每章后面又配有综合小实例。配书光盘包括PPT课件、上机手册、习题参考答案和源文件，方便读者使用。第5版以实际应用为导向，摒弃过时代码，修漏补遗，并增加了移动网站开发的内容。附录中增加了HTML5的介绍，更全面实用。

图书在版编目（CIP）数据

HTML/CSS/JavaScript标准教程实例版 /《HTML/CSS/JavaScript标准教程实例版》编委会编著．--5版．-- 北京：电子工业出版社，2014.9
ISBN 978-7-121-24063-8

Ⅰ．①H … Ⅱ．①H … Ⅲ．①超文本标记语言－程序设计－教材②网页制作工具－程序设计－教材③JAVA语言－程序设计－教材 Ⅳ．①TP312②TP393.092

中国版本图书馆CIP数据核字(2014)第187069号

策划编辑：张彦红
责任编辑：徐津平
印　　刷：北京盛通商印快线网络科技有限公司
装　　订：北京盛通商印快线网络科技有限公司
出版发行：电子工业出版社
　　　　　北京市海淀区万寿路173信箱　邮编100036
开　　本：787×1092　1/16　印张：24　　字数：361千字　彩插：6
版　　次：2007年10月第1版
　　　　　2014年9月第5版
印　　次：2022年12月第24次印刷
印　　数：23551-24050册　　定价：55.00元（含光盘1张）

凡所购买电子工业出版社图书有缺损问题，请向购买书店调换。若书店售缺，请与本社发行部联系，联系及邮购电话：（010）88254888。
质量投诉请发邮件至zlts@phei.com.cn，盗版侵权举报请发邮件至dbqq@phei.com.cn。
服务热线：（010）88258888。

第5版 前言

本书适合谁读

这是一本讲解HTML、CSS、JavaScript最基本语法的书，可作为网页制作初学者的入门教程。同时也可为网站建设的专业人士提供一些参考。

本书以“讲清语法、学以致用”为指导思想，不仅仅局限于语法讲解，还通过一个个 鲜活、典型的小实例来达到学以致用的目的。从本书的目录可见一斑，每个语法都有相应的实例，每章后面又配有综合小实例。

本书在讲解的过程中，适当采用对比法，比如，在讲到CSS的作用时，笔者给出两个对比图，一个是使用CSS的网页，一个是不使用CSS的网页，如图0-1所示。通过对比，读者对CSS的作用体会更深。

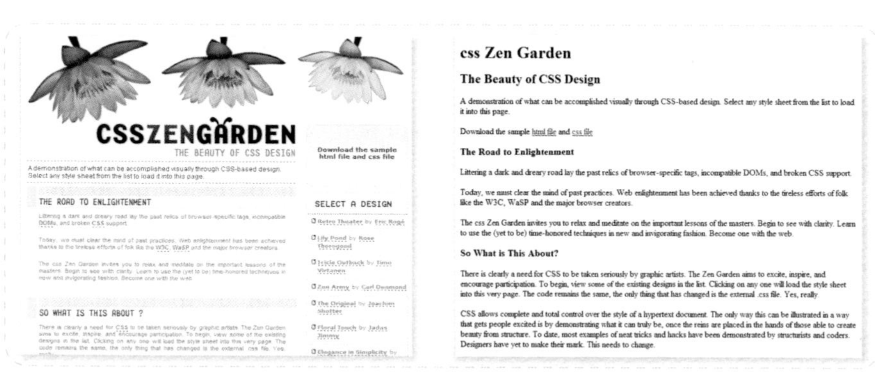

图0-1 使用（左）/不使用（右）CSS的效果对比

为什么要学习HTML、CSS、JavaScript

小猫为什么要进食、喝水、睡觉？最直接的答案就是为了活着，这是它必须做的。

道理是一样的，如果你想从事网页制作或正在从事网页制作的相关工作，就必须要学习HTML、CSS、JavaScript，哪怕只是简单地了解。因为HTML、CSS、JavaScript是网页制作技术的核心与基础（详见第1章）。

本书的写作原则

◆讲清楚HTML、CSS、JavaScript各自的角色

锅是用来煮饭的，勺是用来舀汤的，如果你分不清锅和勺各自在烹饪中的角色，用勺来煮饭，后果可想而知。

本书不仅仅局限于对语法的描述，还试图为读者描绘一幅HTML、CSS和JavaScript的角色图。即HTML、CSS和JavaScript三者在网页制作这个大的生态环境中，各自扮演什么角色。

其中，HTML是网页制作的主要语言（详见第1章），是网页的基础架构；CSS简称样式表，是目前唯一的网页页面排版样式标准，它能使任何浏览器都听从指令，知道该以何种布局、格式显示各种元素及其内容；JavaScript是目前浏览器普遍支持的脚本语言，可开发Internet客户端的应用程序。

笔者认为，了解了这些 可以使读者理清思路，避免盲目学习，不然读者在学习的过程中会有

一种盲人摸象的感觉。

◆讲清楚HTML、CSS、JavaScript是如何配合工作的

你是否有过这样的经历，当你把Dreamweaver、Photoshop、Flash各自的功能都掌握了以后，在设计网页的时候，却不知道如何用Photoshop导出符合Dreamweaver的网页图片，Dreamweaver喜欢什么格式的Flash动画……

问题就在这里，许多技术图书对软件本身讲解甚多，却忽略了软件的配合。本书就是要在讲解HTML、CSS、JavaScript各自语法的同时，讲清楚JavaScript是如何嵌入HTML的，在HTML基础架构中，CSS外部样式是如何被调用的，诸如此类的配合问题。

代码环境——记事本

所见即所得的HTML开发工具，比如Dreamweaver、FrontPage等容易产生废代码，为了排除这些不必要的影响，使读者致力于语法本身，因此本书的所有代码都是在记事本中完成的。记事本代码环境如图0-2所示。

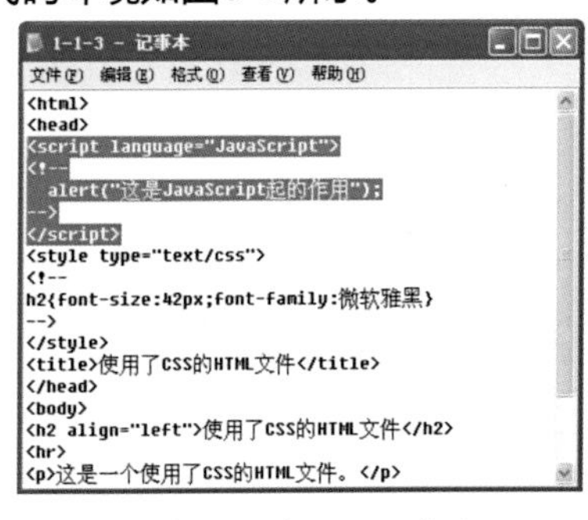

图0-2 代码环境——记事本

举例尽量简单、典型，以说明问题为主

本书举例依据了简单、典型的原则，以说明问题为主。尽量把那些干扰讲解对象的因素排除在外。比如，3.2.3节讲到“设计正文颜色”这个知识点的时候，主要代码和效果图如下所示。

主要代码：<body text=" white" bgcolor=" red " >
效果图：

从代码和效果来看，知识讲解非常纯粹，虽然有失美观，但可以排除多余因素的干扰，使读者专注于代码本身。

当然，有时为了例子的需要和视觉上的美观，也可以将上面的例子做成如下表所示的样子。因此，读者在学习本书时要懂得抓住重点。

较好看的效果图：
多出的代码片段： <img src="2-5-1.jpg" width="652px" height="142px" alt="broadview banner">

第5版新增内容

以实际应用为导向，摒弃过时代码，修漏补遗，增加了移动网站开发的内容介绍，更全面实用。

致 谢

本书编写的过程是一个不断解决困难的过程，有时举步维艰，有时进展顺畅。幸好有两个好伙伴：黄围围、张慧敏，在本书的编写过程中，他俩是不遗余力，兢兢业业，否则本书不可能成型，再版时又得到了同事石倩、王乐、侯士卿的支持，在此表示由衷的感谢。

写作的过程是艰辛的，完成后是快乐的，快乐的是能为读者提供一些帮助。当然，书中也可能存在一些不足或疏漏，欢迎读者指正。邮箱：jsj@phei.com.cn。

编 者

2014–7

目 录

网页赏析

English
Italiano
Portugues

Today
Watch a Video

60th Anniversary
PENGUIN CLASSICS
USA Canada UK Ireland Australia New Zealand India South Africa
Copyright © 2006 Penguin Group
A PEARSON COMPANY

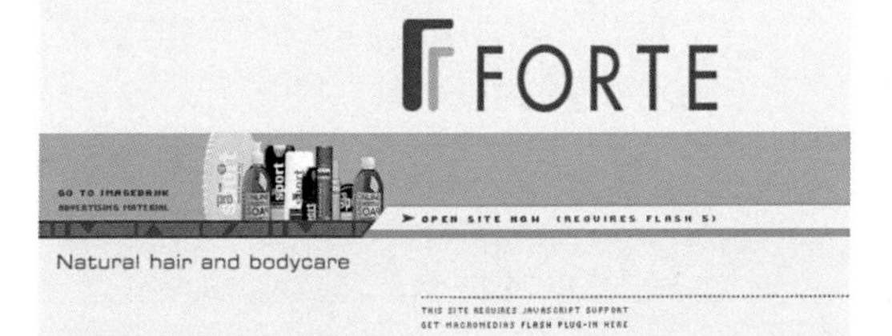
FORTE
Natural hair and bodycare

网页赏析

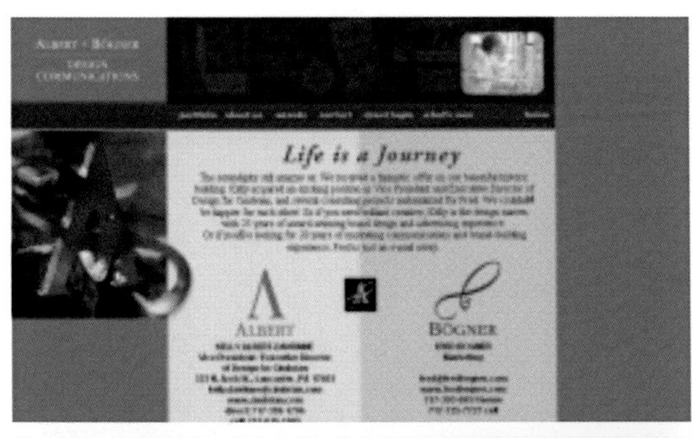

第7章 表格的应用

第8章 层的应用

第9章 框架的应用

第10章 表单的应用

第11章 CSS样式表基础

第12章 字体的设置

网页赏析

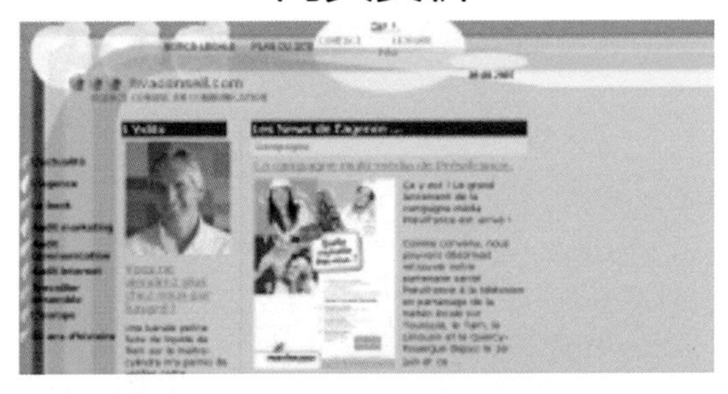

Department of Mathematics

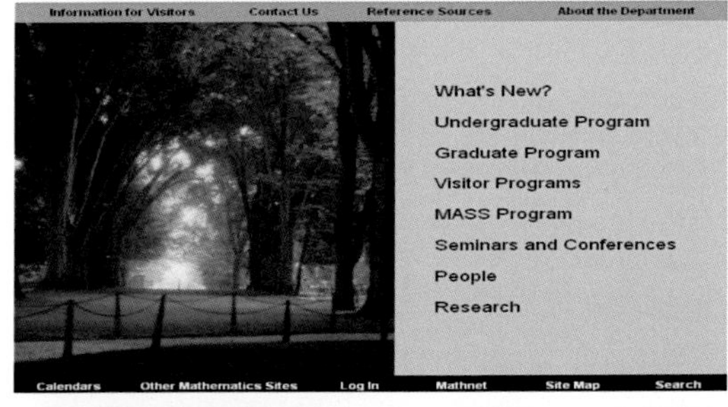

网页赏析

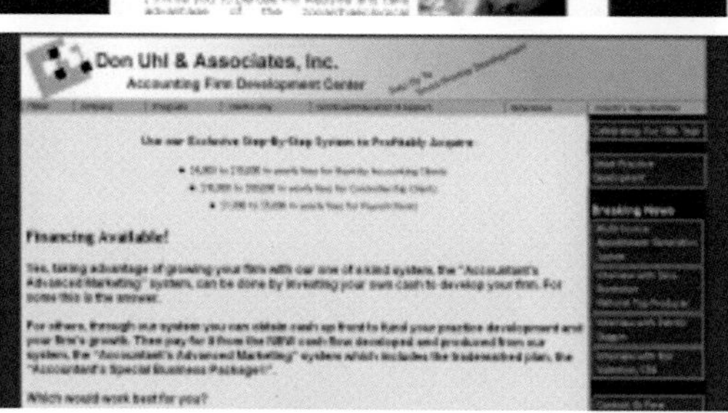

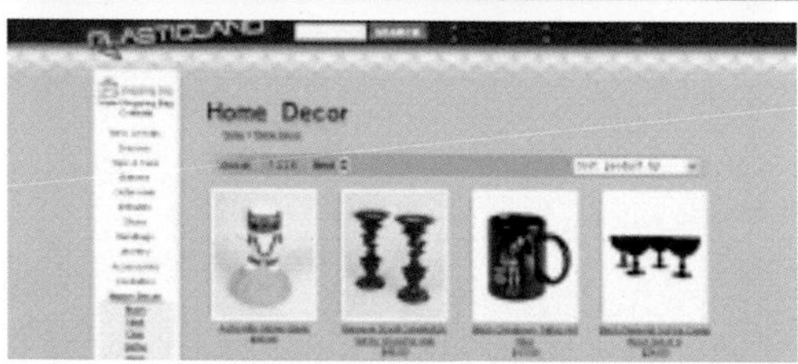

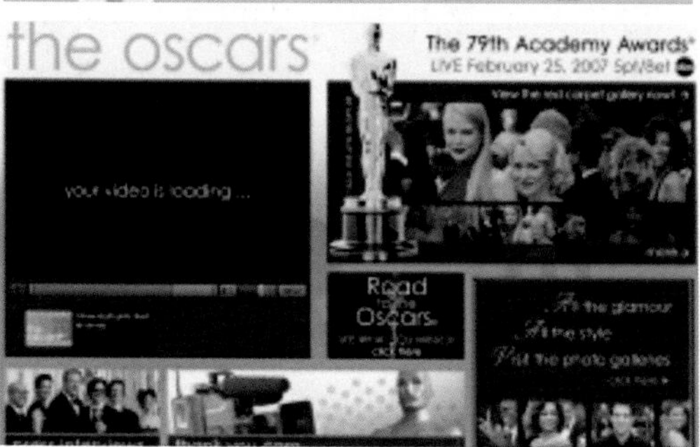

第17章 JavaScript基本语法

第18章 JavaScript事件分析

第19章 图片和多媒体文件的使用

第20章 CSS样式的高级应用

第21章 滤镜特效的应用

第22章 JavaScript对象的应用

第23章 综合案例

第24章 移动网站开发

网页赏析

经典教程推荐

Broadview
Photoshop
CS4 中文版
标准培训教程
曹天佑 编著

Broadview
经典畅销教程再版升级！
HTML
CSS
JavaScript
标准教程
实例版
(第2版)
本书编委会 编著
代码讲解：
小实例：
综合案例：

Broadview
手把手系列
手把手教你学
Photoshop CS6
曹天佑 张猛 齐新 编著

CS6
Ps
附赠DVD

Broadview
手把手教你学
AutoCAD 2012
附赠DVD
手把手系列

Broadview
视频超值版
你早该掌握的办公技能
——Word/Excel/PowerPoint
案例与技巧一本通
张志将 编著
DVD
附赠256分钟视频讲解

Broadview
2012 中文版
AutoCAD
完全学习手册

Broadview
21小时学通
AutoCAD 第2版
超值赠送：
PPT全程学习课件
85个AutoCAD学习视频
AutoCAD

本书配套光盘内容分享

全部24章实例效果文件

全部24章配套PPT教学课件：

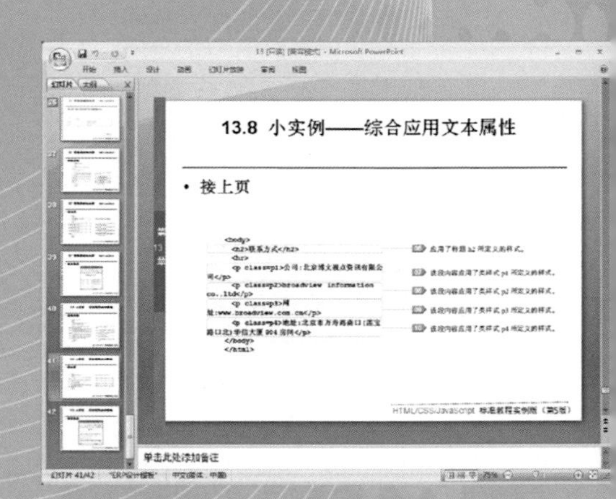

上机手册效果文件

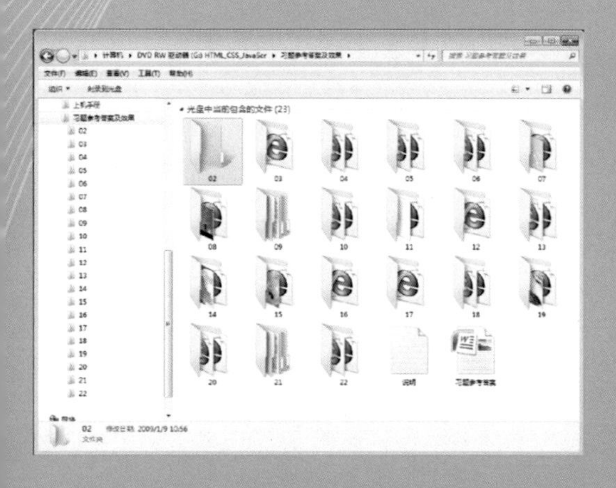

附赠：★HTML语法概述 ★CSS语法概述 ★JavaScript语法概述 ★颜色关键字对照表

HTML CSS JavaScript 标准教程

实例版（第5版）

本书编委会 编著

電子工業出版社
Publishing House of Electronics Industry
北京·BEIJING

内 容 简 介

这是一本讲解 HTML、CSS、JavaScript 最基本语法的书，可作为网页制作初学者的入门教程。同时也可为网站建设的专业人士提供一些参考。

本书以“讲清语法、学以致用”为指导思想，不仅仅局限于语法讲解，还通过一个个鲜活、典型的小实例来达到学以致用的目的。从本书的目录可见一斑，每个语法都有相应的实例，每章后面又配有综合小实例。配书光盘包括 PPT 课件、上机手册、习题参考答案和源文件，方便读者使用。第 5 版以实际应用为导向，摒弃过时代码，修漏补遗，并增加了移动网站开发的内容。附录中增加了 HTML5 的介绍，更全面实用。

图书在版编目（CIP）数据

HTML/CSS/JavaScript 标准教程实例版 /《HTML/CSS/JavaScript 标准教程实例版》编委会编著 . --5 版 . -- 北京 : 电子工业出版社 , 2014.9
ISBN 978-7-121-24063-8

Ⅰ. ①H … Ⅱ. ①H … Ⅲ. ①超文本标记语言 - 程序设计 - 教材②网页制作工具 - 程序设计 - 教材③JAVA 语言 - 程序设计 - 教材 Ⅳ. ①TP312②TP393.092

中国版本图书馆 CIP 数据核字 (2014) 第 187069 号

策划编辑：张彦红
责任编辑：徐津平
印　　刷：北京盛通商印快线网络科技有限公司
装　　订：北京盛通商印快线网络科技有限公司
出版发行：电子工业出版社
　　　　　北京市海淀区万寿路 173 信箱　邮编 100036
开　　本：787×1092　1/16　印张：24　　字数：361 千字　彩插：6
版　　次：2007 年 10 月第 1 版
　　　　　2014 年 9 月第 5 版
印　　次：2022 年 12 月第 24 次印刷
印　　数：23551-24050 册　　定价：55.00 元（含光盘 1 张）

凡所购买电子工业出版社图书有缺损问题，请向购买书店调换。若书店售缺，请与本社发行部联系，联系及邮购电话：（010）88254888。
质量投诉请发邮件至 zlts@phei.com.cn，盗版侵权举报请发邮件至 dbqq@phei.com.cn。
服务热线：（010）88258888。

第5版 前言

本书适合谁读

这是一本讲解HTML、CSS、JavaScript最基本语法的书，可作为网页制作初学者的入门教程。同时也可为网站建设的专业人士提供一些参考。

本书以“讲清语法、学以致用”为指导思想，不仅仅局限于语法讲解，还通过一个个 鲜活、典型的小实例来达到学以致用的目的。从本书的目录可见一斑，每个语法都有相应的实例，每章后面又配有综合小实例。

本书在讲解的过程中，适当采用对比法，比如，在讲到CSS的作用时，笔者给出两个对比图，一个是使用CSS的网页，一个是不使用CSS的网页，如图0-1所示。通过对比，读者对CSS的作用体会更深。

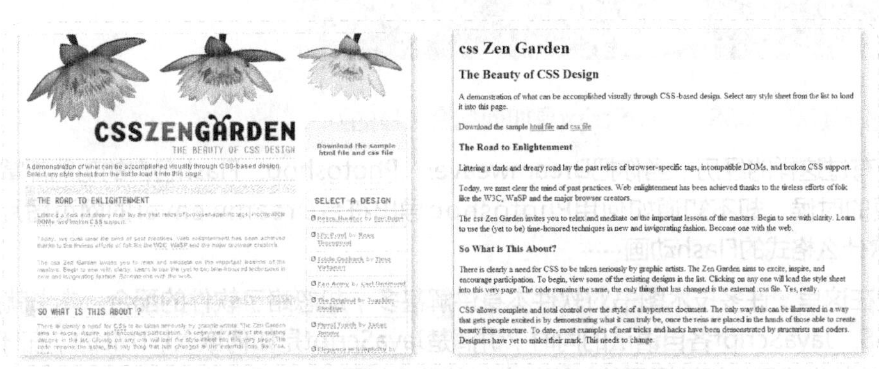

图0-1 使用（左）/不使用（右）CSS的效果对比

为什么要学习HTML、CSS、JavaScript

小猫为什么要进食、喝水、睡觉？最直接的答案就是为了活着，这是它必须做的。

道理是一样的，如果你想从事网页制作或正在从事网页制作的相关工作，就必须要学习HTML、CSS、JavaScript，哪怕只是简单地了解。因为HTML、CSS、JavaScript是网页制作技术的核心与基础（详见第1章）。

本书的写作原则

◆讲清楚HTML、CSS、JavaScript各自的角色

锅是用来煮饭的，勺是用来舀汤的，如果你分不清锅和勺各自在烹饪中的角色，用勺来煮饭，后果可想而知。

本书不仅仅局限于对语法的描述，还试图为读者描绘一幅HTML、CSS和JavaScript的角色图。即HTML、CSS和JavaScript三者在网页制作这个大的生态环境中，各自扮演什么角色。

其中，HTML是网页制作的主要语言（详见第1章），是网页的基础架构；CSS简称样式表，是目前唯一的网页页面排版样式标准，它能使任何浏览器都听从指令，知道该以何种布局、格式显示各种元素及其内容；JavaScript是目前浏览器普遍支持的脚本语言，可开发Internet客户端的应用程序。

笔者认为，了解了这些 可以使读者理清思路，避免盲目学习，不然读者在学习的过程中会有

一种盲人摸象的感觉。

◆讲清楚HTML、CSS、JavaScript是如何配合工作的

你是否有过这样的经历，当你把Dreamweaver、Photoshop、Flash各自的功能都掌握了以后，在设计网页的时候，却不知道如何用Photoshop导出符合Dreamweaver的网页图片，Dreamweaver喜欢什么格式的Flash动画……

问题就在这里，许多技术图书对软件本身讲解甚多，却忽略了软件的配合。本书就是要在讲解HTML、CSS、JavaScript各自语法的同时，讲清楚JavaScript是如何嵌入HTML的，在HTML基础架构中，CSS外部样式是如何被调用的，诸如此类的配合问题。

代码环境——记事本

所见即所得的HTML开发工具，比如Dreamweaver、FrontPage等容易产生废代码，为了排除这些不必要的影响，使读者致力于语法本身，因此本书的所有代码都是在记事本中完成的。记事本代码环境如图0-2所示。

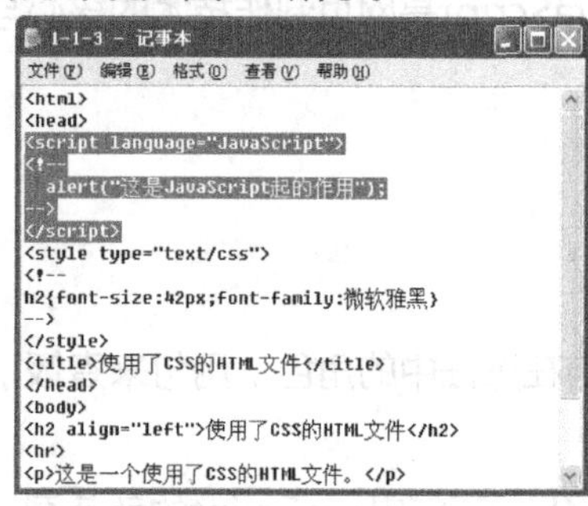


```
<html>
<head>
<script language="JavaScript">
<!--
  alert("这是JavaScript起的作用");
-->
</script>
<style type="text/css">
<!--
h2{font-size:42px;font-family:微软雅黑}
-->
</style>
<title>使用了CSS的HTML文件</title>
</head>
<body>
<h2 align="left">使用了CSS的HTML文件</h2>
<hr>
<p>这是一个使用了CSS的HTML文件。</p>
```

图0-2 代码环境——记事本

举例尽量简单、典型，以说明问题为主

本书举例依据了简单、典型的原则，以说明问题为主。尽量把那些干扰讲解对象的因素排除在外。比如，3.2.3节讲到“设计正文颜色”这个知识点的时候，主要代码和效果图如下所示。

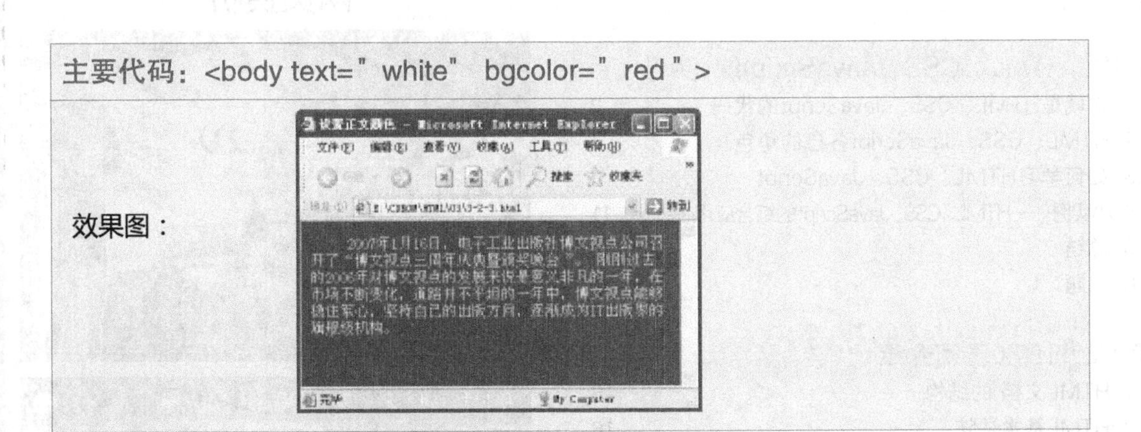

主要代码：<body text="white" bgcolor="red">

效果图：

从代码和效果来看，知识讲解非常纯粹，虽然有失美观，但可以排除多余因素的干扰，使读者专注于代码本身。

当然，有时为了例子的需要和视觉上的美观，也可以将上面的例子做成如下表所示的样子。因此，读者在学习本书时要懂得抓住重点。

较好看的效果图：

多出的代码片段：
<img src="2-5-1.jpg" width="652px" height="142px" alt="broadview banner">

第5版新增内容

以实际应用为导向，摒弃过时代码，修漏补遗，增加了移动网站开发的内容介绍，更全面实用。

致 谢

本书编写的过程是一个不断解决困难的过程，有时举步维艰，有时进展顺畅。幸好有两个好伙伴：黄围围、张慧敏，在本书的编写过程中，他俩是不遗余力，兢兢业业，否则本书不可能成型，再版时又得到了同事石倩、王乐、侯士卿的支持，在此表示由衷的感谢。

写作的过程是艰辛的，完成后是快乐的，快乐的是能为读者提供一些帮助。当然，书中也可能存在一些不足或疏漏，欢迎读者指正。邮箱：jsj@phei.com.cn。

编 者

2014–7

目 录

网页赏析

FELIPE MASSA
English
Italiano
Portugues

Disney
Today
Watch a Video
LISTEN TO THE SOUNDTRACK!

60th Anniversary
PENGUIN CLASSICS
USA Canada UK Ireland Australia New Zealand India South Africa
Copyright © 2006 Penguin Group
A PEARSON COMPANY

FORTE
Natural hair and bodycare

网页赏析

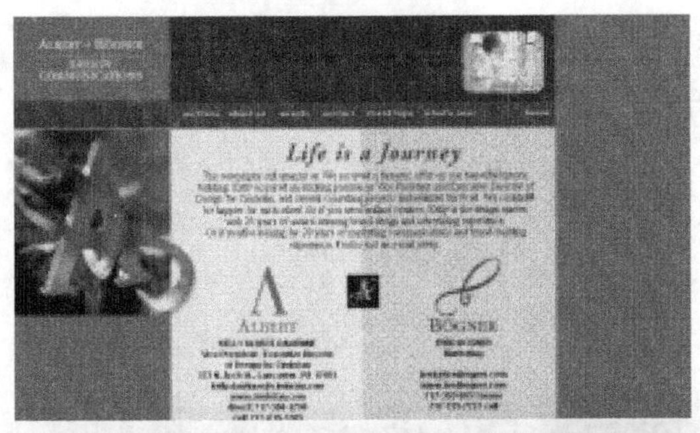

第7章 表格的应用

第8章 层的应用

第9章 框架的应用

第10章 表单的应用

第11章 CSS样式表基础

第12章 字体的设置

网页赏析

WAYMARK PRESS
PUBLICATIONS
New!
WAYMARK PRESS
ROBERT LEWIS SHAYON

PONTIAC
Who says passion can't be defined.
Get the OnStar treatment.
SUMMER SELLDOWN

Department of Mathematics

Information for Visitors
Contact Us
Reference Sources
About the Department
What's New?
Undergraduate Program
Graduate Program
Visitor Programs
MASS Program
Seminars and Conferences
People
Research
Calendars
Other Mathematics Sites
Log In
Mathnet
Site Map
Search

RATATOUILLE
Take Our Survey
ratatouille.com

网页赏析

Zooarchaeology
Information & Resources
www.zooarch.com
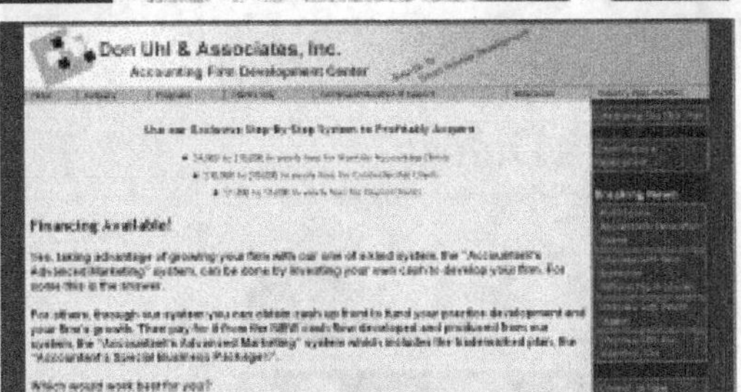
Don Uhl & Associates, Inc.
Financing Available!

Helenere
Welcome to Hélénère

PLASTICLAND
Home Decor

the oscars
The 79th Academy Awards
your video is loading ...

网页赏析

VDAY
get email
shop
donate
news
action

Reader's Digest
The Discover More Card

La force
d'une petite équipe
qui oeuvre en marketing industriel
et en marketing de services
en réalisant des études
et des prestations
de conseils

经典教程推荐

Broadview
Photoshop
CS4 中文版
标准培训教程
曹天佑 编著

Broadview
经典畅销教程再版升级!
HTML
CSS
JavaScript
标准教程
实例版
(第2版)
本书编委会 编著

Broadview
手把手系列
手把手教你学
Photoshop CS6

CS6
Ps
附赠DVD

Broadview
手把手教你学
AutoCAD 2012
附赠DVD
手把手系列

Broadview
你早该掌握的办公技能
Word/Excel/PowerPoint
案例与技巧一本通
DVD
附赠256分钟视频讲解

Broadview
2012 中文版
AutoCAD
完全学习手册

Broadview
21小时学通
AutoCAD 第2版
超值赠送:
AutoCAD

本书配套光盘内容分享

全部24章实例效果文件

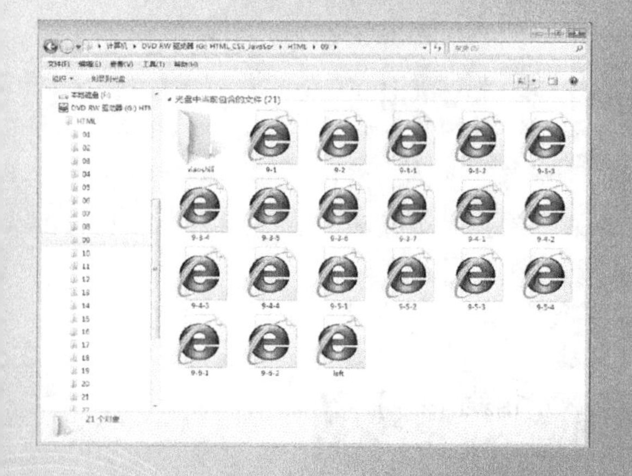

全部24章配套PPT教学课件：

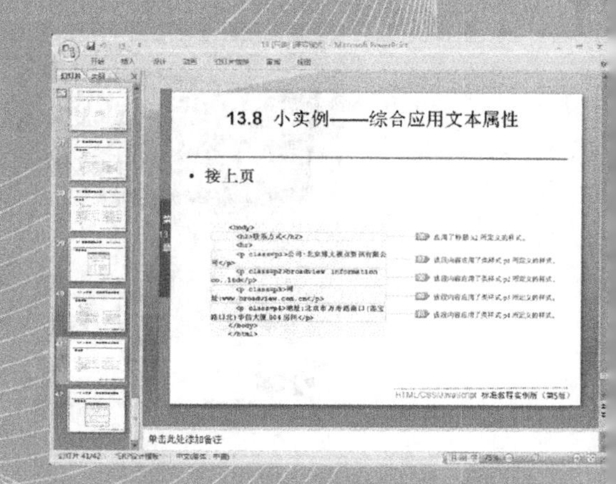

上机手册效果文件

附赠： ★HTML语法概述 ★CSS语法概述 ★JavaScript语法概述 ★颜色关键字对照表

第 1 章 HTML、CSS、JavaScript 综述

本章重点

- 了解 HTML、CSS、JavaScript 各自的代码特点；
- 了解 HTML、CSS、JavaScript 在网页设计中所扮演的角色；
- 大概了解 HTML、CSS、JavaScript 的代码结构。

1.1 这就是 HTML、CSS、JavaScript 的代码

众所周知，HTML、CSS、JavaScript 这三种语言都是与网页设计相关的，那么，它们各自在网页设计中所扮演的角色是什么呢？学习过 C 语言的读者都知道，要想用 C 语言编写一个程序，必须在 C 语言要求的环境下才可以编写。那么，HTML 的编译环境是什么呢？

好了，我们先不着急解答上面的问题。眼见为实，咱们先从直观的代码片段和运行效果了解它们。

1.1.1 HTML 代码片段

（1）从菜单选择“开始>程序>附件>记事本”，打开记事本。在记事本中输入如下代码。

```
<html>
<head>
  <title>未使用 CSS、JavaScript 的 HTML 文件</title>
</head>
<body>
  <h2>未使用 CSS、JavaScript 的 HTML 文件</h2>
  <hr>
  <p>这是一个未使用 CSS、JavaScript 的 HTML 文件。</p>
</body>
</html>
```

图 1-1　HTML 代码运行效果

这是一个完整的 HTML 代码，以<html>开始，以</html>结束，不包含 CSS 和 JavaScript 的代码。

（2）在记事本中，从菜单选择“文件>另存为”，将该文本文件命名为“1-1-1.html”。在文件夹中双击“1-1-1.html”，用 IE 浏览器打开该网页文件，网页效果如图 1-1 所示。

通过上面的操作，我们至少能得到下面两个结论：

- 在记事本中就可以编写HTML代码，就可以制作网页。
- 用 IE 浏览器就可以查看网页（.html 文件）效果。

1.1.2 CSS 代码片段

（1）在 1.1.1 节所示的代码中，在<head>与</head>间，加入下面的 CSS 代码片段。这是 CSS 完整的代码，以<style>开始，以</style>结束。

```
<style type="text/css">
<!--
  h2{font-size:42px;font-family:微软雅黑}
-->
</style>
```

（2）接着将标题“未使用 CSS、JavaScript 的 HTML 文件”这段文字修改为“使用了

CSS 的 HTML 文件”，将正文中的文字也改为“这是一个使用了 CSS 的 HTML 文件”。然后将其另存为“1-1-2.html”。

（3）用 IE 浏览器将“1-1-2.html”打开，就可以看到 CSS 代码片段起到的作用了，网页效果如图 1-2 所示。这里，将图 1-2 与图 1-1 作比较，发现网页标题的字体和字号起了变化，这就是 CSS 代码起到的作用。

通过上面的操作，我们又能得到下面两个结论：

➢ 在 HTML 语言中可以直接编写 CSS 代码。

➢ CSS 可以控制网页字体变化和大小。

1.1.3　JavaScript 代码片段

下面让我们以“1-1-2.html”文件为原型，在此文件的源代码中加入一段 JavaScript 代码，看看 JavaScript 能起什么作用。

（1）右击“1-1-2.html”文件，在弹出的快捷菜单中选择“打开方式>记事本”命令，如图 1-3 所示。

图 1-2　使用了 CSS 的网页效果

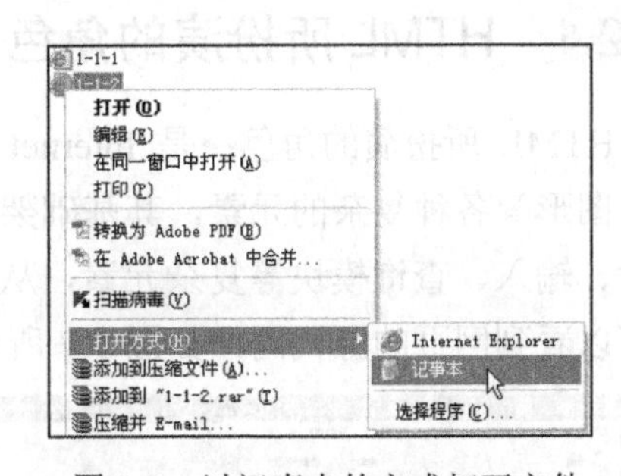

图 1-3　以记事本的方式打开文件

（2）在打开的文本文件中，在<head>与</head>标记之间添加如下代码，记事本如图 1-4 所示。

```
<script type="text/javascript">
<!--
  alert("这是 JavaScript 起的作用");
-->
</script>
```

这是一段 JavaScript 代码，以<script type="text/javascript">开始，以</script>结束。用来在用户浏览网页时弹出一个提示框。

（3）在记事本中，将文本文件另存为“1-1-3.html”，然后以 IE 浏览器打开该文件，效果如图 1-5 所示。

此时，将图 1-5 和图 1-1、图 1-2 中的效果做比较，就可以看出 JavaScript 代码片段起到的作用。

通过上面的操作，我们至少能得到下面两个结论：

➢ JavaScript 语言可以和 HTML 语言结合，在 HTML 中可以直接编写 JavaScript 代码。

➢ JavaScript 可以实现类似弹出提示框这样的网页交互性功能。

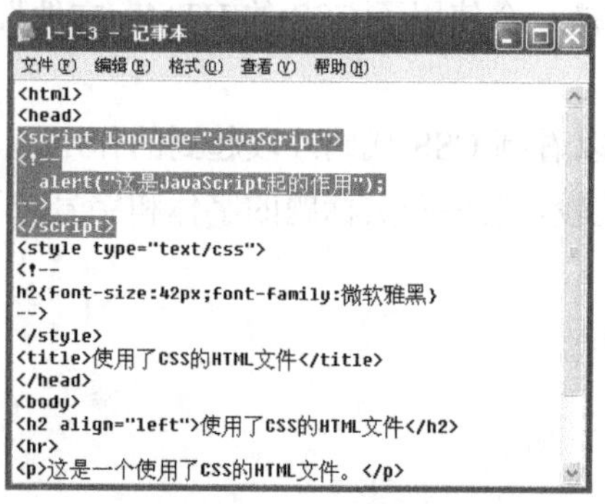

图 1-4　JavaScript 代码片段

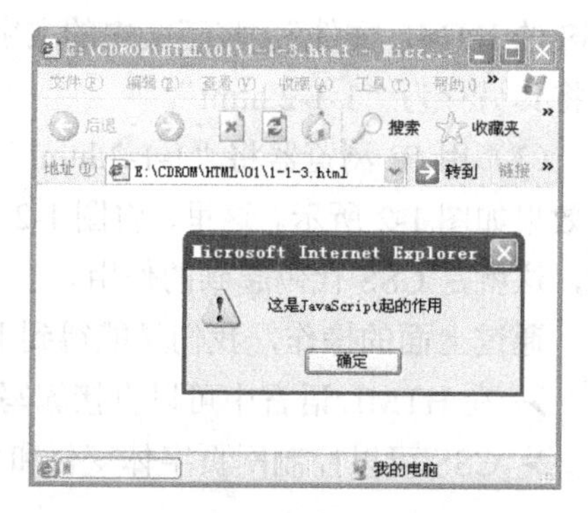

图 1-5　JavaScript 代码片段起到的作用

1.2　HTML、CSS、JavaScript 各自的角色

通过 1.1 节中对 HTML、CSS、JavaScript 代码的分析，以及对运行效果的比较，我们对三者有了一个直观的认识。下面介绍各自在网页设计中所扮演的角色。

1.2.1　HTML 所扮演的角色

HTML 所扮演的角色：是 Internet 上用于设计网页的主要语言。网页包括动画、多媒体、图形等各种复杂的元素，其基础架构都是 HTML。图 1-6 所示的网页中包括了动画、图片、输入、查询模块等复杂元素，从浏览器菜单选择“查看>源文件”，在打开的记事本中可以看到网页的源代码，如图 1-7 所示，该网页的基础架构是 HTML。

图 1-6　包括动画、图片等复杂元素的网页

图 1-7　网页源代码

HTML 的英文是“HyperText Markup Language”，译为“超文本标记语言”，用它就可以设计出一个标准的网页。注意，HTML 只是一种标记语言，它只能建议浏览器以什么方式或结构显示网页内容，这不同于程序设计语言。因此，HTML 是比较好学的，初学者只要掌握 HTML 的一些常用标记就可以了。

1. HTML 的编辑环境

这里，我们可以扩展一下 1.1.1 节得出的结论：

- 不仅在记事本中可以编写 HTML 代码，任何文本编辑器都可以编写 HTML，都可用来制作网页。比如写字板、Word、WPS 等编辑程序，不过在保存时要存为.html 或.htm 格式。
- 不仅用 IE 浏览器可以查看网页（.html 文件）效果，Netscape Navigator 也可以浏览。HTML 具有跨平台性，就是说，只要有合适的浏览器，不管在哪个操作系统下，都可以浏览 HTML 文件。只有通过浏览器才可以对 HTML 文档进行相应的解析。

2．专用的 HTML 开发工具

为了使设计网页更加简单、方便，有些公司和人员就设计了专用的 HTML 开发工具，主要分为 3 大类，如表 1-1 所示。

表 1-1　HTML 开发工具分类

分　类	介　绍	代表工具	不　足
所见即所得工具	所谓所见即所得，就是在编辑网页时看到的效果，与使用浏览器时看到的效果基本一致	Drumbeat、NetobjectFusion	容易产生废代码
HTML 代码编辑工具	与完全的所见即所得工具相对应，用纯粹的 HTML 代码编辑工具，用户可以对页面进行完全的控制	记事本等一些代码编译器（可方便用户的编写。比如，可自动成对出现某标记）	用户必须掌握 HTML 语言
混合型工具	介于上面两种工具之间，混合型工具在所见即所得的工作环境下可以完成主要的工作，同时也能切换到一个文本编辑器	Adobe Dreamweaver、FrontPage、CutePage、QuickSiteaver	通常也不能完全控制 HTML 页的代码，也容易产生废代码

本书在讲解 HTML 时，完全采用记事本来编写代码，这样可以使读者专注代码本身，排除一些所见即所得的干扰。

为什么要学习 HTML？

可视化的 HTML 开发工具容易产生废代码，一个优秀的网页设计者一定要熟悉 HTML 语言，这样就可以清除开发工具产生的废代码，从而使网页的质量更高。

1.2.2　CSS 所扮演的角色

谈到 CSS 在网页设计中所扮演的角色，就不得不先讲一下 HTML 的不足。

最初，HTML 是可以标记页面文档中的段落、标题、表格、链接等的格式的。但随着网络的发展，用户需求的增加，HTML 越来越不能满足更多的文档样式需求。为了解决这个问题，1997 年 W3C（万维网联盟）颁布 HTML4 标准的同时也公布了有关样式表的第一个标准 CSS1。随后，CSS 又得到了更多的完善、充实。

1．概念

CSS 就是 Cascading Style Sheets，译为“层叠样式表”，简称样式表，它是一种制作网页的新技术。“样式”就是指网页中文字大小、颜色、图片位置等格式，“层叠”的意思是，当在 HTML 中引用了数个样式文件（CSS 文件）时，当样式文件中的样式发生冲突时，浏览器将依据层叠顺序处理。

图 1-8 和图 1-9 展示的就是应用了 CSS 样式的网页。网页中的标题、正文文字的格式、段落的间距、页面布局都是用 CSS 控制的。

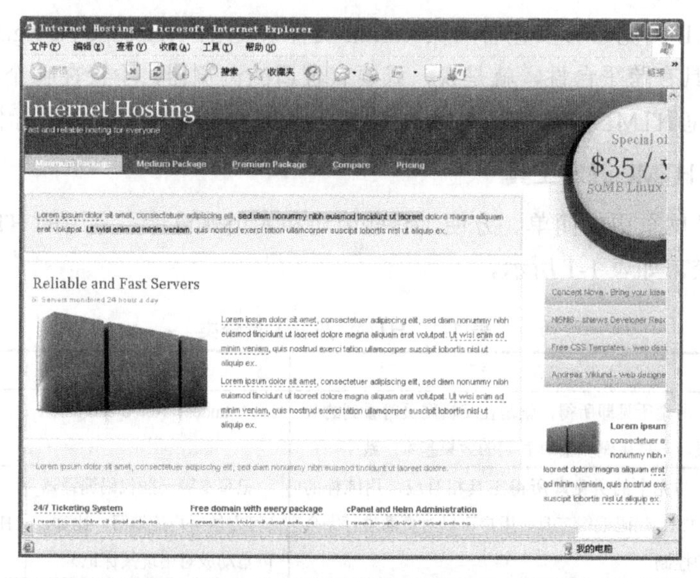

图 1-8　应用了 CSS 的网页 1

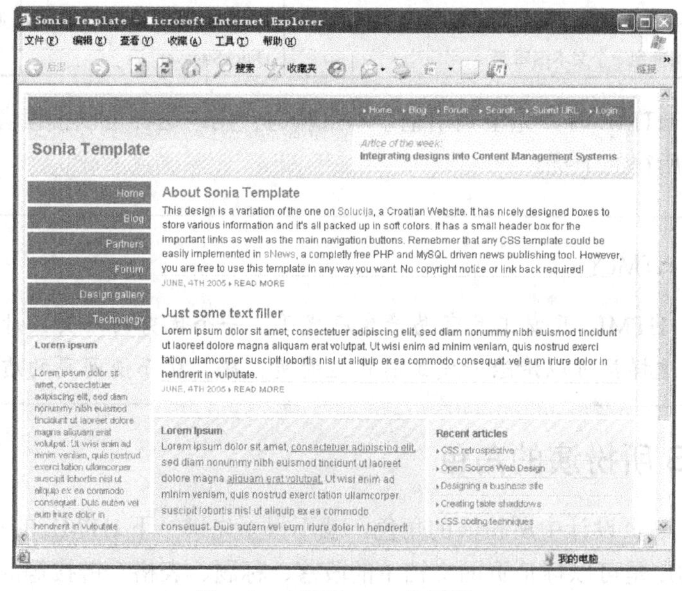

图 1-9　应用了 CSS 的网页 2

2．角色

CSS 所扮演的角色：是目前唯一的网页页面排版样式标准。它能使任何浏览器都听从指令，知道该以何种布局、格式显示各种元素及其内容。

现在，我们扩展一下 1.1.2 节的关于 CSS 的结论：

- 在 HTML 语言中可以直接编写 CSS 代码。
- CSS 能帮助用户对页面的布局加以更多的控制。

➢ CSS 可以控制网页字体变化和大小。
➢ CSS 弥补了 HTML 对网页格式化方面的不足，起到排版定位的作用。
➢ CSS 可实现页面格式的动态更新。

1.2.3 JavaScript 所扮演的角色

谈到 JavaScript 在网页设计中所扮演的角色，就要先了解 HTML 和 CSS 的缺陷。

HTML 和 CSS 配合使用，提供给用户的只是一种静态的信息，缺少交互性。用户已不满足于只是坐在那里浏览信息，如果网页中有更多的交互性，那就更方便、更有意思了，Web 游戏就是一个交互的典型例子。

出于这样一种需求，JavaScript 出现了，它得到了越来越多的 Web 开发者的青睐。图 1-10 所示的是一个用 JavaScript 编写的下载进度条，JavaScript 还可以实现一些鼠标跟随特效、按钮响应等功能。

它的出现使得用户与信息之间不只是一种浏览与显示的关系，而是实现了一种实时、动态、交互的页面功能。这样，静态的 HTML 页面也逐渐被客户端可做出响应的动态页面所取代。

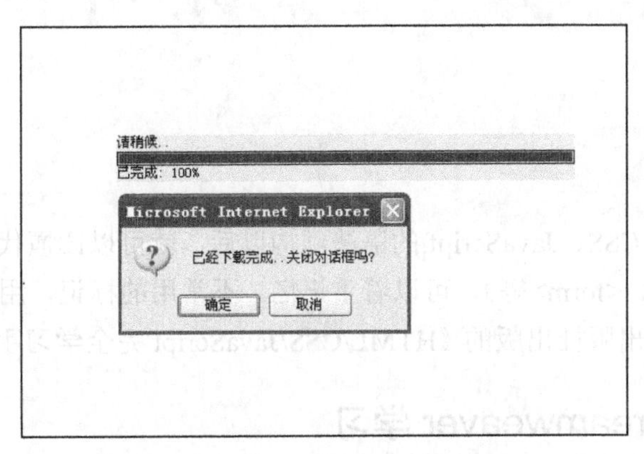

图 1-10　用 JavaScript 编写的下载进度条

我们在浏览网页时，这个网页有时会弹出一个提示框，让输入一些个人信息或别的东西，这可能是 JavaScript 所赐。

JavaScript 是一种基于对象的脚本语言，它的角色：用于开发 Internet 客户端的应用程序。它可以结合 HTML、CSS，实现在一个 Web 页面中与 Web 客户交互的功能。

这里，让我们延伸一下 1.1.3 节得出的结论：

➢ 一种脚本编写语言：JavaScript 是一种脚本语言，可以和 HTML 语言结合，在 HTML 中可以直接编写 JavaScript 代码。
➢ 动态性：它可以直接对用户或客户的输入做出响应，无须经过 Web 服务程序。因此，可以实现类似弹出提示框这样的交互性网页功能。它对用户的响应是以“事件”做驱动的，比如，“单击网页中的按钮”这个事件可以引发对应的响应。
➢ 跨平台性：JavaScript 依赖于浏览器，与操作系统无关。因此，只要在有浏览器的计算机上，且浏览器支持 JavaScript，就可以对其正确执行。

1.3 如何学习 HTML、CSS、JavaScript

学习是讲究方式方法的，如果我们能掌握一些学习 HTML、CSS、JavaScript 的方法，就会事半功倍。当然，因人而宜，适合每个人的学习方法是不同的。下面罗列的一些方法是我学习 HTML、CSS、JavaScript 时用到的，感觉很不错。这里面也加入了我身边的网页设计师们给出的好的建议。

1.3.1 先了解 HTML、CSS、JavaScript 的语法结构

首先得通过看书，学习掌握 HTML、CSS、JavaScript 的语法结构。比如 HTML，下面是它的结构，所有的内容都在<html>和</html>之间，中间又分头部（<head></head>）和主体（<body></body>）等。具体的语法将在第 2 章、第 11 章、第 17 章细讲。

```
<html>
<head>
...
</head>
<body>
...
</body>
</html>
```

了解了 HTML、CSS、JavaScript 的语法结构以后，就可以读懂代码了。具体涉及到常用的标记（如<title>、<form>等），可以着重记忆。不常用的标记，用到的时候借助语法工具书（比如电子工业出版社出版的《HTML/CSS/JavaScript 完全学习手册》）查阅就可以了。

1.3.2 借助 Dreamweaver 学习

在了解了基本语法，读懂代码后，就可以借助一些网页设计工具，边实践，边学习了。Dreamweaver 就是一个很好的学习工具。

1．软件界面

Dreamweaver 是当前制作网页的主流工具之一，我们在 1.2.1 节中讲过，该软件是一种混合型的 HTML 开发工具，既有所见即所得的功能，又有直接控制、编写代码的功能。这就为我们学习 HTML 带来了方便。图 1-11 所示为 Dreamweaver 的界面。

Dreamweaver 有 3 种视图方式，第一种是设计视图，在此视图下操作，就是纯粹的所见即所得，执行某个菜单操作就可轻松插入一个表格或别的元素。软件会自动生成 HTML 代码。图 1-11 所示的视图就是设计视图。

第二种是代码视图，如图 1-12 所示。在这种视图下编写 HTML 代码，和在记事本中编写是一样的。这便于我们分析、查看代码。

第三种是拆分视图，可以既显示代码，又显示设计内容，如图 1-13 所示。这就为我们的学习带来方便。

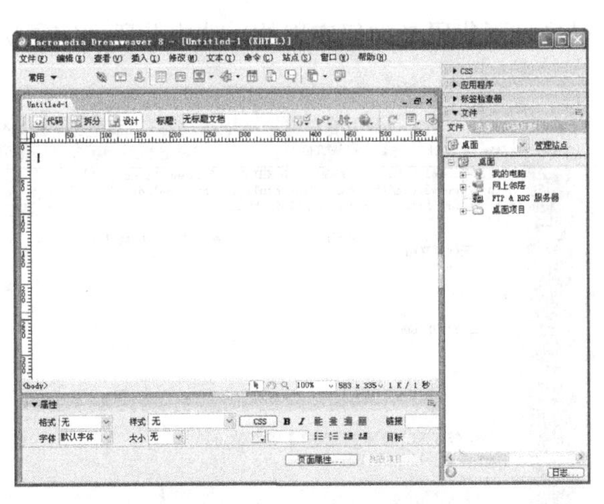

图 1-11　Dreamweaver 界面

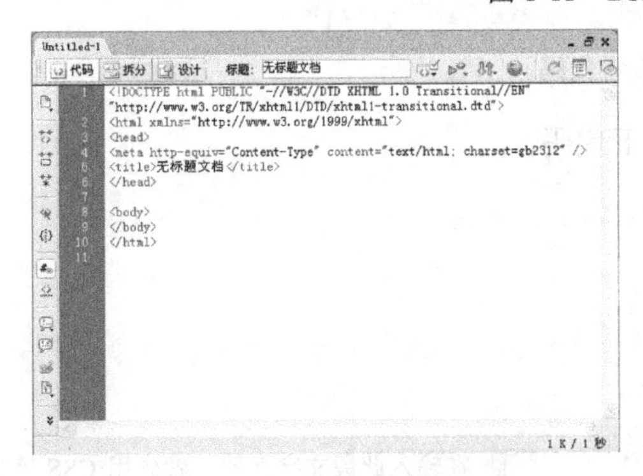

图 1-12　代码视图

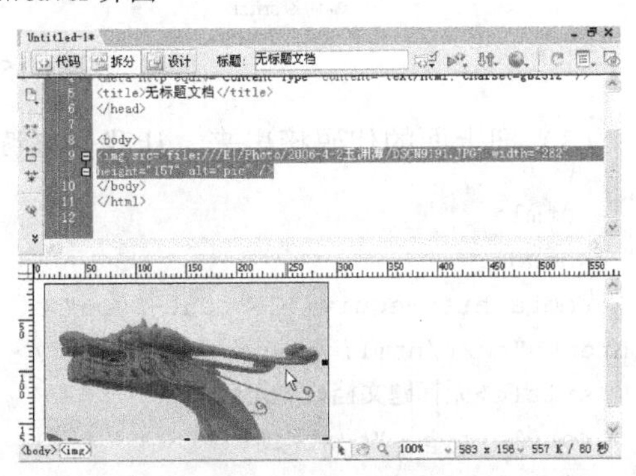

图 1-13　拆分视图

2. 学习方法

比如，我们想在设计的网页中插入一段文字“借助 Dreamweaver 学习 HTML”，并且要求这段文字的颜色是红色，字号为 36 px。如果你不知道怎么写 HTML 代码，请按下面的步骤进行。

（1）在“设计”视图下，输入“借助 Dreamweaver 学习 HTML”这段文字，并在下面的属性面板中将文字颜色和字号设置好，如图 1-14 所示。

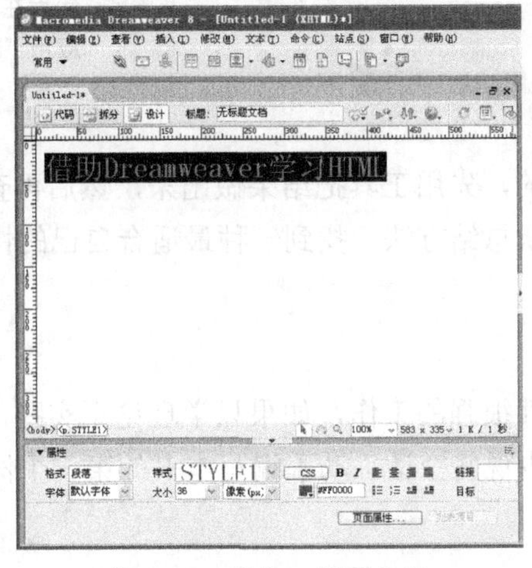

图 1-14　输入、设置文字

（2）此时你就可以看一下代码是如何实现的。选中此段文字，切换到“代码”视图，如图 1-15 所示。

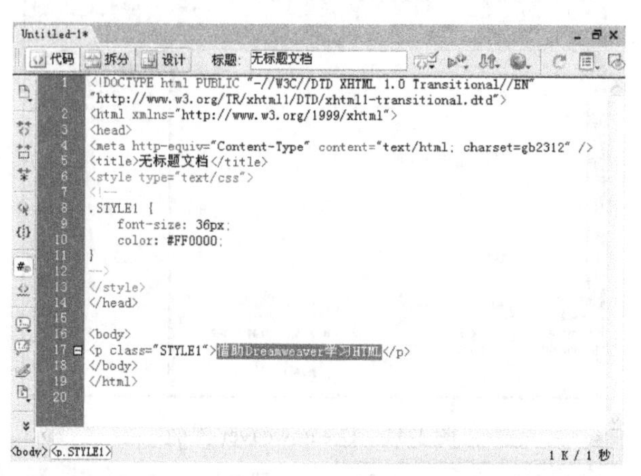

图 1-15　查看代码

（3）把上面的代码摘出来，让我们来读一下代码。

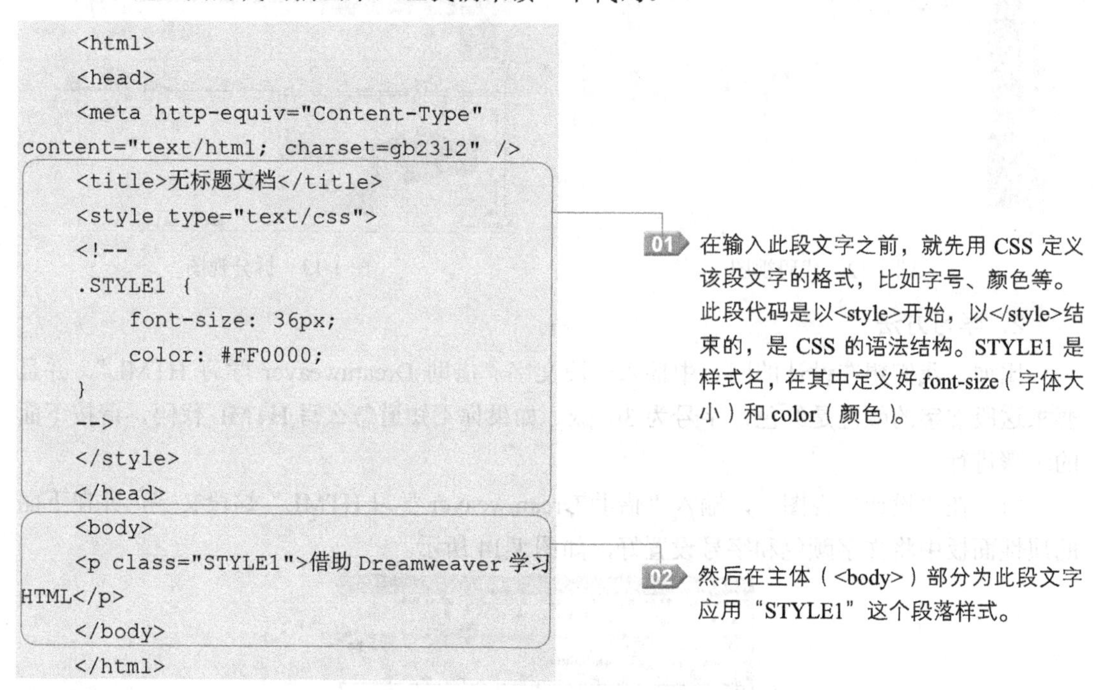

```
<html>
<head>
<meta http-equiv="Content-Type"
content="text/html; charset=gb2312" />
<title>无标题文档</title>
<style type="text/css">
<!--
.STYLE1 {
    font-size: 36px;
    color: #FF0000;
}
-->
</style>
</head>
<body>
<p class="STYLE1">借助 Dreamweaver 学习
HTML</p>
</body>
</html>
```


这种学习方法是这样的，先用工具把结果做出来，然后再查看、分析结果的代码。在学习的过程中，要学会不断总结方法，找到一种最适合自己的快速学习法。

1.3.3 实践出真知

设计网页是一种实践性很强的工作，如果只学理论不实践，是无法掌握这三种语言的精髓的。好了，我们还是少说些空话，动手编写本书的第一个例子吧。

1.4　小实例——HTML、CSS、JavaScript 的综合应用

本节要介绍的是一个集 HTML、CSS、JavaScript 于一体的简单小实例。代码如下，其中具体的语法将在后面的章节详细讲解。这里对一些主要的代码结构做解释。

实例代码（代码位置：CDROM\\HTML \10\10-4-1.html）

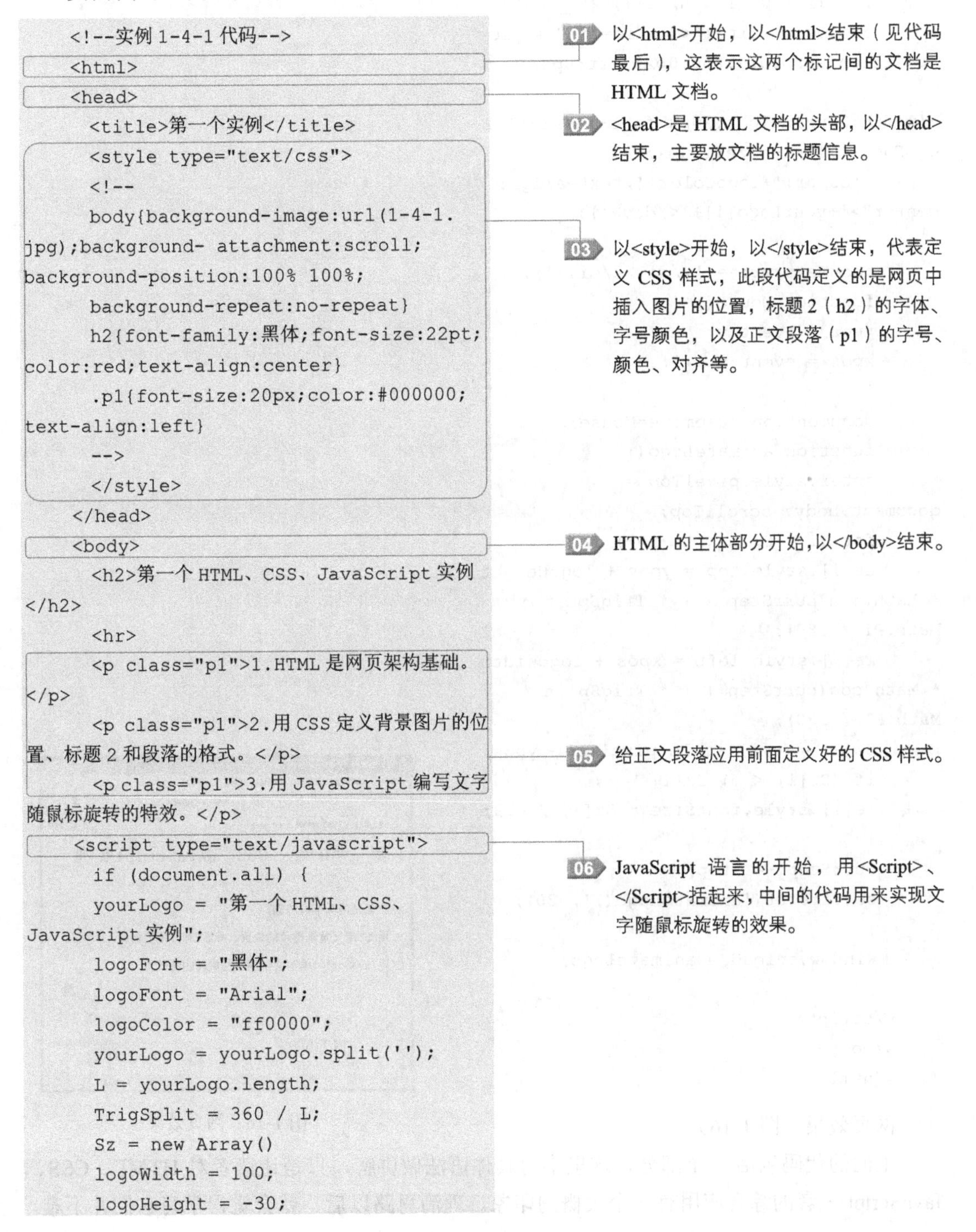

```
<!--实例 1-4-1 代码-->
<html>
<head>
  <title>第一个实例</title>
  <style type="text/css">
  <!--
  body{background-image:url(1-4-1.
jpg);background- attachment:scroll;
background-position:100% 100%;
  background-repeat:no-repeat}
  h2{font-family:黑体;font-size:22pt;
color:red;text-align:center}
  .p1{font-size:20px;color:#000000;
text-align:left}
  -->
  </style>
</head>
<body>
  <h2>第一个 HTML、CSS、JavaScript 实例
</h2>
  <hr>
  <p class="p1">1.HTML 是网页架构基础。
</p>
  <p class="p1">2.用 CSS 定义背景图片的位
置、标题 2 和段落的格式。</p>
  <p class="p1">3.用 JavaScript 编写文字
随鼠标旋转的特效。</p>
 <script type="text/javascript">
  if (document.all) {
  yourLogo = "第一个 HTML、CSS、
JavaScript 实例";
  logoFont = "黑体";
  logoFont = "Arial";
  logoColor = "ff0000";
  yourLogo = yourLogo.split('');
  L = yourLogo.length;
  TrigSplit = 360 / L;
  Sz = new Array()
  logoWidth = 100;
  logoHeight = -30;
```

01 以<html>开始，以</html>结束（见代码最后），这表示这两个标记间的文档是 HTML 文档。

02 <head>是 HTML 文档的头部，以</head>结束，主要放文档的标题信息。

03 以<style>开始，以</style>结束，代表定义 CSS 样式，此段代码定义的是网页中插入图片的位置，标题 2（h2）的字体、字号颜色，以及正文段落（p1）的字号、颜色、对齐等。

04 HTML 的主体部分开始，以</body>结束。

05 给正文段落应用前面定义好的 CSS 样式。

06 JavaScript 语言的开始，用<Script>、</Script>括起来，中间的代码用来实现文字随鼠标旋转的效果。

```
    ypos = 0;
    xpos = 0;
    step = 0.03;
    currStep = 0;
    document.write('<div id="outer"
style="position:absolute;top:0px;left:
0px"><div style="position:relative">');
    for (i = 0; i < L; i++) {
    document.write('<div id="ie" style=
"position:absolute;top:0px;left:0px;'

+'width:20px;height:20px;font-family:'+l
ogoFont+';font-size:100px;'
    +'color:'+logoColor+';text-align:
center">'+yourLogo[i]+'</div>');
    }
    document.write('</div></div>');
    function Mouse() {
    ypos = event.y;
    xpos = event.x - 5;
    }
    document.onmousemove=Mouse;
    function animateLogo() {
    outer.style.pixelTop =
document.body. scrollTop;
    for (i = 0; i < L; i++) {
    ie[i].style.top = ypos + logoHeight
* Math.sin(currStep + i * TrigSplit *
Math.PI / 180);
    ie[i].style.left = xpos + logoWidth
* Math.cos(currStep + i * TrigSplit *
Math.PI / 180);
    Sz[i] = ie[i].style.pixelTop - ypos;
    if (Sz[i] < 5) Sz[i] = 5;
    ie[i].style.fontSize = Sz[i] / 0.9;
    }
    currStep -= step;
    setTimeout('animateLogo()', 20);
    }
    window.onload = animateLogo;
    }
  </script>
  </body>
  </html>
```

网页效果（图 1-16）

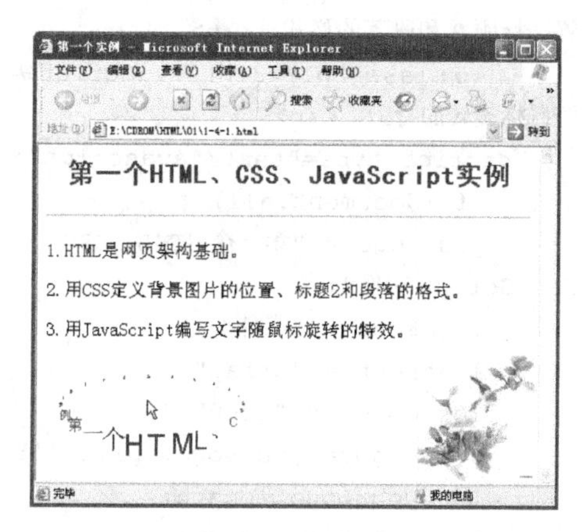

图 1-16　网页效果

上面的代码包括 3 个部分，这里不对具体语法做讲解，只是让读者对 HTML、CSS、JavaScript 三者的综合应用有一个大概的印象。理清思路以后，就会觉得学习它们并不难。

让我们开始下一个愉快的学习旅程吧。

1.5 总结

温故而知新，让我们回过头来总结一下本章的要点。

（1）HTML、CSS、JavaScript 在网页设计中所扮演的角色都很重要，HTML 是基础架构，CSS 是元素格式、页面布局的灵魂，而 JavaScript 是实现网页的动态性、交互性的点睛之笔。

（2）HTML 以<html>开始，以</html>结束，这是一个成对的标记。CSS 以<style>开始，以</style>结束，也是一个成对的标记。JavaScript 以<script type="text/javascript">开始，以</script>结束。

（3）关于“如何学习 HTML、CSS、JavaScript”，这是一个很大的命题，笔者给出的方法可能只适合一部分人，我们要学会在学习中不断总结，找到最适合自己的方法，那样就事半功倍了。

学习的乐趣

当你找到一种适合自己的学习方法，使学习效率大幅提高的时候；当你通过自己的努力收获知识的时候；当你得到一本好书，能够使学习的心情都为之豁然开朗的时候；学习的乐趣，仅此而已？

1.6 习题

注：以下标*的习题是章外知识，全书同。

一、选择题（单选）

（1）HTML 代码开始和结束的标记是（　）。

A．以<html>开始，以</html>结束

B．以<JavaScript>开始，以</Javascript>结束

C．以<style>开始，以</style>结束

D．以<body>开始，以</body>结束

（2）哪个工具是所见即所得的 HTML 开发工具（　）。

A．记事本　B．Dreamweaver　C．Word　D．WPS

（3）下列哪种语言可以实现类似弹出提示框这样的网页交互性功能（　）。

A．HTML　B．CSS　C．JavaScript

（4）Dreamweaver 的三种视图方式中的设计视图（　）。

A．所见即所得　B．和记事本一样　C．既显示代码又显示设计内容

（5）JavaScript 代码开始和结束的标记是（　）。

A．以<java>开始，以</java>结束

B．以< script type="text/javascript">开始，以</java>结束

C．以< script type="text/javascript">开始，以</Script>结束

D．以<style>开始，以</style>结束

二、填空题

（1）从 IE 浏览器菜单中选择__________命令，可以在打开的记事本中查看到网页的源代码。

（2）专用的 HTML 开发工具，主要分__________、__________、__________等 3 大类。

*（3）一个 HTML 文件是由一系列的_________和_________组成的。

（4）JavaScript 语言可以和_________语言结合，在_______中可以直接编写 JavaScript 代码。

（5）CSS 英文全名为________________________，翻译为_________，简称________。

（6）CSS 可实现页面格式的__________。

*（7）HTML 文件分为_______和_______两个部分。_______部分就是在 Web 浏览器窗口的用户区内看到的内容，而_______部分用来规定该文件的标题和文件的一些属性。

三、上机题/问答题

（1）简述 HTML、CSS、JavaScript 在网页设计中所扮演的角色。

（2）用 HTML、CSS、JavaScript 设计一个简单的网页。

（3）写出你的学习计划，怎样才能学好 HTML、CSS、JavaScript 代码。

第 2 章　HTML 基础介绍

本章重点

- HTML 基本语法
- 编写 HTML 文件的注意事项

2.1 HTML 文档的结构

在第 1 章中已经介绍过了，HTML 文档分文档头和文档体两部分：在文档头里，可对文档进行一些必要的定义，比如定义标题、文字样式等；文档体中的内容就是要显示的各种文档信息。

HTML 文档结果如下：

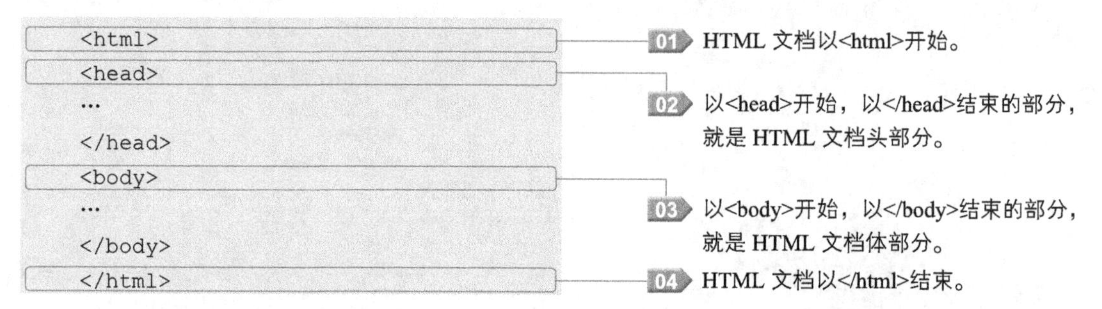

其中<html>在最外层，表示这对标记间的内容是 HTML 文档。有时会看到一些省略<html>标记的文档，这是因为.html 或.htm 文件被 Web 浏览器默认为是 HTML 文档。

2.2 HTML 基本语法

2.2.1 标记语法

1. 什么是标记

HTML 用于描述功能的符号称为“标记”。比如<html>、<head>、<body>等，都是标记，<html>标记表示 HTML 文档的开始。标记在使用时必须用尖括号“<>”括起来，有些标记必须成对出现，以开头无斜杠的标记（如:<html>）开始，以有斜杠的标记（如:</html>）结束。比如，<table>表示一个表格的开始，</table>表示一个表格的结束。在 HTML 中，标记的大小写作用相同，如<TABLE>和<table>都是表示一个表格的开始。

2. 标记类型和语法

● 单标记

之所以称为“单标记”，是因为它只需单独使用就能完整地表达意思，这类标记的语法是：

```
<标记名称>
```

最常用的单标记是
，它表示换行。

● 双标记

“双标记”由“始标记”和“尾标记”两部分构成，必须成对使用。

➢ 始标记告诉 Web 浏览器从此处开始执行该标记所表示的功能。

➢ 尾标记告诉 Web 浏览器在这里结束该功能。始标记前加一个正斜杠（/）即成为尾标记。

这类标记的语法是：

```
<标记>内容</标记>
```

其中“内容”部分就是要被这对标记施加作用的部分。例如，想突出对某段文字的显示，就将此段文字放在<em> </em>标记中。

```
<em>第一：</em>
```

注意：标记可以包含标记，如：表格中包含表格或其他标记，比如，下面这样的 HTML 代码结构是正确的：

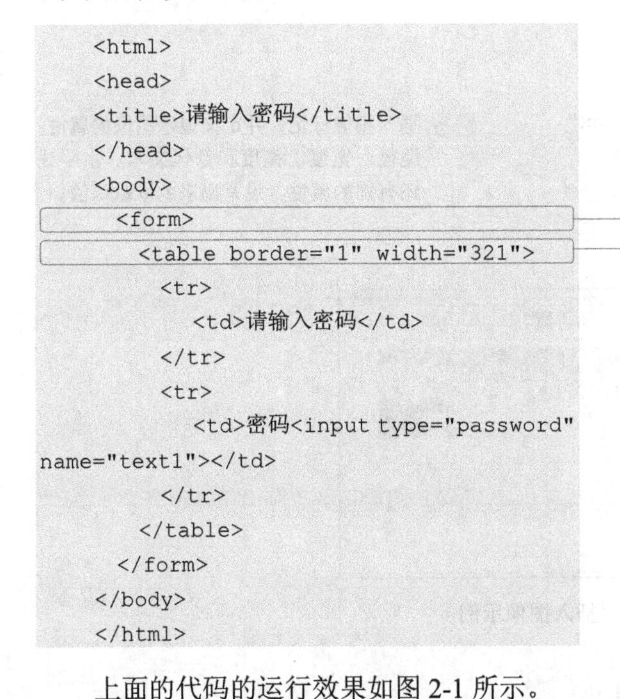

```
<html>
<head>
<title>请输入密码</title>
</head>
<body>
  <form>
    <table border="1" width="321">
      <tr>
         <td>请输入密码</td>
      </tr>
      <tr>
         <td>密码<input type="password"
name="text1"></td>
      </tr>
    </table>
  </form>
</body>
</html>
```

01 <body></body>中嵌套<form></form>表单标记。

02 而<form></form>中又嵌套了<table></table>表格。

图 2-1　网页运行效果

上面的代码的运行效果如图 2-1 所示。

注意：标记可以成对嵌套，但是不能交叉地嵌套，如下面这样的代码是错误的：

```
<div><span>这是不正确的代码</div></span>。
```

2.2.2　属性语法

1．什么是属性

这里的属性指的是标记的属性，这里举个很简单的例子来说明。单标记<hr>的作用是在网页中插入一条水平线，那么这条水平线的粗细、对齐方式、宽度等就是该标记的属性。

2．属性语法

大多数单标记和双标记的始标记内都可以包含一些属性，其语法是：

```
<标记名字 属性 1 属性 2 属性 3 … >
```

属性均放在相应标记的尖括号中，类似粗细、对齐方式、宽度等属性间没有先后次序，属性也可省略（即取默认值），例如单标记<img>表示在文档当前位置插入一幅图片，带有一些属性，语法如下：

```
<img src="2-5-1.jpg"  width="652px" height="142px" alt="博文视点">
```

其中 src 属性规定显示图像的路径，width 属性设置图像的宽度，height 属性设置图像的高度，而 alt 属性规定图像的替代文本。其中，src 属性和 alt 属性为必需属性，其他属性为可选属性。

例如下面的代码，运行效果如图 2-2 所示。

```
<html>
<head>
<title>属性语法</title>
</head>
<body>
  显示一幅图像
  <img src="2-5-1.jpg"  width="652px"
height="142px" alt="博文视点">
</body>
</html>
</html>
```

01 插入图像标记，并定义显示图像的属性：路径、宽度、高度和替代文本。水平线还有别的属性，没写出来的取默认值。

图 2-2　插入图像示例

2.3　HTML 文件的命名

为了使浏览器能正常浏览网页，在用记事本或别的 HTML 开发工具编写好 HTML 文档后，在保存 HTML 时，对 HTML 文件的命名要注意以下几点。

- 文件的扩展名要以.htm 或.html 结束。
- 文件名中只可由英文字母、数字或下划线组成。
- 文件名中不要包含特殊符号，比如空格、$等。
- 文件名是区分大小写的，在 Unix 和 Windows 主机中有大小写的不同。
- 网站首页文件名默认是 index.htm 或 index.html。

2.4　编写 HTML 文件的注意事项

懂得 HTML 语法规范后，在编写时就应遵守以下一些规范。

- 所有标记都要用尖括号（<>）括起来，这样，浏览器就可以知道，尖括号内的标记是 HTML 命令。

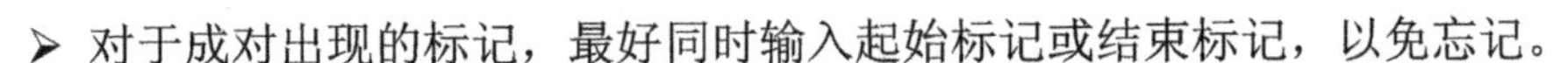

- 对于成对出现的标记，最好同时输入起始标记或结束标记，以免忘记。
- 采用标记嵌套的方式可以为同一个信息应用多个标记，如下：

```
<tag1><tag2>同一个信息</tag2></tag1>
```

- 在代码中，不区分大小写，比如，将<head>写成<HEAD>或<Head>都可以。
- 任何空格或回车在代码中都无效，插入空格或回车有专用的标记，分别是 、
。因此，不同的标记间用回车键换行再编写是个不错的习惯。
- 标记中不要有空格，否则浏览器可能无法识别，比如不能将<title>写成< title>。下面的代码中有误，将该文件存为.html 文件后，用浏览器打开，效果如图 2-3 左所示，<title>所定义的文字没有在浏览器标题中显示，反而显示在正文中，而错误的<title>标记也被当作正文来显示。正确的运行效果应该如图 2-3 右所示。

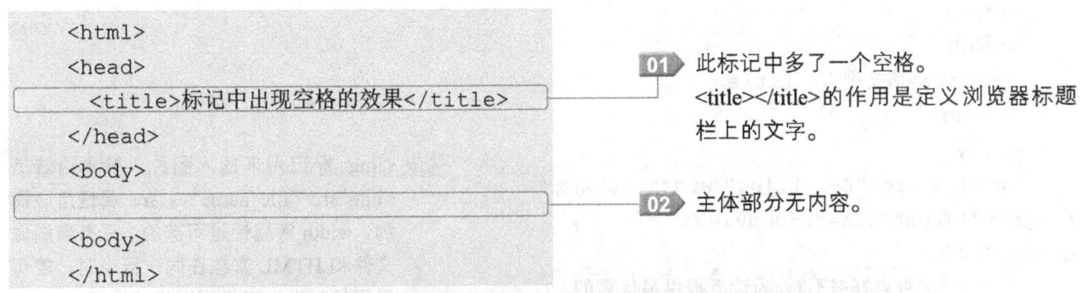

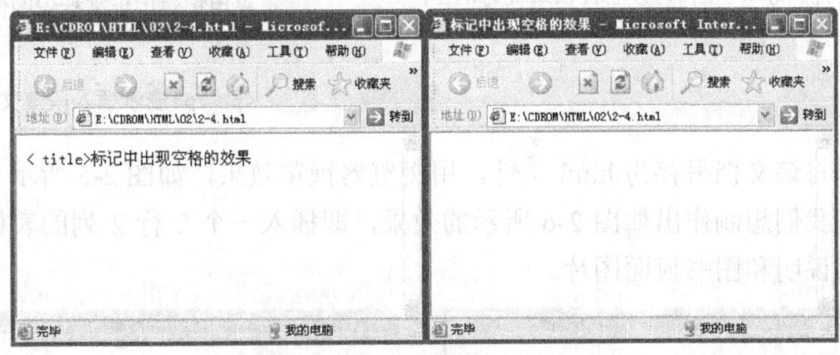

图 2-3　错误与正确的效果对比

- 标记中的属性，可以用双引号("")引起来，也可以不引。比如，下面的写法都是正确的：

```
<hr color=red>
<hr color="red">
```

2.5　小实例——插入图片与表格

下面让我来编写一个 HTML 文件，在编写时，一定要谨记 2.4 节讲解的注意事项，养成良好的代码编写习惯。

（1）打开 Windows 记事本，先搭好 HTML 文档的结构，如图 2-4 所示。即把 HTML 文档的头部、主体写好。

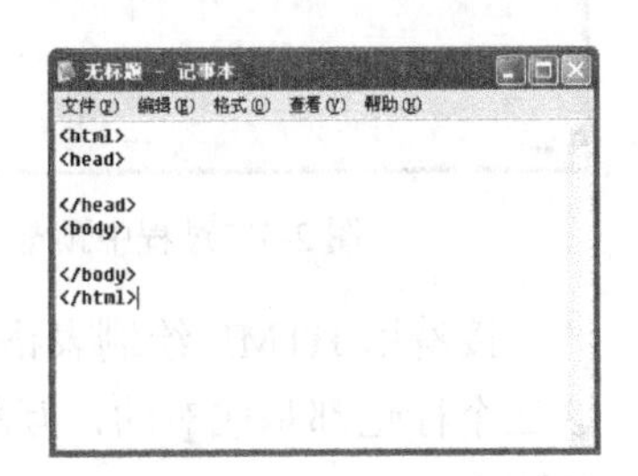

图 2-4　搭好文档结构

（2）在<head></head>间定义头部信息。

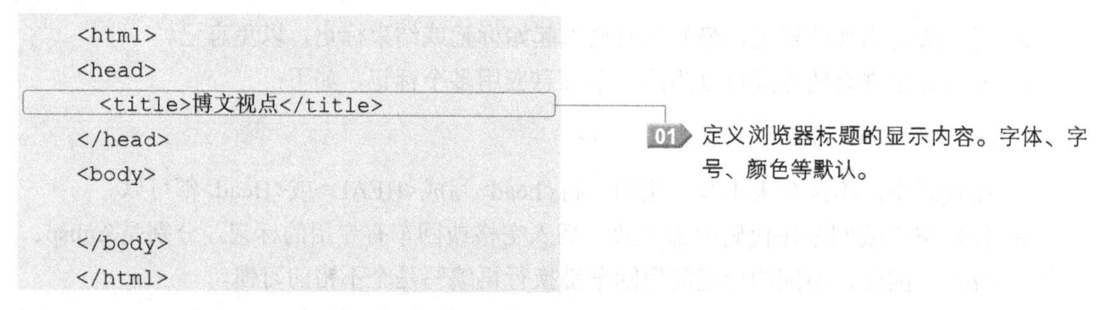

```
<html>
<head>
  <title>博文视点</title>
</head>
<body>

</body>
</html>
```


提示：在写代码时，要养成良好的习惯，该换行的代码就换行，该缩进的代码就缩进，该加注释的就加注释，这样便于日后查看、修改。

（3）在<body></body>间写两段代码，插入横幅 banner 图片和一段正文文字。

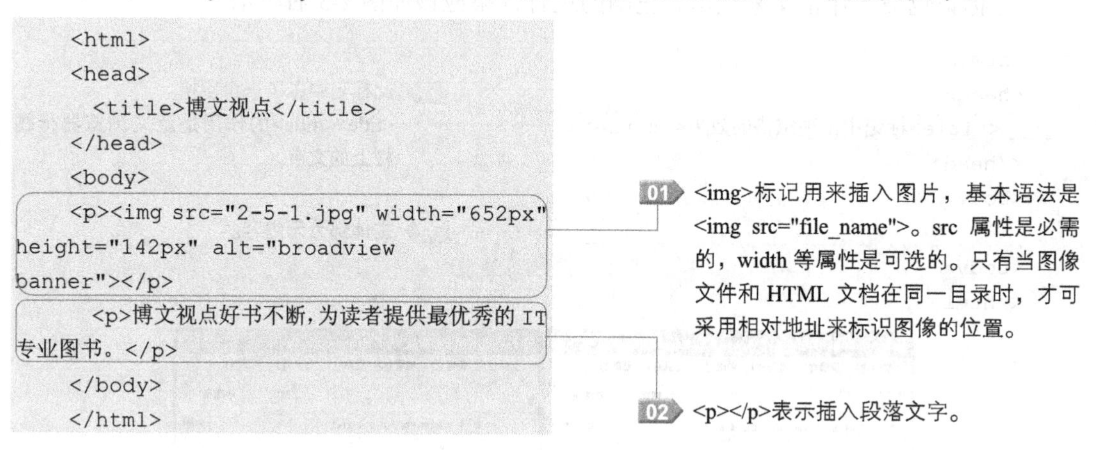

```
<html>
<head>
  <title>博文视点</title>
</head>
<body>
<p><img src="2-5-1.jpg" width="652px" height="142px" alt="broadview banner"></p>
  <p>博文视点好书不断，为读者提供最优秀的 IT 专业图书。</p>
</body>
</html>
```


此时可以将该文档另存为.html 文件，用浏览器预览效果，如图 2-5 所示。

（4）接着我们想制作出如图 2-6 所示的效果，即插入一个 2 行 2 列的表格，在表格中分别显示图书说明和图书封面图片。

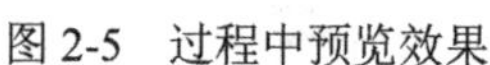

图 2-5　过程中预览效果

图 2-6　要实现的效果

接着用 HTML 绘制表格，用 HTML 绘制表格的标记有三个：<table>、<tr>、<td>，这三个标记都是成对的，互相配合使用才可以绘制表格。在<body></body>间输入代码，如下：

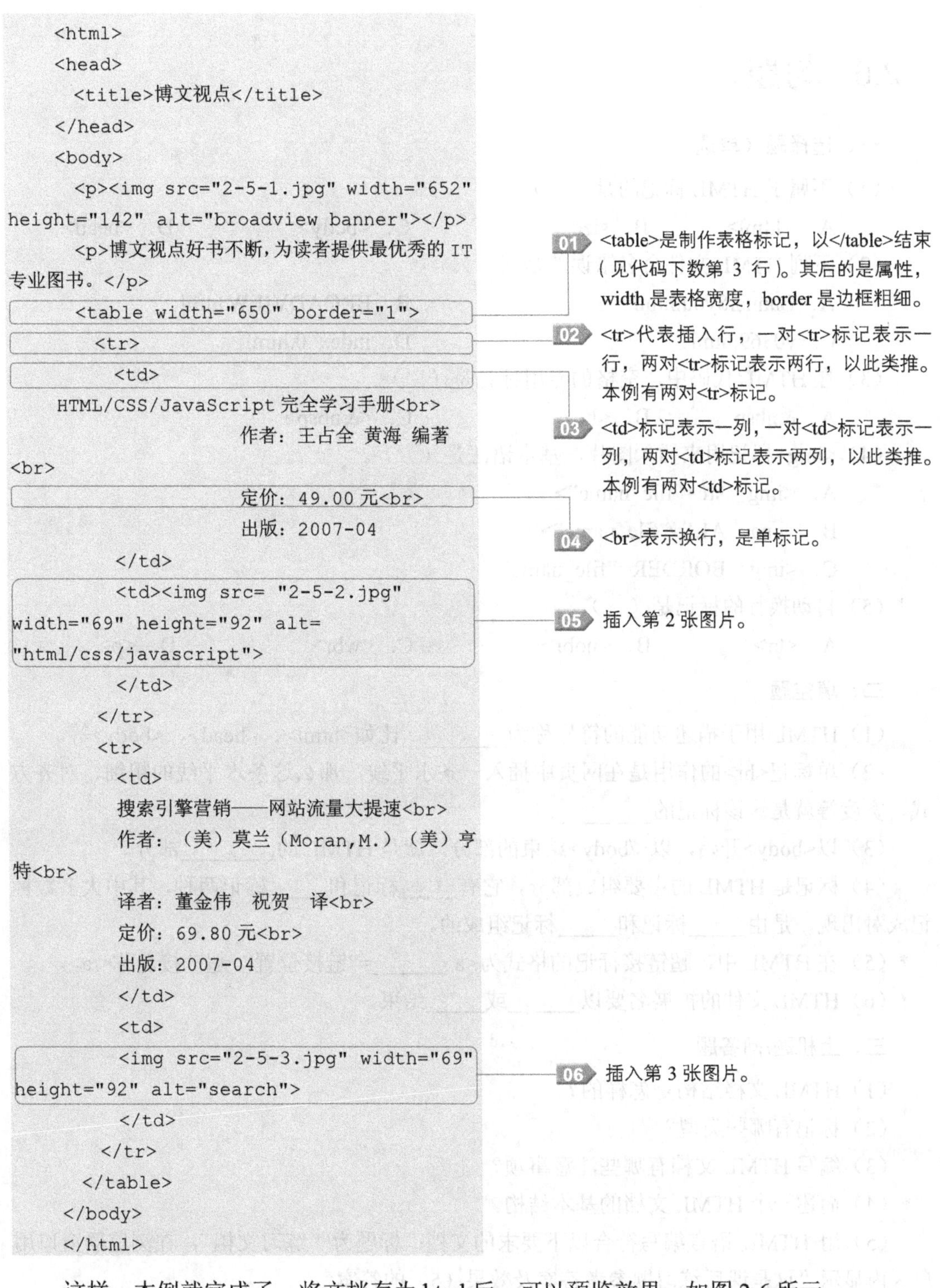

```
<html>
<head>
  <title>博文视点</title>
</head>
<body>
  <p><img src="2-5-1.jpg" width="652"
height="142" alt="broadview banner"></p>
  <p>博文视点好书不断，为读者提供最优秀的 IT
专业图书。</p>
  <table width="650" border="1">
    <tr>
      <td>
  HTML/CSS/JavaScript 完全学习手册<br>
                    作者：王占全 黄海 编著
<br>
                    定价：49.00 元<br>
                    出版：2007-04
      </td>
      <td><img src= "2-5-2.jpg"
width="69" height="92" alt=
"html/css/javascript">
      </td>
    </tr>
    <tr>
      <td>
      搜索引擎营销——网站流量大提速<br>
      作者：（美）莫兰（Moran,M.）（美）亨
特<br>
      译者：董金伟　祝贺　译<br>
      定价：69.80 元<br>
      出版：2007-04
      </td>
      <td>
      <img src="2-5-3.jpg" width="69"
height="92" alt="search">
      </td>
    </tr>
  </table>
</body>
</html>
```

01 <table>是制作表格标记，以</table>结束（见代码下数第 3 行）。其后的是属性，width 是表格宽度，border 是边框粗细。

02 <tr>代表插入行，一对<tr>标记表示一行，两对<tr>标记表示两行，以此类推。本例有两对<tr>标记。

03 <td>标记表示一列，一对<td>标记表示一列，两对<td>标记表示两列，以此类推。本例有两对<td>标记。

04
表示换行，是单标记。

05 插入第 2 张图片。

06 插入第 3 张图片。

这样，本例就完成了。将文档存为.html 后，可以预览效果，如图 2-6 所示。

本节我们主要学习了 HTML 的基本语法，在编写 HTML 文档时，一定要按照规范走，这样就可以避免许多代码错误，也便于以后的查看。

2.6 习题

一、选择题（单选）

（1）不属于 HTML 标记的是（　）。

A．<html>　　B．size　　C．<body>　　D．<head>

（2）下列 HTML 文件命名错误的是（　）。

A．Banner$you.html　　B．BROADVIEW.html

C．y0369.html　　D．index_0.html

（3）在 HTML 代码中，空格的专用标记是（　）。

A． 　　B．
　　C．< >

（4）<img>标记用来插入图片，基本语法是（　）。

A．<img　src="file_name">

B．<img　ALT="file_name">

C．<img　BORDER="file_name">

*（5）自动换行的标记是（　）。

A．
　　B．<nobr>　　C．<wbr>　　D．<p>

二、填空题

（1）HTML 用于描述功能的符号称为________，比如<html>、<head>、<body>等。

（2）单标记<hr>的作用是在网页中插入一条水平线，那么这条水平线的粗细、对齐方式、宽度等就是这该标记的________。

（3）以<body>开始，以</body>结束的部分，就是 HTML 的________部分。

（4）标记是 HTML 的主要组成部分，它有______标记和______标记两种，其中大多数标记成对出现，是由______标记和______标记组成的。

*（5）在 HTML 中，超链接标记的格式为<a ______="链接位置">超链接名称</a>。

*（6）HTML 文件的扩展名要以______或______结束。

三、上机题/问答题

（1）HTML 文档结构是怎样的？

（2）标记有哪些类型？

（3）编写 HTML 文档有哪些注意事项？

*（4）简述一个 HTML 文档的基本结构。

（5）用 HTML 语言编写符合以下要求的文档：标题为“练习文档”，在浏览器窗口用户区内显示“这是课后练习题参考答案及效果（5）的答案”。

（6）自己动手写一个简单的 HTML 文档，完成后的效果如图 2-7 所示。（CDROM/习题参考答案及效果/02/1.html）

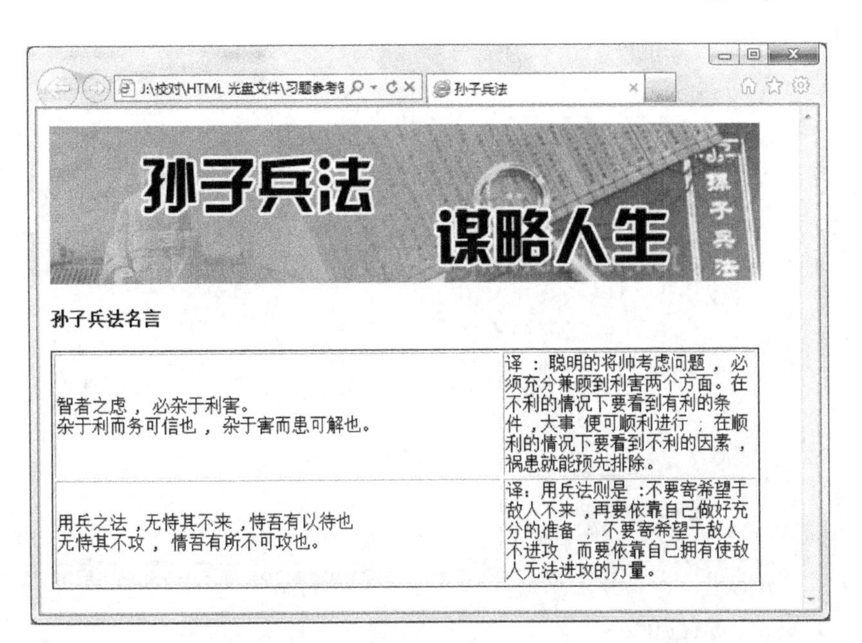
J:\校对\HTML 光盘文件\习题参考
孙子兵法
孙子兵法
谋略人生
孙子兵法
孙子兵法名言
智者之虑，必杂于利害。
杂于利而务可信也，杂于害而患可解也。
译：聪明的将帅考虑问题，必须充分兼顾到利害两个方面。在不利的情况下要看到有利的条件，大事便可顺利进行；在顺利的情况下要看到不利的因素，祸患就能预先排除。
用兵之法，无恃其不来，恃吾有以待也
无恃其不攻，恃吾有所不可攻也。
译：用兵法则是：不要寄希望于敌人不来，再要依靠自己做好充分的准备；不要寄希望于敌人不进攻，而要依靠自己拥有使敌人无法进攻的力量。

图 2-7　效果

第 3 章　HTML 文件的整体结构

本章重点

- 文件头部内容
- 文件主体内容

3.1　文件头部内容

一个完整的 HTML 文件包括头部文件和主体文件，头部标记是成对的<head></head>，通常将这对标记中的内容称为“头部内容”；主体标记是成对的<body></body >。HTML 中的头部内容不直接在网页上显示，必须通过其他的方式显示，例如：网页的页面标题属于 HTML 的头部内容，没有显示在网页中，但是在网页的标题栏上显示。

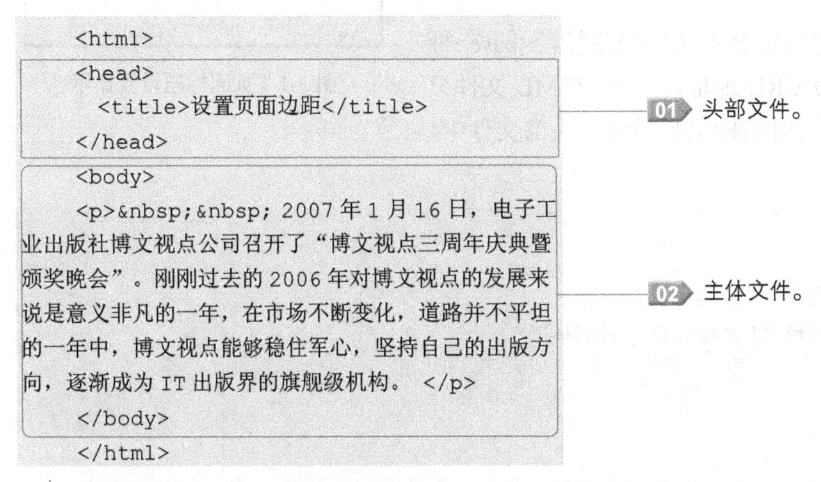

```
<html>
<head>
  <title>设置页面边距</title>
</head>
<body>
<p>   2007 年 1 月 16 日，电子工业出版社博文视点公司召开了“博文视点三周年庆典暨颁奖晚会”。刚刚过去的 2006 年对博文视点的发展来说是意义非凡的一年，在市场不断变化，道路并不平坦的一年中，博文视点能够稳住军心，坚持自己的出版方向，逐渐成为 IT 出版界的旗舰级机构。 </p>
</body>
</html>
```


本实例只为说明 HTML 文件中的头部文件和主体文件，不采用效果图显示。

3.1.1　设置页面标题<title>

HTML 文件标题在浏览器的标题栏中显示。每个 HTML 文件都有一个标题，用于说明文档的属性。在 HTML 文件中，页面标题标记<title></title>位于头部标记<head></head>之间。

基本语法

```
<html>
<head>
<title>请在此输入标题名</title>
</head>
<body>
</body>
</html>
```

语法说明

在网页中设置网页的标题，只要在 HTML 文件的头部文件的<title></title>中输入标题信息就可以在浏览器的上显示。

实例代码（代码位置：CDROM\HTML\03\3-1-1.html）

```
<!--实例 3-1-1 代码-->
<html>
<head>
  <title>请在此输入标题名</title>
```

01 此行代码用于插入 HTML 显示的标题。

```
</head>
<body>
<p>请看标题栏!</p>
</body>
</html>
```

网页效果（图 3-1）

图 3-1　页面标题设置显示

3.1.2　设置基底网址<base>

基底网址用于设定浏览器中文件的路径，<base>标记一般用于设计文件的 URL 地址。一个 HTML 文件只能有一个<base>标记，同时该标记必须放于头部文件中。

基本语法

```
<html>
<head>
  <title>设置基底网址</title>
  <base href="文件路径" target="目标窗口">
</head>
<body>
</body>
</html>
```

语法说明

href 用于设置网页文件链接的地址，target 用于设置页面显示的目标窗口。

实例代码（代码位置：CDROM\HTML\03\3-1-2.html）

```
<!--实例 3-1-2 代码-->
<html>
<head>
  <title>设置基底网址</title>
  <base href="http://www.Broad view.
com.cn">
</head>
<body>
   2007 年 1 月 16 日，电子工业出版社<a
href="index">博文视点</a>公司召开了“博文视点
三周年庆典暨颁奖晚会”。
    刚刚过去的 2006 年对博文视点的发展来说是
意义非凡的一年，在市场不断变化，道路并不平坦的一
年中，博文视点能够稳住军心，坚持自己的出版方向，
逐渐成为 IT 出版界的旗舰级机构。
   </body>
</html>
```

01 此行代码表示：当网页代码运行后，把鼠标放在设置好链接的“博文视点”上面，在状态栏上会显示“博文视点”链接的完整地址，并且在单击该链接后，网页会在当前窗口中被打开。

网页效果（图 3-2）

效果说明：代码运行后，将鼠标放在链接文字“博文视点”上，状态栏就会显示该链接的地址。

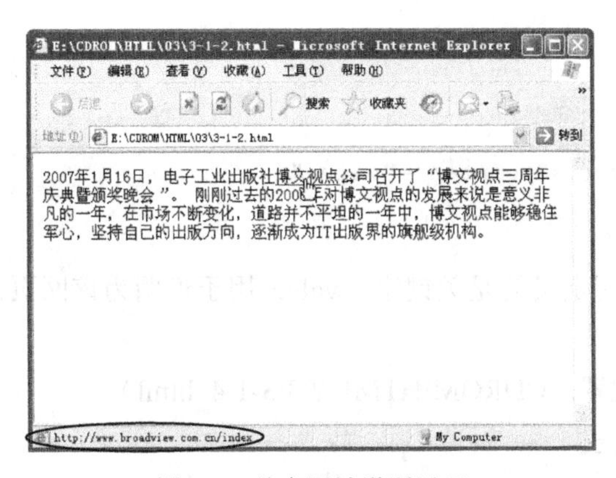

图 3-2　基底网址设置显示

3.1.3　定义元信息<meta>

当利用浏览器查看网页的源文件时，不难发现网页的头部文件都有<meta>标记，该标记主要功能是定义页面中的一些信息，但这些信息不会出现在网页中，而会在源文件中显示。

在 HTML 文件中，<meta>标记通过一些属性来定义文件的信息，例如，文件的关键字、作者信息、网页过期时间等，HTML 文件的头部文件可以有多个<meta>标记，<meta>标记不是成对的标记。

基本语法

```
<meta http-equiv="" name="" content="">
```

语法说明

<meta>标记中的 http-equiv 属性用于设置一个 http 的标题域，但确定值由 content 属性决定，name 属性用于设置元信息出现的形式，content 属性用于设置元信息出现的内容。

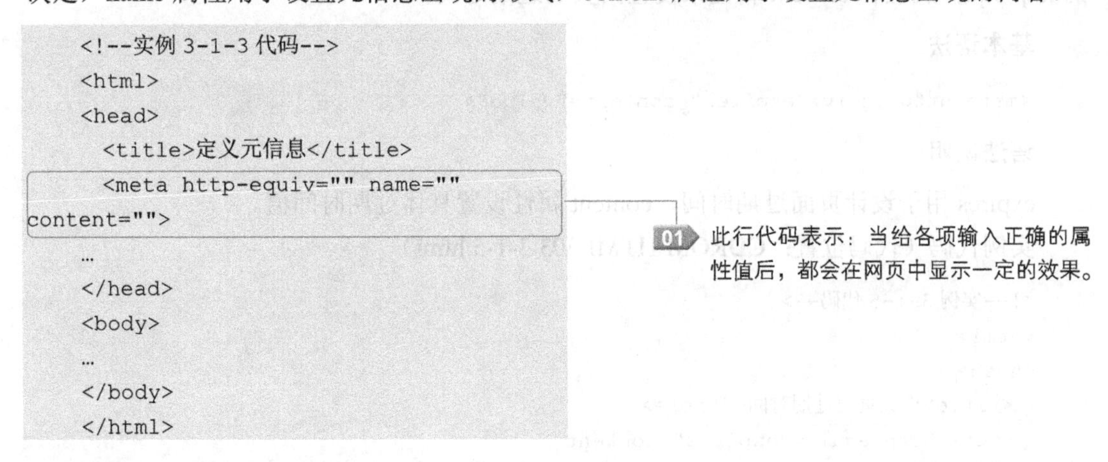

```
<!--实例 3-1-3 代码-->
<html>
<head>
  <title>定义元信息</title>
  <meta http-equiv="" name=""
content="">
…
</head>
<body>
…
</body>
</html>
```

01 此行代码表示：当给各项输入正确的属性值后，都会在网页中显示一定的效果。

3.1.4　设置页面关键字——keywords

网页中的关键字主要是为搜索引擎服务的，有时为了提高网站被搜索引擎搜到地机率，需要设置多个跟网站主体相关的关键字，例如：制作一个图书的网站，需要对读书的类型设置多个关键字。

基本语法

```
<meta name="keywords" content="value">
```

语法说明

Keywords 用于说明定义的是关键字，value 用于说明为该网页定义的关键字，可以是多个关键字。

实例代码（代码位置：CDROM\HTML \03\3-1-4 .html）

```
<!--实例 3-1-4 代码-->
<html>
<head>
  <title>设置文件关键字</title>
  <meta name="keywords" content="计算机、英语、经管、财会、职场">
…
</head>
<body>
…
</body>
</html>
```

01 此行代码表示在该 HTML 文件中，定义的关键字为"计算机、英语、经管、财会、职场"，当利用搜索引擎搜索图书时，输入任何一个关键字都可以搜索到该网页。

本节实例讲解的是<meta>标记中通过属性来定义页面信息，由于 HTML 中头部文件不显示在页面中，此实例不采用效果图演示。

3.1.5 设置页面过期时间——expires

在 HTML 文件中，往往需要设计页面过期时间或者跳转，这时就需要设置网页元信息的 http-equiv 属性和 content 属性来设置网页的过期时间。

基本语法

```
<meta http-equiv="expires" content="value">
```

语法说明

expires 用于设计页面过期时间，content 属性设置具体过期时间值。

实例代码（代码位置：CDROM\HTML \03\3-1-5.html）

```
<!--实例 3-1-5 代码-->
<html>
<head>
  <title>设置页面过期时间</title>
  <meta http-equiv="expires" content
="FRI,1 JUN 2013 00 00 00 GMT">
</head>
<body>
<p></p>
</body>
</html>
```

01 Expires 用于设置网页的过期时间，content 给出了网页过期的具体时间值。

本节实例讲解的是<meta>标记中通过属性来定义页面信息，由于 HTML 中头部文件不显示在页面中，此实例不采用效果图演示。

3.2　主体内容<body>

在 HTML 文件中，主体内容被包含在成对的<body></body>标记之间，同时<body>标记也有很多本身的属性，例如设置页面背景、设置页面边距等。

3.2.1　设置页面背景——bgcolor

在 HTML 文件中，往往需要给页面定义主题背景，设置网页的显示风格，必须用到 bgcolor 属性来设置网页的页面背景。

基本语法

```
<body bgcolor="">
```

语法说明

利用<body>标记中的 bgcolor 属性，可以设置网页的背景颜色。

实例代码（代码位置：CDROM\HTML\03\3-2-1.html）

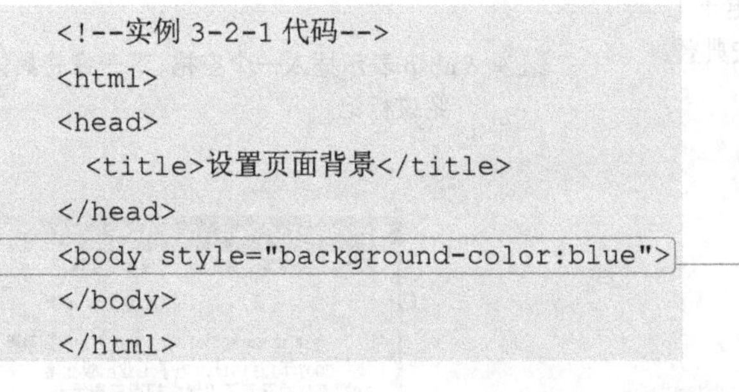

```
<!--实例 3-2-1 代码-->
<html>
<head>
  <title>设置页面背景</title>
</head>
<body style="background-color:blue">
</body>
</html>
```

01 此行代码表示：利用<body>标记中 style 属性的 background-color，将网页的背景颜色设置为蓝色，同时 background-color 属性值可以是英文例如:red、blue、white 或者十六进制数，例如："#00ff00"等。

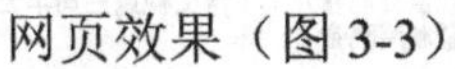

网页效果（图 3-3）

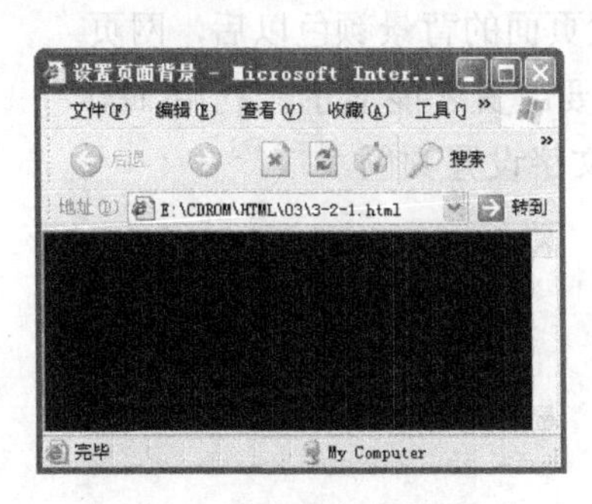

图 3-3　页面背景设置显示

3.2.2　设置页面边距——topmargin、leftmargin、rightmargin、bottomnargin

在 HTML 文件中，可以设置页面边距，通过设置页面边距属性的属性值来设置页面显示内容与浏览器的距离，使显示的内容更加美观。

基本语法

```
<body topmargin=value leftmargin=value rightmargin=value
bottomnargin=value>
```

语法说明

通过设置 topmargin/leftmargin/rightmargin/bottomnargin 不同的属性值来设置显示内容与浏览器的距离：

- topmargin 设置到顶端的距离
- leftmargin 设置到左边的距离
- rightmargin 设置到右边的距离
- bottommargin 设置到底边的距离。

实例代码（代码位置：CDROM\HTML \03\3-2-2.html）

```
<! 实例 3-2-2 代码 >
<html>
<head>
  <title>设置页面边距</title>
</head>
<body topmargin=0 leftmargin=20
rightmargin=20 bottomnargin=180>
       2007 年 1 月 16 日，电子工
业出版社博文视点公司召开了“博文视点三周年庆典暨
颁奖晚会”。
</body>
</html>
```

01 此行代码表示：通过设置 topmargin /leftmargin/rightmargin/bottomnargin 的属性值分别为：0/20/20/180，网页中的文字将会顶格显示在页面中，并且到左边与右边的距离相等，都是 20 像素。

02   表示插入一个空格，下一章将具体介绍该标记。

网页效果（图 3-4）

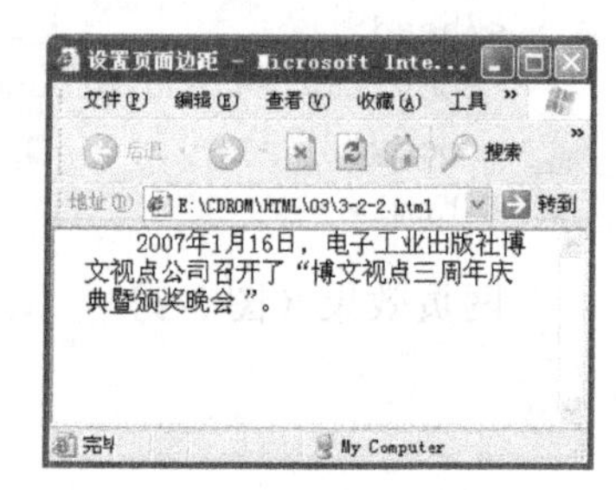

图 3-4　页面边距设置显示

3.2.3 设计正文颜色——text

在 HTML 文件中，设置页面的背景颜色以后，网页中可能有部分文字的颜色需要改变才能显示，利用 text 属性可以给页面中无链接的文字设置颜色。

基本语法

```
<body text="">
</body>
```

语法说明

在<body>标记中，利用 text 属性设置文档的颜色时，还可以进行其他的设置，例如：背景、字体等。

实例代码（代码位置：CDROM\HTML \03\3-2-3.html）

```
<!--实例 3-2-3 代码-->
<html>
<head>
```

```
    <title>设置正文颜色</title>
  </head>
  <body text="white" bgcolor="red">
            2007 年 1
月 16 日，电子工业出版社博文视点公司召开了“博文视
点三周年庆典暨颁奖晚会”。刚刚过去的 2006 年对博
文视点的发展来说是意义非凡的一年，在市场不断变化，
道路并不平坦的一年中，博文视点能够稳住军心，坚持
自己的出版方向，逐渐成为 IT 出版界的旗舰级机构。
  </body>
  </html>
```

01 此行代码表示：设置正文文本颜色为白色，背景色为红色。

网页效果（图 3-5）

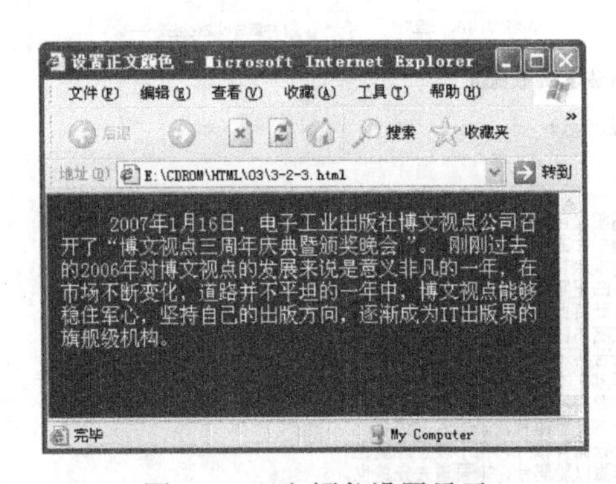

图 3-5　正文颜色设置显示

具体实现结果请读者运行光盘文件 CDROM\HTML \03\3-2-3.html 查看。

3.3　习题

一、选择题

（1）下面哪一组标记属于 HTML 文件中的头部标记（　）。

A．<table>…</table>　　B．<body>…</body>

C．<title>…</title>　　D．<html>…</html>

（2）下面哪项属于<body>标记的属性（　）。

A．table　　B．head　　C．topmargin　　D．bgcolor

（3）页面设置标题标记<title></title>位于（　）之间。

A．头部标记<head></head>

B．主体标记<body></body>

C．任何位置

（4）（　）用于设置网页文件链接的地址，（　）用于设置页面显示的目标窗口。

A．herf　base　　B．base　target　　C．href　target　　D．herf　target

二、填空题

（1）在 HTML 文件的头部标记是____________。

（2）在 HTML 文件的<body>标记的属性通常是____________等。

（3）一个 HTML 文件只能有一个<base>标记，同时该标记必须放于________中。

（4）设置页面关键字的基本语法是 ________________________。

（5）_______用于设置页面过期时间，________属性用于设置具体过期时间值。

*（6）HTML 支持的超链接主要有_______和_______ 两种。

三、上机题/问答题

（1）打开记事本，编写一个带有标题的头部文件。

（2）用 HTML 代码制作如图 3-6 所示效果的网页。（CDROM/习题参考答案及效果/03/1.html）

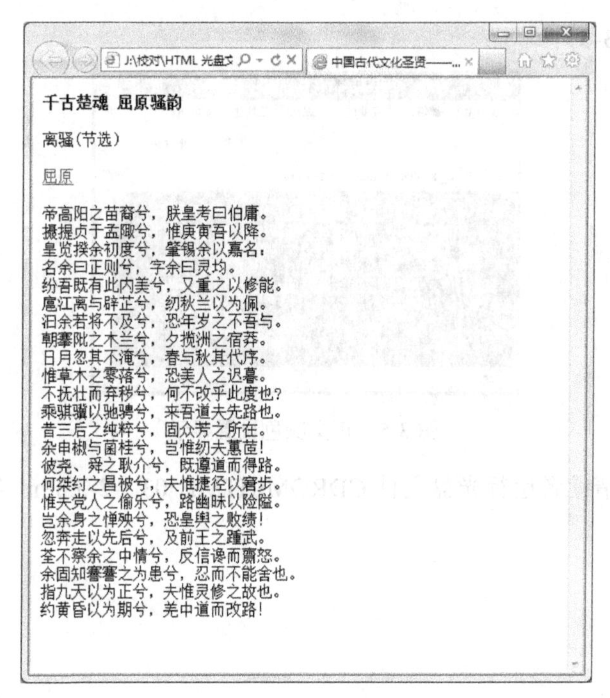

图 3-6 效果

第 4 章　文字与段落

本章重点

- 编辑内容
- 文字效果
- 文字修饰
- 段落

4.1 编辑内容

制作网页的目的是为了在网络上传递信息更加方便、快捷。因此，在网页中需要添加更多的内容信息，提供更多的信息资源。网页提供的内容可以是图片、图像、文字以及动画等。本节将重点介绍网页文字的编排。

4.1.1 添加文字

在 HTML 文件中，添加文字的方式与 Word、记事本、写字板等添加文字的方式相同，只要在需要输入文字的地方进行输入就可以完成。

基本语法

```
<body>
请在此处添加文字！
</body>
```

语法说明

在网页中添加文字，只要在<body></body>之间，需要插入文字的地方输入文字就可以实现。

实例代码（代码位置：CDROM\HTML\04\4-1-1.html）

```
<!--实例 4-1-1 代码-->
<html>
<head>
  <title>添加文字</title>
</head>
<body>
  <p>刚刚过去的 2006 年对博文视点的发展来说
是意义非凡的一年，在市场不断变化，道路并不平坦的
一年中，博文视点能够稳住军心，坚持自己的出版方向，
逐渐成为 IT 出版界的旗舰级机构。</p><br>
  </body>
</html>
```

01 此内容表示在网页中插入的文字信息。

02
表示回车换行显示，后面将会具体介绍换行符的使用。

网页效果（图 4-1）

4.1.2 添加注释<! -->

在 HTML 文件中，为了增加代码的可读性，需要对代码添加必要的注释。这些注释语句可方便编写者的检查与维护，同时这些注释信息也不会在网页中被显示，合适的代码注释会给编写者带来很大的方便，注释语句可以出现在页面的任何部位。

基本语法

```
<html>
<head>
 <!--请在此添加注释语句！-->
<title>添加注释</title>
```

```
</head>
<body>
<!--请在此添加注释语句！-->
</body>
</html>
```

语法说明

给代码添加注释语句时，<! -->可以放在 HTML 文件的任何地方，都不会在网页中被显示出来。

实例代码（代码位置：CDROM\HTML\04\4-1-2.html）

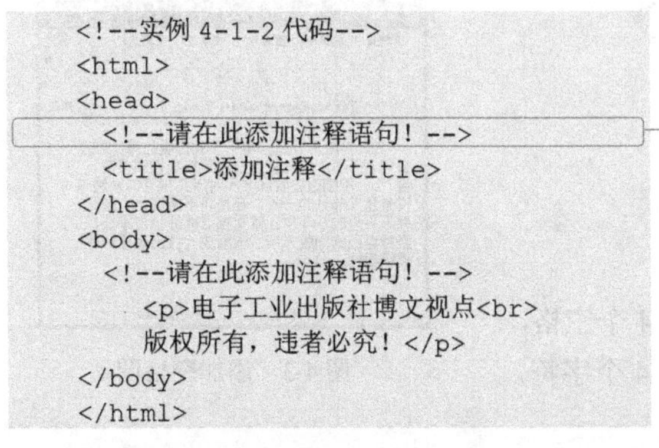

```
<!--实例 4-1-2 代码-->
<html>
<head>
  <!--请在此添加注释语句！-->
  <title>添加注释</title>
</head>
<body>
  <!--请在此添加注释语句！-->
    <p>电子工业出版社博文视点<br>
    版权所有，违者必究！</p>
</body>
</html>
```

01 此行代码表示在网页代码中添加注释信息，注释信息的内容根据制作者的需要编写。注释信息不会被显示在网页中。

网页效果（图 4-2）

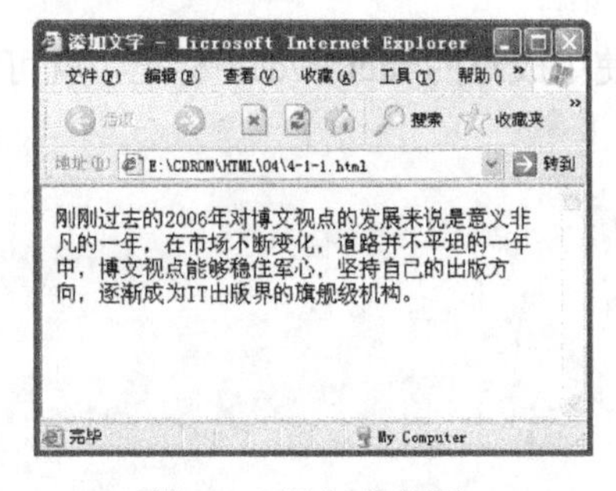

图 4-1 添加文字图

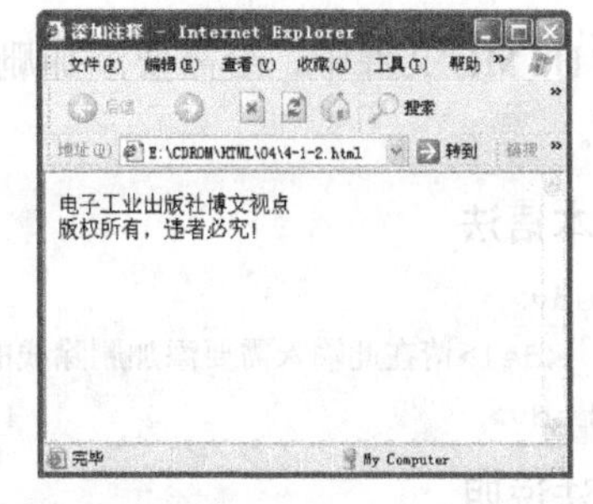

图 4-2 添加注释

4.1.3 添加空格——

在 HTML 文件中，添加空格的方式与其他文档添加空格的方式不同，网页中添加空格是通过代码控制，在 Word、记事本、写字板中输入空格可以直接通过键盘空格键输入。

基本语法

```
<body>
     
</body>
```

语法说明

在 HTML 文件中，添加空格需要使用代码“ ”控制，需要多少个空格就需要添加多少个“ ”。

实例代码（代码位置：CDROM\HTML\04\4-1-3.html）

```
<!--实例 4-1-3 代码-->
<html>
<head>
<title>添加空格</title>
</head>
<body>
<p>     2007 年 1 月 16 日，电子工业出版社<a href="index">博文视点</a>公司召开了“博文视点三周年庆典暨颁奖晚会”。
        刚刚过去的 2006 年对博文视点的发展来说是意义非凡的一年，在市场不断变化，道路并不平坦的一年中，博文视点能够稳住军心，坚持自己的出版方向，逐渐成为 IT 出版界的旗舰级机构。</p>
</body>
</html>
```

01 此代码表示在网页中添加空格。

网页效果（图 4-3）

效果图中的两段文字，第一段是添加了 4 个空格，第二段没有添加空格，很明显第一段缩进了 4 个字符。

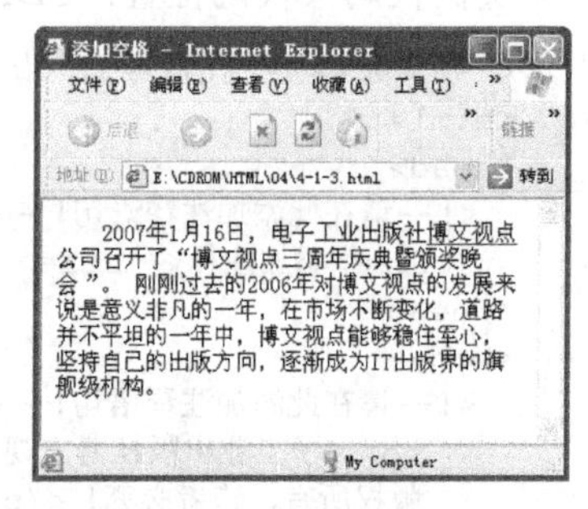

图 4-3　添加空格图

4.1.4 添加删除线<del>

在 HTML 文件中，给需要添加删除线的文字使用成对的<del></del>标记，就可以添加删除线。

基本语法

```
<body>
    <del>请在此输入需要添加删除线的文字</del>
</body>
```

语法说明

在成对的<del> </del>标记之间输入文字，在网页中显示改标记之间的文字就是被添加了删除线后的显示效果。

实例代码（代码位置：CDROM\HTML\04\4-1-4.html）

```
<!--实例 4-1-4 代码-->
<html>
<head>
  <title>添加删除线</title>
</head>
<body>
<p>给下面文字添加删除线</p>
<del>添加了删除线的文字</del>
</body>
</html>
```

01 此行代码表示给<del></del>标记之间的内容添加删除线。

网页效果（图 4-4）

4.1.5 插入特殊符号

在 HTML 文件中，插入特殊字符与插入空格符号的方式相同，只要在需要使用特殊符号的地方，插入特殊符号对应的代码就可以完成特殊符号的插入。部分特殊符号对应的代码如表 4-1 所示。

表 4-1　部分特殊符号与对应代码

符　号	对应代码
&	&
©	©
™	™
®	®
¥	¥
§	§

基本语法

```
<body>
  &amp; …… &copy;
</body>
```

语法说明

在 HTML 文件中，特殊符号对应的代码，在网页中显示的就是该代码对应的特殊符号。

实例代码（代码位置：CDROM\HTML\04\4-1-5.html）

```
<!--实例 4-1-5 代码-->
<html>
<head>
  <title>插入特殊符号</title>
</head>
<body><p>下面这段文字是插入版权符号后显示
的效果：<br>
版权所有&copy;：电子工业出版社</p>
</body>
</html>
```

01 此代码表示在网页源代码中版权对应的代码，在网页中显示出版权符号。

网页效果（图 4-5）

图 4-4　添加删除线图

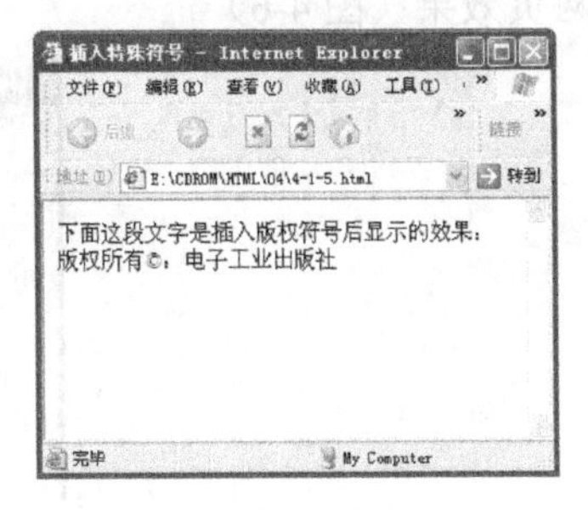

图 4-5　插入特殊符号

效果说明：图中的©为插入的特殊符号。

4.2 文字效果

在 HTML 文件中，添加了网页文字后，还需要对文字进行必要的布局和添加一些特殊的效果，使显示的网页更加的美观、丰富。下面将简单介绍网页文字的一些设置。

4.2.1 设置文字标注标记<ruby>

在 HTML 文件中，有时需要对某个字、词或者某段进行说明，可以通过添加文字的标注标记来完成对网页中文字的说明。

基本语法

```
<ruby>
被说明的文字
<rt>
文字的标注
</rt>
</ruby>
```

语法说明

利用成对的<ruby><rt>...</rt></ruby>标记，可以对网页中的文字进行标注。

实例代码（代码位置：CDROM\HTML \04\4-2-1.html）

```
<!-- 实例 4-2-1 代码 -->
<html>
<head>
<title>设置文字标注标记</title>
</head>
<body>
    <ruby>
      当代最可爱的人
      <rt>
       志愿军
     </rt>
</ruby>
</body>
</html>
```

01 代码表示：利用两对标记的结合使用，可以对网页中的文字进行简单的标注，使显示的内容更加清晰。

网页效果（图 4-6）

图 4-6 添加标注标记

4.3　文字修饰

为了使网页显示得更加美观，需要对网页中文字添加一些修饰，例如：设置文字的间隔、文字的上下标以及一些其他的设置。

4.3.1　简单修饰文字

文字在网页中的布局也很重要，同时也需要对网页中的文字做一些简单的修饰，对于网页文字的简单修饰，前面已经介绍过如何设置网页文字的字体、字号、颜色等，下面将介绍在 HTML 文件中，如何设置文字粗体、斜体、下划线。

基本语法

```
<body>
        普通文字的显示<br>
    <b>加粗的文字</b><br>
    <i>斜体文字</i><br>
</body>
```

语法说明

在 HTML 文件中，利用成对字体样式编辑标记就可以将网页中的文字根据需要，对其进行样式的编辑。

- 成对<b></b>标记表示加粗文字显示；
- 成对<i></i>标记表示斜体文字显示；

实例代码（代码位置：CDROM\HTML\04\4-3-1.html）

```
<!--实例 4-3-1 代码 -->
<html>
<head>
<title>简单修饰文字</title>
</head>
<body>
    <p>普通文字的显示<br>
    <b>加粗的文字</b><br>
    <i>斜体文字</i><br>
    </p>
</body>
</html>
```

01 此代码表示对网页文字加粗。
02 此代码表示将网页文字设置为斜体。

网页效果（图 4-7）

4.3.2　确定文字上下标——<sup>/<sub>

文字的上下标在数学中的使用更加广泛，比如计算某个数的平方根、一元二次方程求解等，都需要使用文字的上标或者下标进行区分。

基本语法

```
<body>
    <sup>上标内容</sup><br>
```

```
    <sub>下标内容</sub><br>
</body>
```

语法说明

在 HTML 文件中，成对的标记可以表示上标，利用成对的标记表示下标。

实例代码（代码位置：CDROM\HTML\04\4-3-2.html）

```
<!-- 实例 4-3-2 代码 -->
<html>
<head>
<title>确定文字上下标</title>
</head>
<body>
  <p> 解下面方程：<br>
    x<sup>2</sup>-3x+2=0<br>
    解：x<sub>1</sub>=1;
x<sub>2</sub>=1<br></p>
</body>
</html>
```

01 此行代码表示给网页中的文字添加上标。

02 此行代码表示给网页中的文字添加下标。

网页效果（图 4-8）

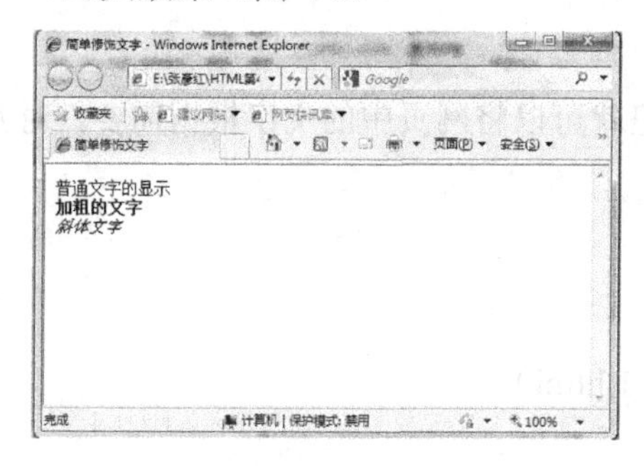

图 4-7　简单修饰文字

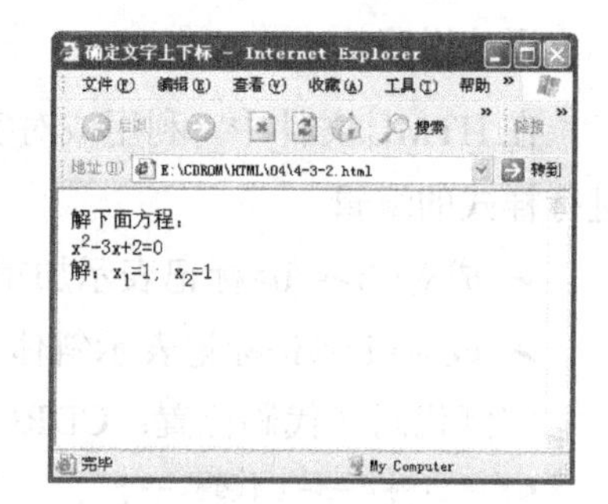

图 4-8　添加上标和下标

4.3.3 设置地址文字<address>

在网页中添加地址文字，是为了更方便地突出显示联系方式，将联系人的地址信息突出显示。

基本语法

```
<body>
    <address>请在此添加地址信息</address>
</body>
```

语法说明

在 HTML 文件中，利用成对的<address> </address>标记就可以将网页需要显示的地址文字突出显示。

实例代码（代码位置：CDROM\HTML\04\4-3-1.html）

```
<!-- 实例 4-3-3 代码 -->
<html>
<head>
```

```
    <title>设置地址文字</title>
  </head>
  <body>
  <p>书中有不恰当的地方，请您及时与我们联系：</p>
    <address>电子工业出版社</address>
  <address>E-mail:market@phei.com.cn</
address>
  </body>
  </html>
```

01 此代码表示对网页中的地址进行突出显示。

网页效果（图 4-9）

4.3.4 设置等宽文字<tt>、<samp>、<code>、<kbd>

在网页显示过程中，要想使文字的显示更加美观与整齐，需要对网页中的文字进行等宽的设置，但对于文字的等宽设置多数情况是用在英文文字显示中。

基本语法

```
<body>
  <tt>打字机风格显示</tt>
  <code>等宽文字设置内容</code>
  <samp>等宽文字设置内容</ samp >
  <kbd>键盘输入</ kbd >
</body>
```

语法说明

在 HTML 文件中，利用如下成对标记就可以对网页中的文字进行等宽设计。

- <tt></tt>设置打字机显示风格
- <code></code>等宽文字设置
- <samp></samp>等宽文字设置
- <kbd></kbd>键盘输入风格

实例代码（代码位置：CDROM\HTML\04\4-3-4.html）

```
<!-- 实例 4-3-4 代码 -->
<html>
<head>
<title>设置等宽文字</title>
</head>
<body>
  <tt>this is a book! </tt><br>
  <code>this is a book!</code><br>
  <samp>this is a book! </samp><br>
  <kbd>this is a book!</kbd><br>
 </body>
 </html>
```

01 行代码都表示对网页文字显示效果的设置，标记<tt>表示打字机效果，<code>和<samp>表示等宽文字效果设计，<kbd>表示键盘输入效果。

网页效果（图 4-10）

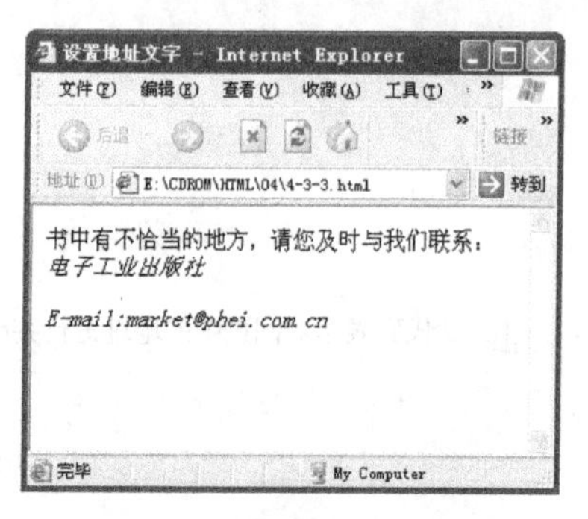

图 4-9　设置地址文字

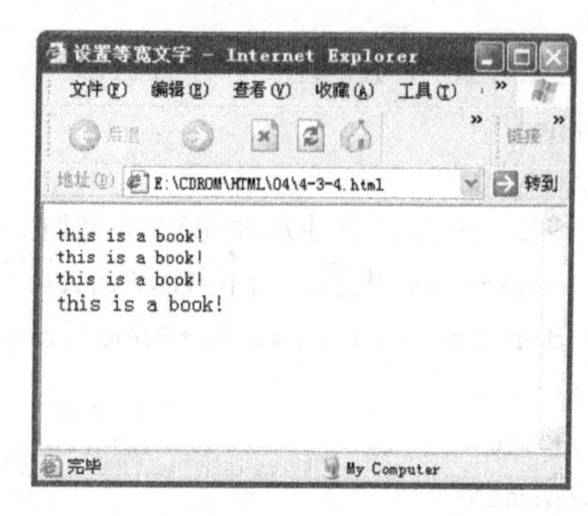

图 4-10　设置等宽文字

4.4　段落<p>

不论是在普通文档，还是在网页文字中，合理的使用段落会使文字的显示更加美观，要表达的内容也更加清晰。在 HTML 文件中，有专门的段落标记<p>。

基本语法

```
<body>
  <p>
  </p>
</body>
```

语法说明

在 HTML 文件中，<p>标记是一个段落标记符号，利用<p>标记可以对网页中的文字信息进行段落的定义，但不能进行段落格式的定义。

实例代码（代码位置：CDROM\HTML\04\4-4.html）

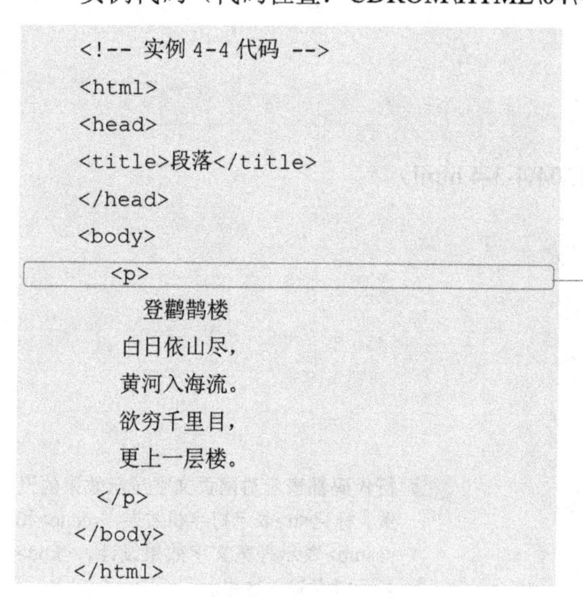

```
<!-- 实例 4-4 代码 -->
<html>
<head>
<title>段落</title>
</head>
<body>
  <p>
     登鹳鹊楼
   白日依山尽，
   黄河入海流。
   欲穷千里目，
   更上一层楼。
  </p>
</body>
</html>
```

01 此标记表示段落的定义。

网页效果（图 4-11）

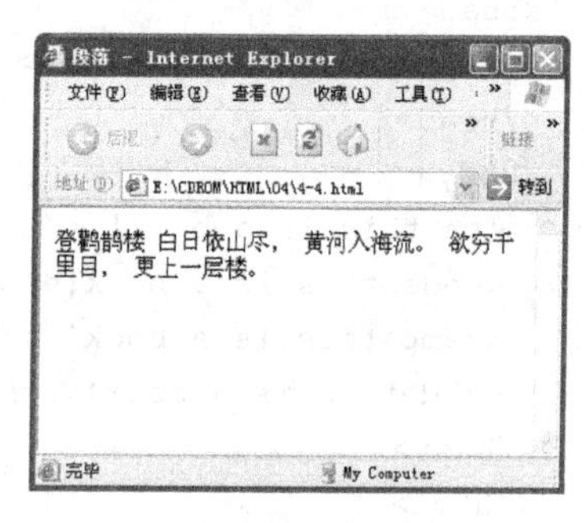

图 4-11　段落标记

4.4.1 回车

在 HTML 文件中，插入标记
的作用与普通文档插入回车符的意义相同，都表示强制性的换行。

基本语法

```
<body>
输入要显示的文字内容<br>继续输入要显示的内容
</body>
```

语法说明

在 HTML 文件中，利用
标记可以插入换行符。

实例代码（代码位置：CDROM\HTML\04\4-4-1.html）

```
<!-- 实例 4-4-1 代码 -->
<html>
<head>
<title>回车</title>
</head>
<body>
<p>刚刚过去的 2006 年对博文视点的发展来说是意义非凡的一年，<br>在市场不断变化，道路并不平坦的一年中，博文视点能够稳住军心，坚持自己的出版方向，逐渐成为 IT 出版界的旗舰级机构。</p>
</body>
</html>
```

01 此标记表示换行标记。

网页效果（图 4-12）

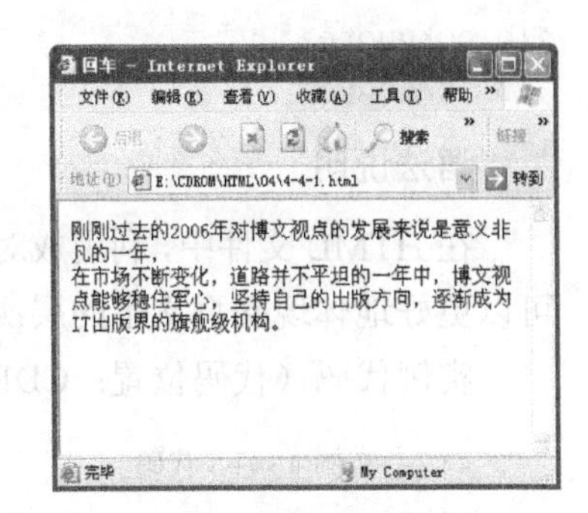

图 4-12　回车

4.4.2 预格式化<pre>

在 HTML 文件中，利用成对<pre></pre>标记对网页中文字段落进行预格式化，在输入过程中，按键盘上的回车键，就可以生成一个段落。下面将举例说明。

基本语法

```
<body>
  <pre>
  </pre>
</body>
```

语法说明

在 HTML 文件中，利用<pre>标记不仅可以定义网页文字中的段落，还可以对段落格式进行定义。

实例代码（代码位置：CDROM\HTML\04\4-4-2.html）

```
<!-- 实例 4-4-2 代码 -->
<html>
<head>
  <title>预格式化</title>
</head>
<body>
    <pre>
     登鹳鹊楼
   白日依山尽，
   黄河入海流。
   欲穷千里目，
   更上一层楼。
  </pre>
</body>
</html>
```

01 此标记表示对网页文字段落的预定义格式。

网页效果（图 4-13）

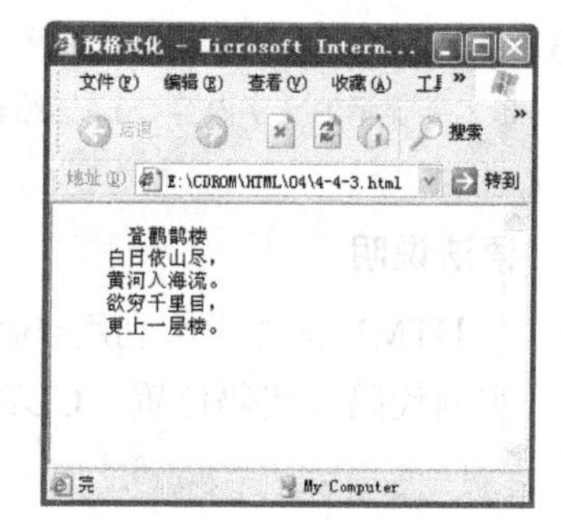

图 4-13　预格式化

4.4.3　设置段落缩进<blockquote>

对文档进行编排时，利用设置段落缩进，可以增加段落的层次效果。

基本语法

```
<body>
    <blockquote>需要缩进的内容
</blockquote>
  </body>
```

语法说明

在 HTML 文件中，利用成对<blockquote> </blockquote>标记对网页中的文字进行缩进，可以更好地体现网页文字的层次结构。

实例代码（代码位置：CDROM\HTML\04\4-4-3.html）

```
<!-- 实例 4-4-3 代码 -->
<html>
<head>
<title>设置段落缩进</title>
</head>
<body>

<blockquote>需要缩进的内容
</blockquote>
<blockquote><blockquote>需要缩进的内容
</blockquote></blockquote>
</body>
</html>
```

01 两行代码都是利用<blockquote> </blockquote>标记缩进显示。

网页效果（图 4-14）

效果说明：利用一对<blockquote></blockquote>标记可以缩进 5 个字符。

图 4-14　设置段落缩进

4.4.4　插入并设置水平线<hr>

在浏览网页时，经常会看到网页中有一条水平的直线，这条直线在网页中被称为水平线。

基本语法

```
<body>
  <hr>
</body>
```

语法说明

在 HTML 文件中，利用<hr>标记可以插入水平线。

实例代码（代码位置：CDROM\HTML \04\4-4-4.html）

```
<!-- 实例 4-4-4 代码 -->
<html>
<head>
  <title>设置水平线</title>
</head>
<body>
    <hr>
2007 年 1 月 16 日，电子工业出版社博文视点公司召开了“博文视点三周年庆典暨颁奖晚会”。刚刚过去的 2006 年对博文视点的发展来说是意义非凡的一年，在市场不断变化，道路并不平坦的一年中，博文视点能够稳住军心，坚持自己的出版方向，逐渐成为 IT 出版界的旗舰级机构。
<hr>
版权&copy;:电子社博文视点
</body>
</html>
```

01 此行代码表示插入水平线。

网页效果（图 4-15）

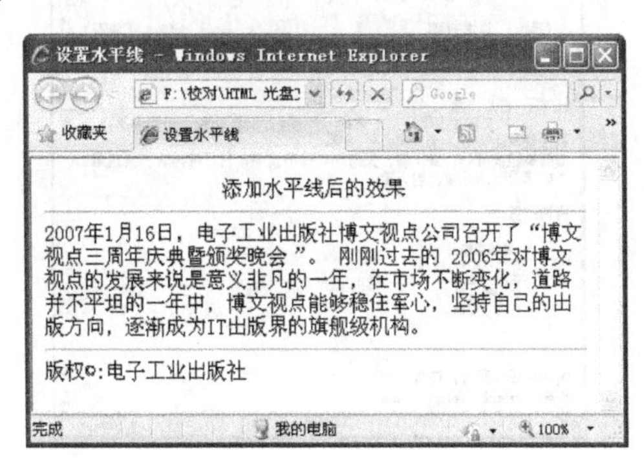

图 4-15　插入水平线

4.5 小实例——文字网页

实例代码（代码位置：CDROM\HTML\04\4-5.html）

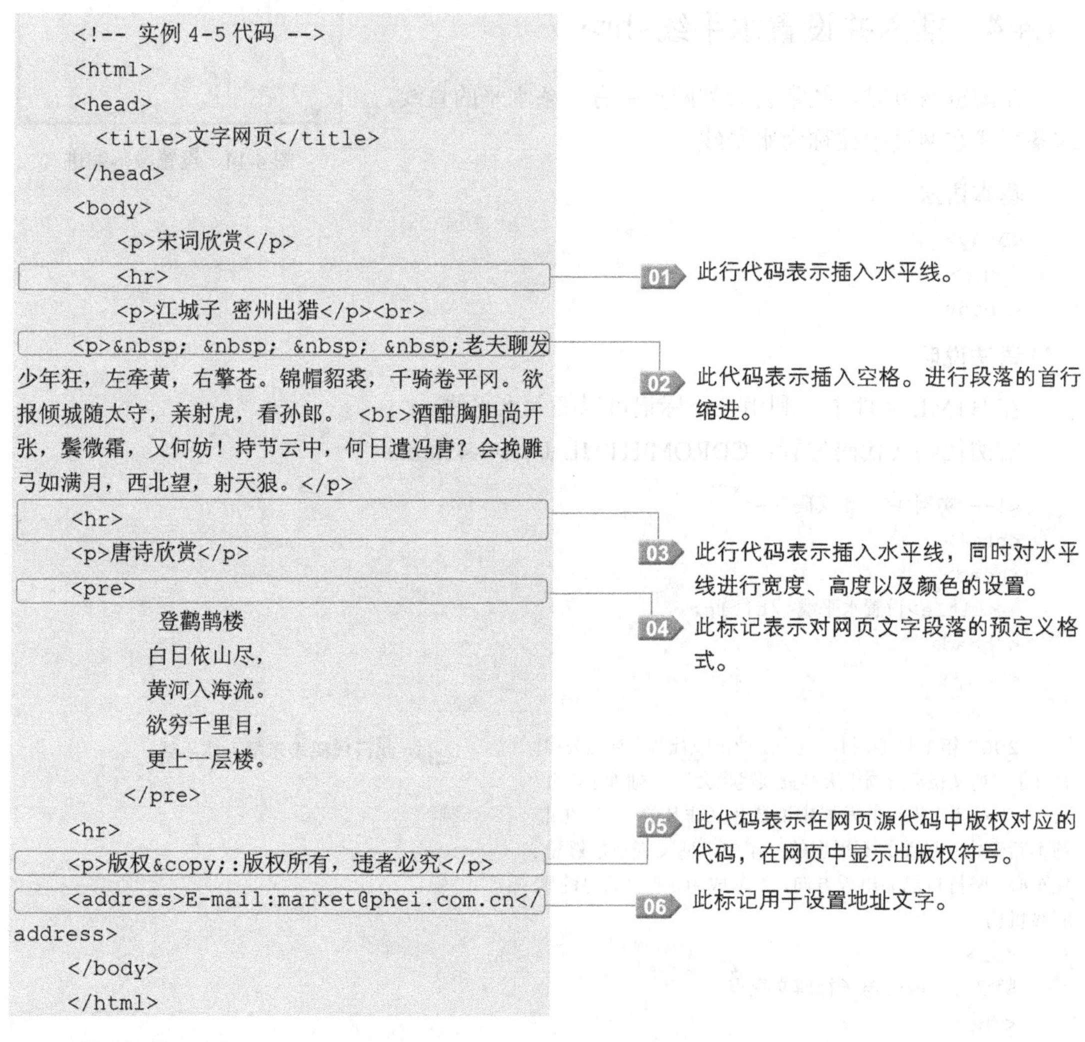

```
<!-- 实例 4-5 代码 -->
<html>
<head>
  <title>文字网页</title>
</head>
<body>
    <p>宋词欣赏</p>
    <hr>
    <p>江城子 密州出猎</p><br>
    <p>       老夫聊发少年狂，左牵黄，右擎苍。锦帽貂裘，千骑卷平冈。欲报倾城随太守，亲射虎，看孙郎。 <br>酒酣胸胆尚开张，鬓微霜，又何妨！持节云中，何日遣冯唐？会挽雕弓如满月，西北望，射天狼。</p>
    <hr>
    <p>唐诗欣赏</p>
    <pre>
          登鹳鹊楼
        白日依山尽，
        黄河入海流。
        欲穷千里目，
        更上一层楼。
    </pre>
    <hr>
    <p>版权&copy;:版权所有，违者必究</p>
    <address>E-mail:market@phei.com.cn</address>
    </body>
    </html>
```

01 此行代码表示插入水平线。

02 此代码表示插入空格。进行段落的首行缩进。

03 此行代码表示插入水平线，同时对水平线进行宽度、高度以及颜色的设置。

04 此标记表示对网页文字段落的预定义格式。

05 此代码表示在网页源代码中版权对应的代码，在网页中显示出版权符号。

06 此标记用于设置地址文字。

网页效果（图 4-16）

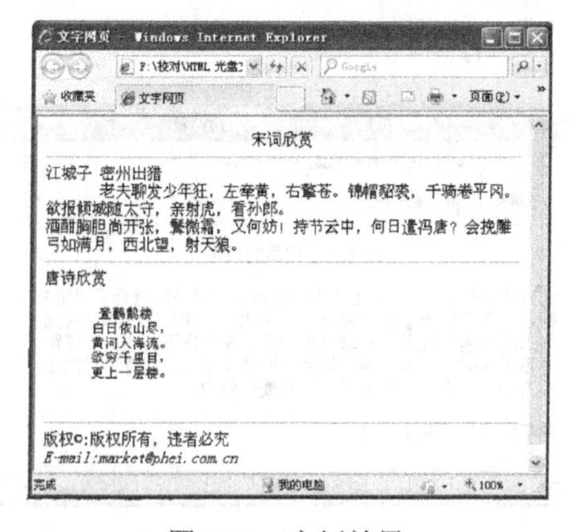

图 4-16 实例效果

4.6　习题

一、选择题

（1）下面哪一组属性不属于字体<font>标记的属性（　）。

A．center　　B．size　　C．color　　D．align

（2）网页内容水平居中显示，需要使用的标记或者属性是（　）。

A．middle　　B．center　　C．align　　D．valign

（3）&对应的代码是（　）。

A．&　　B．©　　C．&trade

（4）成对的________文字表示加粗文字显示；成对的________标记表示斜体文字显示；成对的________标记表示给文字添加下划线。（　）

A．<b></b>; <i></i>; <u></u>

B．<b></b>; <u></u>; <i></i>

C．<i></i>; <u></u>; <b></b>

（5）（　）标记可以根据屏幕的宽度，选择适当的地方换行，把其余的文本放到下一行进行显示。

A．<nobr>　　B．<wbr>　　C．

二、填空题

（1）在 HTML 文件中，版权符号的代码是____________。

（2）编辑网页文字效果通常是设置文字的____________等。

（3）如果文件需要换行，则可以使用________标记。

（4）在文件中使用_______标记可以把语句强行放在一行中。

（5）使用________标记可以使文本在页面上居中。

（6）________标记的作用是换行并在下画一条横线，横线的上下两端都会留出一定的空白。

*（7）<hr>标记的属性主要有______、______、_______、______和 noshade。

（8）添加注释的标记是_______ 或_______。

*（9）使用<hn>标记可以将文字设置为标题，设置后的标题文字都用_______和______显示，<hn>标记共分_____级。

三、上机题/问答题

（1）打开记事本，给网页添加几段文字信息，并设置文字的段落格式、字体、颜色等属性。

（2）简要说明段落格式和字符格式各包括哪些选项。

（3）用 HTML 语言制作如图 4-17 效果的网页（CDROM/习题参考答案及效果/04/1.html）。

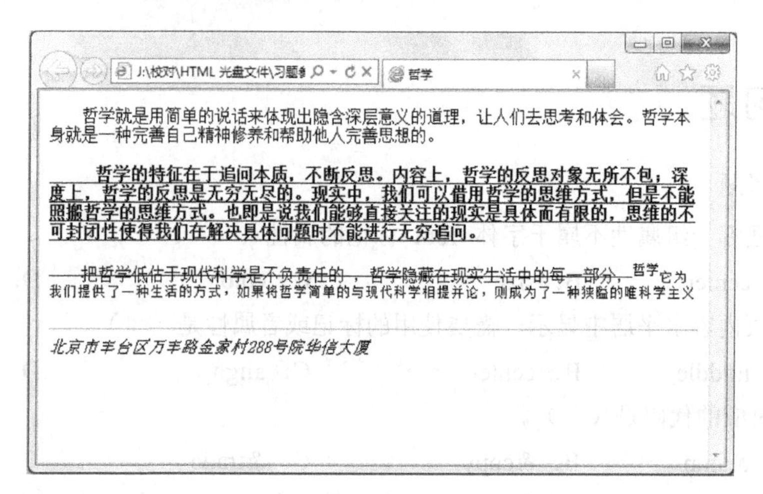

图 4-17　效果

（4）用 HTML 语言制作如图 4-18 效果的网页（CDROM/习题参考答案及效果/04/2.html）。

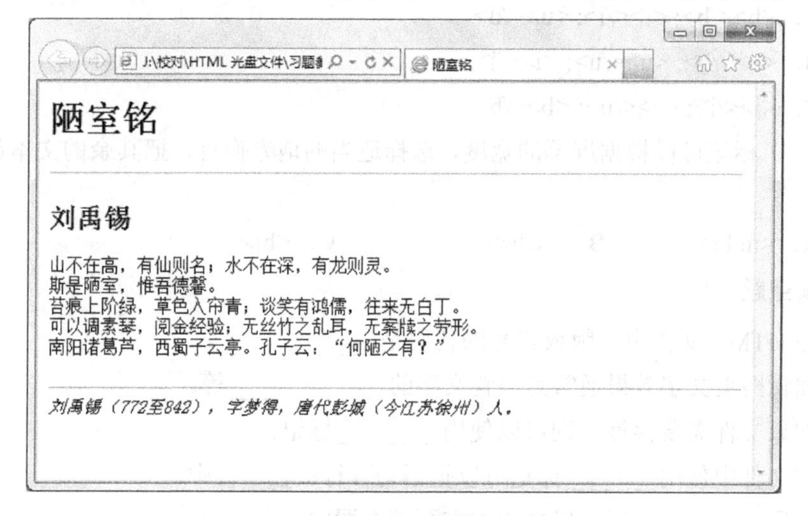

图 4-18　效果

第 5 章　建立和使用列表

本章重点

- 列表类型
- 嵌套列表

5.1 列表类型

在 HTML 文件中，除了使用第 4 章讲述的文字修饰标记修饰网页文字外，HTML 还提供了列表，可以对网页文字进行更好的布局。所谓列表：在网页中将项目有序或者无序罗列显示，常见的列表如表 5-1 所示，所有这些列表都以常用的方式组织内容。

表 5-1　列表类型与标记符号

列表类型	标记符号
定义列表	dl
无序列表	ul
目录列表	dir
有序列表	ol

5.1.1 插入定义列表<dl>

在 HTML 文件中，只要在需要使用列表的地方插入成对的标记<dl></dl>，就可以很简单地完成定义列表的插入。

基本语法：

```
<dl>
  <dt>名称<dd>说明
  <dt>名称<dd>说明
  <dt>名称<dd>说明
  …
<dl>
```

语法说明：

- <dt>标记定义了组成列表项名称部分，同时此标记只在<dl>标记中使用；
- <dd>用于解释说明<dt>标记定义的项目名称，此标记也只能在<dl>标记中使用。

实例代码（代码位置：CDROM\HTML\05\5-1-1.html）

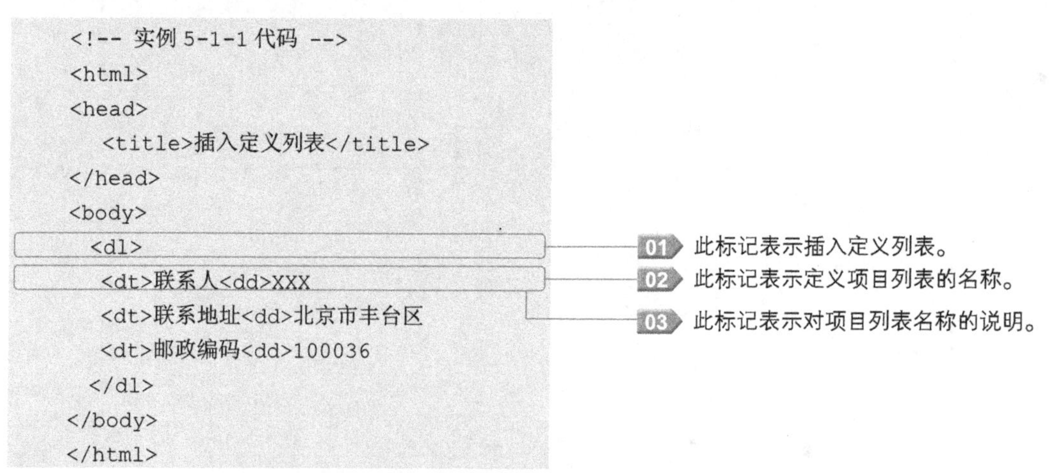

```
<!-- 实例 5-1-1 代码 -->
<html>
<head>
   <title>插入定义列表</title>
</head>
<body>
  <dl>
    <dt>联系人<dd>XXX
    <dt>联系地址<dd>北京市丰台区
    <dt>邮政编码<dd>100036
  </dl>
</body>
</html>
```

网页效果（图 5-1）

图 5-1　定义列表

5.1.2　插入无序列表<ul>

在 HTML 文件中，只要在需要使用列表的地方插入成对的标记<ul></ul>，就可以很简单地完成无序列表的插入。

基本语法：

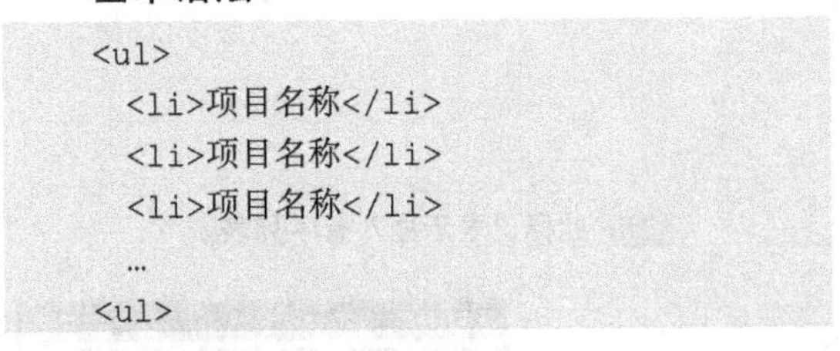

```
<ul>
  <li>项目名称</li>
  <li>项目名称</li>
  <li>项目名称</li>
  …
<ul>
```

语法说明：

在 HTML 文件中，利用成对<ul></ul>标记可以插入无序列表，但<ul>标记之间必须使用成对<li></li>标记添加列表项值。

实例代码（代码位置：CDROM\HTML\05\5-1-2.html）

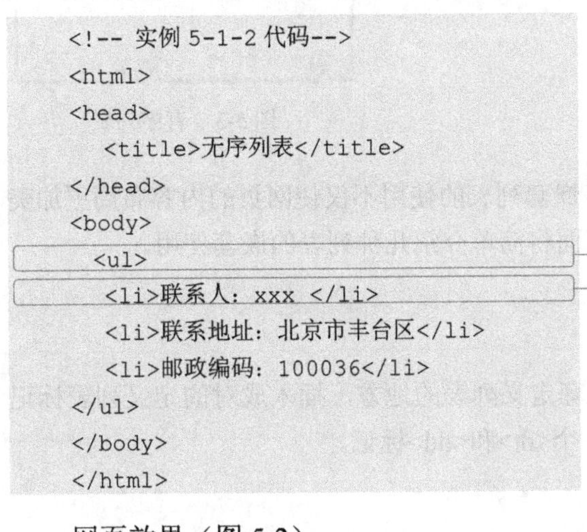

```
<!-- 实例 5-1-2 代码-->
<html>
<head>
   <title>无序列表</title>
</head>
<body>
  <ul>
   <li>联系人：xxx </li>
   <li>联系地址：北京市丰台区</li>
   <li>邮政编码：100036</li>
</ul>
</body>
</html>
```

01　此标记表示插入无序列表。

02　此标记表示插入列表项值。

网页效果（图 5-2）

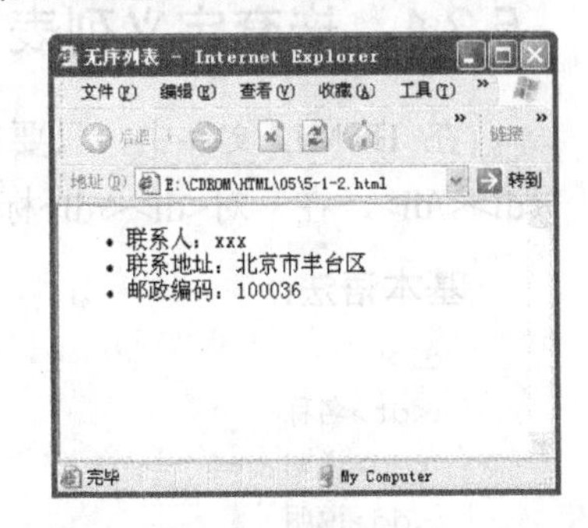

图 5-2　无序列表

5.1.3　插入有序列表<ol>

在 HTML 文件中，只要在需要使用目录的地方插入成对的有序列表标记<ol></ol>，就可以很简单地完成有序列表的插入。

基本语法：

```
<ol>
  <li>项目名称</li>…
  <li>项目名称</li>…
  <li>项目名称</li>…
  …
</ol>
```

语法说明：

在 HTML 文件中，利用成对的<ol></ol>标记可以插入有序列表，但<ol>标记之间必须使用成对<li></li>标记添加列表项值。

实例代码（代码位置：CDROM\HTML\05\5-1-3.html）

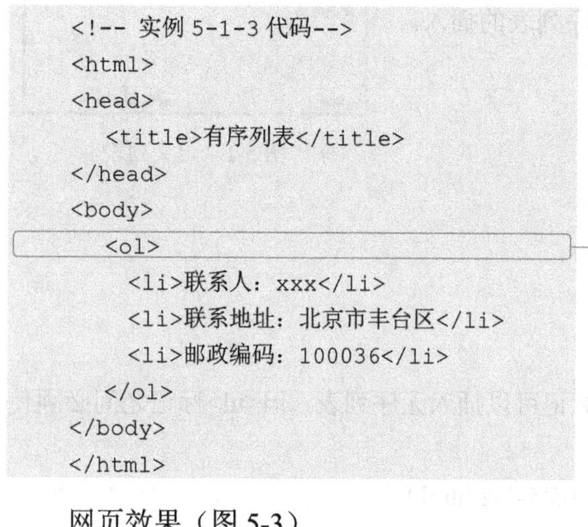

```
<!-- 实例 5-1-3 代码-->
<html>
<head>
  <title>有序列表</title>
</head>
<body>
  <ol>
    <li>联系人：xxx</li>
    <li>联系地址：北京市丰台区</li>
    <li>邮政编码：100036</li>
  </ol>
</body>
</html>
```

01 此标记表示插入有序列表。

网页效果（图 5-3）

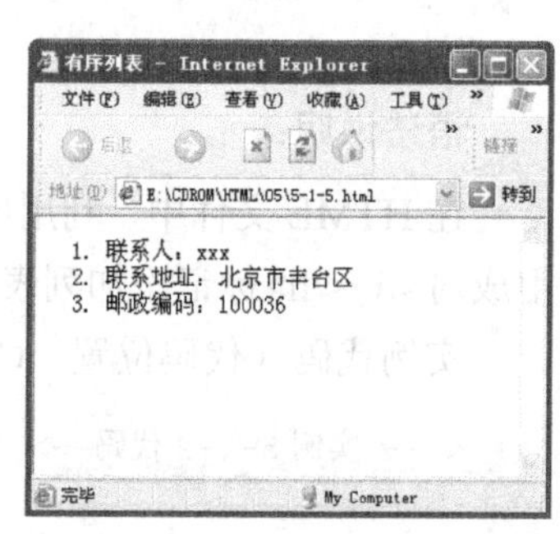

图 5-3 有序列表

5.2 嵌套列表

在网页文件中，列表的使用也很频繁，嵌套列表的使用不仅使网页的内容布局更加美观，而且使显示的内容更加清晰、明白，下面将简单介绍几种列表的嵌套使用。

5.2.1 嵌套定义列表

在 HTML 文件中，只要在需要使用嵌套定义列表的地方，插入成对的定义列表标记<dl></dl>，在一对<dl></dl>标记之间使用多个<dt>和<dd>标记。

基本语法：

```
<dl>
  <dt>名称
  <dd>说明
  <dd>说明
  <dd>说明
  <dt>名称
  <dd>说明
  <dd>说明
  <dd>说明
  ...
</dl>
```

语法说明：

➢ <dl>标记表示插入定义列表；

➢ <dt>标记表示插入项目名称；

➢ <dd>标记表示多项目名称的说明；

➢ 多个<dt>与<dd>的交替使用，构成了定义列表的嵌套。

实例代码（代码位置：CDROM\HTML\05\5-2-1.html）

```
<!-- 实例 5-2-1 代码 -->
<html>
<head>
  <title>嵌套定义列表</title>
</head>
<body>
  <dl>
   <dt>网页三剑客
   <dd>Dreamweaver
   <dd>Flash
   <dd>Fireworks
   <dt>编程三剑客
   <dd>VB
   <dd>VF
   <dd>VC
  </dl>
</body>
</html>
```

网页效果（图 5-4）

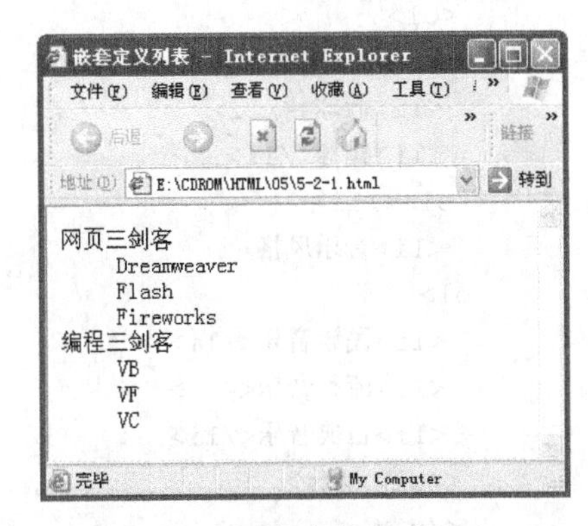

图 5-4　嵌套定义列表

5.2.2 嵌套有序与无序列表

在 HTML 中，只要在需要使用有序与无序列表嵌套的地方，在无序列表<ul></ul>标记之间插入有序列表<ol>，就可以完成嵌套有序与无序列表的插入。

基本语法：

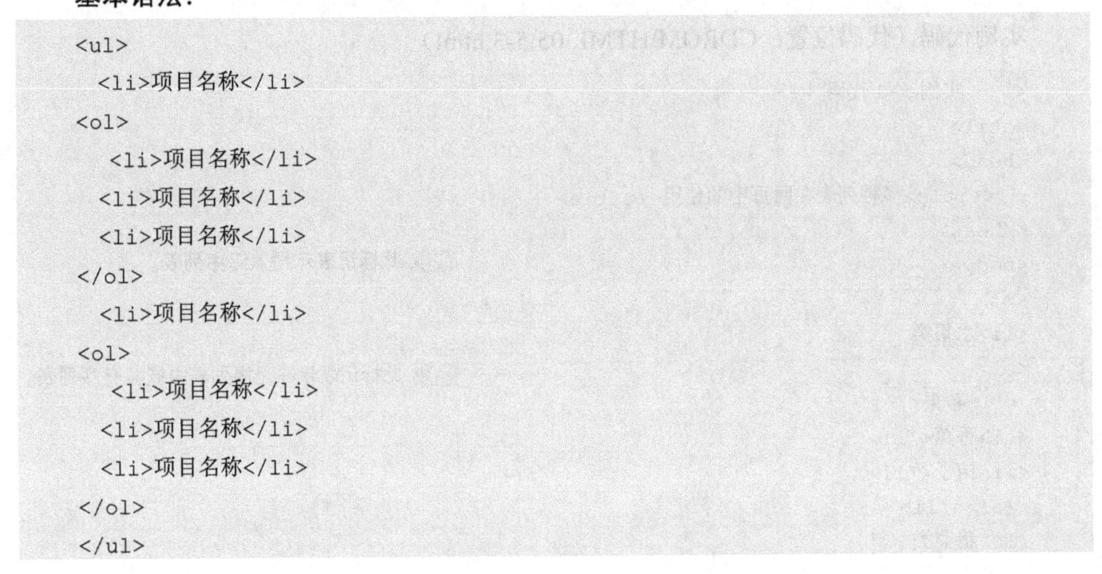

```
<ul>
  <li>项目名称</li>
<ol>
   <li>项目名称</li>
  <li>项目名称</li>
  <li>项目名称</li>
</ol>
  <li>项目名称</li>
<ol>
   <li>项目名称</li>
  <li>项目名称</li>
  <li>项目名称</li>
</ol>
</ul>
```

语法说明：

将<ol>标记用在<ul></ul>标记之间，实现列表的嵌套。

实例代码（代码位置：CDROM\HTML\05\5-2-2.html）

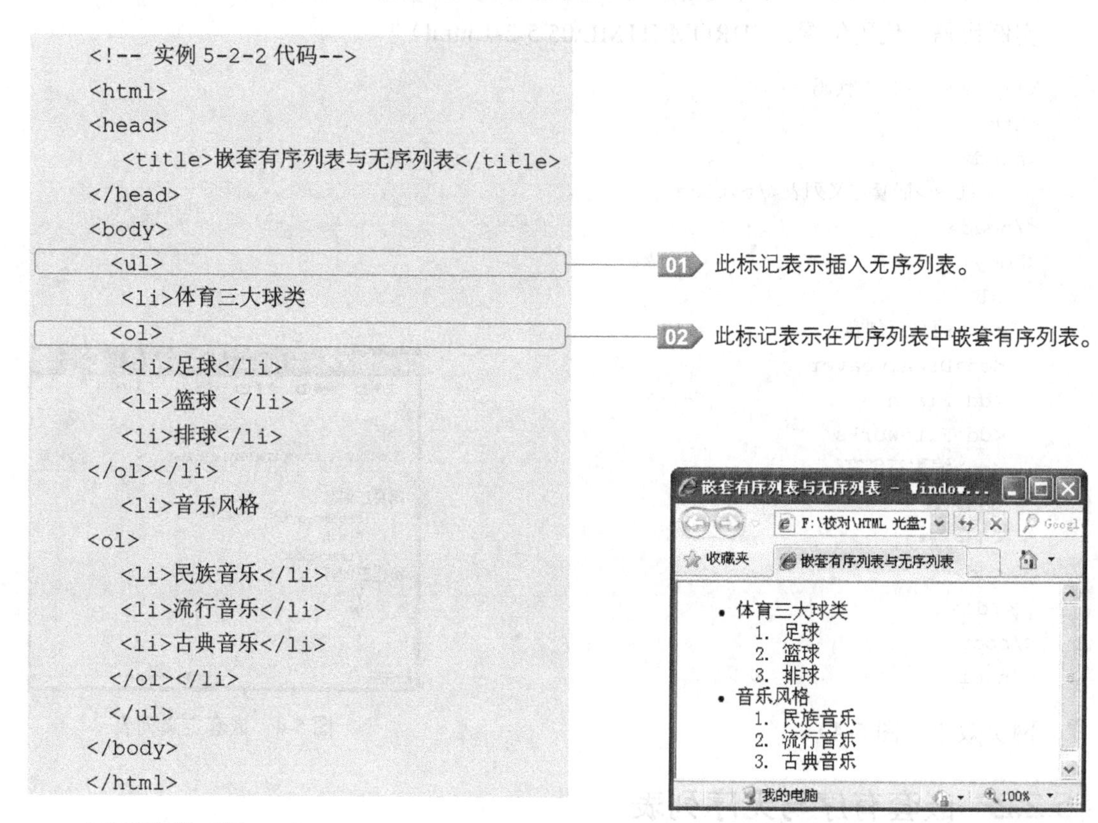

```
<!-- 实例 5-2-2 代码-->
<html>
<head>
   <title>嵌套有序列表与无序列表</title>
</head>
<body>
  <ul>
   <li>体育三大球类
  <ol>
   <li>足球</li>
   <li>篮球 </li>
   <li>排球</li>
</ol></li>
   <li>音乐风格
<ol>
   <li>民族音乐</li>
   <li>流行音乐</li>
   <li>古典音乐</li>
  </ol></li>
  </ul>
</body>
</html>
```


网页效果（图 5-5）

图 5-5　嵌套有序与无序列表

5.3　小实例——列表在网页中的使用

实例代码（代码位置：CDROM\HTML\05\5-3.html）

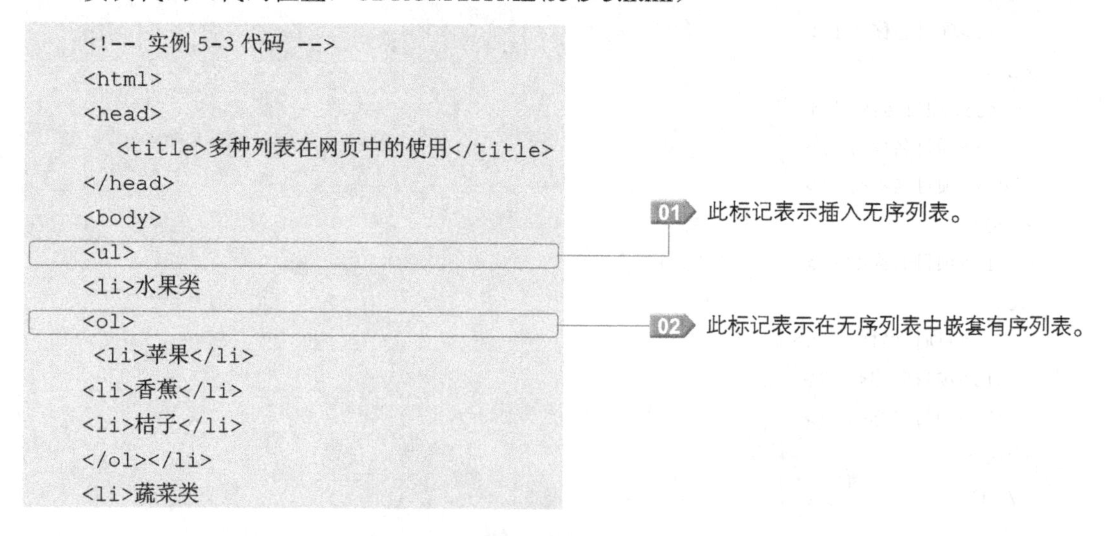

```
<!-- 实例 5-3 代码 -->
<html>
<head>
   <title>多种列表在网页中的使用</title>
</head>
<body>
<ul>
<li>水果类
<ol>
 <li>苹果</li>
<li>香蕉</li>
<li>桔子</li>
</ol></li>
<li>蔬菜类
```

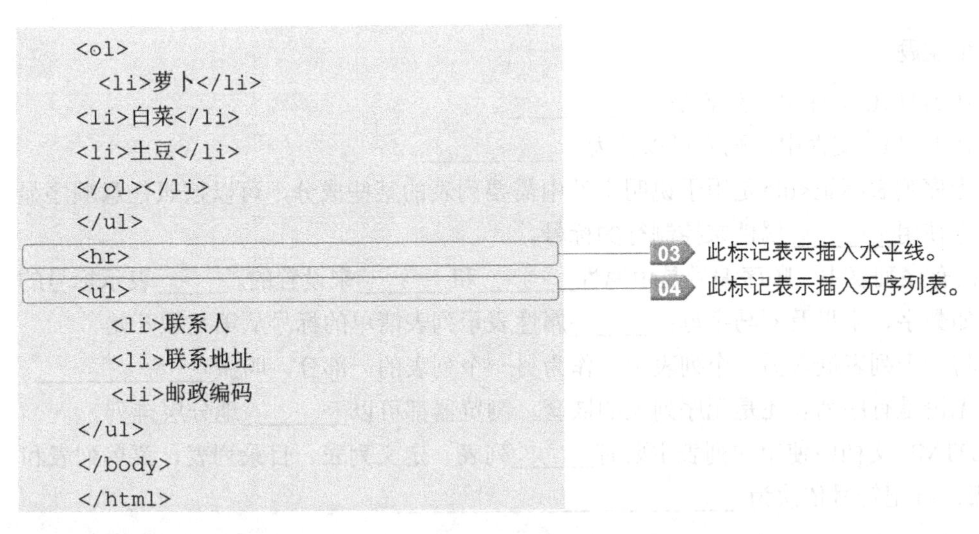

```
<ol>
  <li>萝卜</li>
<li>白菜</li>
<li>土豆</li>
</ol></li>
</ul>
<hr>
<ul>
   <li>联系人
   <li>联系地址
   <li>邮政编码
</ul>
</body>
</html>
```

03 此标记表示插入水平线。

04 此标记表示插入无序列表。

网页效果（图 5-6）

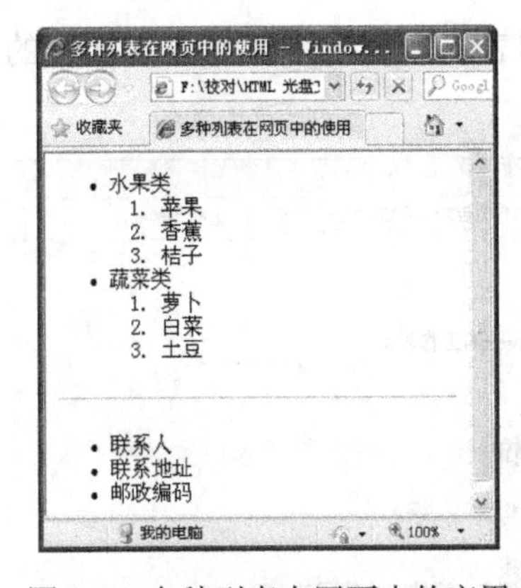

图 5-6　多种列表在网页中的应用

5.4　习题

一、选择题

（1）下面哪一组标记不是定义列表中需要使用的标记（　）。

A．<dl>　　B．<dt>　　C．<do>　　D．<dd>

（2）关于列表标记，下列说法错误的是（　）。

A．<ol>有序列表　　B．<ul>无序列表

C．<dl>定义列表　　D．<li>嵌套列表

（3）<dt>和<dd>标记能在（　）标记中使用。

A．任何　　B．<dl>　　C．<ul>　　D．<ol>

（4）<ul></ul>标记和<ol></ol>标记中分别可以插入无序列表和有序列表，但<ul>和<ol>标记之间必须使用（　）标记添加列表值。

A．<li></li>　　B．<li>　　C．<dl></dl>

二、填空题

（1）在 HTML 文件中，列表是____________。

（2）在 HTML 文件中，列表可以分为____________。

*（3）无序列表标记<ul>是用于说明文件中需要列表的某些成分，可以按照任意顺序显示出来，它使用________属性来控制行的标号。

*（4）在有序列表中，顺序编号是由属性_______和_______来设置的。_____表示标号的类型，例如数字、字母及罗马字母；______属性表示列表清单的标号从第几项开始。

*（5）将一个列表嵌入另一个列表中，作为另一个列表的一部分，叫做____________。

（6）无论是有序列表还是无序列表的嵌套，浏览器都可以________地分层排列。

（7）HTML 文档中使用的列表主要有______列表、定义列表、目录列表、菜单列表和_____列表。标记符号依次为__________________________。

三、上机题/问答题

（1）用有序列表和无序列表的嵌套制作如图 5-7 所示的页面（CDROM/习题参考答案及效果/05/1.html）。

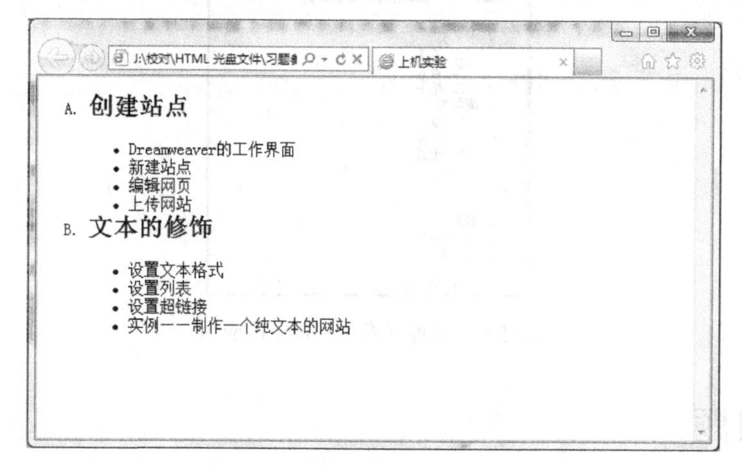

图 5-7　效果

（2）用 HTML 语言制作如图 5-8 的网页（CDROM/习题参考答案及效果/05/2.html）。

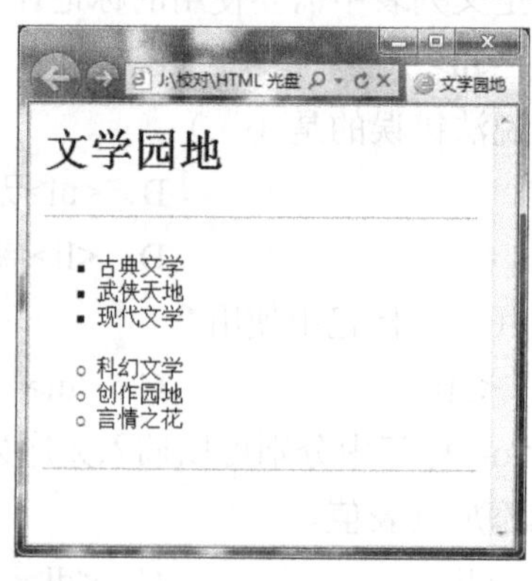

图 5-8　效果

（3）用有序列表和无序列表的嵌套制作一个简单的页面。

第 6 章　超链接

本章重点

- 超链接概述
- 超链接与路径
- 超链接的建立
- 设置图像映射

6.1 超链接概述

链接在网页制作中是一个必不可少的部分，在浏览网页时，单击一张图片或者一段文字就可以弹出一个新的网页，这些功能都是通过超链接来实现的，在 HTML 文件中，超链接的建立是很简单的，但是掌握超链接的原理对网页的制作是至关重要的。在学习超链接之前，需要先了解一下“URL”，所谓 URL（Uniform Resource Locator）指统一资源定位符，通常包括三个部分：协议代码、主机地址、具体的文件名。运行浏览器，在地址栏上输入：http://www.broadview.com.cn，然后按回车，或者单击“转到”按钮，就可以打开博文视点的网站首页，页面左边的图片文字就是超链接，如图 6-1 所示。

单击“资源下载”，可以打开网站提供的资源下载页面，实现与网站的链接，如图 6-2 所示。

图 6-1　含有超链接的网页

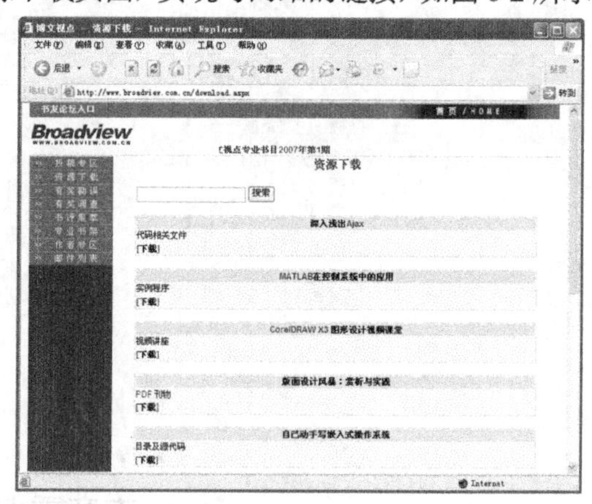

图 6-2　单击链接显示

6.2 超链接的路径

超链接在网站中的使用十分广泛，一个网站由多个页面组成，页面之间的关系就是依靠超链接来完成的。在网页文档中，每一个文件都有一个存放的位置和路径，了解一个文件与另一个文件之间的路径关系对建立超链接是至关重要的。一般而言，一个网站的文件都是在同一个目录下的，因此在制作网页时，只要弄清楚当前文件与网页站点目录的路径关系就可以了。

在 HTML 文件中提供了三种路径：绝对路径、相对路径、根路径。

在 HTML 文件中，超链接可以分为内部链接和外部链接。所谓内部链接：指网站内部文件之间的链接；所谓外部链接，指网站内的文件链接到站点内容外的文件。

6.2.1 设置绝对路径

绝对路径指文件的完整路径，包括文件传输的协议 http、ftp 等，一般用于网站的外部链接，例如：

http://www.broadview.com.cn

ftp://219.153.41.160

6.2.2 设置相对路径

相对路径是指相对于当前文件的路径，它包含了从当前文件指向目的文件的路径。同时只要是处于站点文件夹之内，即使不属于同一个文件目录下，相对路径建立的链接也适合。采用相对路径是建立两个文件之间的相互关系，可以不受站点和所处服务器位置的影响。如表 6-1 所示为相对路径的使用方法。

表 6-1　相对路径使用方法

相对位置	如何输入
同一目录	输入要链接的文档
链接上一目录	先输入“../”，再输入目录名
链接下一目录	先输入目录名，后加“/”

具体的链接方式实例将在下一节超链接的建立中详细介绍。

6.2.3 设置根路径

根路径的设置也适合内部链接的建立，一般情况下不使用根路径。根路径的使用很简单，以“/”开头，后面紧跟文件路径，例如：/download/index.html

6.3 超链接的建立

在网页文件中，超链接通常使用标记<a>的属性 href 属性建立，在这种情况下，当前文档便是链接源，href 设置的属性值便是目标文件。

例如：`<a href="http://www.broadview.com.cn/index">链接内容</a>`

6.3.1 插入内部链接

网站内部链接一般指在同一个站点下不同网页页面之间的链接，下面将说明同一站点下的两个页面之间建立内部链接的方法。

基本语法

```
<a href="URL">链接内容</a>
```

语法说明

在 HTML 文件中，需要使用内部超链接时，插入成对的标记将 href 属性的 URL 值设置为相对路径。

实例代码（代码位置：CDROM\HTML \06\web\6-3-1.html）

```
<!-- 实例 6-3-1 代码 -->
<html>
<head>
  <title>插入内部链接</title>
</head>
```

```
<body>
电子工业出版社与国内第三方网络支付平台提供商——首信易在线支付合作，开通了<a href="index.htm">网上付款购书业务</a>，实现了互联网上的在线支付、资金清算、查询统计等功能。实现了读者灵活、方便地进行网上购书，同时让读者享受网络科技带来的快捷和便利。
</body>
</html>
```

01 此行代码表示给“网上付款购书业务”添加了超链接，网页通过浏览器打开后，单击“网上付款购书业务”就可以链接到相应的页面。此链接采用的是内部链接，文件路径采用的是相对路径。

网页效果（图 6-3 和图 6-4）

图 6-3　插入内部链接

图 6-4　单击链接显示结果

6.3.2 插入外部链接

所谓外部链接指单击页面上的链接可以链接到网站外部的网页文件中，在使用外部链接时，需要使用“URL”来表示文件的绝对路径。

基本语法：

```
<a href="URL">链接内容</a>
```

语法说明：

在 HTML 文件中，需要使用外部超链接时，插入成对的标记并将 href 属性的 URL 值设置为绝对路径。

实例代码（代码位置：CDROM\HTML \06\6-3-2.html）

```
<!-- 实例 6-3-2 代码 -->
<html>
<head>
  <title>插入外部链接</title>
</head>
<body>
<a href="http://www.phei.com.cn">电子工业出版社</a>与国内第三方网络支付平台提供商——首信易在线支付合作，开通了网上付款购书业务，实现了互联网上的在线支付、资金清算、查询统计等功能。实现了读者灵活、方便地进行网上购书，同时让读者享受网络科技带来的快捷和便利。
</body>
</html>
```

01 此行代码表示给“电子工业出版社”添加了超链接，网页通过浏览器打开后，单击“电子工业出版社”就可以链接到相应的页面。此链接采用的是外部链接，文件路径采用的是绝对路径。

网页效果（图 6-5 和图 6-6）

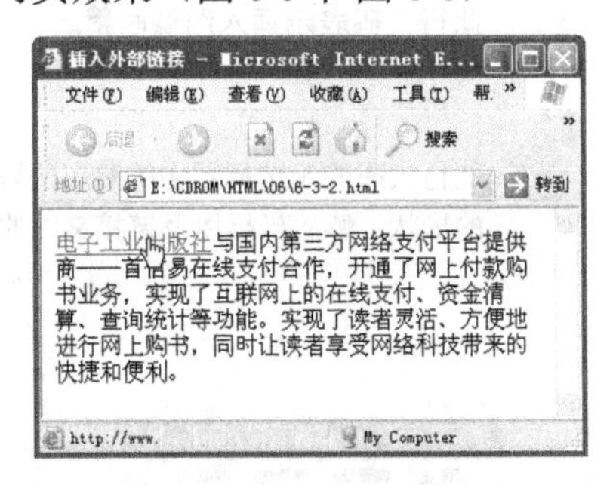

图 6-5　插入外部链接

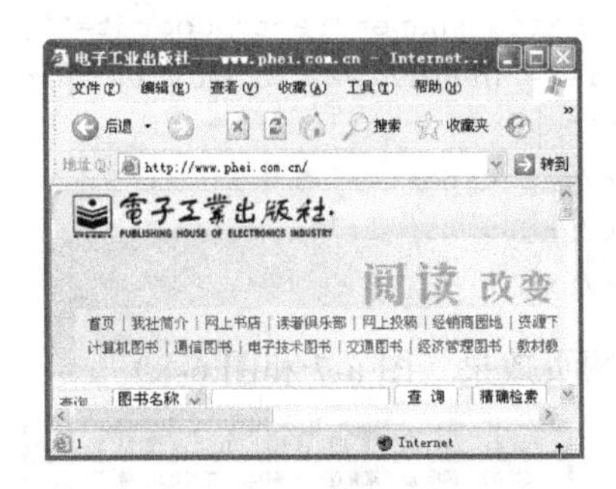

图 6-6　单击链接显示结果

注意：此效果图直接来源于电子工业出版社门户网站，需要读者的电脑链接到英特网才可以显示，否则无法显示该效果。

6.4　设置图像映射

浏览网页时，单击网页中的某个图片也可以跳转到相应的网页页面，这就是在网页制作过程中设置的图像映射。在网页文件中可以同时对多个图片设置图像映射。

基本语法：

```
<img src="URL" usemap=""></img>
<map name＝"">
<area shape="" coords=" , , , " href＝"URL">
</map>
```

语法说明：

- <img>标记表示插入图像文件，src 表示插入图像的路径；
- <map>标记表示插入图像映射；
- <area>标记表示图像映射区域；
- rhape 属性表示映射区域形状：
  - “rect”表示矩形区域；
  - “circle”表示椭圆形区域；
  - “poly”表示多边形区域；
- coords 表示感应区域的坐标。

实例代码（代码位置：CDROM\HTML \06\6-4.html）

```
<!-- 实例 6-4 代码 -->
<html>
<head>
  <title>设置图像映射</title>
</head>
<body>
<p><img src="6-4.jpg" width="150"
height="50" usemap="#Map" alt="">
```

01　此行代码表示在 HTML 文件中插入图片，具体插入图片的方法将在后面的章节中具体介绍。

```
    <map name="Map">
      <area shape="rect" coords="2,9,149,
40" href="http://www.broadview.com.cn"
alt="">
    </map></p>
    </body>
    </html>
```

02 此行代码表示插入图像映射。

03 此行代码表示选择图像的感应区域、区域的形状、感应坐标以及链接文件的路径。

网页效果（图 6-7 和图 6-8）

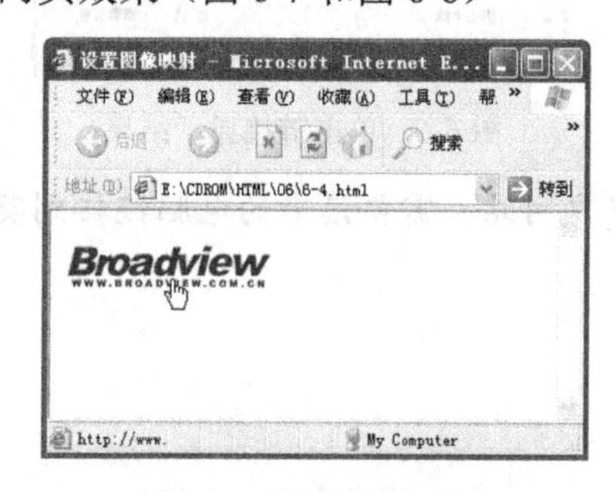

图 6-7　设置图像映射

图 6-8　单击图像映射显示结果

注意：此效果图直接来源于博文视点的门户网站，需要读者的电脑连接到 Internet 才可以显示，否则无法显示该效果。

6.5　小实例——超链接的使用

实例代码（代码位置：CDROM\HTML \06\6-5.html）

```
    <!-- 实例 6-5 代码 -->
    <html>
    <head>
      <title>插入内部链接</title>
    </head>
    <body>
    <p><img src="6-4.jpg" width="150"
height="50" usemap="#Map" alt=""></p>
    <p><map name="Map">
      <area shape="rect"
coords="2,9,149,40"
href="http://www.broadview.com.cn"
alt="">
    <p>电子工业出版社与国内第三方网络支付平台
提供商——首信易在线支付合作，开通了<a href="web
/index.htm">网上付款购书业务</a>，实现了互联网
上的在线支付、资金清算、查询统计等功能。实现了读
者灵活、方便地进行网上购书，同时让读者享受网络科
技带来的快捷和便利。</p>
```

01 此行代码表示给“网上付款购书业务”添加了超链接，网页通过浏览器打开后，单击“网上付款购书业务”就可以链接到相应的页面。此链接采用的是内部链接，文件路径采用的是相对路径。

```
</map></p>
</body>
</html>
```

网页效果（图 6-9 和图 6-10、图 6-11 和图 6-12）

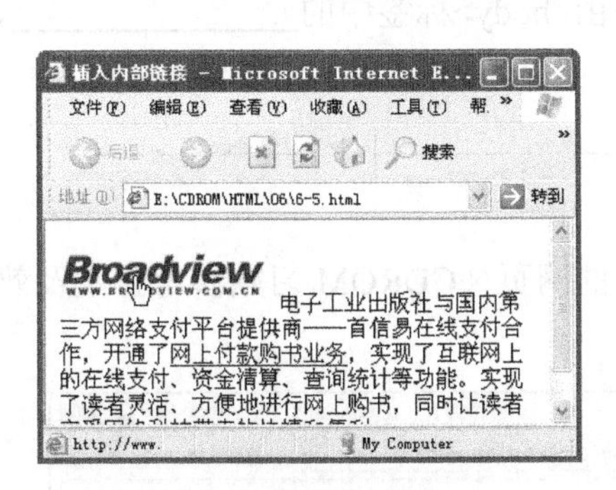

图 6-9　鼠标放置图像感应区域

图 6-10　单击感应区显示网页

注意：此效果图直接来源于博文视点的门户网站，需要读者的电脑连接到 Internet 才可以显示，否则无法显示该效果。

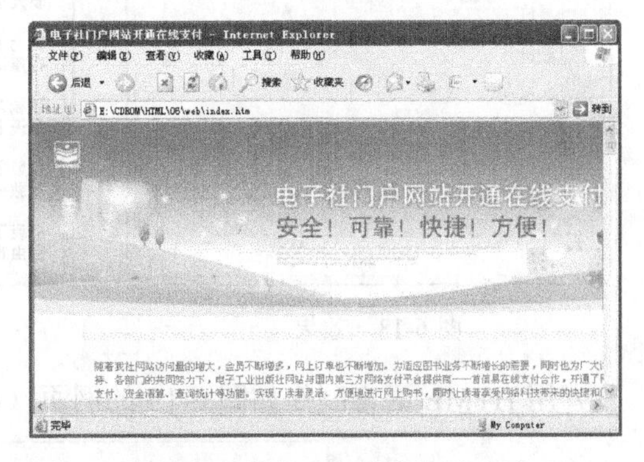

图 6-11　鼠标放置文字链接处

图 6-12　单击文字链接显示网页

6.6　习题

一、选择题

（1）下面哪一组属性值不是用于设置图像映射的区域形状（　）。

A．rect　　B．circle　　C．poly　　D．cords

（2）关于相对路径的是（　）。

A．http://www.broadview.com.cn　　B．ftp:// 219.153.41.160

C．../文件名　　D．/文件路径

二、填空题

（1）在 HTML 文件中，URL 是____________。

（2）在 HTML 文件中，超链接可以分为____________。

（3）HTML 的超链接是通过标记______和______来实现的。

（4）在 HTML 中，超链接标记的格式为<a______="链接位置">超链接名称</a>。

（5）URL 的格式是由________、________和__________组成的。

（6）HTML 支持的超链接主要有___________和________两种。

（7）超链接可运用_________协议，建立链接到其他网站上网页的超链接。

*（8）HTML 文件中超链接文字颜色的设置，是由<body>标签中的_______________、__________、__________ 和 link 属性所控制的。

（9）HTML 文件中提供了三种路径：__________、__________、____________。

三、上机题/问答题

（1）用 HTML 语言制作如图 6-13、图 6-14 的网页（CDROM/习题参考答案及效果/06/1.html）。

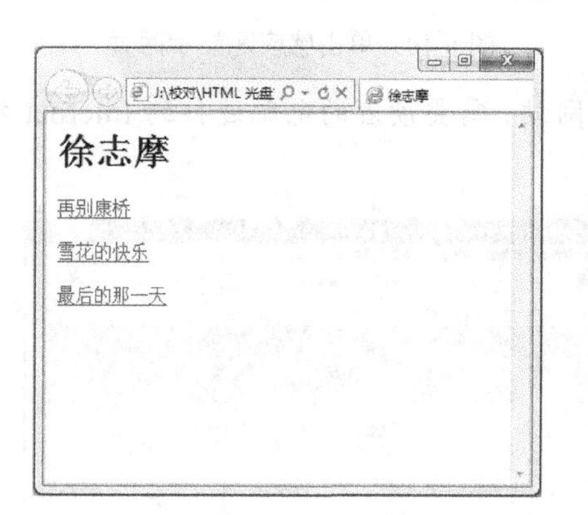

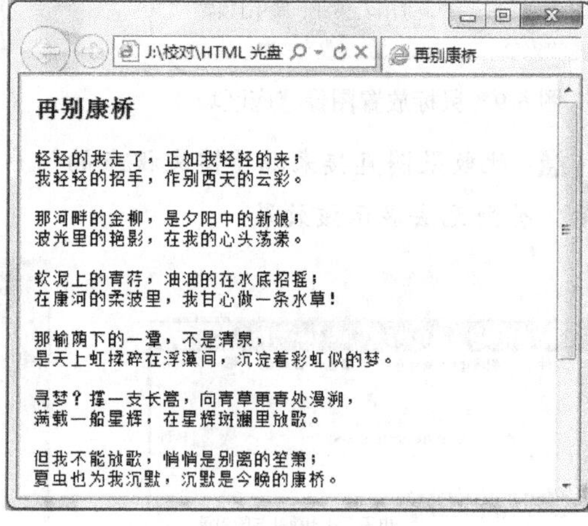

图 6-13　效果　　　　图 6-14　效果

（2）用 HTML 语言制作如图 6-15 的网页（CDROM/习题参考答案及效果/06/2.html）。

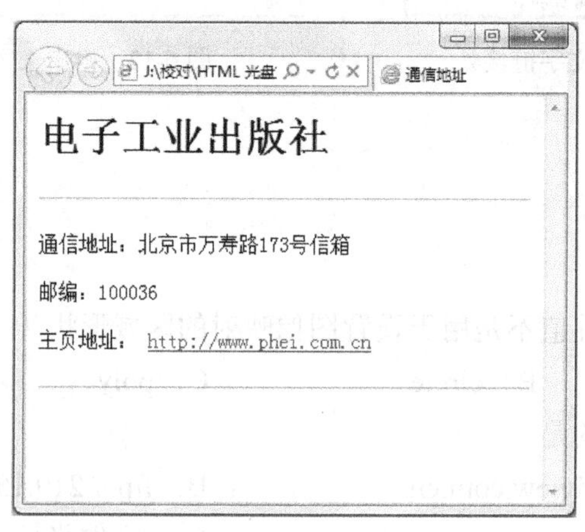

图 6-15　效果

（3）建立一个含有超链接的网页。

第 7 章　表格的应用

本章重点

- 表格概述
- 插入表格
- 设置表格标记属性
- 表格的行与单元格
- 表格嵌套

7.1 表格概述

制作网页时，为了以一定的形式将网页中的信息组织起来，同时使网页便于阅读和页面美观，需要对页面的版式进行设计或者进行页面布局。在页面制作过程中要确定一个页面的布局，应该综合考虑安排的页面信息包括：导航、文字、图像、动画等。

表格能将网页分成多个任意的矩形区域，如图 7-1 所示，表格在网页制作中是常用的一种简单布局工具。定义一个表格时，使用成对<table></table>就可以完成。网页制作者可以将任何网页元素放进 HTML 的表格单元格中。定义表格常常会用到如表 7-1 所示的标记。

表 7-1　表格常用元素标签及说明

标　　签	说　　明
<table>	表格标记
<tr>	行标记
<td>	列标记
<th>	表头标记
<caption>	表格标题

实例代码（代码位置：CDROM\HTML \07\7-1.html）

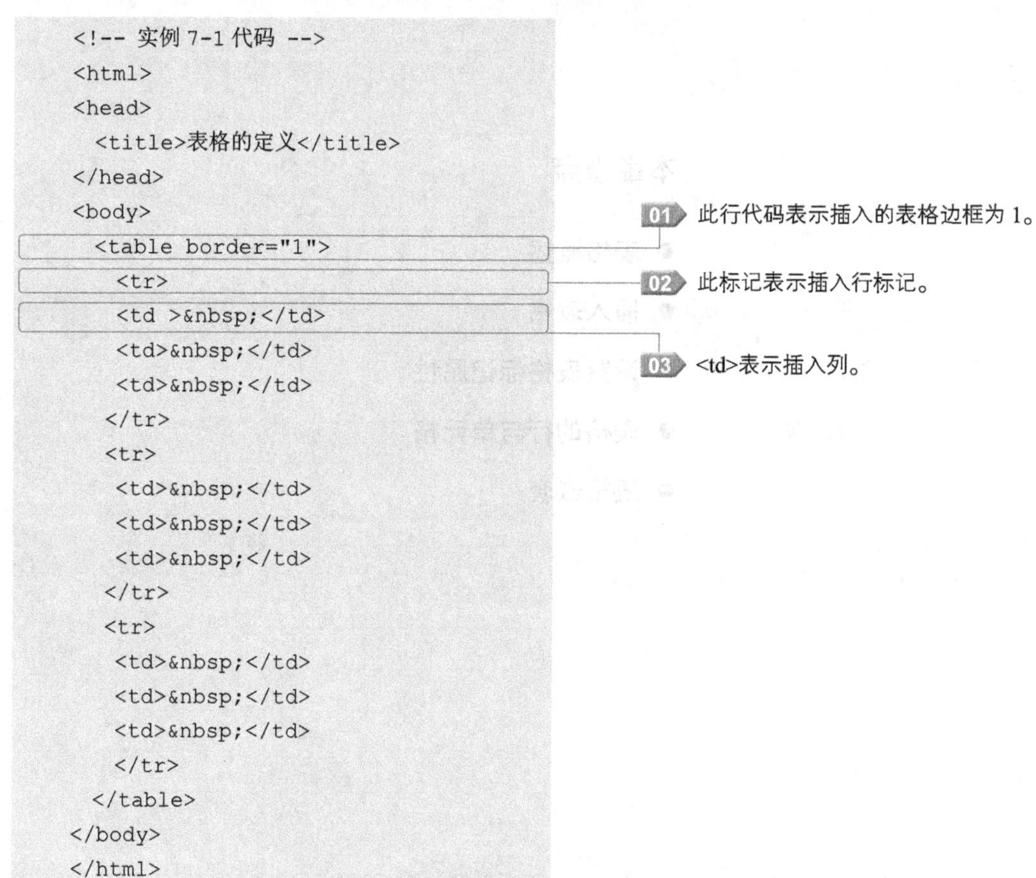

```
<!-- 实例 7-1 代码 -->
<html>
<head>
  <title>表格的定义</title>
</head>
<body>
  <table border="1">
    <tr>
    <td > </td>
    <td> </td>
    <td> </td>
   </tr>
   <tr>
    <td> </td>
    <td> </td>
    <td> </td>
   </tr>
   <tr>
    <td> </td>
    <td> </td>
    <td> </td>
    </tr>
  </table>
</body>
</html>
```

网页效果（图 7-1）

图 7-1　表格的定义

此效果图显示在网页文件中定义一个三行三列的表格。

7.2　插入表格<table>

在 HTML 中，只要在需要使用表格的地方插入成对的<table></table>标记，就可以很简单地完成表格的插入。

基本语法：

```
<table>
  <tr>
   <td></td>
  </tr>
</table>
```

语法说明：

- <table>标记表示插入表格；
- <tr>表示插入一行；
- <td>表示插入一列。

实例代码（代码位置：CDROM\HTML\07\7-2.html）

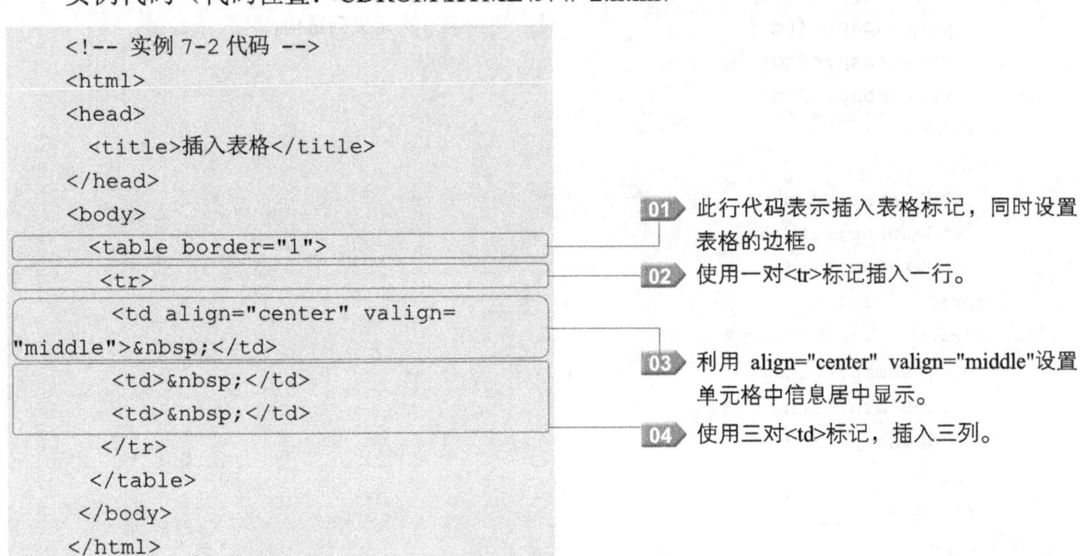

```
<!-- 实例 7-2 代码 -->
<html>
<head>
  <title>插入表格</title>
</head>
<body>
  <table border="1">
   <tr>
     <td align="center" valign=
"middle"> </td>
     <td> </td>
     <td> </td>
   </tr>
  </table>
 </body>
</html>
```

网页效果（图 7-2）

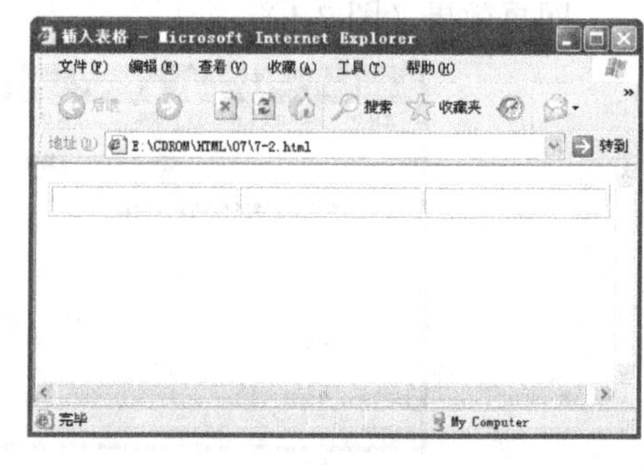

图 7-2 插入表格

7.2.1 设置基本表格结构 <table>、<tr>、<td>

在 HTML 文件中，插入表格的实质是在网页文件中定义一个表的结构。同时定义表结构需要使用成对的<table></table>、<tr></tr>和<td></td>标记。

基本语法：

```
<table>
  <tr>
   <td></td>
  </tr>
</table>
```

语法说明：

- <table>定义表结构；
- <tr>定义行结构；
- <td>定义列结构。

实例代码（代码位置：CDROM\HTML\07\7-2-1.html）

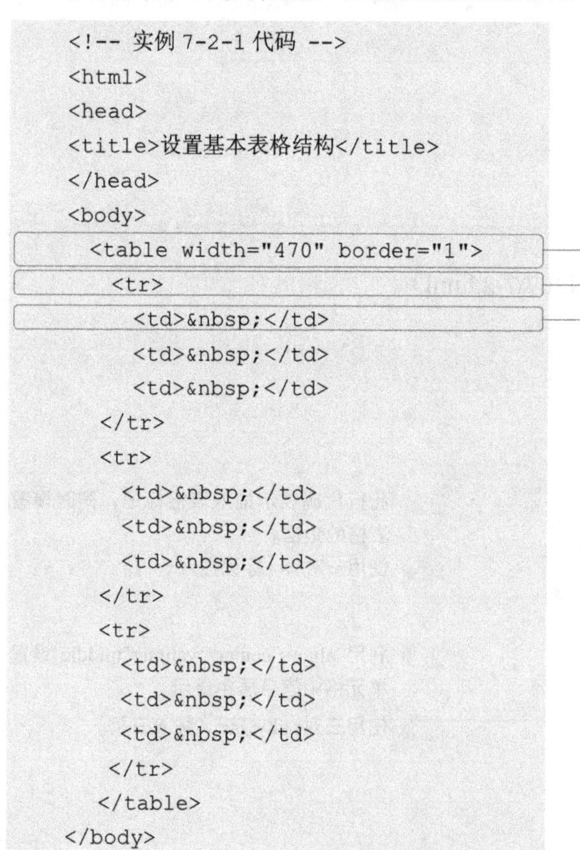

```
<!-- 实例 7-2-1 代码 -->
<html>
<head>
<title>设置基本表格结构</title>
</head>
<body>
  <table width="470" border="1">
    <tr>
      <td> </td>
      <td> </td>
      <td> </td>
    </tr>
    <tr>
      <td> </td>
      <td> </td>
      <td> </td>
    </tr>
    <tr>
      <td> </td>
      <td> </td>
      <td> </td>
    </tr>
  </table>
</body>
```

01 此行代码表示插入表格。

02 定义行结构。

03 定义列结构。

```
</html>
```

网页效果（图 7-3）

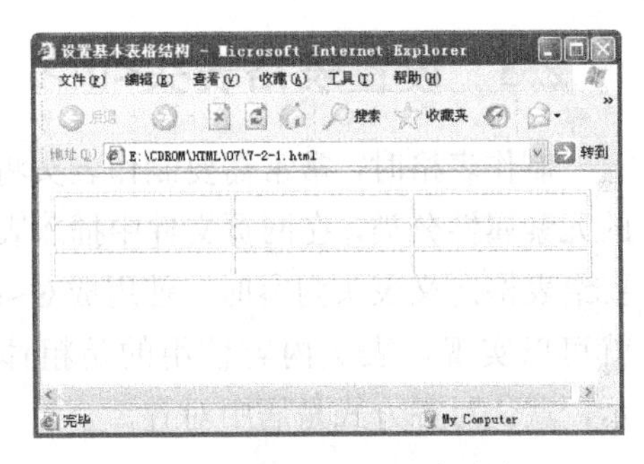

图 7-3 设置基本表格结构

7.2.2 设置表格标题<caption>

一般而言，表格都需要有一个标题来对表格内容进行简单的说明。在 Word 文件中称为题注或者表注。在 HTML 文件中，使用成对的标记<caption></caption>插入表格标题，该标题应用于<table>标记与<tr>标记之间的任何位置。

基本语法

```
<table>
<caption>插入表格标题</caption>
  <tr>
  </tr>
  <tr>
   <td></td>
  </tr>
</table>
```

语法说明

在 HTML 文件中，使用成对<caption></caption>标记给表格插入标题。

实例代码（代码位置：CDROM\HTML \07\7-2-2.html）

```
<!-- 实例 7-2-2 代码 -->
<html>
<head>
  <title>插入表格标题</title>
</head>
<body>
  <table width="470" border="1">
    <caption>计算机语言</caption>
     <tr>
      <td>Dreamweaver</td>
      <td>Access</td>
      <td>C++</td>
    </tr>
    <tr>
      <td>FrontPage</td>
      <td>SQL SERVER 2000</td>
      <td>C#</td>
    </tr>
  </table>
</body>
</html>
```

01 此行代码表示给表格插入的表格标题为“计算机语言”。

网页效果（图 7-4）

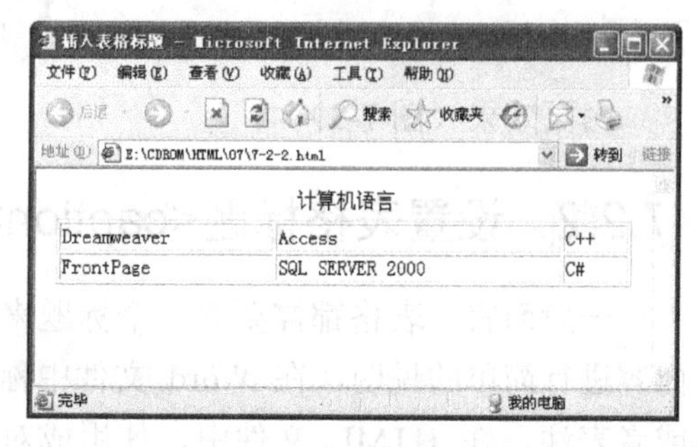

图 7-4 插入表格标题

7.2.3 设置表格表头<th>

制作表格时，常常需要制作表头将表格中的元素属性分类，在网页文件中插入表格并需要给表格定义表头内容时，使用成对<th>标记就可以实现，表头内容使用的是粗体样式显示，默认对齐方式是居中对齐。

基本语法

```
<table>
  <tr>
   <th>…</th>
  </tr>
  <tr>
   <td></td>
  </tr>
</table>
```

语法说明

在 HTML 文件中，要将某一行作为表格文件的表头，只要将该行包含的列标记<td>改为<th>即可。

实例代码（代码位置：CDROM\HTML \07\7-2-3.html）

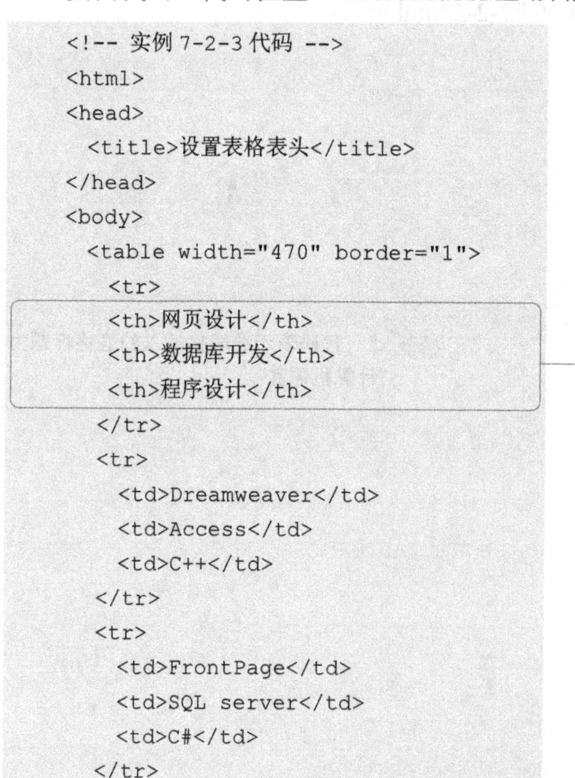

```
<!-- 实例 7-2-3 代码 -->
<html>
<head>
  <title>设置表格表头</title>
</head>
<body>
  <table width="470" border="1">
    <tr>
    <th>网页设计</th>
    <th>数据库开发</th>
    <th>程序设计</th>
   </tr>
   <tr>
     <td>Dreamweaver</td>
     <td>Access</td>
     <td>C++</td>
   </tr>
   <tr>
     <td>FrontPage</td>
     <td>SQL server</td>
     <td>C#</td>
   </tr>
```

01 此段代码表示定义了三列表头，表头的内容分别为“网页设计”、“数据库开发”、“程序设计”。

```
  </table>
</body>
</html>
```

图 7-5　设置表格表头

网页效果（图 7-5）

效果说明：网页文件中的表头会加粗显示。

7.2.4 设置划分结构表格<thead>、<tbody>和<tfoot>

所谓划分结构表格，指将一个表格分成三个部分在网页上显示。分别使用<thead></thead>、<tfoot></tfoot>、<tbody></tbody>标记。

基本语法：

```
<thead></thead>
<tfoot></tfoot>
<tbody></tbody>
```

语法说明：

- <thead></thead>表示定义一组表头行；
- <tfoot></tfoot>表示为表格添加一个标注。
- <tbody></tbody>表示定义表格主体部分；

实例代码（代码位置：CDROM\HTML\07\7-2-4.html）

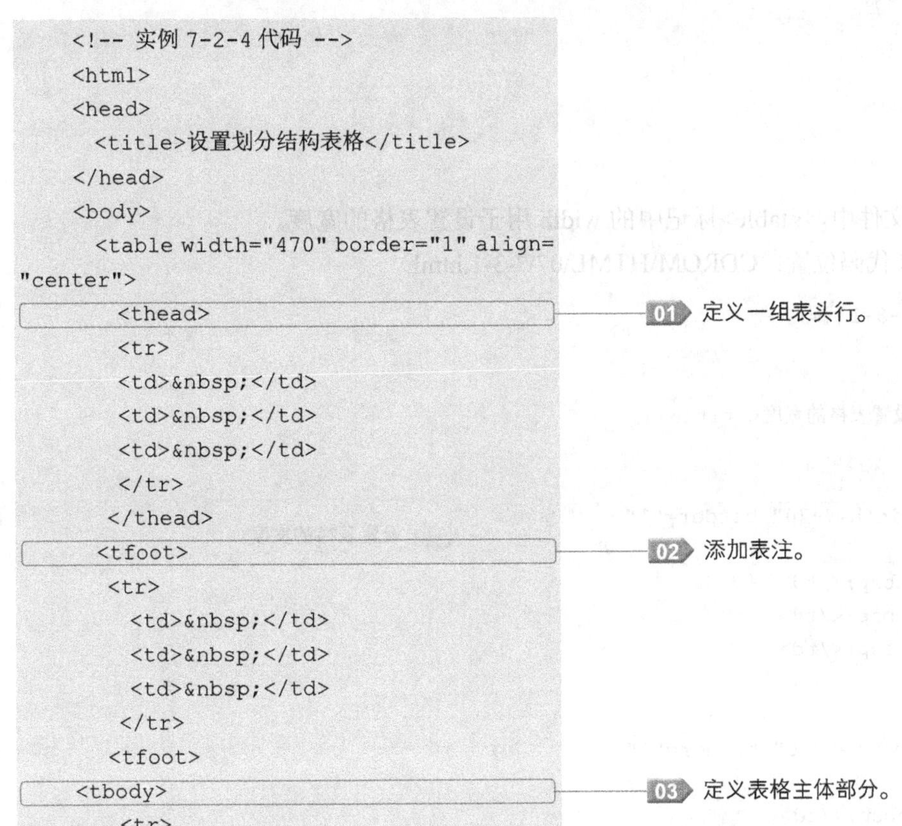

```
<!-- 实例 7-2-4 代码 -->
<html>
<head>
  <title>设置划分结构表格</title>
</head>
<body>
  <table width="470" border="1" align=
"center">
    <thead>
    <tr>
    <td> </td>
    <td> </td>
    <td> </td>
    </tr>
   </thead>
  <tfoot>
   <tr>
    <td> </td>
    <td> </td>
    <td> </td>
    </tr>
   <tfoot>
 <tbody>
    <tr>
```

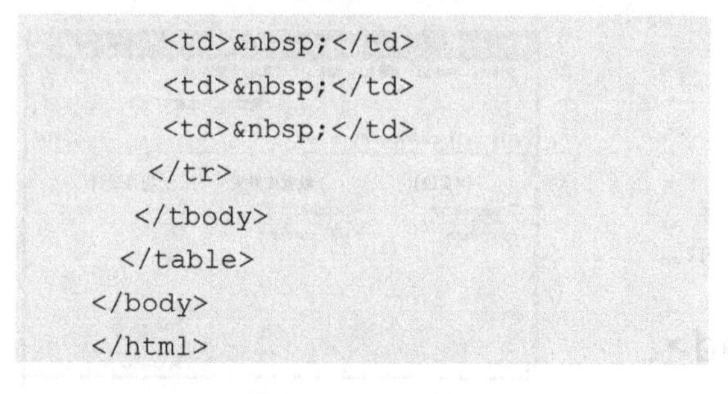

```
      <td> </td>
      <td> </td>
      <td> </td>
     </tr>
    </tbody>
  </table>
</body>
</html>
```

网页效果（图 7-6）

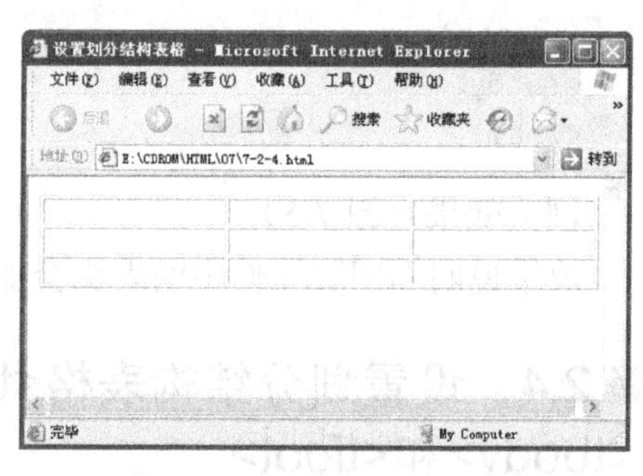

图 7-6　设置划分结构表格

7.3　设置表格标记属性

表格是网页文件中布局的重要元素，制作网页的过程中常常需要对网页中的表格做一些设置，对表格的设置实质是对表格标记属性的一些设置。

7.3.1　设置表格的宽度——width

在网页制作过程中，为了满足网页设计的要求，需要对表格的宽度进行一定的设置，在 HTML 文件中更改表格标记<table>的 width 属性值就可以实现。

基本语法：

```
<table width="">
  <tr>
   <td></td>
  </tr>
</table>
```

语法说明：

在 HTML 文件中，<table>标记中的 width 用于设置表格的宽度。

实例代码（代码位置：CDROM\HTML\07\7-3-1.html）

```
<!-- 实例 7-3-1 代码 -->
<html>
<head>
  <title>设置表格的宽度</title>
</head>
<body>
  <table width="470" border="1">
    <tr>
     <td> </td>
     <td> </td>
     <td> </td>
   </tr>
  </table>
  <table width="200" border="1">
    <tr>
     <td> </td>
```

01 设置表格的宽度。

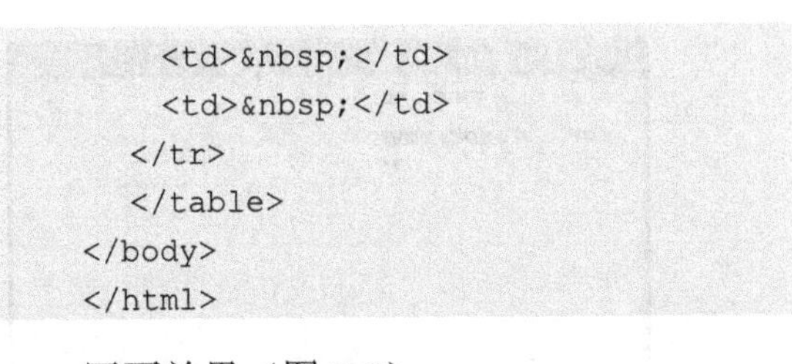

```
      <td> </td>
      <td> </td>
    </tr>
    </table>
</body>
</html>
```

网页效果（图 7-7）

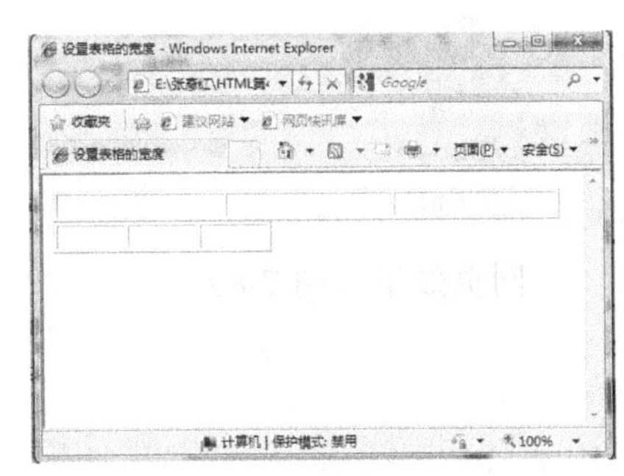

图 7-7　设置表格的宽度

7.3.2 设置表格的边框属性——border

在网页设计中，经常会需要对表格的边框属性进行一些特殊的设置。常用的表格边框属性如表 7-2 所示。表格中的属性在单元格中也适用。

表 7-2　表格边框属性

属性名称	说　明
border	边框粗细

基本语法：

```
<table border="">
  <tr>
  <td></td>
  </tr>
</table>
```

语法说明：

➢ border 属性用于设置边框的粗细；

实例代码（代码位置：CDROM\HTML\07\7-3-2.html）

```
<!-- 实例 7-3-2 代码 -->
<html>
<head>
  <title>设置表格的边框属性</title>
</head>
<body>
  <table width="470" border="1" >
    <tr>
      <td> </td>
      <td> </td>
      <td> </td>
    </tr>
    <tr>
      <td> </td>
      <td> </td>
      <td> </td>
    </tr>
    <tr>
      <td> </td>
      <td> </td>
      <td> </td>
```

01 设置表格边框的属性值。

```
    </tr>
  </table>
</body>
</html>
```

网页效果（图 7-8）

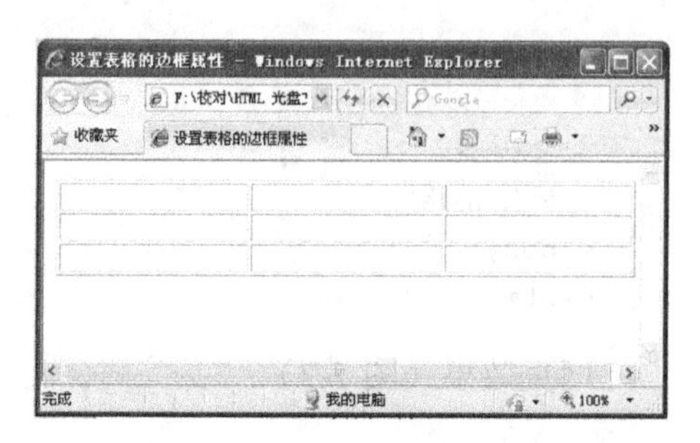

图 7-8　设置表格的边框属性

7.3.3　设置边框的样式——frame、rules

在 HTML 文件中，利用<table>标记中的 frame 属性可以设置表格边框的样式，frame 属性常见属性值如表 7-3 所示；利用 rules 属性可以设置表格内部边框的属性，rules 常见属性值如表 7-4 所示。

表 7-3　frame 常见属性

属 性 值	说　明
above	显示上边框
border	显示上下左右边框
below	显示下边框
hsides	显示上下边框
lhs	显示左边框
rhs	显示右边框
void	不显示边框
vsides	显示左右边框

表 7-4　rules 常见属性

属 性 值	说　明
all	显示所有内部边框
groups	显示介于行列边框
none	不显示内部边框
cols	仅显示列边框
rows	仅显示行边框

基本语法：

```
<table frame="" rules="">
  <tr>
   <td></td>
  </tr>
</table>
```

语法说明：

在 HTML 文件中，对表格边框进行一些特殊样式设置时，需要使用 frame、rules 进行设置。

实例代码（代码位置：CDROM\HTML\07\7-3-3.html）

```
<!-- 实例 7-3-3 代码 -->
<html>
<head>
 <title>设置边框样式</title>
</head>
<body>
 <table frame="hsides" rules="none">
   <tr>
    <th>网页设计</th>
    <th>数据库开发</th>
    <th>程序设计</th>
   </tr>
   <tr>
    <td>Dreamweaver</td>
    <td>Access</td>
    <td>C++</td>
   </tr>
   <tr>
    <td>FrontPage</td>
    <td>SQL server</td>
    <td>C#</td>
   </tr>
 </table>
</body>
</html>
```

01 此行代码表示设置边框样式属性。

图 7-9　设置边框样式

网页效果（图 7-9）

效果说明：利用 hsides 属性设置表格显示上下边框，不显示左右边框。

7.4　设置表格行与单元格

在 HTML 文件中，插入表格行的标记为<tr>，同时<tr>标记主要用于设定表格中某一行的属性，<td>标记包含的属性主要用于设置表格单元格的属性。

7.4.1　调整行内容水平对齐——align

在网页文件中，行内容的方式有左对齐（left）、右对齐（right）和居中对齐（center）。设置水平对齐方式需要设置<tr>标记的 align 属性值。常用的 align 属性值有 left、right 和 center。

基本语法

```
<table>
<tr align="">
 </tr>
 <tr>
 <td></td>
 </tr>
</table>
```

语法说明

在 HTML 文件中，设置行内容水平对齐方式常用的有：

- Left 设置内容左对齐；
- Right 设置内容右对齐
- Center 设置内容居中对齐。

实例代码（代码位置：CDROM\HTML \07\7-4-1.html）

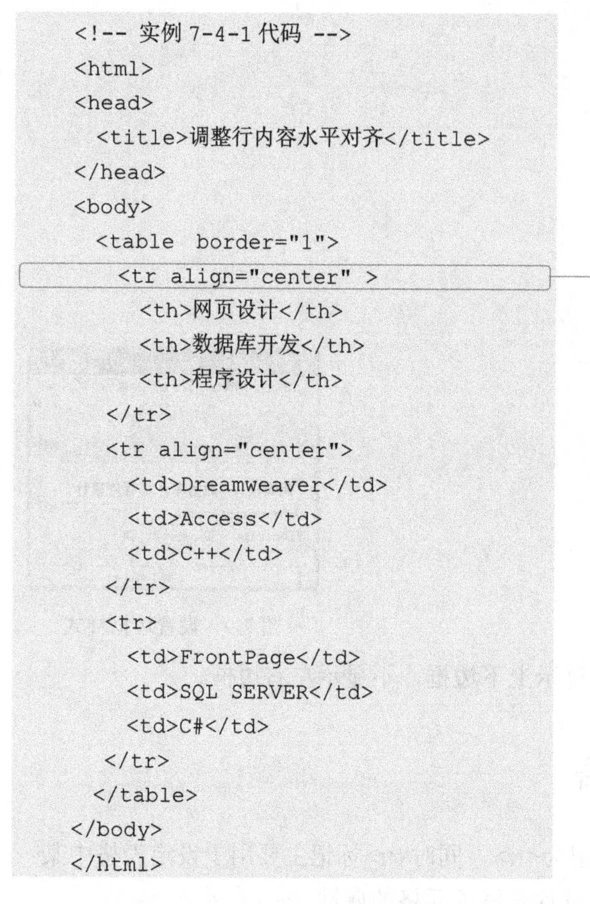

```
<!-- 实例 7-4-1 代码 -->
<html>
<head>
  <title>调整行内容水平对齐</title>
</head>
<body>
  <table  border="1">
    <tr align="center" >
      <th>网页设计</th>
      <th>数据库开发</th>
      <th>程序设计</th>
   </tr>
   <tr align="center">
     <td>Dreamweaver</td>
     <td>Access</td>
     <td>C++</td>
   </tr>
   <tr>
     <td>FrontPage</td>
     <td>SQL SERVER</td>
     <td>C#</td>
   </tr>
  </table>
</body>
</html>
```

01 在表格中设置行内容的对齐方式为“居中对齐”。

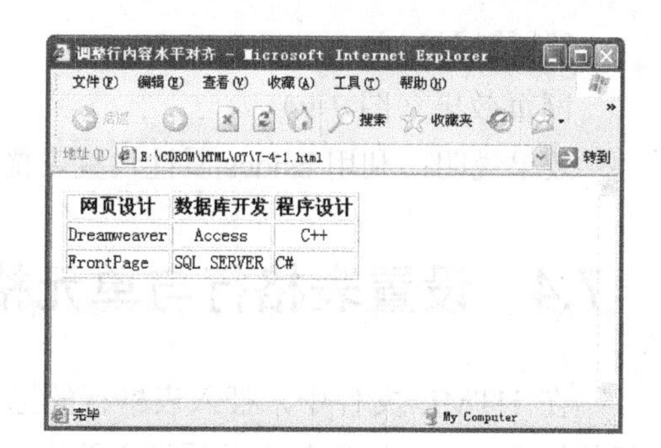

图 7-10 调整行内容水平对齐

网页效果（图 7-10）

效果说明：在网页文件中，设置第一行的第二、三列居中对齐，其他默认对齐方式。

7.4.2 调整行内容垂直对齐——valign

在网页文件中，行内容的垂直对齐方式有顶端对齐（top）、居中对齐（middle）、底部对齐（bottom）和基线（baseline）。设置垂直对齐方式需要设置<td>标记的 valign 属性值。常用的 valign 属性值有 top、middle、bottom 和 baseline。

基本语法

```
<table>
<tr valign="">
  </tr>
```

```
    <tr>
     <td></td>
    </tr>
  </table>
```

语法说明

在 HTML 文件中，常用的 4 种对齐方式有：

- top 内容顶端对齐；
- middle 内容居中对齐；
- bottom 内容底端对齐；
- baseline 内容基线对齐。

实例代码（代码位置：CDROM\HTML \07\7-4-2.html）

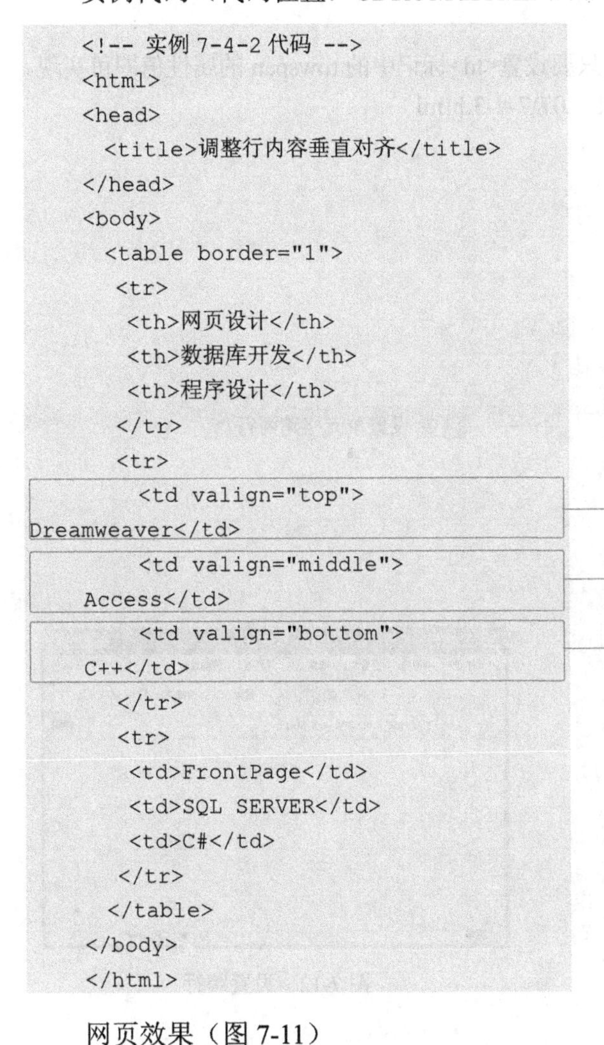

```
<!-- 实例 7-4-2 代码 -->
<html>
<head>
  <title>调整行内容垂直对齐</title>
</head>
<body>
  <table border="1">
   <tr>
    <th>网页设计</th>
    <th>数据库开发</th>
    <th>程序设计</th>
   </tr>
   <tr>
     <td valign="top">
Dreamweaver</td>
     <td valign="middle">
  Access</td>
     <td valign="bottom">
  C++</td>
   </tr>
   <tr>
    <td>FrontPage</td>
    <td>SQL SERVER</td>
    <td>C#</td>
   </tr>
  </table>
</body>
</html>
```

01 设置行内容垂直对齐方式为“顶端对齐”。

02 设置行内容垂直对齐方式为“居中对齐”。

03 设置行内容垂直对齐方式为“底端对齐”。

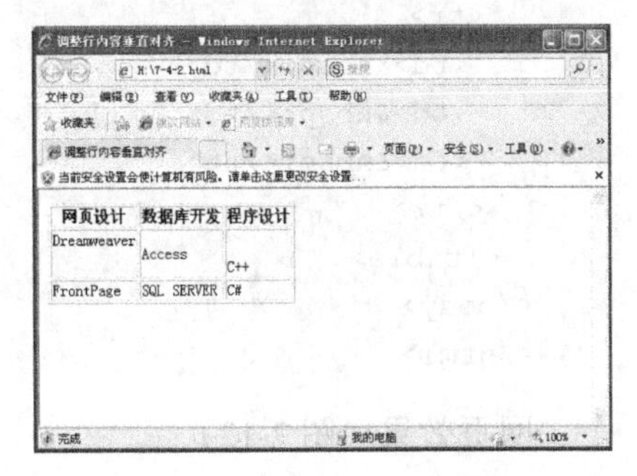

图 7-11　调整行内容垂直对齐

网页效果（图 7-11）

效果说明：设置如表格单元格。表格中第二行第一列内容顶端对齐，第二列居中对齐，第三列底端对齐。

7.4.3 设置跨行——rowspan

在网页制作过程中，有时需要对网页中的表格进行单元格的纵向合并，这在网页中叫做设置跨行。

基本语法

```
<table>
  <tr>
    <td rowlspan="2"></td>
    <td></td>
  </tr>
 </table>
```

语法说明

在 HTML 文件中，设置单元格的跨行，只要设置<td>标记中的 rowspan 的属性值即可实现。

实例代码（代码位置：CDROM\HTML \07\7-4-3.html）

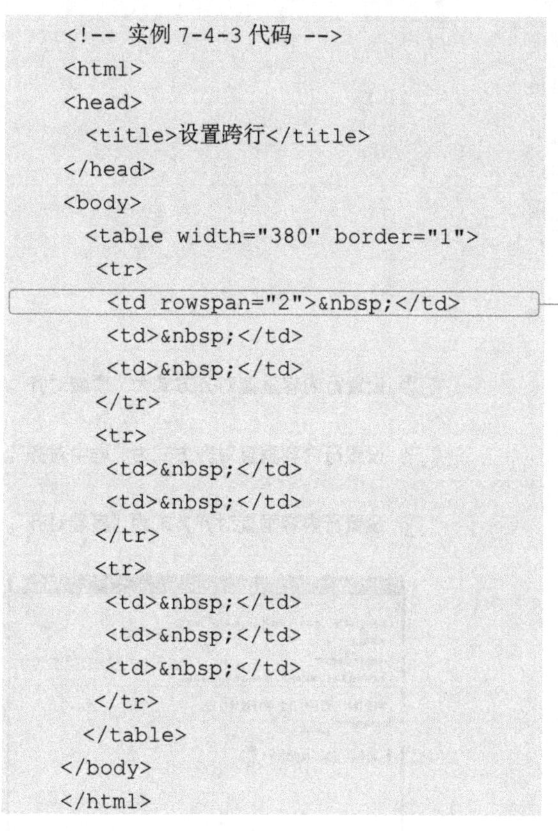

```
<!-- 实例 7-4-3 代码 -->
<html>
<head>
  <title>设置跨行</title>
</head>
<body>
  <table width="380" border="1">
   <tr>
    <td rowspan="2"> </td>
    <td> </td>
    <td> </td>
   </tr>
   <tr>
    <td> </td>
    <td> </td>
   </tr>
   <tr>
    <td> </td>
    <td> </td>
    <td> </td>
   </tr>
  </table>
</body>
</html>
```

01 设置单元格跨两行。

网页效果（图 7-12）

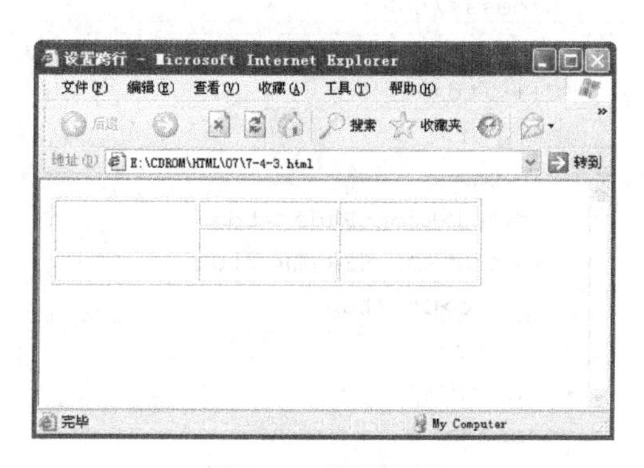

图 7-12 设置跨行

7.4.4 设置跨列——colspan

在网页制作过程中，有时需要对网页中的表格进行单元格的横向合并，这在网页中的设置跨列。

基本语法

```
<table>
<tr>
  <td colspan="2"> </td>
  <td></td>
  </tr>
  <tr>
  <td></td>
  </tr>
</table>
```

语法说明

在 HTML 文件中，设置单元格的跨列，只要设置<td>标记中的 colspan 的属性值即可实现。

实例代码（代码位置：CDROM\HTML \07\7-4-4.html）

```
<!-- 实例 7-4-4 代码 -->
<html>
<head>
  <title>设置跨列</title>
</head>
<body>
  <table width="380" border="1">
   <tr>
    <td colspan="2"> </td>
    <td> </td>
   </tr>
   <tr>
    <td> </td>
    <td> </td>
    <td> </td>
   </tr>
   <tr>
    <td> </td>
    <td> </td>
   </tr>
  </table>
</body>
</html>
```

01 设置单元格跨两列。

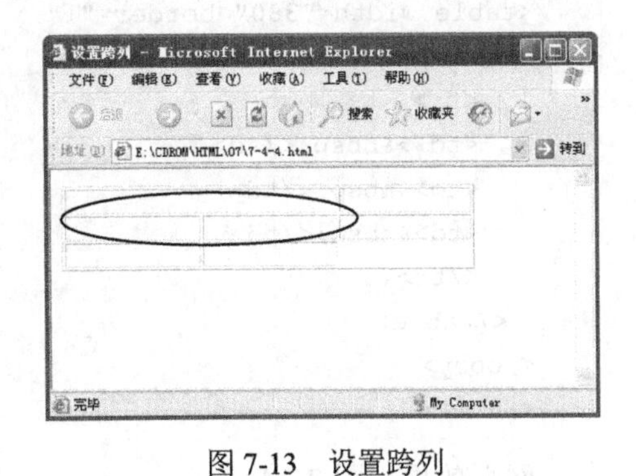

图 7-13　设置跨列

网页效果（图 7-13）

效果说明：图中黑线圈部分为单元格合并部分。

7.4.5 设置单元格间距——cellspacing

在网页文件中，使用表格进行排版时，为了布局的美观，常常需要对单元格的间隔进行设置，这样可以使网页中的表格显得不是过于紧凑。

基本语法

```
<table cellspacing="">
  <tr>
    <td > </td>
    <td> </td>
    <td> </td>
    </tr>
</table>
```

语法说明

在 HTML 文件中，设置<table>标记中的 cellspacing 属性值就可以设置表格中单元格的间距。

实例代码（代码位置：CDROM\HTML \07\7-4-5.html）

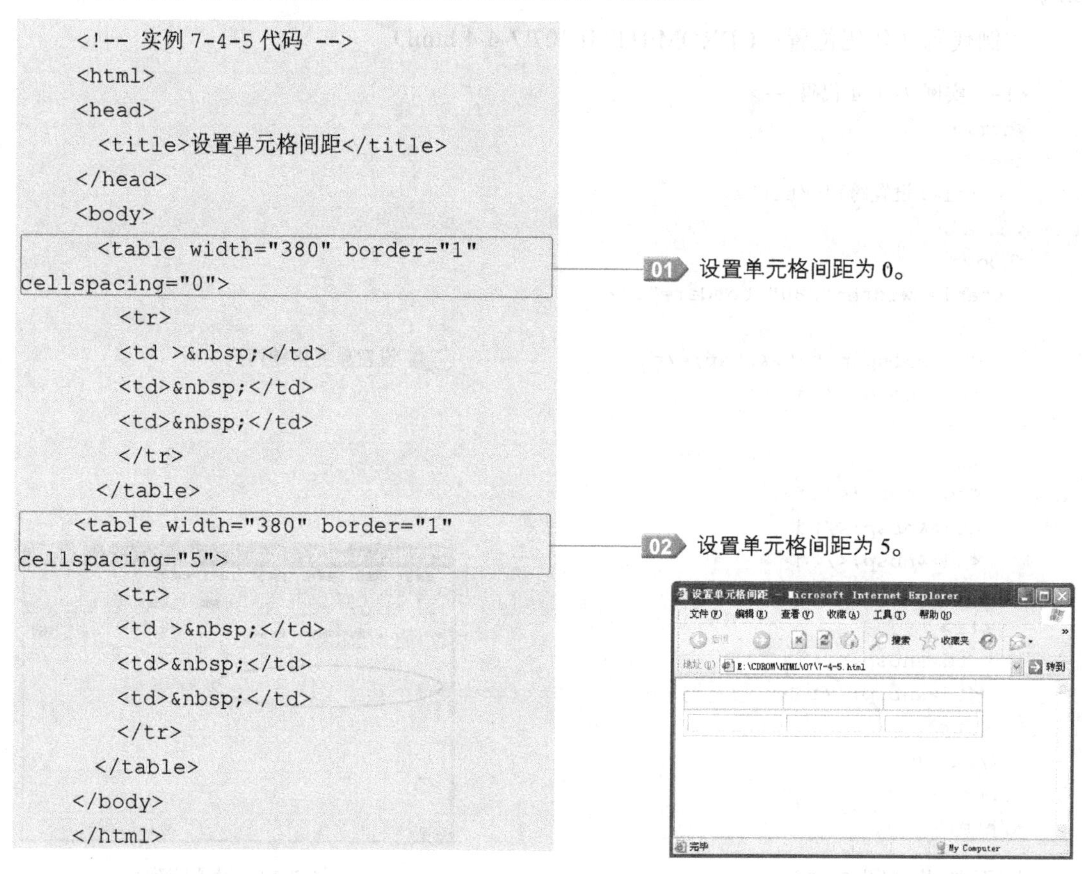

```
<!-- 实例 7-4-5 代码 -->
<html>
<head>
  <title>设置单元格间距</title>
</head>
<body>
   <table width="380" border="1"
cellspacing="0">
    <tr>
    <td > </td>
    <td> </td>
    <td> </td>
    </tr>
  </table>
  <table width="380" border="1"
cellspacing="5">
    <tr>
    <td > </td>
    <td> </td>
    <td> </td>
    </tr>
  </table>
</body>
</html>
```


网页效果（图 7-14）

图 7-14　设置单元格间距

效果说明：在 HTML 文件中定义的两个表格中单元格间距不同，图中两个表格设置单元格间距大小不同，显示的间距也不同。

7.4.6　设置单元格边距——cellpadding

在网页文件中，单元格的边距指的是单元格中内容与单元格边框的距离。

基本语法

```
<table cellpadding="0">
  <tr>
  <td> </td>
  </tr>
  <tr>
  <td></td>
  </tr>
</table>
```

语法说明

在 HTML 文件中，设置<table>标记中的 cellspacing 属性值就可以设置单元格中内容与边框之间的间距。

实例代码（代码位置：CDROM\HTML\07\7-4-6.html）

```
<!-- 实例 7-4-6 代码 -->
<html>
<head>
  <title>设置单元格边距</title>
</head>
<body>
  <table width="380" border="1"
cellpadding="0">
    <tr>
    <td>博文视点</td>
    <td> </td>
    <td> </td>
    </tr>
  </table>
  <table width="380" border="1"
cellpadding="5">
    <tr>
    <td >博文视点</td>
    <td> </td>
    <td> </td>
    </tr>
  </table>
</body>
</html>
```

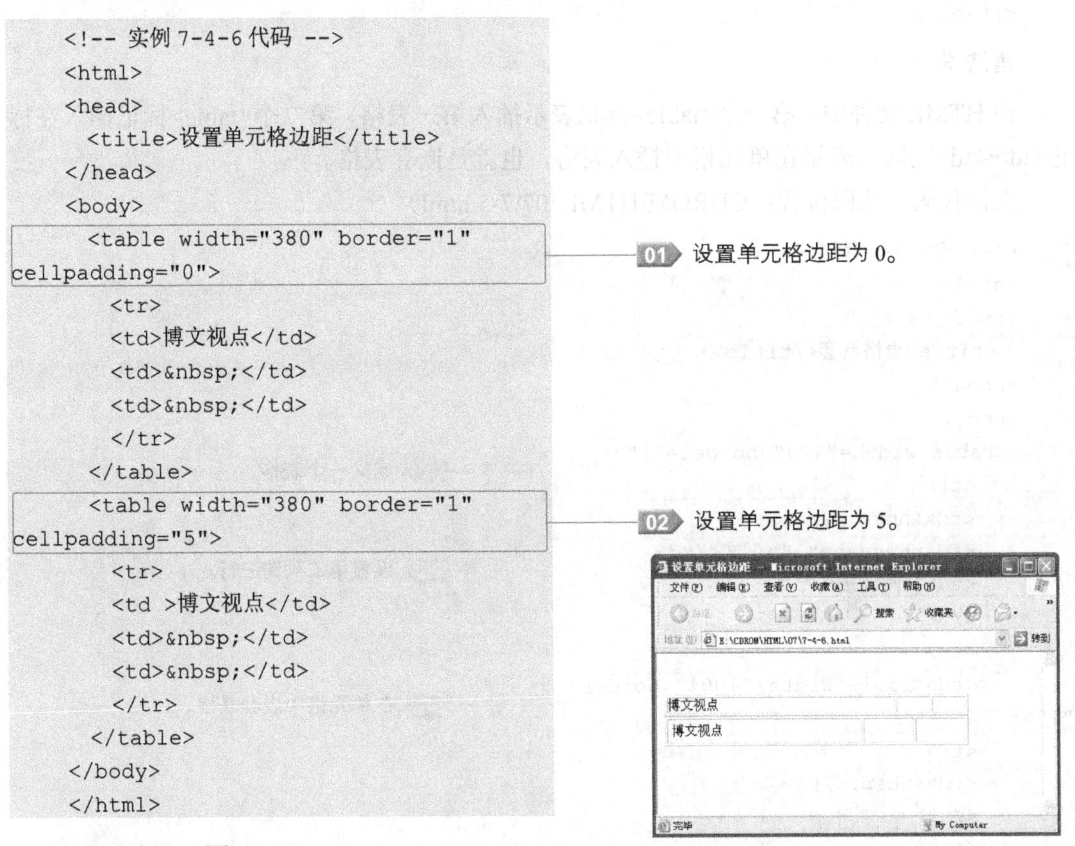

网页效果（图 7-15）

图 7-15　设置单元格边距

7.5　表格嵌套

在网页制作过程中，对页面元素进行编排时，常常会用到表格的嵌套，在一个表格中或者在单元格中嵌套一个或者多个表格。

基本语法

```
<table width="760" border="1">
  <tr>
  <td> </td>
  </tr>
  <tr>
  <td>
   <table width="100%"  border="1">
    <tr>
    <td> </td>
    <td> </td>
    <td> </td>
    </tr>
   </table>
   </td>
   </tr>
</table>
```

语法说明

在 HTML 文件中，第一个<table>标记表示插入第一表格，第二个<table>标记插入在标记<td></td>之间，表示在单元格中插入表格，也就是嵌套表格。

实例代码（代码位置：CDROM\HTML \07\7-5.html）

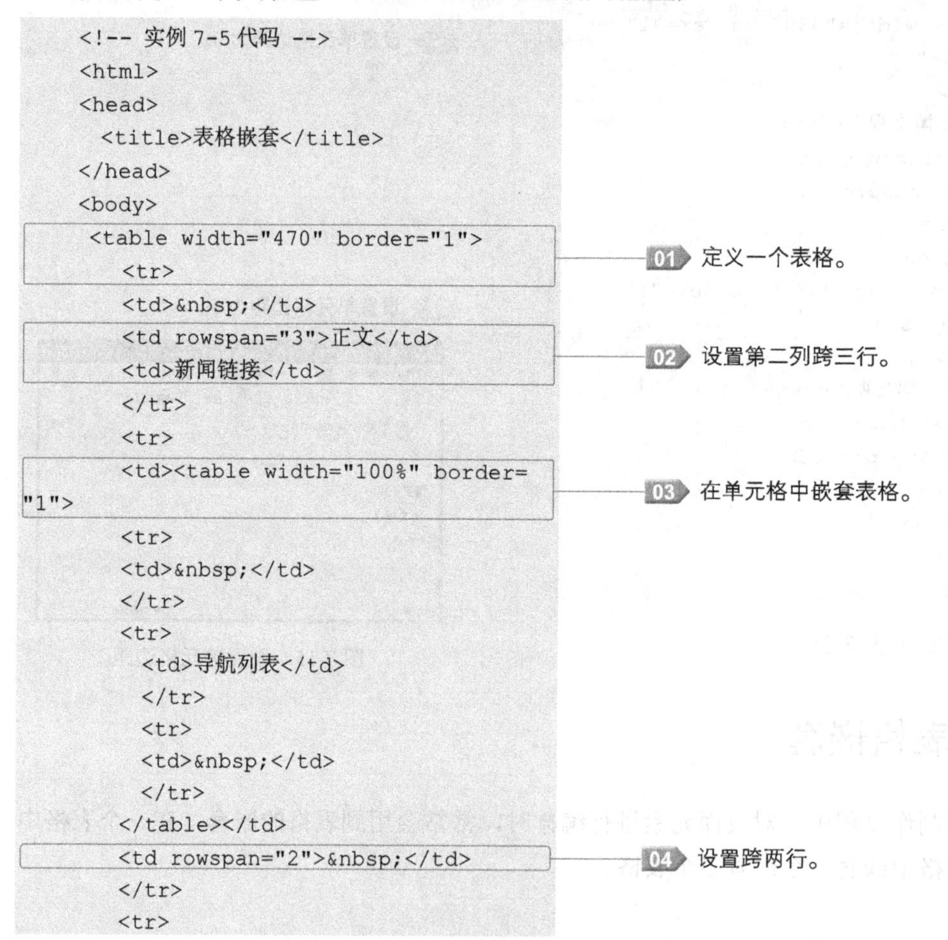

```
<!-- 实例 7-5 代码 -->
<html>
<head>
  <title>表格嵌套</title>
</head>
<body>
 <table width="470" border="1">
    <tr>
    <td> </td>
    <td rowspan="3">正文</td>
    <td>新闻链接</td>
    </tr>
    <tr>
    <td><table width="100%" border=
"1">
    <tr>
    <td> </td>
    </tr>
    <tr>
      <td>导航列表</td>
      </tr>
      <tr>
      <td> </td>
      </tr>
    </table></td>
    <td rowspan="2"> </td>
    </tr>
    <tr>
```

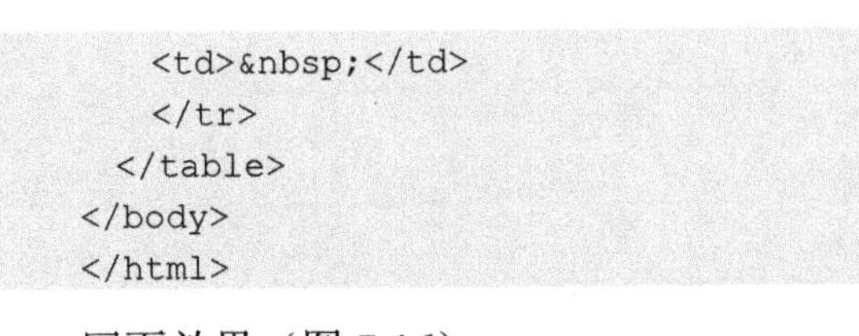

```
      <td> </td>
      </tr>
    </table>
  </body>
  </html>
```

网页效果（图 7-16）

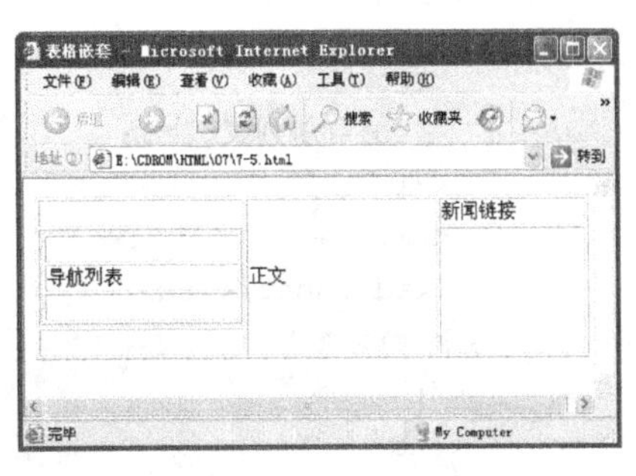

图 7-16　表格嵌套

7.6　小实例——表格在网页中的应用

实例代码（代码位置：CDROM\HTML \07\7-6.html）

```
<!-- 实例 7-6 代码 -->
<html>
<head>
  <title>表格在网页中的应用</title>
</head>
<body>
  <table width="470" border="1" >
      <tr>
       <th>网页设计</th>
       <th>数据库开发</th>
       <th>程序设计</th>
     </tr>
     <tr>
      <td>Dreamweaver</td>
      <td>Access</td>
      <td>C++</td>
     </tr>
     <tr>
      <td>FrontPage</td>
      <td>SQL SERVER</td>
      <td>C#</td>
     </tr>
  </table>
  <table width="470" border="1">
     <tr>
     <td> </td>
     <td rowspan="3">正文</td>
     <td>新闻链接</td>
     </tr>
     <tr>
     <td><table width="100%"
border="1">
         <tr>
          <td> </td>
         </tr>
```

01 定义一个表格。

02 定义另外一个表格。

03 在单元格中插入嵌套表格。

```
        <tr>
         <td>导航列表</td>
        </tr>
        <tr>
         <td> </td>
        </tr>
       </table>
       </td>
       <td rowspan="2"> </td>
     </tr>
     <tr>
       <td> </td>
     </tr>
   </table>
   <p> </p>
  </body>
  </html>
```

04 设置表格跨两行。

网页效果（图 7-17）

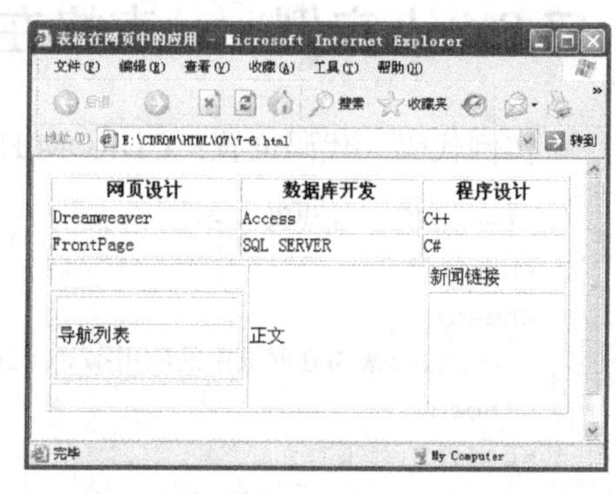

图 7-17　表格在网页中的应用

7.7　习题

一、选择题

（1）下面属于表格标记的是（　）。

A．<td>　　B．<tr>　　C．<th>　　D．<to>

（2）下列属于表格<table>属性的是（　）。

A．border　　B．align　　C．bgcolor　　D．cellspancing

（3）下列属于 frame 的属性值的是（　）。

A．above　　B．border　　C．rhs　　D．groups

（4）<tr>标记的 valign 的常用属性值有（　）。

A．left　　B．top　　C．middle　　D．right

*（5）<colgroup>标记有两个属性，它们都是可选的，分别是（　）。

A．valign　　B．span　　C．align

二、填空题

（1）在 HTML 文件中，插入表格需要使用的标记是____________。

（2）在 HTML 文件中，定义表格头部文件的标记是____________。

*（3）在 HTML 中，表格的建立将运用_______、________、_______和________四个标记完成。

*（4）<table>标记用于定义一个表格元素。一个表格元素，是由多个_______、_______与_______子元素所组成的。

（5）______标记用于定义表格内的表头单元格，在此单元格中的文字将以_______的方式显示。

（6）______标记用于定义表格的一行，它一般包含多组由______或______标记所定义的单元格。

（7）_______标记用于定义表格的单元格，它必须放在_______标记内。

（8）显示整个表格边框可以使用<table frame="________">；不显示表格边框可以使用<table frame="______">。

（9）显示所有分隔线可以使用<table rules="________">；不显示组与组的分隔线可以使用<table rules="_________">。

（10）align 属性的参数值为__________、_________ 和________ 之一。它们分别表示表格位于其相邻文字的位置。

（11）设置表格的背景颜色或背景图像可以使用________和________属性。

三、上机题/问答题

（1）用 HTML 代码制作如图 7-19 的网页（图片可来自配套光盘或自行寻找，最终效果见 CDROM/习题参考答案及效果/07/1.html）。 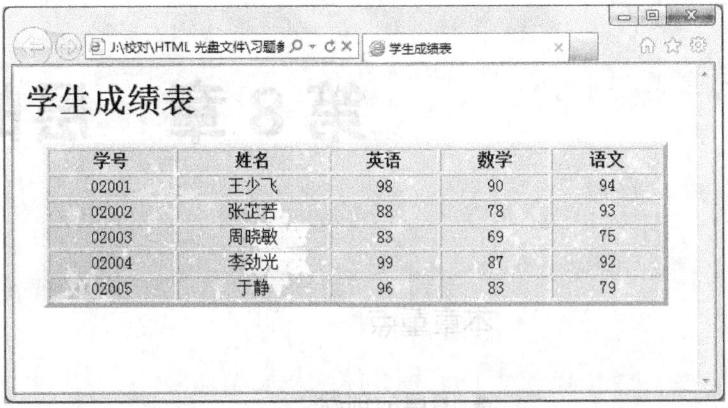

J:\校对\HTML 光盘文件\习题参　学生成绩表

学生成绩表

学号	姓名	英语	数学	语文
02001	王少飞	98	90	94
02002	张芷若	88	78	93
02003	周晓敏	83	69	75
02004	李劲光	99	87	92
02005	于静	96	83	79

图 7-19　效果

（2）用 HTML 语言设计一张借书登记表，内容包括序号、书名、借书人、借书日期和备注。要求备注部分横跨两列，表格中的借书信息不得少于 5 项。

（3）对上题中的表格进行行分组，然后指定表格的背景色。要求表对行部分的背景色为蓝色，表格主体部分的背景为绿色。

（4）用表格布局一个文字网页。

第 8 章　层的应用

本章重点

- 图层的创建
- 创建嵌套图层
- 层的属性设置
- 图层的实际应用

8.1　图层的创建——<div>

图层也是网页制作中用于定位元素或者布局的一种技术，但是图层比表格的布局更加灵活，它能够将层中的内容摆放到浏览器的任意位置，同时放入到层中的 HTML 元素包括：文字、图像、动画甚至是图层。一个网页文件中可以使用多个层，层与层之间可以重叠，在网页制作中，使用层可以将网页中的任何元素布局到网页的任意位置，同时可以以任何方式重叠。

基本语法

```
 <body>
<div id="Layer1" style="position:absolute; left:29px; top:12px; width:165px;
height:104px;"></div>
</body>
```

语法说明

在进行层的定义时，需要将层的样式同时定义，否则在网页中不会显示出来。

实例代码（代码位置：CDROM\HTML \08\8-1.html）

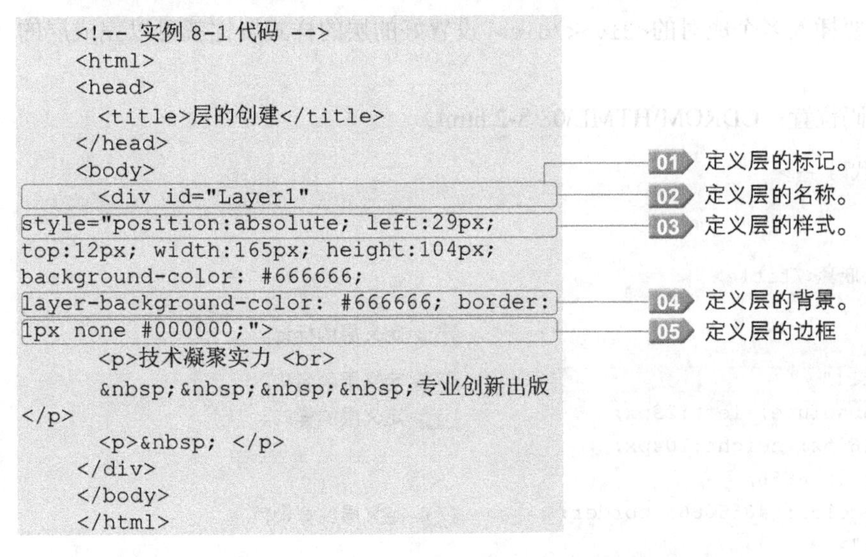

```
<!-- 实例 8-1 代码 -->
<html>
<head>
  <title>层的创建</title>
</head>
<body>
  <div id="Layer1"
style="position:absolute; left:29px;
top:12px; width:165px; height:104px;
background-color: #666666;
layer-background-color: #666666; border:
1px none #000000;">
  <p>技术凝聚实力 <br>
      专业创新出版
</p>
  <p>  </p>
</div>
</body>
</html>
```


网页效果（图 8-1）

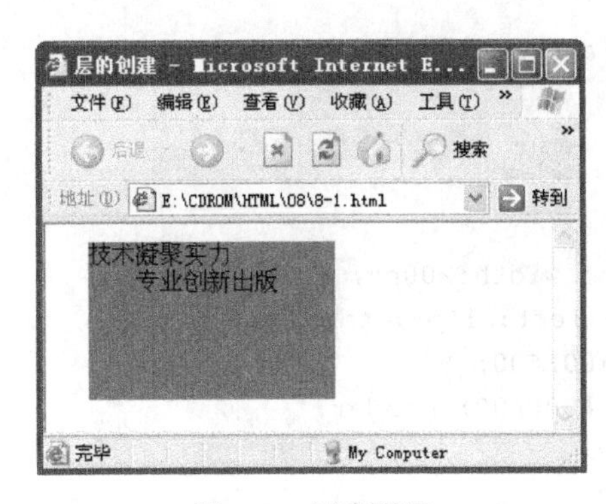

图 8-1　创建图层

效果说明：此效果图表示在网页添加的层中，添加文字信息。

8.2 创建嵌套图层

在网页制作中，不仅只有表格可以实现嵌套的功能，图层也可以实现嵌套的功能。但是层的嵌套不像表格的那么复杂，它不需要在层标记中嵌套层标记，只要添加层的标记，进行属性上的设置就可以实现。使用嵌套图层最主要的特点就是可以保证子层永远位于其父层之上。

基本语法：

```
    <body>
    <div id="Layer1" style="position:absolute; z-index:1; left:29px; top:12px; width:165px; height:104px;"></div>
    <div id="Layer1" style="position:absolute; z-index:1; left:29px; top:12px; width:165px; height:104px;"></div>
    </body>
```

语法说明：

图层的嵌套只要插入多个成对的<div></div>，设置好的层的样式属性就可以完成层的嵌套。

实例代码（代码位置：CDROM\HTML\08\8-2.html）

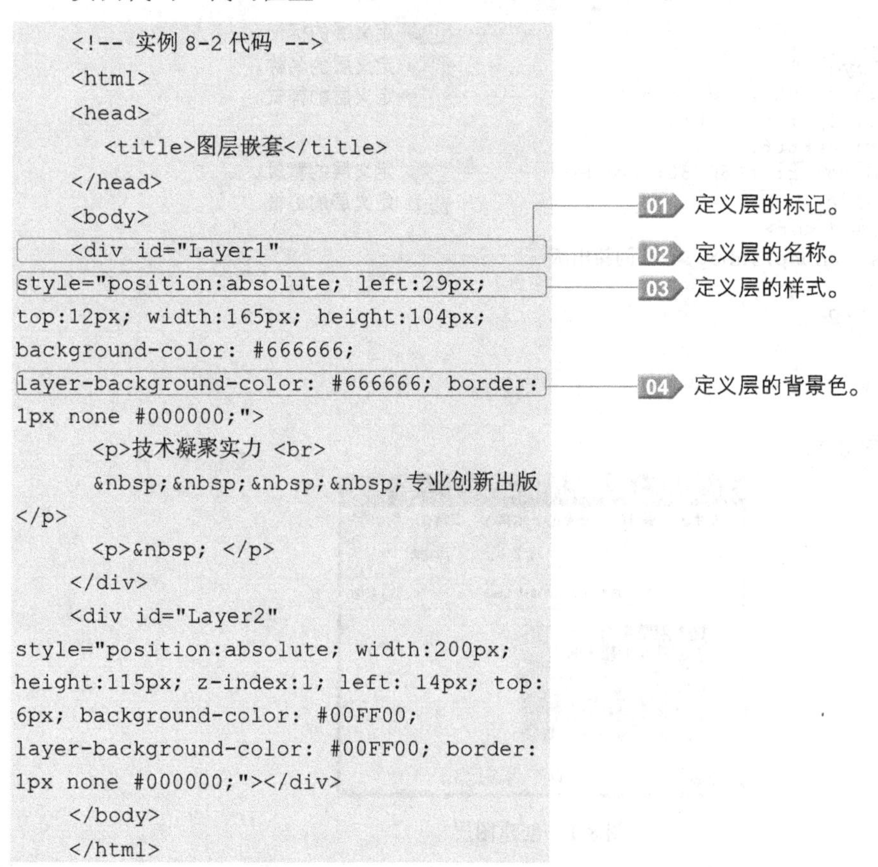

```
    <!-- 实例 8-2 代码 -->
    <html>
    <head>
      <title>图层嵌套</title>
    </head>
    <body>
    <div id="Layer1"
style="position:absolute; left:29px;
top:12px; width:165px; height:104px;
background-color: #666666;
layer-background-color: #666666; border:
1px none #000000;">
      <p>技术凝聚实力 <br>
          专业创新出版
</p>
      <p>  </p>
    </div>
    <div id="Layer2"
style="position:absolute; width:200px;
height:115px; z-index:1; left: 14px; top:
6px; background-color: #00FF00;
layer-background-color: #00FF00; border:
1px none #000000;"></div>
    </body>
    </html>
```

网页效果（图 8-2）

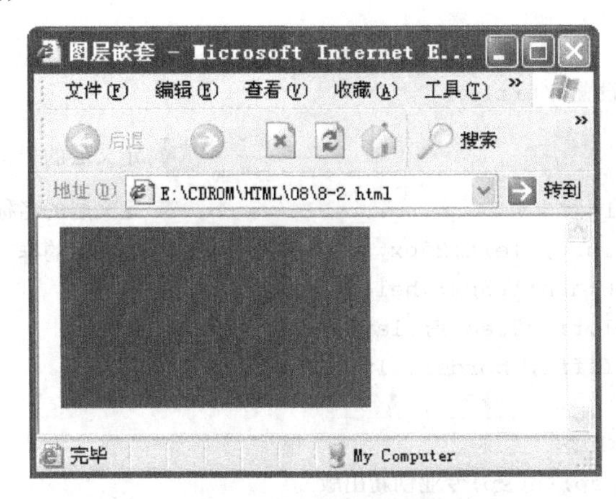

图 8-2　创建嵌套图层

效果说明：此效果图显示的是嵌套图层，嵌套子图层永远在父层的上面，由于创建的子层比父层大，覆盖了父层的信息。具体内容显示效果请运行光盘代码。

8.3　层的属性设置

在定义图层时，需要设计好图层的一系列属性，常见的属性如表 8-1 所示。

表 8-1　图层定义常见属性

属　性		说　明
id		层的名称
style	position	定位
	width	设置图层宽度
	height	设置图层高度
	left	设置图层左边距
	top	设置图层顶端间距
	layer-background-color	设置图层背景色

基本语法

```
<body>
<div id="Layer1" style="position:absolute; left:29px; z-index:1; top:12px;
width:165px; height:104px;"></div>
</body>
```

语法说明

- position 属性将对象从文档流中拖出，进行绝对定位；
- left、top 属性进行左边距和顶端间距的设置；
- width、height 属性进行宽度和高度设置；
- 层叠通过 z-index 属性定义。

实例代码（代码位置：CDROM\HTML\08\8-3.html）

```
<!-- 实例 8-3 代码 -->
<html>
<head>
  <title>层的属性设置</title>
</head>
<body>
  <div id="Layer1"
style="position:absolute; left:29px;
z-index:1;top:12px; width:165px; height:
104px; background-color: #00eeff; layer-
background-color: #ffffff; border: 1px
none #ffffff;">
  <p>技术凝聚实力 <br>
      专业创新出版
</p>
  <p>  </p>
</div>
</body>
</html>
```

01 定义层的标记。

02 定义层的名称。

03 定义层的样式。

网页效果（图 8-3）

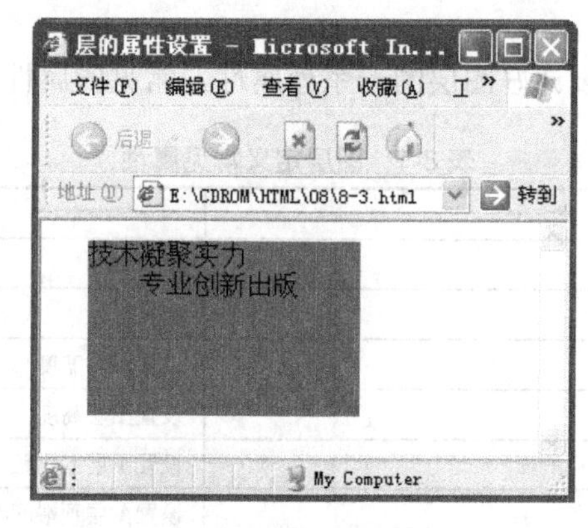

图 8-3　设置层的属性

8.4　小实例——图层的实际应用

实例代码（代码位置：CDROM\HTML \8\8-4.html）

```
<!-- 实例 8-4 代码 -->
<html>
<head>
  <title>层的实际应用</title>
</head>
<body>
  <div id="Layer1" style="position:absolute; left:47px; top:13px; width:165px;
height:104px; background-color: #FF0000; layer-background-color: #FF0000; border:
1px none #000000; z-index: 2;"> <br>
```

```
    <p class="style1"><font color="#ffffff"><B>技术凝聚实力</B></font><br>
        <font color="#ffffff"><B>专业创新出版</B></font></p>
    <p>  </p>
  </div>
    <div id="Layer2" style="position:absolute; width:121px; height:115px;
z-index:1 ; left: 47px; top: 131px; background-color: #00FF00; layer-background-color:
#00FF00; border: 1px none #000000; visibility: inherit; clip: rect(auto auto auto
41);"></div>
  <div id="Layer3" style="position:absolute; left:241px; top:20px; width:145px;
height:52px; z-index:3"><img src="6-4.jpg" width="150" height="50" alt="">
  </div>
  </body>
  </html>
```

网页效果（图 8-4）

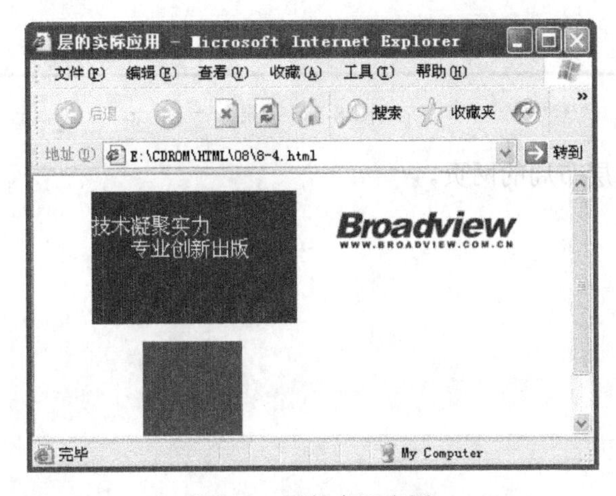

图 8-4　层的实际应用

效果说明：利用图层可以将网页中元素放在任意位置。

8.5　习题

一、选择题

（1）下列哪些是设置层的属性的（　）。

A．width　　B．left　　C．top　　D．z-index

（2）可以插入层的网页信息元素有（　）。

A．图像　　B．动画　　C．图层　　D．文字

二、填空题

（1）在 HTML 文件中，定义层的标记是____________。

（2）在 HTML 文件中，设置层的层叠属性是____________。

三、上机题/问答题

（1）用 HTML 代码制作如图 8-5 的网页（图片可来自配套光盘或自行寻找，最终效果

见 CDROM/习题参考答案及效果/08/1.html)。

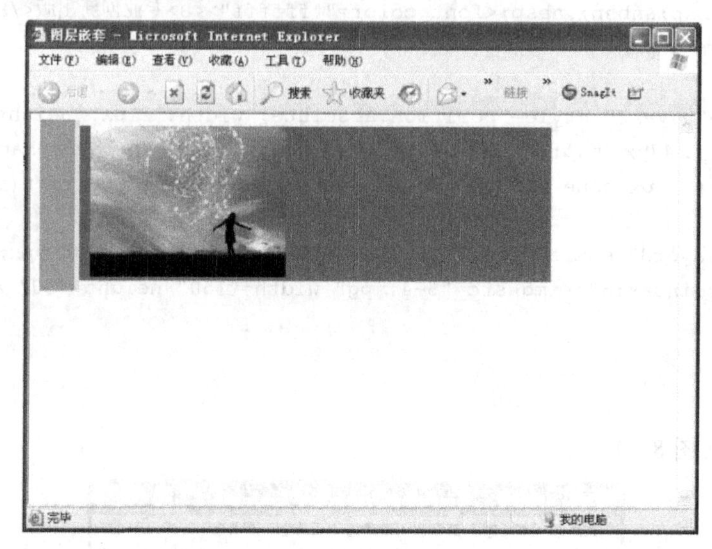

图 8-5 效果

（2）建立一个由层布局的网页。

第 9 章　框架的应用

本章重点

- 框架概述
- 框架的基本结构
- 建立框架
- 浮动框架
- 设置框架
- 设置框架集
- 框架上建立链接

9.1 框架概述

框架是一种在一个网页中显示多个网页的技术，通过超链接可以为框架之间建立内容之间的联系，从而实现页面导航的功能。

框架的作用主要是在一个浏览器窗口显示多个网页，每个区域显示的网页内容也可以不同，它的这个特性在“厂”字型的网页中使用极为广泛。

图 9-1　框架介绍

图中显示效果需要读者的电脑连接 Internet，同时需要读者编写如下的代码，否则不会出现以上效果。图中粗线条部位为编者修图时添加，方便读者熟悉框架。

实例代码（代码位置：CDROM\HTML\09\9-1.html）

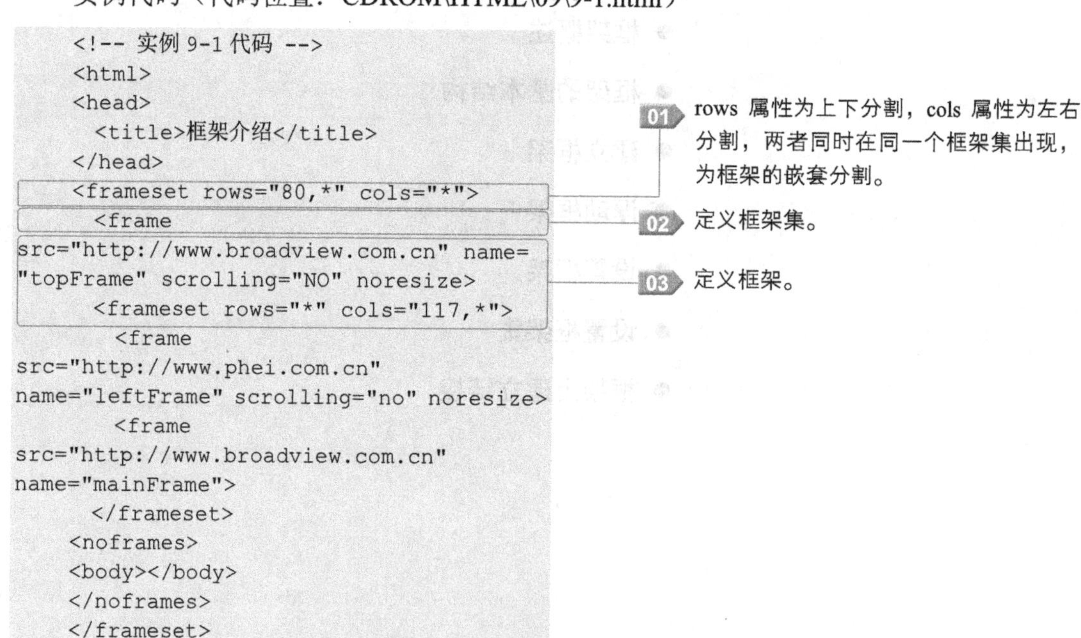

```
<!-- 实例 9-1 代码 -->
<html>
<head>
  <title>框架介绍</title>
</head>
<frameset rows="80,*" cols="*">
  <frame
src="http://www.broadview.com.cn" name=
"topFrame" scrolling="NO" noresize>
  <frameset rows="*" cols="117,*">
    <frame
src="http://www.phei.com.cn"
name="leftFrame" scrolling="no" noresize>
    <frame
src="http://www.broadview.com.cn"
name="mainFrame">
  </frameset>
<noframes>
<body></body>
</noframes>
</frameset>
</html>
```

9.2　框架的基本结构

框架的基本结构分为框架集和框架两个部分。框架集指在一个网页文件中定义一组框架结构，包括定义一个窗口中显示的框架数、框架的尺寸以及框架中载入的内容；框架指在网页文件上定义的一个显示区域。

基本语法：

```
<html>
<head>
   <title>框架的基本结构<title>
</head>
<frameset>
   <frame>
   <frame>
…
</frameset>
</html>
```

语法说明：

在网页文件中，使用框架集的页面的<body>标记将被<frameset>标记替代，然后再利用<frame>标记去定义框架结构，常见的分割框架方式有：左右分割、上下分割、嵌套分割，后面的章节将会具体介绍。所谓嵌套分割是指在同一框架集中既有左右分割，又有上下分割，如图 9-2 所示就是框架的嵌套分割。

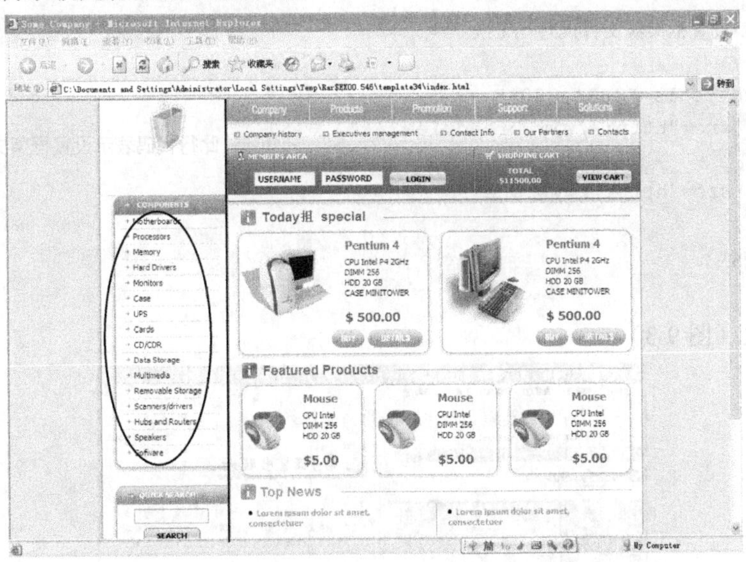

图 9-2　框架的基本结构

效果说明：当单击网页左边圆圈部分的导航条时，左边部分会变化，右边的显示页面会相应地发生变化。

9.3 设置框架

在网页文件中，框架常用于网页的布局。为了网页的美观和满足设计布局的需求，需要对框架进行一些简单的设置，下面将具体介绍框架的常用属性设置。

9.3.1 设置框架源文件属性——src

在 HTML 文件中，利用 src 属性可以设置框架中显示文件的路径。

基本语法

```
<frameset>
   <frame src="URL">
   <frame src="URL">
…
</frameset>
```

语法说明

在 HTML 文件中，src 用于设置框架加载文件的路径。文件的路径可以是相对路径也可以是绝对路径。

实例代码（代码位置：CDROM\HTML \09\9-3-1.html）

```
<!-- 实例 9-3-1 代码 -->
<html>
<head>
  <title>设置框架源文件属性</title>
</head>
 <frameset cols="380*,380*">
  <frame src="http://www.broadview.
com.cn">
  <frame src="http://www.phei.
com.cn">
 </frameset>
</html>
```

01 此行代码表示设置框架文件源文件属性。

网页效果（图 9-3）

图 9-3　框架源文件属性

效果说明：在 HTML 文件中，设置框架左侧与右侧的源文件属性不同，显示的页面效果也不相同。

9.3.2 添加框架名称——name

在 HTML 文件中，利用框架<frame>标记中的 name 属性可以为框架自定义一个名称。

基本语法

```
<frameset>
   <frame src="URL" name="">
   <frame src="URL" name="">
…
</frameset>
```

语法说明

在 HTML 文件中，利用框架<frame>标记中的 name 属性给框架添加名称，不会影响框架的显示效果。

实例代码（代码位置：CDROM\HTML \09\9-3-2.html）

```
<!-- 实例 9-3-2 代码 -->
<html>
<head>
  <title>添加框架名称</title>
</head>
 <frameset cols="380*,380*">
  <frame
src="http://www.broadview.com.cn"
name="left">
  <frame src="http://www.phei.com.cn"
name="right">
</frameset>
</html>
```

01 添加框架名称。

网页效果（图 9-4）

图 9-4　添加框架名称

效果说明：利用“name”属性给框架添加名称不会影响框架的显示效果。

9.3.3 设置框架边框——frameborder

在 HTML 文件中，利用框架<frame>标记中的 frameborder 属性可以设置边框的属性。

基本语法

```
<frameset>
   <frame src="URL" frameborder="value">
   <frame src="URL" frameborder="value">
…
</frameset>
```

语法说明

在 HTML 文件中，利用框架<frame>标记中的 frameborder 属性设置框架显示效果时，只能设置框架的边框是否显示，frameborder 值为 0 时，不显示边框；frameborder 值为 1 时，显示边框。

实例代码（代码位置：CDROM\HTML \09\9-3-3.html）

```
<!-- 实例 9-3-3 代码 -->
<html>
<head>
  <title>设置框架边框</title>
</head>
 <frameset cols="380*,380*">
  <frame
src="http://www.broadview.com.cn" frame
border="1" >
    <frame src="http://www.phei.com.cn"
frameborder="0" >
</frameset>
</html>
```

01 设置框架边框显示。

02 设置框架边框不显示。

网页效果（图 9-5）

图 9-5　设置框架边框

效果说明：页面打开后，框架左侧有边框显示，右侧没有边框显示。

9.3.4 显示框架滚动条——scrolling

在 HTML 文件中，利用框架<frame>标记中的 scrolling 属性可以设置是否为框架添加滚动条。

基本语法

```
<frameset>
   <frame src="URL" scrolling="value">
   <frame src="URL" scrolling="value">
…
</frameset>
```

语法说明

在 HTML 文件中，利用框架<frame>标记中的 scrolling 属性有三种方式设置滚动条：

- yes：添加滚动条
- no：不添加滚动条
- auto：自动添加滚动条

实例代码（代码位置：CDROM\HTML\09\9-3-4.html）

```
<!-- 实例 9-3-4 代码 -->
<html>
<head>
  <title>设置框架滚动条</title>
</head>
 <frameset cols="380*,380*">
  <frame
src="http://www.broadview.com.cn" scroll
ling="yes" >
  <frame src="http://www.phei.com.cn"
scrolling="no" >
</frameset>
</html>
```

01 添加滚动条。

02 设置不出现滚动条。

网页效果（图 9-6）

图 9-6 框架滚动条

效果说明：页面打开后，左边边框显示有滚动条，右侧框架没有显示滚动条。

9.3.5 调整框架尺寸——noresize

在 HTML 文件中，利用框架<frame>标记中的 noresize 属性可以设置框架的尺寸。

基本语法

```
<frameset>
  <frame src="URL" noresize >
  <frame src="URL" >
…
</frameset>
```

语法说明

在 HTML 文件中，利用框架<frame>标记中的 noresize 属性设置不允许改变左侧框架的尺寸。

实例代码（代码位置：CDROM\HTML \09\9-3-5.html）

```
<!-- 实例 9-3-5 代码 -->
<html>
<head>
  <title>调整框架尺寸</title>
</head>
 <frameset cols="380*,380*">
  <frame src="http://www.broadview.com.cn" noresize>
  <frame src="http://www.phei.com.cn">
</frameset>
</html>
```

01 设置框架的尺寸属性。

网页效果（图 9-7）

图 9-7 调整框架尺寸

效果说明：页面被打开后，浏览者不能通过鼠标调整页面显示的宽度。

9.3.6 设置框架边缘宽度与高度——marginwidth 与 marginheight

在 HTML 文件中，网页的页面边距可以设置，框架和页面一样，利用框架<frame>标记中的 marginwidth 属性可以设置框架左右边缘的宽度；marginheight 属性可以设定框架上下边缘的宽度。

基本语法

```
<frameset>
   <frame src="URL" marginwidth ="value" marginheight="value" >
   <frame src="URL" >
…
</frameset>
```

语法说明

在 HTML 文件中，利用框架<frame>标记中的 marginwidth 和 marginheight 属性设置不允许改变左侧框架的尺寸。

实例代码（代码位置：CDROM\HTML \09\9-3-6.html）

```
<!-- 实例 9-3-6 代码 -->
<html>
<head>
  <title>设置框架边缘的宽度和高度
</title>
</head>
 <frameset cols="380*,380*">
  <frame src="http://www.broadview.
com.cn" marginwidth="20" marginheight="20">
  <frame src="http://www.phei.com.
cn">
 </frameset>
</html>
```

01 设置框架的左右边距。

02 设置框架的上下边距。

网页效果（图 9-8）

图 9-8　框架边缘的宽度和高度

9.3.7 添加不支持框架标记<noframe>

虽然框架在网页中的使用很广泛，但是有一些版本较低的浏览器不支持框架，网站开发人员只能制作浏览器不支持技术。在网页中使用<noframe>标记，当浏览器不支持框架集文件时，会自动搜寻网页中的<noframe>标记，并显示标记中的内容。

基本语法

```
    <frame src="URL">
    <frame src="URL">
。。。
<noframes>
…
</noframes>
</frameset>
```

语法说明

在 HTML 文件中，利用框架<frame>标记中的<noframes>属性设置浏览器不支持框架时，显示网页文件的内容。

实例代码（代码位置：CDROM\HTML\09\9-3-7.html）

```
<!-- 实例 9-3-7 代码 -->
<html>
<head>
  <title>添加不支持框架标记</title>
</head>
 <frameset cols="380*,380*">
  <frame
src="http://www.broadview.com.cn">
  <frame
src="http://www.phei.com.cn">
<noframes>
很抱歉！由于您的浏览器版本太低，不支持框架显
示内容。
</noframes>
</frameset>
</html>
```

01 添加不支持框架属性，当浏览器不支持框架显示内容时，会显示不支持框架中的内容。

网页效果（图 9-9）

图 9-9　不支持框架标记

效果说明：效果图显示正常，由于浏览器版本很高，所以不会出现支持不了框架的现象。

9.4　设置框架集<frameset>

框架集指在一个网页文件中定义一组框架结构，包括定义一个窗口中显示的框架数、框架的尺寸以及框架中载入的内容，其属性与框架属性大不相同，具体属性如表 9-1 所示。

表 9-1　框架集属性

属　性	说　明
Rows	设置框架集上下分割
Cols	设置框架集左右分割

9.4.1　左右分割边框——cols

在 HTML 文件中，利用 cols 属性将网页进行左右分割。

基本语法

```
<frameset cols="*,*">
   <frame src="URL">
   <frame src="URL">
…
</frameset>
```

语法说明

在 HTML 文件中，利用 cols 属性将网页进行左右分割，分割方式可以是百分比，也可以是具体的数值。

实例代码（代码位置：CDROM\HTML\09\9-4-1.html）

```
<!-- 实例 9-4-1 代码 -->
<html>
<head>
  <title>左右分割</title>
</head>
 <frameset cols="380*,380*">
  <frame src="http://www.broad
view.com.cn">
  <frame
src="http://www.phei.com.cn">
</frameset>
</html>
```

01 此行代码表示左右分割边框。

网页效果（图 9-10）

图 9-10　左右分割

效果说明：框架被左右分割后，设置左边与右边源文件属性不同，显示的结果也会不同。

9.4.2 上下分割边框——rows

在 HTML 文件中，利用 rows 属性可以将网页上下分割。

基本语法

```
<frameset rows="*,*">
   <frame src="URL">
   <frame src="URL">
…
</frameset>
```

语法说明

在 HTML 文件中，利用 rows 属性可以将网页上下分割，分割方式与左右分割方式相同。

实例代码（代码位置：CDROM\HTML\09\9-4-2.html）

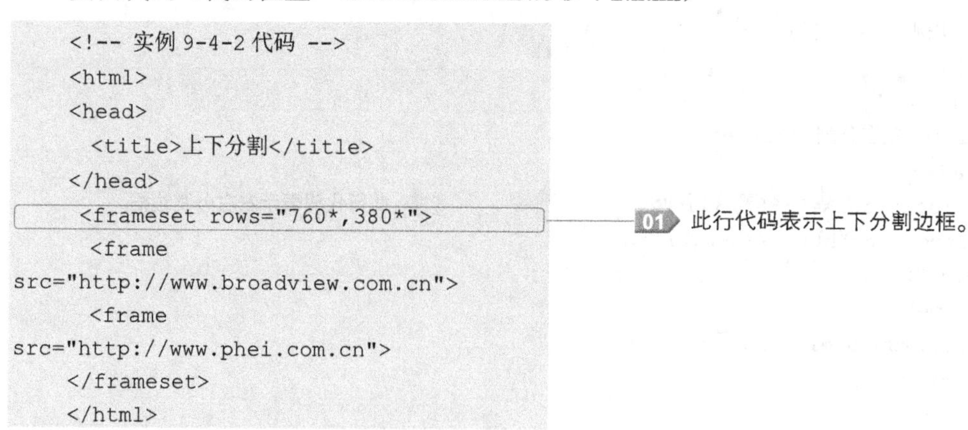

```
<!-- 实例 9-4-2 代码 -->
<html>
<head>
  <title>上下分割</title>
</head>
 <frameset rows="760*,380*">
   <frame
src="http://www.broadview.com.cn">
   <frame
src="http://www.phei.com.cn">
</frameset>
</html>
```

01 此行代码表示上下分割边框。

网页效果（图 9-11 和图 9-12）

图 9-11　初次显示

图 9-12　上下分割

效果说明：源文件执行时，出现如图 9-11 所示的界面，需要将鼠标放在地址栏下拖拽就可以出现如图 9-12 所示的界面。

9.5　浮动框架<iframe>

浮动框架是框架页面中的一种特例，在浏览器窗口中嵌入子窗口，插入浮动框架使用成对的<iframe></iframe>标记，其标记具体属性如表 9-2 所示。

表 9-2　浮动框架属性

属　　性	说　　明
src	设置源文件属性
width	设置浮动框架窗口宽度
heigt	设置浮动框架窗口高度
name	设置框架名称
align	设置框架对齐方式
frameborder	设置框架边框
framespancing	设置框架边框宽度
scrolling	设置框架滚动条
noresize	设置框架尺寸
bordercolor	设置边框颜色
marginwidth	设置框架左右边距
marginheight	设置框架上下边距

9.5.1　设置浮动框架源文件属性

在 HTML 文件中，利用 src 属性可以设置框架中显示文件的路径。

基本语法

```
<body>
  <iframe src="URL"></iframe>
</body>
```

语法说明

在 HTML 文件中，src 用于设置框架加载文件的路径，文件的路径可以是相对路径也可以是绝对路径。

实例代码（代码位置：CDROM\HTML\09\9-5-1.html）

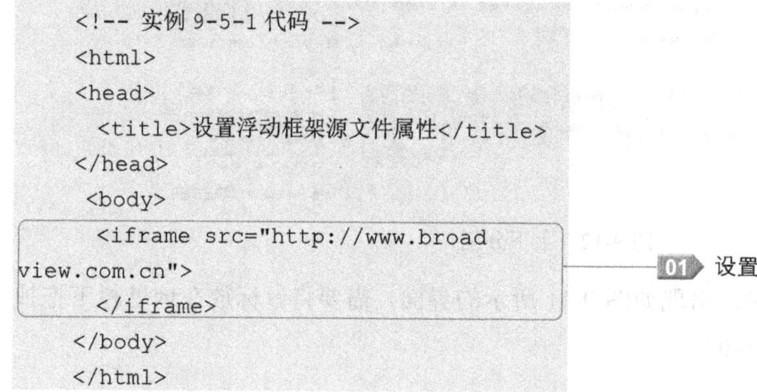


```
<!-- 实例 9-5-1 代码 -->
<html>
<head>
  <title>设置浮动框架源文件属性</title>
</head>
 <body>
  <iframe src="http://www.broad
view.com.cn">
  </iframe>
</body>
</html>
```

网页效果（图 9-13）

9.5.2　添加浮动框架名称——name

在 HTML 文件中，利用浮动框架<iframe>标记中的 name 属性可以为框架自定义一个名称。

基本语法

```
<body>
   <iframe src="URL" name=""> </iframe>
  </body>
```

语法说明

在 HTML 文件中，利用框架<frame>标记中的 name 属性给框架添加名称，不会影响框架的显示效果。

实例代码（代码位置：CDROM\HTML\09\9-5-2.html）

```
<!-- 实例 9-5-2 代码 -->
<html>
<head>
  <title>添加浮动框架名称</title>
</head>
 <body>
   <iframe
src="http://www.broadview.com.cn" name
="left" ></iframe>
</body>
</html>
```

01 添加浮动框架名称。

网页效果（图 9-14）

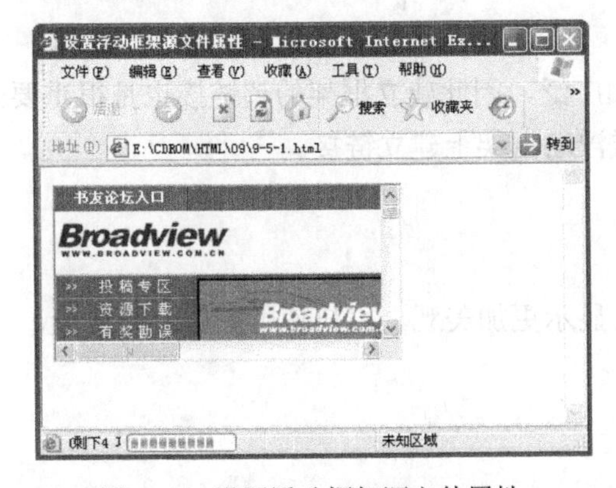

图 9-13　设置浮动框架源文件属性

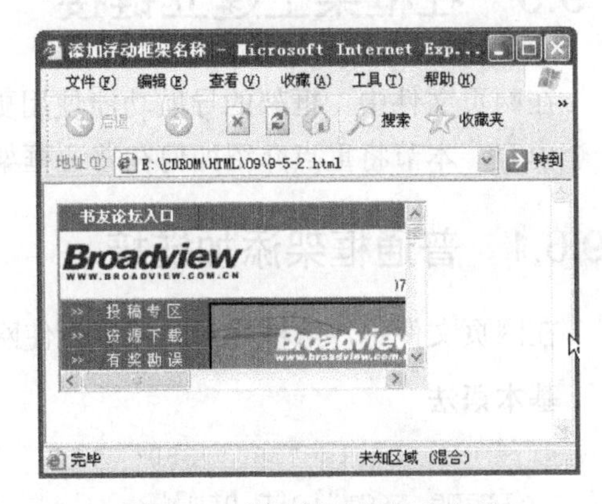

图 9-14　设置浮动框架的名称

9.5.3 设置浮动框架的宽度和高度——width 和 height

在 HTML 文件中，网页的页面边距可以设置，浮动框架和页面一样，利用浮动框架<iframe>标记中的 width 属性可以设置浮动框架宽度；height 属性可以设定浮动框架的高度。

基本语法

```
<body>
   <iframe src="URL" width="" height=""></iframe>
  </body>
```

语法说明

在 HTML 文件中，<iframe>标记中：

- width 属性可以设置浮动框架宽度；
- height 属性可以设置浮动框架的高度。

实例代码（代码位置：CDROM\HTML\09\9-5-3.html）

```
<!-- 实例 9-5-3 代码 -->
<html>
<head>
  <title>设置浮动框架的宽度和高度
</title>
</head>
 <body>
<iframe
src="http://www.broadview.com.cn" width
="450" height="380"></iframe>
</body>
</html>
```

01 设置浮动框架的宽度。
02 设置浮动框架的高度。

网页效果（图 9-15）

9.6 在框架上建立链接

在网页文件中，框架的导航功能使用更加广泛，因此建立框架的超链接也是很重要的一个内容，本节将重点介绍如何在普通框架或浮动框架上建立链接。

9.6.1 普通框架添加链接

在网页文件中，给框架建立链接会使网页显示更加美观，用户使用更加方便快捷。

基本语法

```
<frameset cols="380*,380*">
  <frame src="left.html">
  <frame src="right.html" name="right">
</frameset>
```

语法说明

利用<frameset>标记中的 cols 属性进行左右分割，左边网页文件来自于 left.html，右边网页文件来自于 right.html。

实例代码（代码位置：CDROM\HTML\09\9-6-1.html）

```
<!-- 实例 9-6-1 代码 -->
<html>
<head>
  <title>普通框架添加链接</title>
```

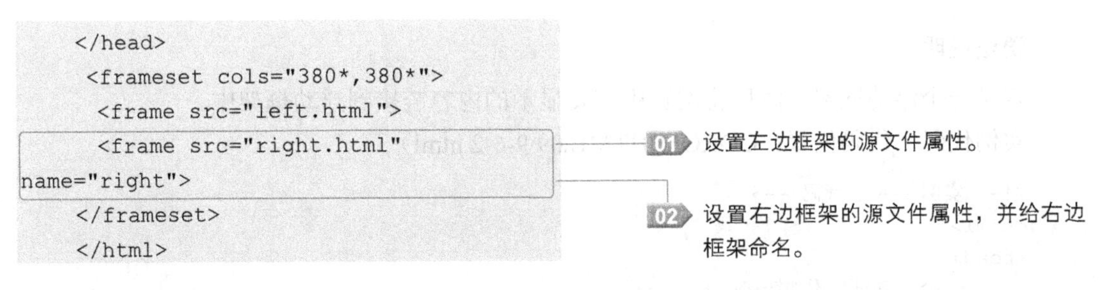

```
</head>
 <frameset cols="380*,380*">
  <frame src="left.html">
  <frame src="right.html"
name="right">
 </frameset>
</html>
```


网页效果（图 9-19）

实例代码（代码位置：CDROM\HTML\09\left.html）

```
<!-- 实例 left 代码 -->
<html>
<head>
 <title>普通框架添加链接/title>
</head>
<body>
 <p><a href="http://www.broadview.
com.cn" target="right">博文视点网站</a></p>
 <p><a href="http://www.phei.com.cn"
target="right">电子工业出版社</a></p>
</body>
</html>
```

01 添加链接，并将目标显示指向右边框架。

网页效果（图 9-16）

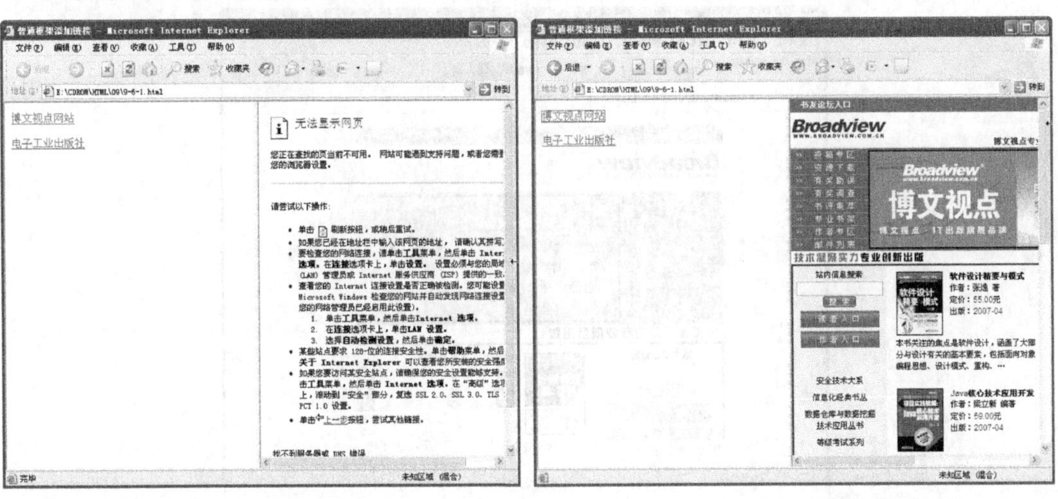

图 9-15　显示页面　　　　图 9-16　单击链接

9.6.2 浮动框架添加链接

在网页文件中，除了给普通框架添加链接外，还可以给浮动框架添加链接。

基本语法

```
<iframe src="http://www.broadview.com.cn" width="450" height="380"
name="iframe"></iframe>
```

语法说明

定义一个浮动框架，然后将网页中需要显示的内容链接到浮动框架中。

实例代码（代码位置：CDROM\HTML\09\9-6-2.html）

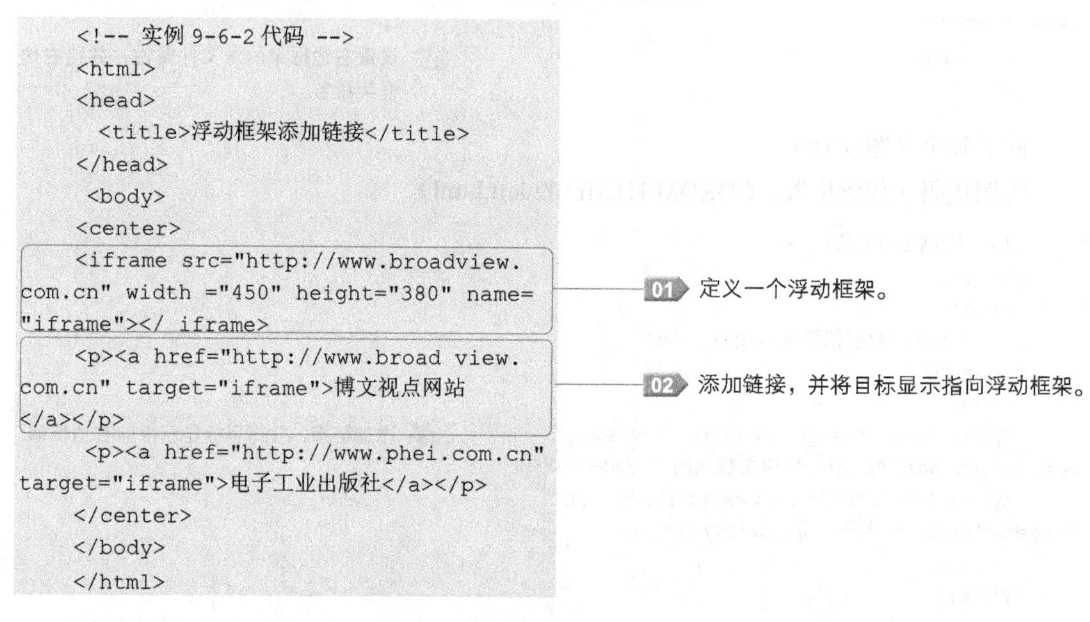


```
<!-- 实例 9-6-2 代码 -->
<html>
<head>
  <title>浮动框架添加链接</title>
</head>
 <body>
<center>
<iframe src="http://www.broadview.com.cn" width ="450" height="380" name="iframe"></ iframe>
<p><a href="http://www.broad view.com.cn" target="iframe">博文视点网站</a></p>
 <p><a href="http://www.phei.com.cn" target="iframe">电子工业出版社</a></p>
</center>
</body>
</html>
```

网页效果（图 9-17）

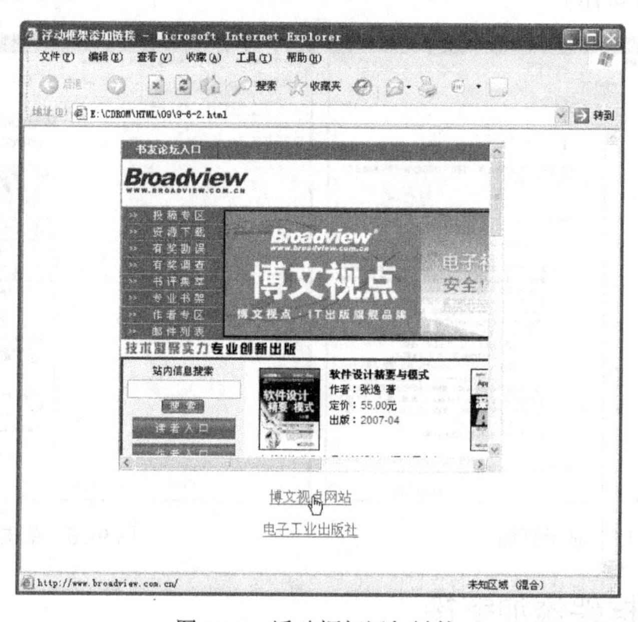

图 9-17　浮动框架添加链接

效果说明：单击网页中不同的链接，在浮动框架中会显示不同的链接内容。

9.7　小实例——框架的实际应用

实例代码（代码位置：CDROM\HTML\09\xiaoshili\9-7.html）

```
<!-- 实例 9-7 代码 -->
<html>
<head>
  <title>框架的实际应用</title>
</head>
<frameset rows="105,*" cols="*">
  <frame src="top.html"
name="topFrame" scrolling="NO" noresize>
  <frameset rows="*" cols="149,*" >
    <frame src="left.html"
name="leftFrame" scrolling="NO" noresize>
    <frame src="main.html"
name="mainFrame">
<noframes>
<body>
</body>
</noframes>
</frameset>
</html>
```

01 定义框架集。

02 定义框架。

03 定义框架集，并包含两个框架，同时给包含的两个框架命名

实例代码（代码位置：CDROM\HTML\09\xiaoshili\left.html）

```
<!-- 实例 left 代码 -->
<html>
<head>
  <title>页面导航</title>
</head>
<body>
 <table width="150" border="1">
     <tr>
     <td>&#8226;</td>
     <td valign="top"><a
href="http://www.broadview.com.cn"
target="mainFrame">>博文视点</a></td>
     </tr>
     <tr valign="top">
     <td>&#8226;</td>
     <td valign="top"><a
href="http://www.phei.com.cn" target=
"mainFrame">>电子工业出版社</a></td>
     </tr>
     <tr>
     <td>&#8226;</td>
     <td valign="top"><a
href="http://www.csdn.net/"
target="mainFrame">>csdn</a></td>
     </tr>
 </table>
 </body>
 </html>
```

01 插入项目符号。

02 添加链接，并指定网页文件显示目标。

实例代码（代码位置：CDROM\HTML \09\xiaoshili\top.html）

```
<!-- 实例 top 代码 -->
<html>
<head>
  <title>top 框架</title>
</head>
<body>
<div align="center">
  <table width="730" border="1">
    <tr>
      <td><img src="6-4. jpg"
width="150" height="50" alt=""></td>
      <td><img src="ad. jpg"
width="519" height="76" alt=""></td>
    </tr>
  </table>
</div>
</body>
</html>
```

01 定义一个表结构。

02 单元格中添加图片。

网页效果（图 9-18）

效果说明：单击框架左边导航部分不同的链接，会显示不同的页面。

图 9-18　框架的实际应用

9.8　习题

一、选择题

（1）框架分割的方式有（　）。

A．上下分割　　B．左右分割

C．嵌套分割　　D．对角线分割

（2）框架的标记包括（　）。

A．<frane>　　B．<afrane>

C．<ifrane>　　D．<franeset>

（3）利用框架<frame>标记中的 scrolling 属性有哪些方式（　）？

A．yes　　B．no

C．auto　　D．name

（4）利用框架<frame>标记中的 noresize 属性可以设置（　）。

A．框架边缘尺寸　B．框架的尺寸　C．框架的高度

（5）框架集的属性有（　）。

A．frameborder　frmaspacing　　B．brodercolor　frame

C．rows　bordercolor　　D．cols　rows

二、填空题

（1）框架是____________。

（2）框架的作用是____________。

（3）窗口框架的基本结构，主要利用_________标记与_______标记来定义。

（4）<framest>标记主要用于定义一个__________，<frame>标记则用于定义窗口框架中的________。

（5）窗口框架文档的书写格式与一般的 HTML 文件中的书写格式相同，只是用______标记。

（6）采用哪种方式来分割窗口，要通过<frameset>标记中的_______属性和_____属性来设置。

（7）控制子窗口的属性需要通过_________标记，它最重要的属性是_________属性和_______属性来设置。

（8）<frameset>标记主要有_______、________、_______、______和_______五个属性。

*（9）rows 和 cols 的值可以用_________、__________和___________及这三种方式的混合方式来表示。

（10）在<frameset>标记中，可运用_________属性分割窗口框架的宽度。

（11）<frameset frameborde=0>的作用是 ______________________。

（12）当将 target 属性设置为___________时，若单击超链接后，将以打开另一个窗口的方式显示网页；当将 target 属性设置为___________时，则将在同一个窗口中显示所链接的网页。

三、上机题/问答题

（1）用 HTML 代码制作如图 9-19 所示的网页（最终效果见 CDROM/习题参考答案及效果/09/1/1.html）。

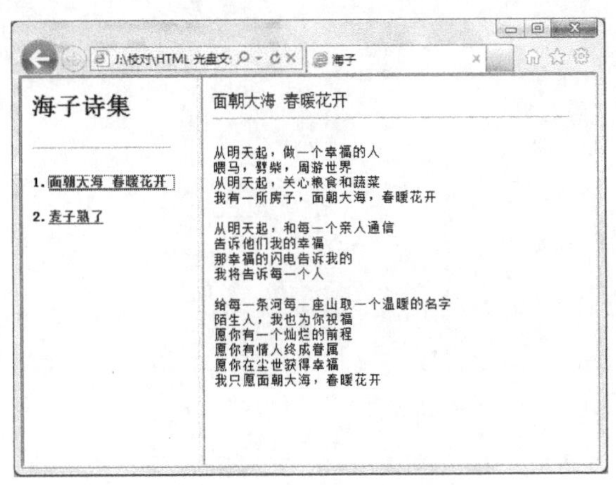

图 9-19 效果

（2）用 HTML 代码制作如图 9-20 所示的网页（图片可来自配套光盘或自行寻找，最终效果见 CDROM/习题参考答案及效果/09/2/2.html）。

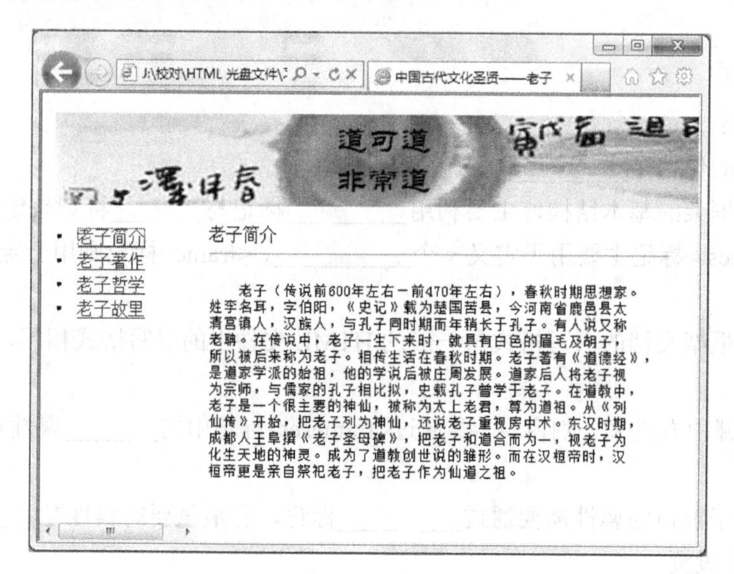

图 9-20　效果

（3）利用框架布局设计一个“厂”字型的网页。

第 10 章 表单的应用

本章重点

- 表单概述
- 表单标记
- 信息输入

10.1 表单概述

表单是网页中提供的一种交互式操作手段，在网页中的使用十分广泛。无论是提交搜索的信息，还是网上注册等都需要使用表单。用户可以通过提交表单信息与服务器进行动态交流。表单主要可以分为两部分：一是用 HTML 源代码描述的表单，可以直接通过插入的方式添加到网页中；二是提交后的表单处理，需要调用服务器端编写好的脚本对客户端提交的信息作出回应。表单如图 10-1 所示。

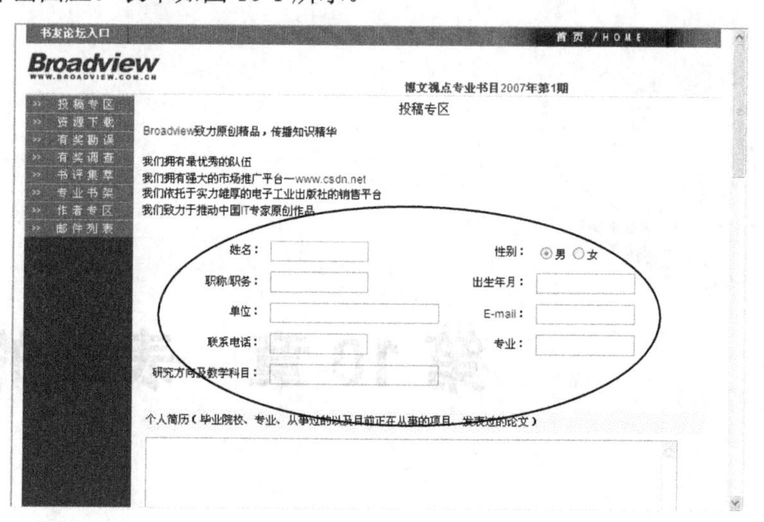

图 10-1　注册表单

效果说明：图中被圈住的部分为表单部分。

10.2 表单标记<form>

在 HTML 中，只要在需要使用表单的地方插入成对的表单标记<form></form>，就可以很简单地完成表单的插入。

基本语法

```
<form name="" method="" action="" enctype="" target="">
</form>
```

语法说明

表单标记的部分属性及说明如表 10-1 所示。

表 10-1　表单标记的属性及说明

属　　性	说　　明
name	设置表单名称
method	设置表单发送的方法，可以是“post”或者“get”
action	设置表单处理程序
enctype	设置表单的编码方式
target	设置表单显示目标

实例代码（代码位置：CDROM\HTML\10\10-2.html）

```
<!-- 实例 10-2 代码 -->
<!-- 注释标记的说明 -->
<html>
<head>
  <title>表单标记</title>
</head>
<body>
  <form name="form1" method="post"
action="mailto:marker@broadview.com.cn"
enctype="text/plain">
  </form>
<!-- 这里为要添加的注释语句 -->
</body>
</html>
```

01 代码给出了该表单的名称为“form1”，发送方式为“post”，处理程序为“mailto:marker@broadview.com.cn”，以及编码方式为“text/plain”

10.3 信息输入<input>

表单是网页中提供的交互式操作手段，当然，用户必须在表单控件中输入必要的信息，发送到服务器请求响应，然后服务器将结果返回给用户，这样才体现了交互性，下面将详细介绍各个控件。其中<input>标记是表单中输入信息常用的标记。

基本语法

```
<form action=""><input  name="" type=""></form>
```

语法说明

在<input>标记中，name 属性显示插入的控件名称，type 属性显示插入的控件类型，例如：文本框、单选按钮、复选框等。

10.3.1 插入文本框——text

<input>标记中 type 属性值 text 用来插入表单中的单行文本框，在此文本框中可以输入任何类型的数据，但是输入的数据都将是单行的显示，不会换行。

基本语法

```
<form action=""><input name="text" type="text" maxlength="" size="" value="">
</form>
```

语法说明

在表单中插入文本框，只要将<input>标记中 type 属性值设为 text 就可以插入单行的文本框。

实例代码（代码位置：CDROM\html\10\10-3-1.html）

```
<!-- 实例 10-3-1 代码 -->
<html>
<head>
  <title>插入文本框</title>
```

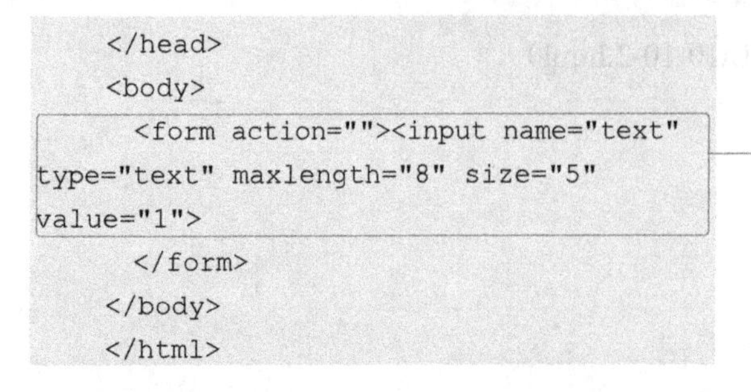

```
</head>
<body>
  <form action=""><input name="text"
type="text" maxlength="8" size="5"
value="1">
  </form>
</body>
</html>
```

01 此行代码表示插入了一个名称为“text”的单行文本框，输入的最多字符为 8，控件宽度为 5，默认值为 1.

网页效果（图 10-2）

10.3.2 插入密码框——password

<input>标记中 type 属性值 password 用来插入表单中的密码框，在密码框中可以输入任何类型的数据，这些数据都将会以小圆点的形式显示，提高密码的安全性。

基本语法：

```
<form action=""><input name="password" type="password" maxlength="" size="" >
</form>
```

语法说明：

在表单中插入密码框，只要将<input>标记中 type 属性值设为 password 就可以插入密码框。

实例代码（代码位置：CDROM\html\10\10-3-2.html）

```
<!-- 实例 10-3-2 代码 -->
<html>
<head>
  <title>插入密码框</title>
</head>
<body>
  <form action=""><input
name="password" type="password"
maxlength="8" size="5" >
  </form>
</body>
</html>
```

01 此行代码表示插入了一个名称为“text”的单行文本框，输入的最多字符为 8，控件宽度为 5。

网页效果（图 10-3）

图 10-2　插入文本框

图 10-3　插入密码框

10.3.3 插入文件域——file

<input>标记中 type 属性值 file 用来插入表单中的文件域，在文件域中可以添加整个文件，例如，发送邮件时，添加附件都需要使用文件域来实现。

基本语法：

```
<form action=""><input name="file" type="file" ></form>
```

语法说明：

在表单中插入文件域，只要将<input>标记中 type 属性值设为 file 就可以插入文件域。

实例代码（代码位置：CDROM\html\10\10-3-3.html）

```
<!-- 实例 10-3-3 代码 -->
<html>
<head>
  <title>插入文件域</title>
</head>
<body>
  <form action=""><input name="file"
type="file">
  </form>
</body>
</html>
```

01 此行代码表示插入一个名称为“file”的文本域。

网页效果（图 10-4）

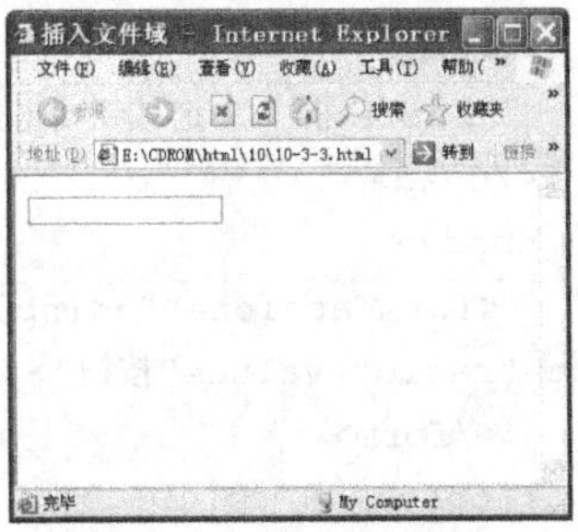

图 10-4　插入文件域

10.3.4 插入复选框——checkbox

<input>标记中 type 属性值 checkbox 用来插入表单中的复选框，用户可以利用网页中复选框进行多项的选择。

基本语法

```
<form action=""><input name="text" type="checkbox" id="" value="">
</form>
```

语法说明

在表单中插入复选框，只要将<input>标记中 type 属性值设为 checkbox 就可以插入复选框。其中的 id 为可选项。

实例代码（代码位置：CDROM\html\10\10-3-4.html）

```
<!-- 实例 10-3-4 代码 -->
<html>
<head>
  <title>插入复选框</title>
</head>
<body>
```

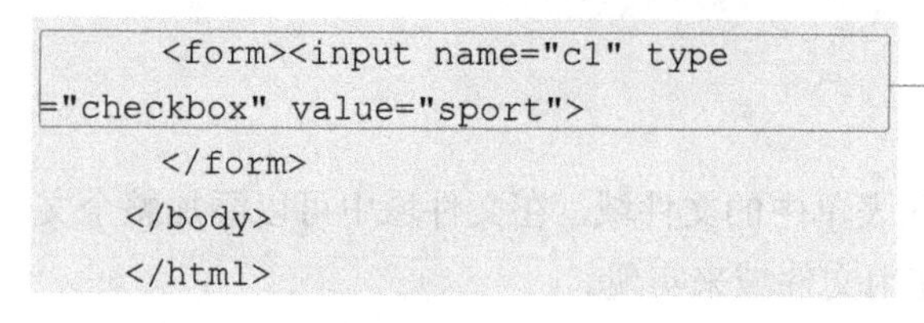

```
    <form><input name="c1" type
="checkbox" value="sport">
    </form>
  </body>
  </html>
```

01 此行代码插入的是：名称为“c1”，值为“sport”的复选框。

网页效果（图 10-5）

10.3.5 插入单选按钮——radio

<input>标记中 type 属性值 radio 用来插入表单中的单选按钮，也是一种选择性的按钮，在选中状态时，按钮中心会有一个小圆点。

基本语法

```
 <form action=""><input name="r1" type="radio" id="" value="">
</form>
```

语法说明

在表单中插入单选按钮，只要将<input>标记中 type 属性值设为 radio 就可以插入单选按钮，其中的 id 为可选项。

实例代码（代码位置：CDROM\html\10\10-3-5.html）

```
  <!-- 实例 10-3-5 代码 -->
  <html>
  <head>
    <title>插入单选按钮</title>
  </head>
  <body>
    <form action=""><input name="c1"
type="radio" value="按钮">
    </form>
  </body>
  </html>
```

01 此行代码插入的是：名称为“c1”，值为“按钮”的单选按钮。

网页效果（图 10-6）

图 10-5 插入复选框

图 10-6 插入单选按钮

10.3.6 插入标准按钮——button

<input>标记中 type 属性值 button 用来插入表单中的标准按钮，其中标准按钮的“value”属性，可以根据制作者的需要，任意设置属性值。

基本语法

```
<form action=""><input name="b1" type="button" id="c1"  value="标准按钮">
</form>
```

语法说明

在表单中插入标准按钮，只要将<input>标记中 type 属性值设为 button 就可以插入标准按钮。其中的 id 为可选项。

实例代码（代码位置：CDROM\html\10\10-3-6.html）

```
<!-- 实例 10-3-6 代码 -->
<html>
<head>
  <title>插入标准按钮</title>
</head>
<body>
  <form action=""><input name="b1"
type="button" id="c1" value="标准按钮">
  </form>
</body>
</html>
```

01 此行代码插入的是：名称为“b1”，值为“标准按钮”的标准按钮。

网页效果（图 10-7）

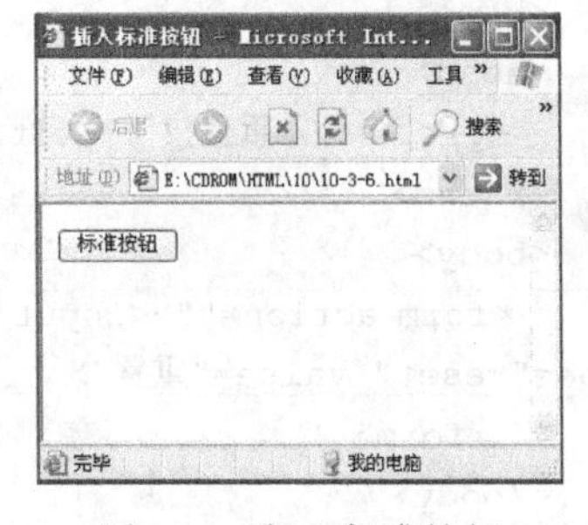

图 10-7　插入标准按钮

10.3.7 插入提交按钮——submit

当用户填完表单对象中的信息后，需要有一个提交信息的动作，需要使用表单中的提交按钮，<input>标记中 type 属性值 submit 用来插入表单中的提交按钮。

基本语法

```
<form action=""><input name="submit" type="submit" value="提交">
</form>
```

语法说明

在表单中插入提交按钮，只要将<input>标记中 type 属性值设为 submit 就可以插入提交按钮。

实例代码（代码位置：CDROM\html\10\10-3-7.html）

```
<!-- 实例 10-3-7 代码 -->
<html>
<head>
```

```
  <title>插入提交按钮</title>
</head>
<body>
  <form action=""><input
name="submit" type="submit" value="提交">
  </form>
</body>
</html>
```

01 此行代码插入的是：名称为“sumbit”，值为“提交”的提交按钮。

网页效果（图 10-8）

10.3.8 插入重置按钮——reset

当用户填写完表单后，对自己填过的信息不满意时，可以使用重置按钮，重新输入信息。<input>标记中 type 属性值 reset 用来插入表单中的重置按钮。

基本语法

```
<form action=""><input name="reset" type="reset" value="重置">
</form>
```

语法说明

在表单中插入重置按钮，只要将<input>标记中 type 属性值设为 reset 就可以插入重置按钮。

实例代码（代码位置：CDROM\html\10-3-8.html）

```
<!-- 实例 10-3-8 代码 -->
<html>
<head>
  <title>插入重置按钮</title>
</head>
<body>
  <form action=""><input name="reset"
type="reset" value="重置">
  </form>
</body>
</html>
```

01 此行代码插入的是：名称为“reset”，值为“重置”的重置按钮。

网页效果（图 10-9）

图 10-8 插入提交按钮

图 10-9 插入重置按钮

10.3.9 插入图像域——image

用户在浏览网页时，有时会遇到某些网站的按钮不是普通样式的情况，而是用一张图像做的提交或者其他类型的按钮，效果美观，这些功能都可以通过插入图像域来实现。<input>标记中 type 属性值 image 用来插入表单中的图像域。

基本语法

```
<form action=""><input name="image" type="image" src="url">
</form>
```

语法说明

在表单中插入图像域，只要将<input>标记中 type 属性值设为 image 就可以插入图像域。

实例代码（代码位置：CDROM\html\10\10-3-9.html）

```
<!-- 实例 10-3-9 代码 -->
<html>
<head>
  <title>插入图像域</title>
</head>
<body>
  <form action=""><input name="image"
type="image" src="
E:\CDROM\html\10\10-3-9. jpg">
  </form>
</body>
</html>
```

01 此行代码插入的是：图像域名称为"image"，其中的"src"表示图像的来源路径。

网页效果（图 10-10）

图 10-10 插入图像域

10.3.10 插入文字域——textarea

用户有时需要一个多行的文字域，用来输入更多的文字信息，行间可以换行，并将这些信息作为表单元素的值提交到服务器。

基本语法

```
<form action=""><textarea name="text" rows="" cols="" wrap="" id=""></textarea>
</form>
```

语法说明

在表单中插入文字域，只要插入成对的文字域标记<textarea></textarea>就可以插入文字域。其中的“wrap”和“id”为任选项。

实例代码（代码位置：CDROM\html\10\10-3-10.html）

```
<!-- 实例 10-3-10 代码 -->
<html>
<head>
   <title>插入文字域</title>
</head>
<body>
   <form action=""><textarea
name="text" rows="3"
cols="30"></textarea>
   </form>
</body>
</html>
```

01 此行代码设置的是：文字域的名称为“text”，行数为“3”，列数为“30”。

网页效果（图 10-11）

图 10-11　插入文字域

10.3.11 插入隐藏域——hidden

隐藏域在网页中对用户是不可见的，用户单击提交按钮提交表单时，隐藏域的信息也被一起发送到服务器。<input>标记中 type 属性值 hidden 用来插入表单中的隐藏域。

基本语法

```
<form action=""><input name="h1" type="hidden" value="">
</form>
```

语法说明

在表单中插入隐藏域，只要将<input>标记中 type 属性值设为 hidden 就可以插入隐藏域。

实例代码（代码位置：CDROM\html\10\10-3-11.html）

```
<!-- 实例 10-3-11 代码 -->
<html>
<head>
  <title>插入隐藏域</title>
</head>
<body>
  <form action=""><input name="h1"
type ="hidden" value="">
  </form>
</body>
</html>
```

01 此行代码表示：隐藏域的名称为“h1”，值为空。

网页效果（图 10-12）

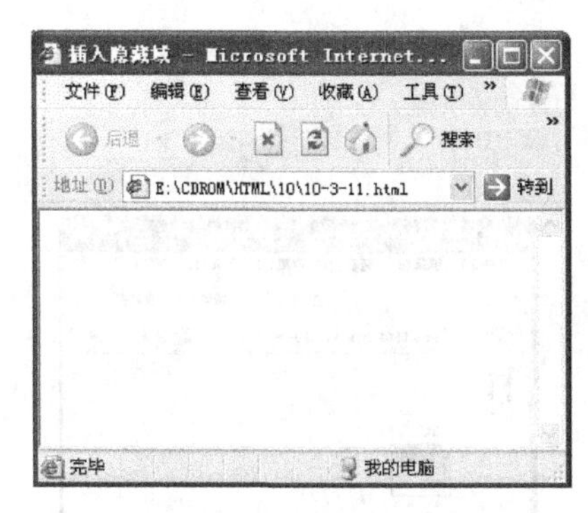

图 10-12　插入隐藏域

10.3.12 插入下拉菜单<select>和列表项<option>

在 HTML 中，使用<select>、<option>可以实现下拉菜单和列表项。

基本语法

```
<form action="">
 <select name="" size="" >
 <option value="">
 <option value="">
  …
 </select>
</form>
```

语法说明

在表单中插入下拉菜单和列表项，只要插入成对的<select></select>，其中嵌套<option>，就可以插入下拉菜单和列表。

实例代码（代码位置：CDROM\html\10\10-3-12.html）

```
<!-- 实例 10-3-12 代码 -->
<html>
<head>
  <title>插入下拉菜单和列表项</title>
</head>
```

```
<body>
  <form action="">
   <select name="爱好" size=4 >
     <option value="1">音乐
     <option value="2">美术
     <option value="3">体育
  </select>
  <select name="" size="" >
     <option value="1">唱歌
     <option value="2">画画
     <option value="3">长跑
    </select>
  </form>
</body>
</html>
```

01 此行表示插入的菜单名称为“爱好”，显示的行数为“4”，“option”属性列出了菜单的选项内容和位置。

网页效果（图 10-13）

图 10-13　插入下拉菜单和列表

10.4　小实例——表单的实际应用

实例代码（代码位置：CDROM\HTML \10\10-4.html）

```
<!-- 实例 10-4 代码 -->
<html>
<head>
  <title>表单应用</title>
</head>
<body>
  <form name="form1" method="post" action="">
   <table width="408" border="1" align="center">
    <tr>
      <td width="34" height="32"> </td>
      <td colspan="2">会员注册</td>
    </tr>
    <tr>
      <td> </td>
      <td width="83"><div align="right">用户名：</div></td>
```

```
      <td width="269"><input type="text" name="textfield"></td>
    </tr>
    <tr>
      <td> </td>
      <td><div align="right">密码：</div></td>
      <td><input type="password" name="textfield2"></td>
    </tr>
    <tr>
      <td> </td>
      <td><div align="right">确认密码：</div></td>
      <td><input type="text" name="textfield3"></td>
    </tr>
    <tr>
      <td> </td>
      <td><div align="right">性别：</div></td>
      <td><input type="radio" name="radiobutton" value="radiobutton">男
        <input type="radio" name="radiobutton" value="radiobutton">女</td>
    </tr>
    <tr>
      <td> </td>
      <td><div align="right">爱好：</div></td>
      <td><input type="checkbox" name="checkbox" value="checkbox">
        体育
        <input type="checkbox" name="checkbox2" value="checkbox">
        音乐
        <input type="checkbox" name="checkbox3" value="checkbox">
        文学
        <input type="checkbox" name="checkbox4" value="checkbox">
        其他</td>
    </tr>
    <tr>
      <td> </td>
      <td><div align="right">特长：</div></td>
      <td><select name="select"><option value =""></option>
      </select></td>
    </tr>
    <tr>
      <td> </td>
      <td><div align="right">联系电话：</div></td>
      <td><input type="text" name="textfield4"></td>
    </tr>
    <tr>
      <td> </td>
      <td><input type="submit" name="Submit" value="提交"></td>
      <td><input type="reset" name="Submit2" value="重置"></td>
    </tr>
  </table>
</form>
```

```
</body>
</html>
```

网页效果（图 10-14）

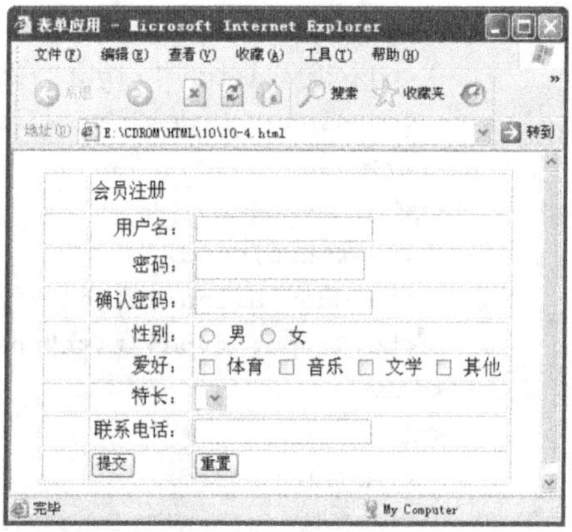

图 10-14　表单应用

10.5　习题

一、选择题

（1）下列哪些属于表单标记的属性（　）。

A．method　　B．action

C．enctype　　D．target

（2）下列属于构成表单元素的是（　）。

A．<input>　　B．<select>

C．<option>　　D．<textarea>

（3）插入文字域的标记是（　）。

A．hidden　　B．textarea　　C．option　　D．select

（4）下列属于<select>标记的属性的是（　）。

A．type　　B．name　　C．size　　D．multiple

（5）下列属于<option>标记的属性的是（　）。

A．value　　B．size　　C．selected　　D．rows

二、填空题

（1）在 HTML 文件中，表单是____________。

（2）在 HTML 文件中，表单可以分为：____________。

（3）HTML 是用______来设计交互界面的。

（4）method 属性的参数值为________和_________之一，其默认方式是________。

（5）当 method 属性的值为_________时，表示该表单主要是从服务器中获取信息，它传送给服务器的反馈信息长度不能超过________个字符；当值为_______时，表示该表单主要是向服务器发送信息的，它传送给服务器的反馈信息长度为___________。

（6）在<form>的开始与结束标记之间，有三个特殊标记，它们是________、________和___________。

（7）<input>标记有六个属性，_______、______、______、______、_______和________，其中，_______和_______是两个必选属性。

*（8）在<input>标记中，_______属性的参数值是相应处理程序的变量名；_______属性用于指出浏览者输入值的类型。

（9）<select>标记必须与__________标记配套使用，<select>标记有_______、______和_________三个属性。Name 属性用于指定下拉菜单的名字。

（10）在<select>标记中，________属性用于指定下拉菜单的名字；_______属性用于定义菜单的长度；________ 属性用于预选多个选项。

（11）_______标记用来定义菜单中的选项，它必须嵌套在<select>标记中使用。它有两个属性，________和________；它们都是可选的。

（12）用__________标记可以来定义高度超过一行的文本输入框，它有三个属性，________、________和________。

（13）在<textarea>标记中，______属性用于指定文本输入框的名字；______属性用于规定文本输入框的宽度；______属性用于规定文本输入框的高度。

三、上机题/问答题

（1）用 HTML 代码制作如图 10-15 所示的网页（最终效果见 CDROM/习题参考答案及效果/10/1.html）。

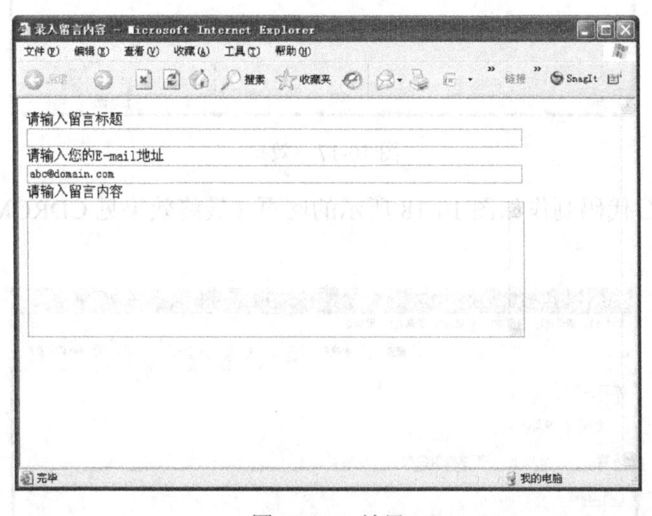

图 10-15　效果

（2）用 HTML 代码制作如图 10-16 所示的网页（最终效果见 CDROM/习题参考答案及效果/10/2.html）。

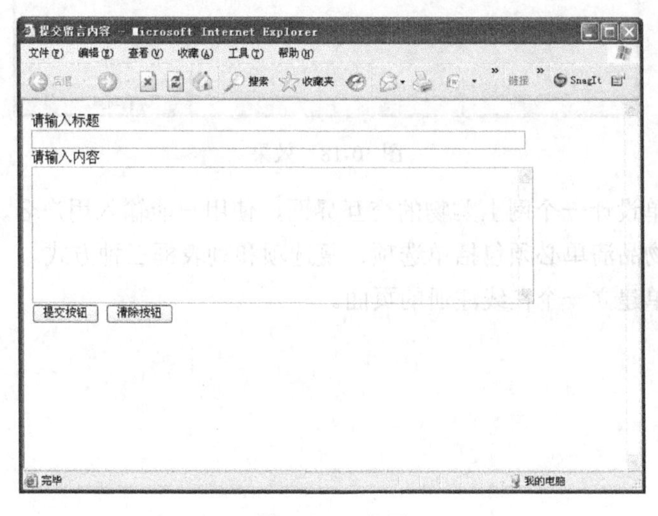

图 10-16　效果

（3）用 HTML 代码制作如图 10-17 所示的网页（最终效果见 CDROM/习题参考答案及效果/10/3.html）。

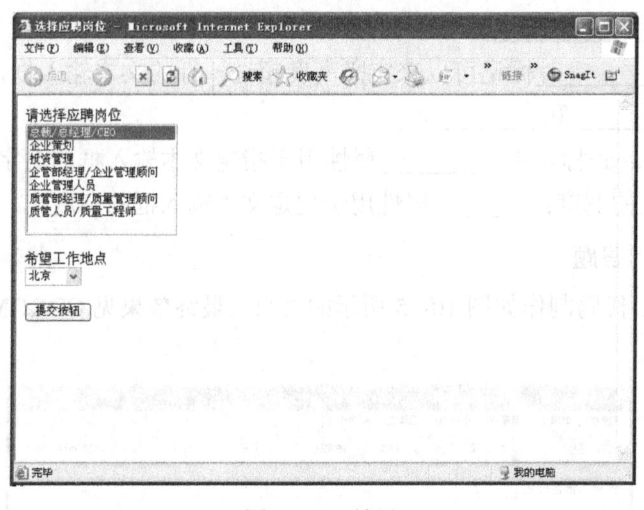

图 10-17　效果

（4）用 HTML 代码制作如图 10-18 所示的网页（最终效果见 CDROM/习题参考答案及效果/10/4.html）。

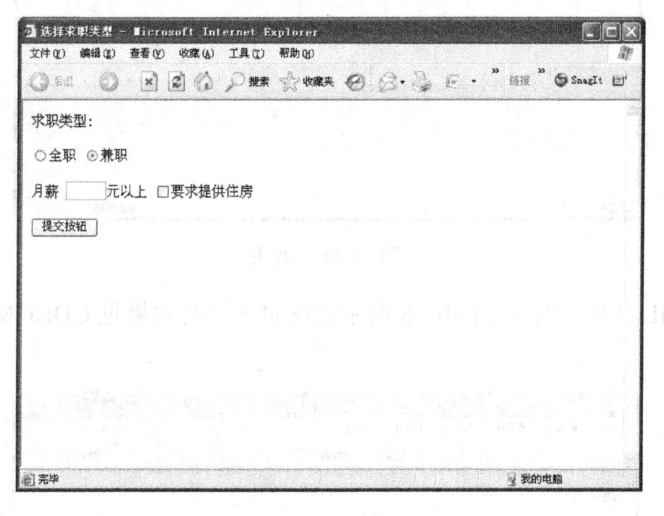

图 10-18　效果

（5）利用表单设计一个网上购物的交互界面，使用户能输入用户名、密码并选择他想要购买的物品，物品清单必须包括单选项、复选项和列表框三种方式。

（6）利用表单建立一个在线注册的页面。

第 11 章　CSS 样式表基础

本章重点

- CSS 的概念
- CSS 的使用
- CSS 的插入
- 编写 CSS 文件

11.1 CSS 的概述

1997 年 W3C 颁布 HTML4.0 标准时同时公布了 CSS 的第一个标准 CSS1。由于 CSS 使用简单、灵活，很快得到了好多公司的青睐和支持。接着 1998 年的 5 月 W3C 组织又推出了 CSS2，使得 CSS 的影响力不断扩大。同时，W3Ccorestyles 和 CSS2 Validation Service 及 CSS Test Suite 宣布成立。CSS 和 HTML 一样，也是一种标识语言，代码也很简单，也需要通过浏览器解释执行，也可用任何文本编辑器来编写，其文件的扩展名为“.css”。

CSS 的出现弥补了 HTML 对标记属性控制的不足，如背景图像重复的定义利用 HTML 标记无法实现，只有在 CSS 中利用属性 background-repeat 才可以定义背景图像为横向重复还是纵向重复或是不重复。CSS 更大的贡献在于将网页内容和样式进行分离。（您可能会问，内容和样式分离的含义究竟是什么？在好多地方都见过这句话，但都说的似懂非懂。）

网页内容就是网页制作者想要网页浏览者看到的信息，主要包括文字、图片、表格等；而网页样式就是对这些内容进行格式化，如设置文字大小、颜色，图片大小、边框等。图 11-1 是一个利用 CSS 样式制作好的网页，为了更直观地说明内容和样式的分离，我们将图 11-1 所示网页取消 CSS 样式后的网页效果，即纯内容的网页效果也做了出来，如图 11-2 所示。对比后很明显就会看出内容和样式的区别，以及内容和样式的作用。

同时，CSS 对网页内容的控制也比 HTML 要精确，行间距和字间距都能控制。利用 CSS 制作的网页更新也特方便，一个 CSS 文件可以同时控制多个网页内容的样式，需要修改时，则只要修改单个 CSS 文件即可。

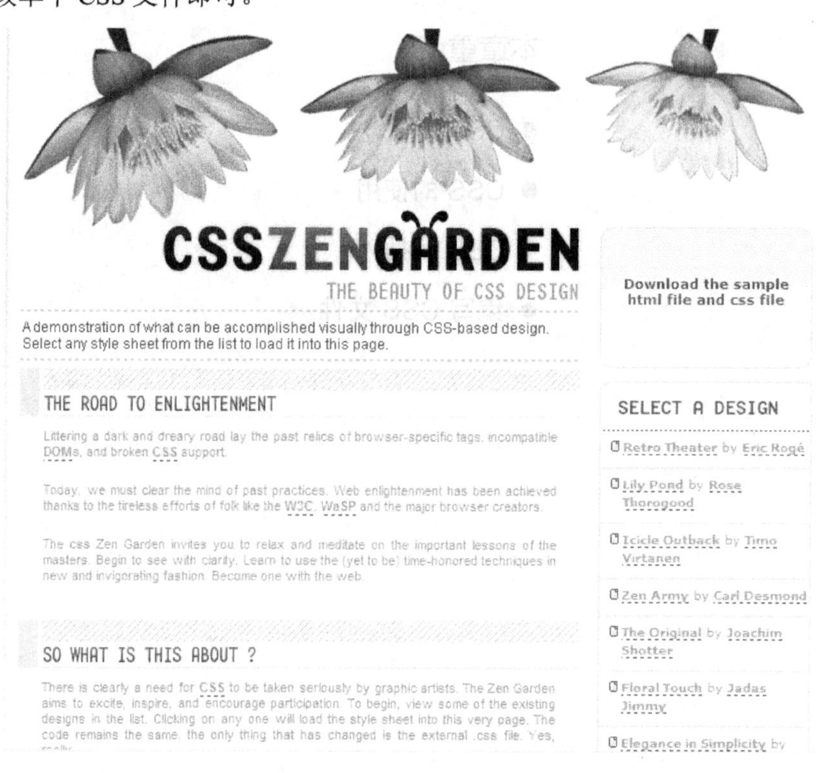

图 11-1　利用 CSS 做的网页

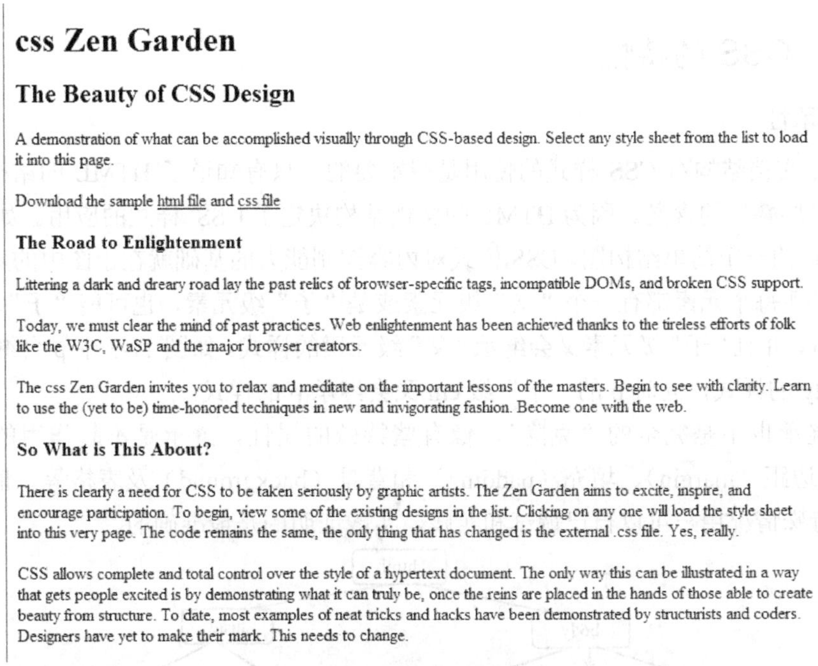

css Zen Garden

The Beauty of CSS Design

A demonstration of what can be accomplished visually through CSS-based design. Select any style sheet from the list to load it into this page.

Download the sample html file and css file

The Road to Enlightenment

Littering a dark and dreary road lay the past relics of browser-specific tags, incompatible DOMs, and broken CSS support.

Today, we must clear the mind of past practices. Web enlightenment has been achieved thanks to the tireless efforts of folk like the W3C, WaSP and the major browser creators.

The css Zen Garden invites you to relax and meditate on the important lessons of the masters. Begin to see with clarity. Learn to use the (yet to be) time-honored techniques in new and invigorating fashion. Become one with the web.

So What is This About?

There is clearly a need for CSS to be taken seriously by graphic artists. The Zen Garden aims to excite, inspire, and encourage participation. To begin, view some of the existing designs in the list. Clicking on any one will load the style sheet into this very page. The code remains the same, the only thing that has changed is the external .css file. Yes, really.

CSS allows complete and total control over the style of a hypertext document. The only way this can be illustrated in a way that gets people excited is by demonstrating what it can truly be, once the reins are placed in the hands of those able to create beauty from structure. To date, most examples of neat tricks and hacks have been demonstrated by structurists and coders. Designers have yet to make their mark. This needs to change.

图 11-2 取消 CSS 样式的网页

概括 CSS 的作用

- 内容和样式的分离，使得网页设计趋于明了、简洁。
- 弥补 HTML 对标记属性控制的不足，如：背景图像重复的控制和标题大小的控制等。在 HTML 中可控制的标题仅有 7 级，即 h1~h7，而利用 CSS 可以任意设置标题大小。
- 精确控制网页布局，如行间距、字间距、段落缩进和图片定位等属性。
- 提高网页效率，因为多个网页同时应用一个 CSS 样式，即减少了代码的下载，又提高了浏览器的浏览速度和网页的更新速度。如图 11-1 中的网页，内容已定，如果 CSS 样式不满意，可以随便修改，丝毫不会对内容有影响，而且这个 CSS 样式，也可以同时用到多个网页内容上。
- CSS 还有好多特殊功能，如鼠标指针属性控制鼠标的形状和滤镜属性控制图片的特效等。

11.1.1 CSS 基本概念

CSS（Cascading Style Sheet）即层叠样式表，简称样式表。要理解层叠样式表的概念先要理解样式的概念。样式就是对网页中的元素（字体、段落、图像、列表等）属性的整体概括，即描述所有网页对象的显示形式（例如，文字的大小、字体、背景及图像的颜色、大小等都是样式）。层叠，就是指当 HTML 文件引用多个 CSS 文件时，如果 CSS 文件之间所定义的样式发生了冲突，将依据层次的先后来处理其样式对内容的控制。

若读者对 CSS 的概念依然有点模糊，没关系，继续看 CSS 的特性，当理解了 CSS 的特性后，对概念的理解就会更深刻。

11.1.2 CSS 的特性

1. 继承性

HTML 文档结构对 CSS 样式的使用是很重要的，只有知道了 HTML 的结构，才能更深入理解“层叠”的含义。因为 HTML 的文档结构决定了 CSS 样式的应用。如图 11-3 所示为 HTML 的一个简单结构图。CSS 样式对内容控制能力的基础就在于图中的家族继承关系，可以发现每个元素都有一个“父”级元素或是“子”级元素，也可能“子”级和“父”级元素都有，并且“子”级元素又会继承“父”级元素的样式。如图 11-3 中 p 会继承它“父”级元素 body 的样式，同时 p 的“子”级 em 又会继承 p 的样式。

但是继承也不是完全的“克隆”，像有些特殊的属性，继承是不起作用的。如边框（border）、边距（margin）、填充（padding）和背景（background）及表格等。情况还算少数，遇到特殊情况用户可以自己调试和实践，实践证明的是最准确的。

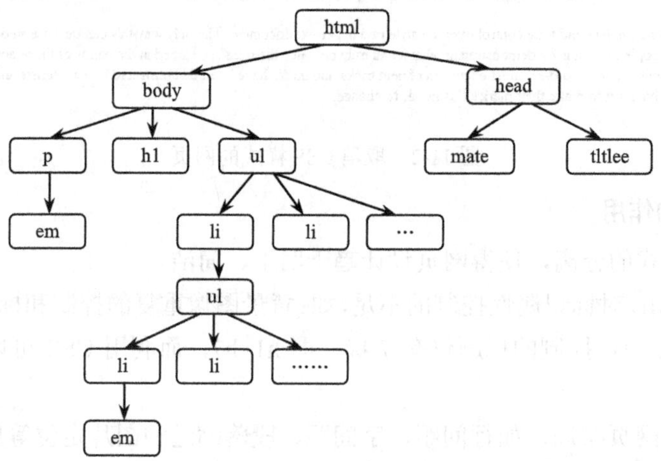

图 11-3　HTML 树形结构

在图 11-4 中，body{font-family: "隶书";font-size:105px}定义了网页主体内容 body 的字体为隶书，字号为 105 像素；p{font-size:25px}定义了段落 p 的字号为 25 像素，字体为默认字体（即宋体）。而图 11-5 中，浏览器显示的字体为 25 像素大小的隶书。从效果图很明显看出段落 p 的字体是继承了 body 的所定义字体，显示为“隶书”，而字号则依然是 25 像素，这就说明子级元素在继承父级元素属性时，仅继承的是本身没有定义的属性。

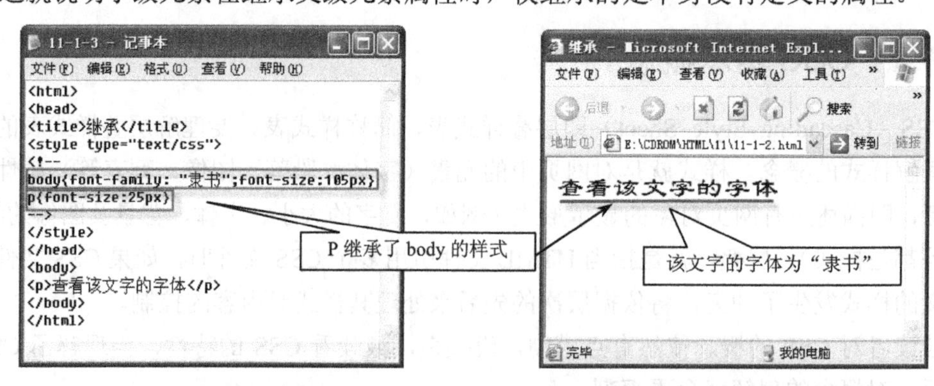

图 11-4　样式继承代码　　　　图 11-5　继承代码效果图

2. 层叠性

层叠的含义在讲层叠样式表的概念时已经提到，就是指同一个 HTML 文件引用了多个样式表文件时，浏览器会按照样式定义的先后层次来应用样式，如果不考虑样式的优先级，一般都遵守“最近优先原则”。样式的优先级在 11.2.3 详细讲解。如图 11-6 和 11-7 所示，分别为定义段落字体的代码和运行结果，很明显该段文字应用的是后定义的样式规则，即字体显示为“隶书”。

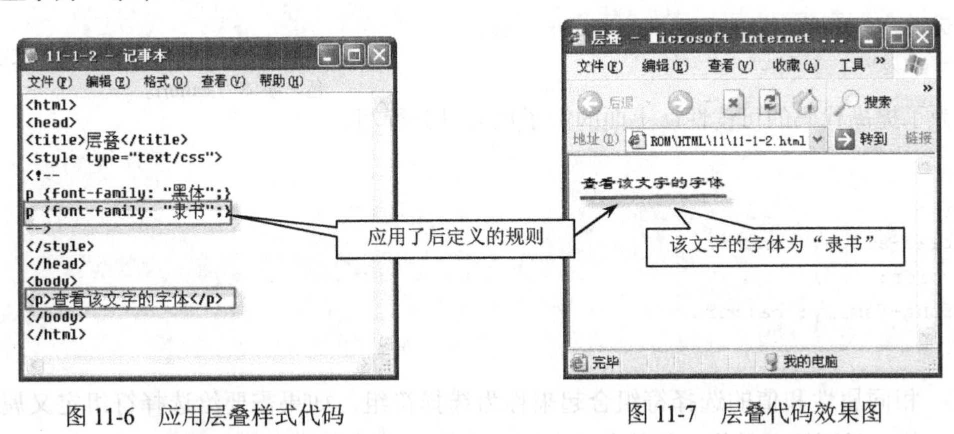

图 11-6　应用层叠样式代码　　　　图 11-7　层叠代码效果图

11.2　CSS 的使用

在设计网页的过程中有很多地方可能出现相同的样式，如果一一去设置不免显得麻烦，而且很容易出错，导致效果不一致。在 Word 中，有格式刷工具，可以迅速地复制格式。在网页设计中怎样复制格式呢？其实 CSS 就是网页设计首选的格式刷。通过 CSS 很容易控制字体格式、段落格式、图片格式及它们的精确位置。由此更可见 CSS 的重要之处，所以掌握 CSS 的使用很必要。

那要掌握 CSS 的使用除了掌握上面讲到的 CSS 概念及特性外，还要重点掌握 CSS 的基本语法，CSS 选择符的类型，以及如何将 CSS 文件插入到 HTML 文件中。其实 CSS 和 HTML 本来就是“亲戚”，有相通的“血脉”，如它们都是标识语言，都要用文本编辑器编写等。所以，不必担心会复杂，很容易。有了 HTML 的基础，要掌握 CSS，一定是手到擒来。

11.2.1　CSS 的基本语法

CSS 语法包括三部分：选择符，样式属性和属性值。

CSS 基本语法：

```
selector {property: value; property: value ……property: value }
```

语法说明：

- 语法中 selector 代表选择符，property 代表属性，value 代表属性值。
- 选择符包括多种形式，所有的 HTML 标记都可以作为选择符，如 body、p、table 等都是选择符。但在利用 CSS 的语法给它们定义属性和值时，其中属性和值要用冒号隔开。

```
例如：body {color: red}
```

01 此例的效果是页面文字为红色。

➢ 如果属性的值由多个单词组成，并且单词间有空格，那么必须给值加上引号，如字体的名称经常是几个单词的组合。

```
例如：p {font-family: "Courier New"}
```

01 定义段落字体为 Courier New。

➢ 如果需要对一个选择符指定多个属性时，用分号将属性分开。

```
例如：p {text-align: center; color: red;
font-family: calibri}
```

01 段落居中排列，并且段落中的文字为红色，字体为 calibri。

为了提高代码的可读性，上面的例子也可以分行写。

```
p
{
text-align: center;
color: red;
font-family: calibri
}
```

➢ 相同属性和值的选择符组合起来称为选择符组。如果需要给选择符组定义属性和值，只要用逗号将选择符分开即可，这样可以减少重复定义样式。

```
例如 p, table{ font-size: 10pt }
其效果完全等效于：
p { font-size: 10pt }
table { font-size: 10pt }
```

01 段落和表格里文字的尺寸大小均为 10 号字。

11.2.2 CSS 选择符类型

1. 类选择符

用类选择符可以把相同的元素分类定义成不同的样式。在定义类选择符时，在自定义类名称的前面加一个句点（.）。

```
类选择符语法：标记名.类名{样式属性:取值;样式属性:取值;…}
```

例如，要设置两个不同文字颜色的段落，一个为红色，一个为蓝色，可以利用如下代码预定义两个类：

```
p.red{color:red}
p.blue{color:blue}
```

01 预定义了段落的两个类选择符，一个是文字为红色，一个是文字为蓝色。

以上的代码中定义了段落选择符 p 的 red 和 blue 两个类，即 red 和 blue 称为类选择符。其中类的名称可以是任意英文字母或是字母开头的数字组合。要注意的是，这里的 p（HTML 标记）是可以省略的。而且在实际应用中，这种省略 HTML 标记的类选择符是最常用的 CSS 方法，因为使用这种方法定义的类选择符没有适用范围的限制。而不省略 HTML 标记的类选择符，其适用范围仅限于该标记所包含的内容。例如下面是省略了 HTML 标记的类选择符：

```
.red{color:red}
.blue{color:blue}
```

01 省略了 HTML 标记的类选择符。

但是要怎样才能在不同的段落里应用这些样式呢？只要在 HTML 标记里加入已经定义的 class 参数即可。如下应用了刚才定义的两个类选择符：

```
<p class="red"> 或者是<p class="blue">
```

01 应用上面定义的两个类选择符。

2．id 选择符

在 HTML 文档中，需要唯一标识一个元素时，就会赋予它一个 id 标识，以便在对整个文档进行处理时能够很快地找到这个元素。而 id 选择符就是用来对这个单一元素定义单独的样式。其定义方法与类选择符大同小异，只需要把句点（.）改为井号（#），而调用时需要把 class 改为 id。

```
id 选择符语法：标记名#标识名{样式属性:取值;样式属性:取值;…}
```

例如，如果要在页面中定义一个 id 为 salary 的元素，并要设置这个元素为红色。那么只要添加如下代码：

```
#salary{color:red}
<p id="salary">
```

01 段落 p 中所有 id 为 salary 的元素均显示为红色。

上面的代码也可以写成这样：

```
#salary{color:red}
<id="salary">
```

01 页面中所有 id 为 salary 的元素均显示为红色。

注：由于 id 选择符局限性很大，只能单独定义某个元素的样式，一般只在特殊情况下使用。

3．包含选择符

包含选择符是对某种元素包含关系（如元素 1 里包含元素 2）定义的样式表。这种方式只对在元素 1 里的元素 2 定义，对单独的元素 1 或元素 2 无定义。例如：

```
table b{font-size: 11px}
```

01 这里只是说明表格 b 内的字号为 11 像素，对表格外的字号没有影响。

4．伪类

伪类不属于选择符，它是让页面呈现丰富表现力的特殊属性。之所以称为“伪”，是因为它指定的对象在文档中并不存在，它们指定的是元素的某种状态。

应用最为广泛的伪类是链接的 4 个状态——未链接状态（a:link）、已访问链接状态（a:visited）、鼠标指针悬停在链接上的状态（a:hover）以及被激活（在鼠标单击与释放之间发生的事件）的链接状态（a:active）。在 HTML 页面内，使用<a>标记来标识链接元素，而并没有设置 4 个状态的代码，但是可以通过设置链接的伪类来使其呈现这些状态。选择符和伪类之间用英文分号隔开。

11.2.3 选择符的优先级

在应用选择符的过程中，可能会遇到同一个元素由不同选择符定义的情况，这时候就要考虑到选择符的优先级。通常我们使用的选择符包括 id 选择符，类选择符，包含选择符和 HTML 标记选择符等。因为 id 选择符是最后被加到元素上的，所以优先级最高，其次是类选择符。!important 语法主要用来提升样式规则的应用优先级。只要使用了!important 语法声明，浏览器就会优先选择它声明的样式来显示。所以若想打破已定义的优先级顺序，可以使用!important 声明。例如：

```
p { color: red !important }
.blue { color: blue}
#id1 { color: yellow}
```

01 使用!important 定义了段落 p 的字体颜色为红色。

02 使用类选择符定义了段落字体颜色为蓝色。

03 使用 id 选择符定义段落字体为黄色。

上例中同时对页面的一个段落加上这三种样式，最后段落依照被!important 申明的 HTML 标记选择符样式为红色字体显示。如果去掉!important，则会依照优先级最高的 id 选择符为黄色字体显示。

11.3 插入 CSS 样式表

插入 CSS 样式表到 HTML 文件有 4 种方法，分别是：链入外部样式表、内部样式表、嵌入样式表和导入外部样式表。但在应用这 4 种方法将 CSS 文件插入到 HTML 文件时，由于 CSS 文件的定义可以放置在 HTML 文件的几个不同位置，所以将其分为头部、主体和外部。

CSS 文件定义在 HTML 文件头部的方法：内部样式表；

CSS 文件定义在 HTML 文件主体的方法：嵌入样式表；

CSS 文件定义在 HTML 文件外部的方法：链入外部样式表，导入外部样式表。

11.3.1 链入外部样式表

链入外部样式表要先把样式表保存为一个单独的文件，然后在 HTML 文件中使用 <link>标记链接，同时这个<link>标记必须放到 HTML 代码的<head>区域内。

基本语法：

```
<head>
…
<link rel="stylesheet" type="text/css" href="样式表文件的地址">
</head>
…
```

语法说明：

- rel= " stylesheet " 是指在 HTML 文件中使用的是外部样式表。
- type= " text/css " 指明该文件的类型是样式表文件。
- href 中的样式表文件地址，可以为绝对地址或相对地址。
- 外部样式表文件中不能含有任何 HTML 标签，如<head>或<style>等。
- CSS 文件要和 HTML 文件一起发布到服务器上，这样在用浏览器打开网页时，浏览器会按照该 HTML 网页所链接的外部样式表来显示其风格。

特点：

一个外部样式表文件可以应用于多个 HTML 文件。当改变这个样式表文件时，所有网页的样式都随之改变。因此常用在制作大量相同样式的网页中，因为使用这种方法不仅能减少重复工作量，而且方便以后的修改和编辑，有利于站点的维护。同时在浏览网页时一次性将样式表文件下载，减少了代码的重复下载。

11.3.2 内部样式表

内部样式表是通过<style>标记把样式表的内容直接定义在 HTML 文件的<head>标记内。

基本语法：

```
<head>
<style type="text/css">
<!--
选择符{样式属性:取值;样式属性:取值;…}
选择符{样式属性:取值;样式属性:取值;…}
……
-->
</style>
</head>
```

语法说明：

- <style>标记用来说明所要定义的样式。
- type="text/css"说明这是一段 CSS 样式表代码。
- <!--与-->标记的加入是为了防止一些不支持 CSS 的浏览器，将<style>与</style>之间的 CSS 代码当成普通的字符串显示在网页中。
- 选择符也就是样式的名称，这里的选择符可以选用 HTML 标记的所有名称。

特点：

内部样式表方法就是将所有的样式表信息都列于 HTML 文件的头部，因此这些样式可以在整个 HTML 文件中调用。如果想对网页一次性加入样式表，即可选用该方法。

11.3.3 嵌入样式表

嵌入样式表是在 HTML 代码的主体，即<body>标记中直接加入样式表的方法。所以用这种方法可以很直观地对某个元素直接定义样式。

基本语法：

```
<head>
…
</head>
<body>
…
<HTML 标记 style="样式属性:取值;样式属性:取值;…">
…
</body>
```

语法说明：

- HTML 标记就是页面中标记 HTML 元素的标记，例如 body、p 等。
- style 参数后面引号中的内容就相当于样式表大括号里的内容。需要指出的是，style 参数可以应用于 HTML 文件中的 body 标记，以及除了 basefont、param 和 script 之外的任意元素。

特点：

利用这种方法定义的样式，其效果只能控制某个标记。所以比较适用于指定网页中某小段文字的显示风格，或某个元素的样式。

11.3.4 导入外部样式表

导入外部样式表是指在样式表的<style>区域内引用一个外部的样式表文件，和链入外部样式表方法相似，但导入时需要使用@import 做声明。@import 声明可以放到 head 外也可放到 head 内，但根据语法规则，一般都放在 head 内来使用。

基本语法：

```
<head>
<style type="text/css">
@import  url（外部样式表文件地址）;
…
</style>
…
</head>
```

语法说明：

- Import 语句后面的“;”是不可省略的。
- 外部样式表文件的文件扩展名必须为.css。
- 样式表地址可以是绝对地址，也可以是相对地址。

特点：

在使用中，某些浏览器可能会不支持导入外部样式表的@import 声明。所以此方法不经常用到。

上面 4 种方法在使用中各有各的特殊之处，但是当 4 种方法同时使用时，浏览器会选择哪一种方法来解释执行呢？其中，4 种方法中优先级最高的是嵌入样式表方法。其余三种方法顺序相同，若同时出现，浏览器依然会遵守“最近优先的原则”，即与内容最靠近的那个样式表插入方法。

11.4 编写 CSS 文件

为了巩固对上面内容的理解，这一节开始实践练习 CSS 文件的编写。CSS 文件的编写主要是为了应用到 HTML 文件，所以在掌握编写 CSS 文件的同时更要掌握 CSS 文件和 HTML 文件的结合。根据在 HTML 文件中定义 CSS 样式表的位置特征，将 CSS 文件分为：

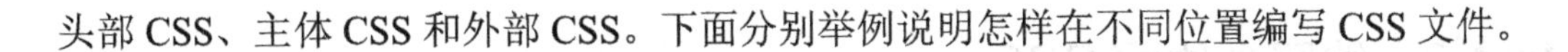

头部 CSS、主体 CSS 和外部 CSS。下面分别举例说明怎样在不同位置编写 CSS 文件。

11.4.1 编写头部的 CSS

因为要将 CSS 文件定义在 HTML 文件头部的方法为内部样式表方法，所以下面举例说明怎么应用内部样式表方法在 HTML 文件的头部编写 CSS。

（1）打开记事本，在记事本中输入如下一段普通的 HTML 代码，然后将代码文件以扩展名为.html 的形式保存。

实例代码（代码位置：CDROM\HTML\11\11-4-1.html）

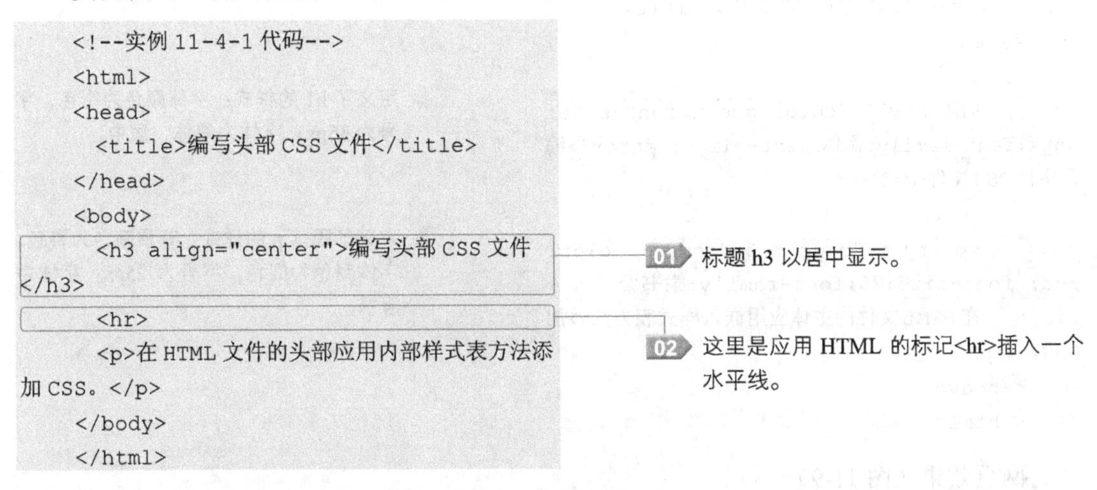

```
<!--实例 11-4-1 代码-->
<html>
<head>
  <title>编写头部 CSS 文件</title>
</head>
<body>
  <h3 align="center">编写头部 CSS 文件
</h3>
  <hr>
  <p>在 HTML 文件的头部应用内部样式表方法添
加 CSS。</p>
</body>
</html>
```


（2）在上面代码中的<head>与</head>之间插入如下代码。

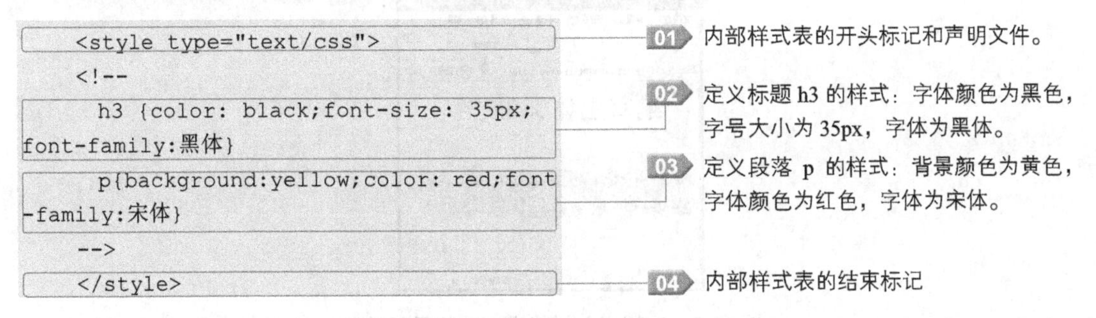

```
<style type="text/css">
<!--
  h3 {color: black;font-size: 35px;
font-family:黑体}
  p{background:yellow;color: red;font
-family:宋体}
-->
</style>
```


（3）保存后在浏览器中打开文件，需要注意的是文件的扩展名必须保存为.html 格式。

网页效果（图 11-8）

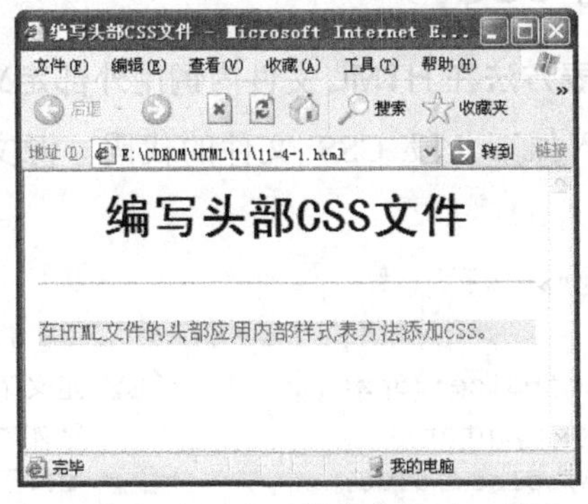

图 11-8　应用内部样式表的显示效果

11.4.2 编写主体的 CSS

将 CSS 文件定义在 HTML 文件主体的方法为嵌入样式表方法，下面举例说明怎么应用嵌入样式表方法在 HTML 文件的主体编写 CSS。

实例代码（代码位置：CDROM\HTML\11\11-4-2.html）

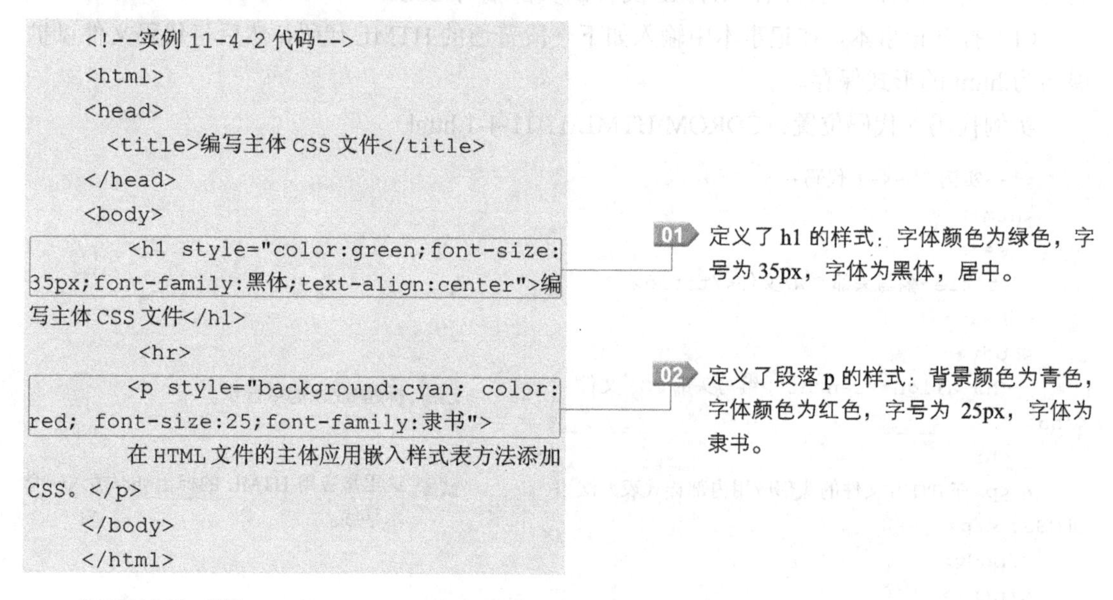

```
<!--实例 11-4-2 代码-->
<html>
<head>
  <title>编写主体 css 文件</title>
</head>
<body>
    <h1 style="color:green;font-size:35px;font-family:黑体;text-align:center">编写主体 css 文件</h1>
     <hr>
    <p style="background:cyan; color:red; font-size:25;font-family:隶书">
    在 HTML 文件的主体应用嵌入样式表方法添加 CSS。</p>
</body>
</html>
```

01 定义了 h1 的样式：字体颜色为绿色，字号为 35px，字体为黑体，居中。

02 定义了段落 p 的样式：背景颜色为青色，字体颜色为红色，字号为 25px，字体为隶书。

网页效果（图 11-9）

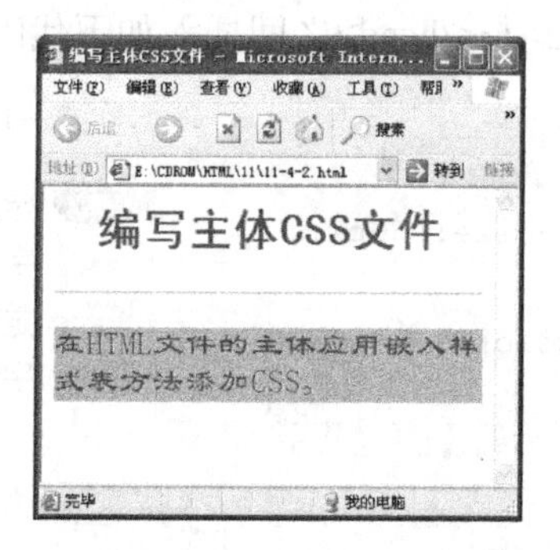

图 11-9 应用嵌入样式表方法的显示效果

11.4.3 编写外部的 CSS

1. 应用链入外部样式表方法在 HTML 文件内调用外部定义的 CSS 文件

（1）打开记事本，输入如下一段 CSS 文件的代码。源文件见“CDROM\HTML\11\11-4-1.css”

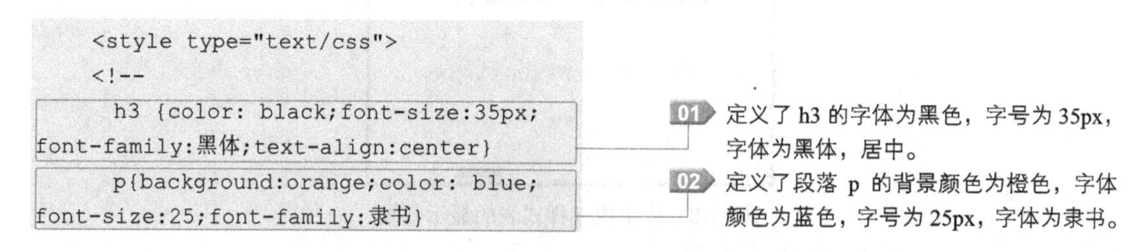

```
<style type="text/css">
<!--
    h3 {color: black;font-size:35px;font-family:黑体;text-align:center}
    p{background:orange;color: blue;font-size:25;font-family:隶书}
```

01 定义了 h3 的字体为黑色，字号为 35px，字体为黑体，居中。

02 定义了段落 p 的背景颜色为橙色，字体颜色为蓝色，字号为 25px，字体为隶书。

```
-->
</style>
```

（2）建立一个新的 HTML 文件，并链接到上面定义的 CSS 文件上。

实例代码（代码位置：CDROM\HTML\11\11-4-3.html）

```
<!--实例 11-4-3 代码-->
<html>
<head>
  <title>编写外部 CSS 文件</title>
  <link rel="stylesheet" type="text/css" href="11-4-1.css">
</head>
<body>
  <h3>编写外部 CSS 文件</h3>
  <hr>
  <p>在 HTML 文件应用链入外部样式表方法调用外部 CSS。</p>
</body>
</html>
```

01 按照链入外部样式表的语法规则，将 CDROM\HTML\11 文件下的 11-4-1.css 文件导入 HTML 文件。

注意：这里的外部样式表文件地址直接写的是文件名。因为它们在同一个文件夹下。所以可以直接写成 href="11-4-1.css" 的形式。

图 11-10　应用链入外部样式表方法的显示效果

（3）打开文件，显示代码结果。

网页效果（图 11-10）

2．应用导入外部样式表方法在 HTML 文件内调用外部定义的 CSS 文件

（1）建立如下的 HTML 文件。

实例代码（代码位置：CDROM\HTML\11\11-4-4.html）

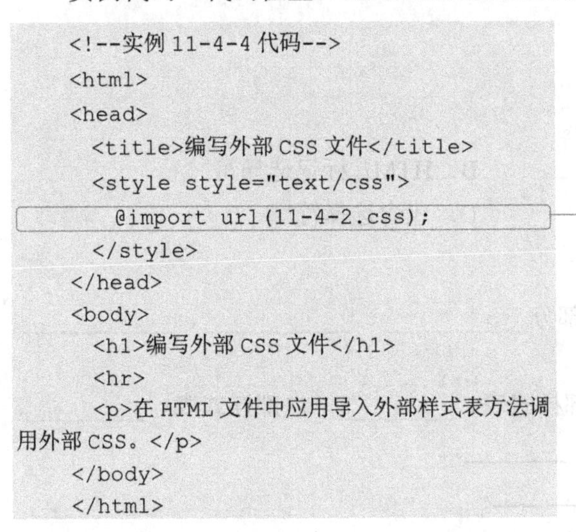

```
<!--实例 11-4-4 代码-->
<html>
<head>
  <title>编写外部 CSS 文件</title>
  <style style="text/css">
    @import url(11-4-2.css);
  </style>
</head>
<body>
  <h1>编写外部 CSS 文件</h1>
  <hr>
  <p>在 HTML 文件中应用导入外部样式表方法调用外部 CSS。</p>
</body>
</html>
```

01 导入 CDROM\HTML\11 下的 11-4-2.css 文件。

（2）再建立单独的 CSS 文件，代码如下。源文件见“CDROM \HTML\11\11-4-2.css”。

提示：实际应用过程中，HTML 文件和 CSS 文件编写的先后顺序是很灵活的，但较多人提倡先写好 CSS 文件，然后在 HTML 文件中调用它。

```
    h1{color:blue;font-size:30px;font-family:黑体;text-align:center}
    p{background:pink;color:black;font-size:20;font-family:宋体}
```

01 定义 h1 样式：字体颜色为蓝色，字号为 30px，字体为黑体，居中。

02 定义段落 p 的样式：背景颜色为粉红色，字体颜色为黑色，字号为 20px，字体为宋体。

（3）在浏览器中打开上面建立的 HTML 文件，查看代码的显示结果。

网页效果（图 11-11）

提示：在后面章节讲解关于 CSS 属性的内容中，为了直观简洁，都选用的是“内部样式表方法”来讲解。这样，关于 CSS 样式表的定义和 HTML 内容就均放到了一个代码框中，很方便代码的讲解和分析。但在实际应用中，可以根据具体使用环境和各个方法的特点来判断，选择一个最优的方法。

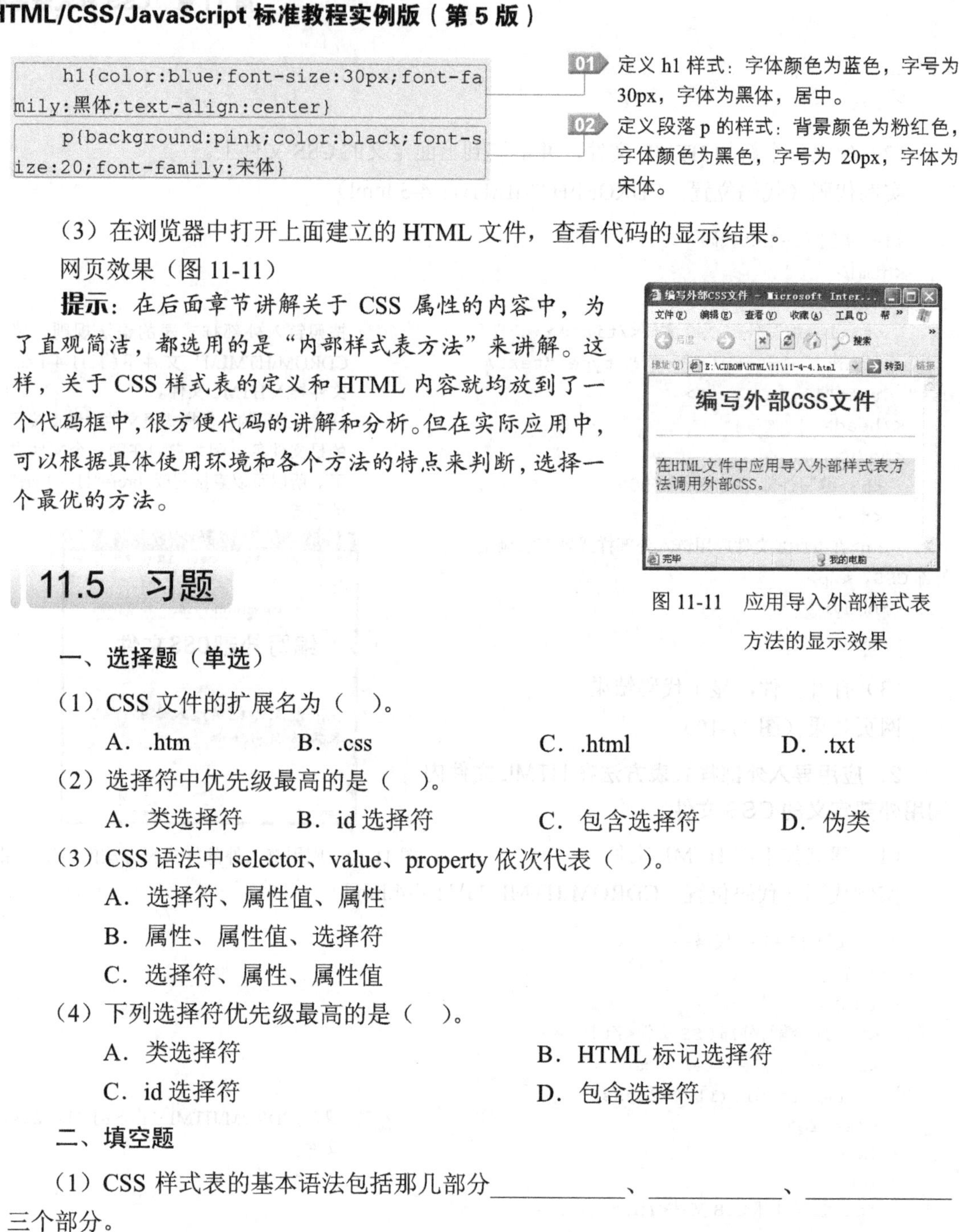

图 11-11　应用导入外部样式表方法的显示效果

11.5　习题

一、选择题（单选）

（1）CSS 文件的扩展名为（　）。

A．.htm　　B．.css　　C．.html　　D．.txt

（2）选择符中优先级最高的是（　）。

A．类选择符　　B．id 选择符　　C．包含选择符　　D．伪类

（3）CSS 语法中 selector、value、property 依次代表（　）。

A．选择符、属性值、属性

B．属性、属性值、选择符

C．选择符、属性、属性值

（4）下列选择符优先级最高的是（　）。

A．类选择符　　B．HTML 标记选择符

C．id 选择符　　D．包含选择符

二、填空题

（1）CSS 样式表的基本语法包括那几部分________、________、________三个部分。

（2）CSS 样式表的插入方法有链入外部样式表、________、内部样式表、________。

（3）CSS 即________，简称________。

（4）CSS 的特性有________和________。

（5）p.red{color:red}代表________________。

（6）________是指在 HTML 文件中使用的是外部样式表。

（7）内部样式表是通过________标记把样式表的内容直接定义在 HTML 文件的<head>标记中。

（8）外部样式表文件的文件扩展名必须为________。

*（9）______标记可用来定义网页上的一个特定区域，在该区域范围内可包含文字、图形、表格和窗体等。

（10）在外部样式表文件中，不能含有任何如同________或________这样的 HTML 标记。

三、上机题/问答题

（1）简述样式表插入 4 种方法的特点和优先顺序。

（2）简述样式表的作用及样式表与 HTML 文件之间的关系。

（3）通过 CSS 内部样式表编写如图 11-12 所示的网页（最终效果见 CDROM/习题参考答案及效果/11/1.html）。

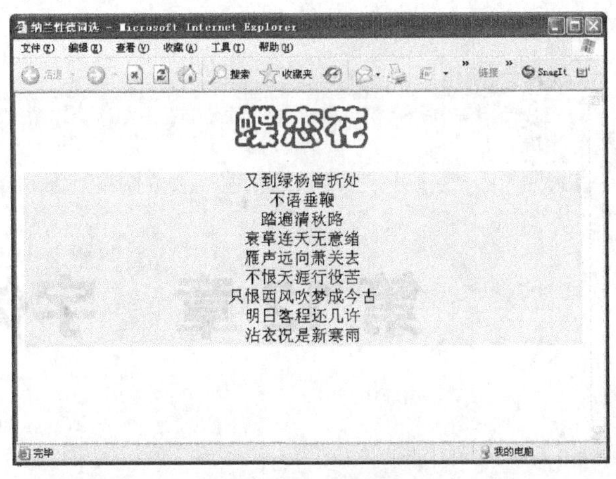

图 11-12　效果

（4）通过 CSS 外部样式表编写如图 11-13 所示的网页（最终效果见 CDROM/习题参考答案及效果/11/2.html）。

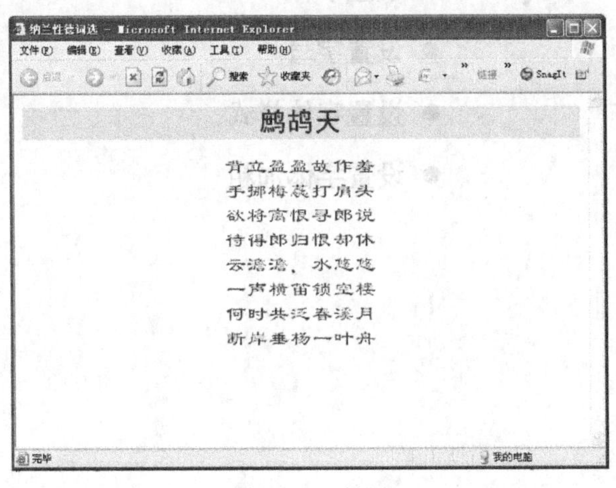

图 11-13　效果

第 12 章　字体的设置

本章重点

- 设置字体
- 设置字号
- 设置字体样式
- 设置字体加粗

CSS 样式表的核心内容就是属性，因为 CSS 对网页效果产生直接作用的就是一个个属性值。也就是说在应用 CSS 设计网页后，浏览器中最后呈现的所有网页效果，实质都是对各个元素属性值的解释。网页中的元素很多，主要有文字、段落、图像、边框、列表和滤镜等。因此，系统全面地掌握 CSS 的各个属性及其相关属性值是很有必要的。同时，为了对比区分 CSS 和 HTML 的属性，在讲解 CSS 属性的过程中，也会提到 HTML 中相应的属性。

CSS 字体属性包括字体族科、字体大小、字体样式、字体加粗及字体变体。

12.1　设置字体——font-family

在 HTML 中设置字体是使用的<font>标记的 face 属性，而在 CSS 中可以使用 font-family 属性来设置字体。字体族科的意思就是在 CSS 中利用 font-family 属性设置文字的字体。

基本语法

```
font-family：字体 1，字体 2，字体 3，……；
```

语法说明

- 应用 font-family 属性可以一次定义多个字体，而在浏览器读取字体时，会按照定义的先后顺序来决定选用哪种字体。若浏览器在计算机上找不到第一种字体，则自动读取第二种字体，若第二种字体也找不到，则自动读取第三种字体，这样依次类推。如果定义的所有字体都找不见，则选用计算机系统的默认字体。
- 在定义英文字体时，若英文字体名是由多个单词组成，并且单词之间有空格，那么一定要将字体名用引号（单引号或双引号）引起来。如：font-family:“Courier New”，定义了一个字体为 Courier New。

实例代码（代码位置：CDROM\HTML \12\12-1-1.html）

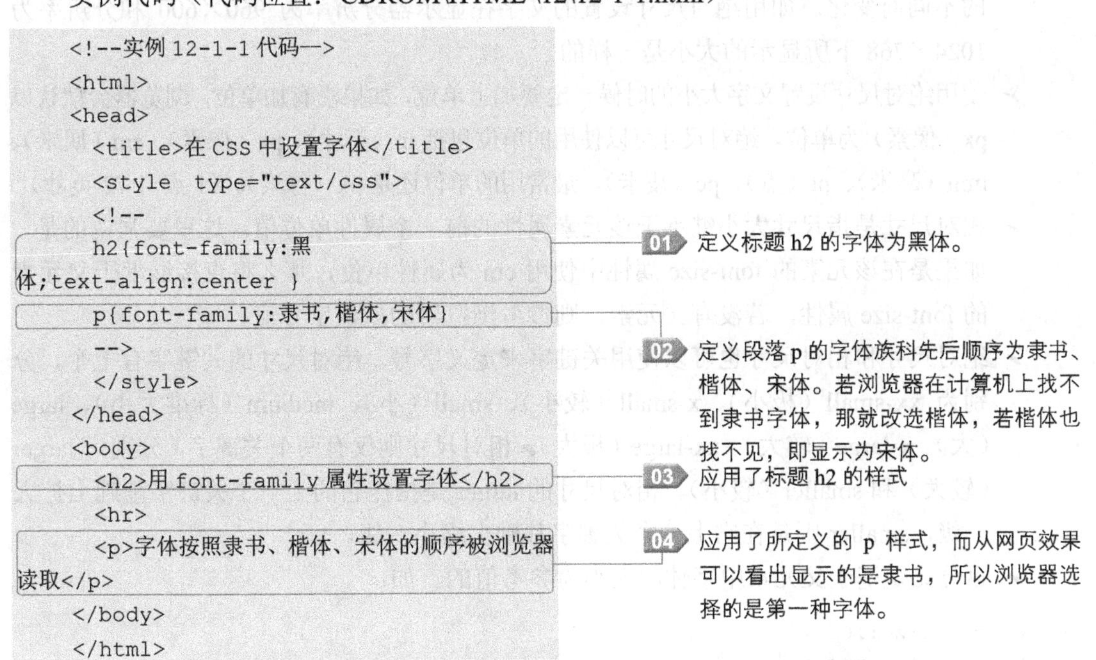

```
<!--实例 12-1-1 代码—>
<html>
<head>
  <title>在 CSS 中设置字体</title>
  <style  type="text/css">
  <!--
  h2{font-family:黑体;text-align:center }
  p{font-family:隶书,楷体,宋体}
  -->
  </style>
</head>
<body>
  <h2>用 font-family 属性设置字体</h2>
  <hr>
  <p>字体按照隶书、楷体、宋体的顺序被浏览器读取</p>
</body>
</html>
```

01 定义标题 h2 的字体为黑体。

02 定义段落 p 的字体族科先后顺序为隶书、楷体、宋体。若浏览器在计算机上找不到隶书字体，那就改选楷体，若楷体也找不见，即显示为宋体。

03 应用了标题 h2 的样式

04 应用了所定义的 p 样式，而从网页效果可以看出显示的是隶书，所以浏览器选择的是第一种字体。

网页效果（图 12-1）

图 12-1 设置字体

12.2 设置字号——font-size

设置字号就是对文字大小属性的控制，在 HTML 中设置字号使用的是<font>标记的 size 属性，而在 CSS 中可以使用 font-size 属性来设置字号。不同之处还有，在 HTML 中设置的字号大小仅有 7 个级别，但 CSS 中字号的大小可以任意设置。

基本语法

```
font-size:绝对尺寸|关键字|相对尺寸|百分比
```

语法说明

- 绝对尺寸是指尺寸大小不会随着显示器分辨率的变化而变化，也不会随着显示设备的不同而变化。如用绝对尺寸设置的文字在显示器分辨率为 960×600 和分辨率为 1024×768 下所显示的大小是一样的。
- 使用绝对尺寸设置文字大小的时候一定要加上单位，如果没有加单位，浏览器会默认以 px（像素）为单位。绝对尺寸可以使用的单位包括 in（英寸）、px（像素）、cm（厘米）、mm（毫米）、pt（点）、pc（皮卡）。最常用的单位还是 px（像素）。（1 点=1/72 英寸）
- 相对尺寸是指尺寸大小继承于该元素属性的前一个属性单位值。这里要强调的是，如果是在该元素的 font-size 属性中使用 cm 为属性单位，那么将直接继承于父元素的 font-size 属性，若没有父元素，则参考浏览器的默认字号值。
- 绝对尺寸和相对尺寸也可以使用关键字来定义字号。绝对尺寸的关键字有七个，分别为 xx-small（极小）、x-small（较小）、small（小）、medium（标准大小）、large（大）、x-large（较大）、xx-large（极大）。相对尺寸则仅有两个关键字，分别为 larger（较大）和 smaller（较小）。相对尺寸的 larger 是指在它的上一个关键字基础上扩大一级，smaller 则是在它上一个关键字基础上缩小一级。
- 百分比是基于父元素中字体的大小为参考值的。如：

```
P{font-size:16pt}
b{font-size:200%}
```

这两行代码说明，所有<p>标记中用<b>标记定义的文字尺寸大小，是在<p>标记中定义的文字大小的 200%，即为 32pt。

实例代码（代码位置：CDROM\HTML\12\12-2-1.html）

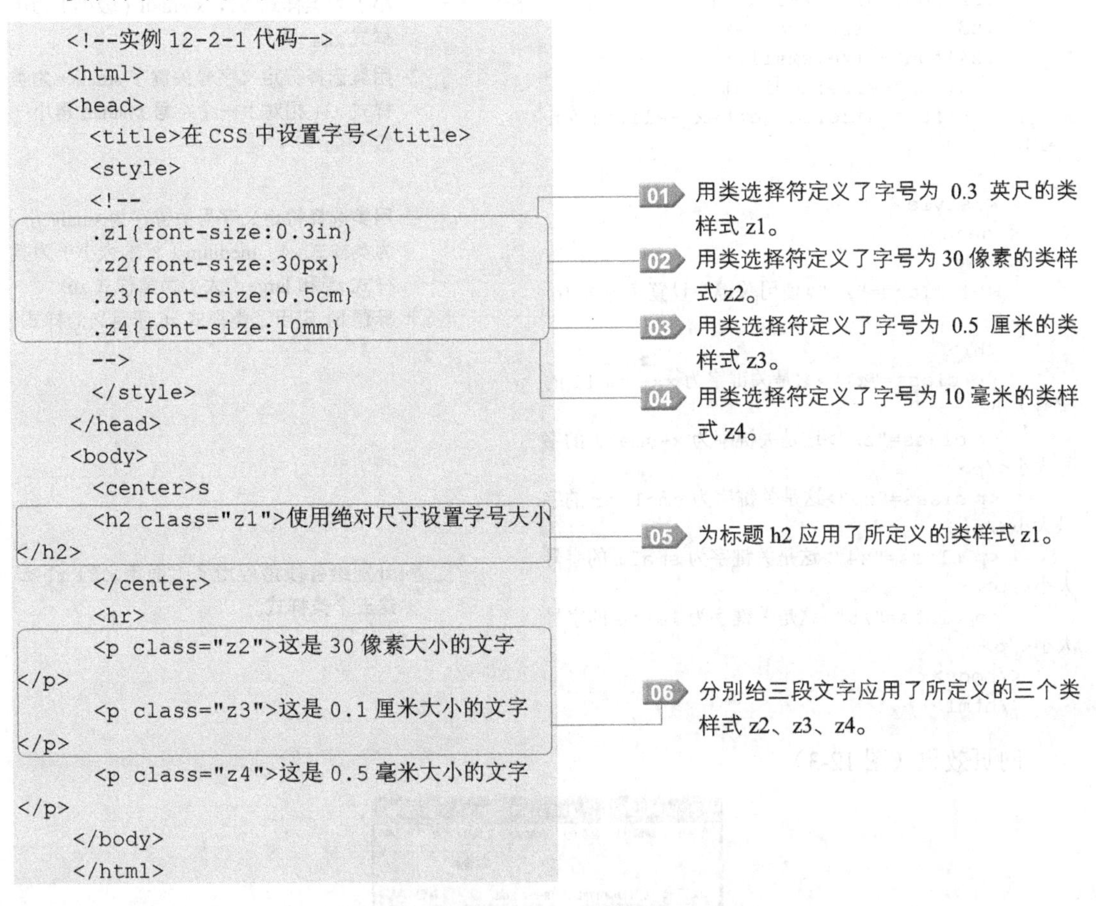

```
<!--实例 12-2-1 代码-->
<html>
<head>
  <title>在 CSS 中设置字号</title>
  <style>
  <!--
  .z1{font-size:0.3in}
  .z2{font-size:30px}
  .z3{font-size:0.5cm}
  .z4{font-size:10mm}
  -->
  </style>
</head>
<body>
  <center>s
  <h2 class="z1">使用绝对尺寸设置字号大小
</h2>
  </center>
  <hr>
  <p class="z2">这是 30 像素大小的文字
</p>
  <p class="z3">这是 0.1 厘米大小的文字
</p>
  <p class="z4">这是 0.5 毫米大小的文字
</p>
</body>
</html>
```

01 用类选择符定义了字号为 0.3 英尺的类样式 z1。

02 用类选择符定义了字号为 30 像素的类样式 z2。

03 用类选择符定义了字号为 0.5 厘米的类样式 z3。

04 用类选择符定义了字号为 10 毫米的类样式 z4。

05 为标题 h2 应用了所定义的类样式 z1。

06 分别给三段文字应用了所定义的三个类样式 z2、z3、z4。

网页效果（图 12-2）

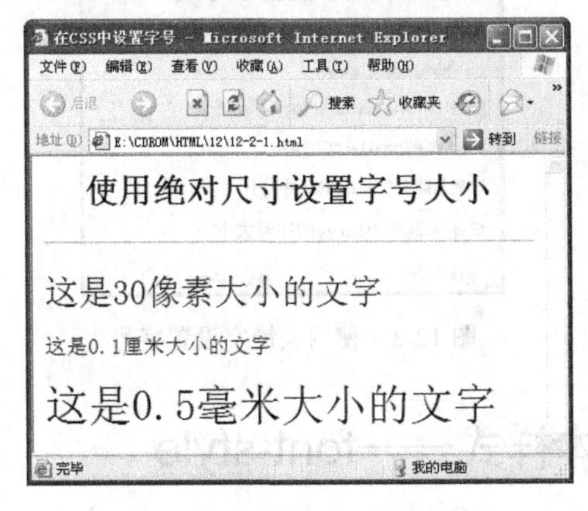

图 12-2　使用绝对尺寸设置字号

实例代码（代码位置：CDROM\HTML\12\12-2-2.html）

```
<!--实例 12-2-2 代码-->
<html>
<head>
```

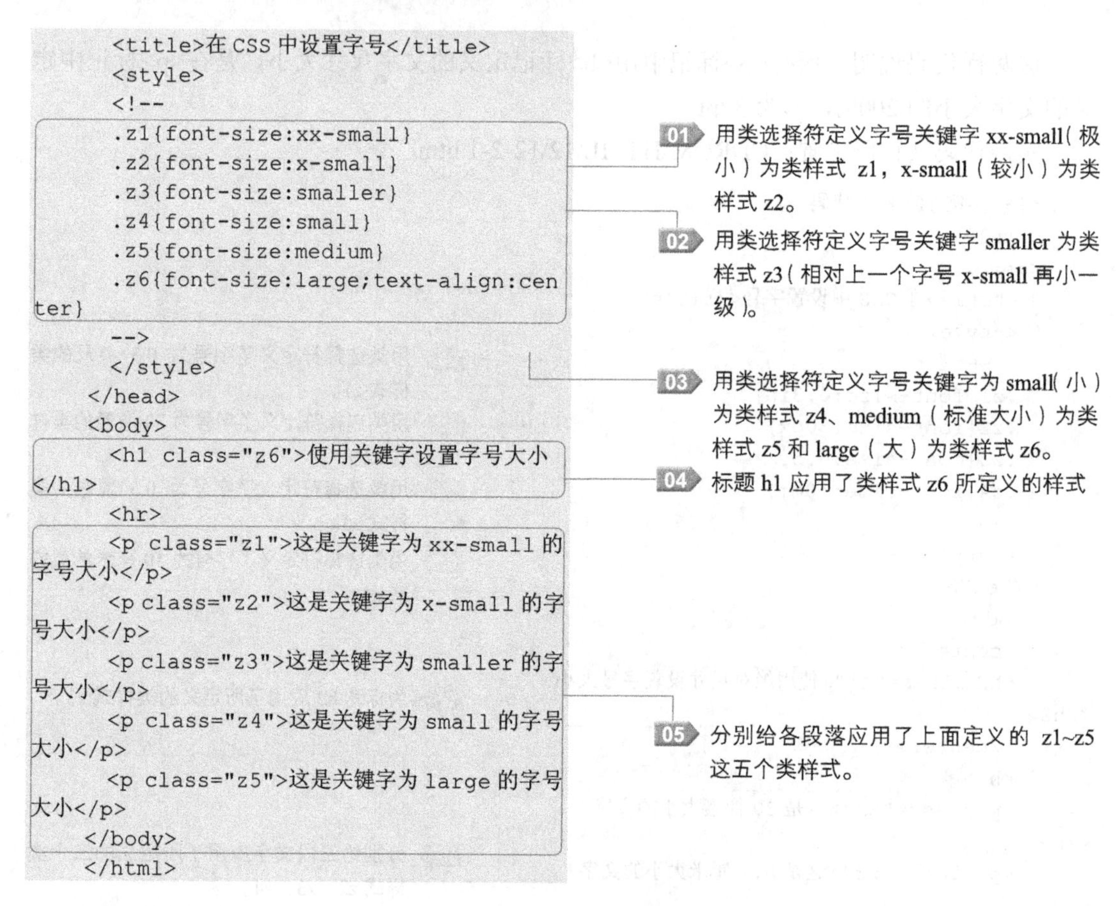

```
    <title>在 CSS 中设置字号</title>
    <style>
    <!--
    .z1{font-size:xx-small}
    .z2{font-size:x-small}
    .z3{font-size:smaller}
    .z4{font-size:small}
    .z5{font-size:medium}
    .z6{font-size:large;text-align:center}
    -->
    </style>
  </head>
  <body>
    <h1 class="z6">使用关键字设置字号大小</h1>
    <hr>
    <p class="z1">这是关键字为 xx-small 的字号大小</p>
    <p class="z2">这是关键字为 x-small 的字号大小</p>
    <p class="z3">这是关键字为 smaller 的字号大小</p>
    <p class="z4">这是关键字为 small 的字号大小</p>
    <p class="z5">这是关键字为 large 的字号大小</p>
  </body>
</html>
```

01 用类选择符定义字号关键字 xx-small（极小）为类样式 z1，x-small（较小）为类样式 z2。

02 用类选择符定义字号关键字 smaller 为类样式 z3（相对上一个字号 x-small 再小一级）。

03 用类选择符定义字号关键字为 small（小）为类样式 z4、medium（标准大小）为类样式 z5 和 large（大）为类样式 z6。

04 标题 h1 应用了类样式 z6 所定义的样式

05 分别给各段落应用了上面定义的 z1~z5 这五个类样式。

网页效果（图 12-3）

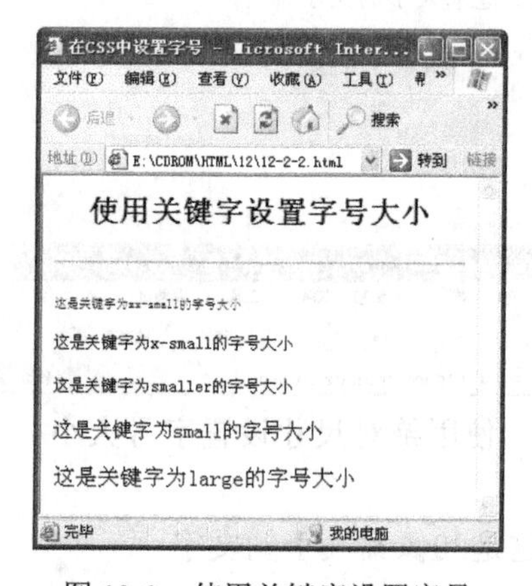

图 12-3　使用关键字设置字号

12.3　设置字体样式——font-style

字体样式就是设置字体是否为斜体，在 HTML 中可以用<i>标记设置字体为斜体，而在 CSS 中要用 font-style 属性来设置字体的斜体显示。

基本语法

```
font-style:normal|italic|oblique
```

语法说明

字体样式语法中 font-style 属性的取值说明见表 12-1。

表 12-1　font-style 属性取值说明

属性的取值	说　明
normal	正常显示（浏览器默认的样式）
italic	斜体显示文字
oblique	歪斜体显示（比斜体的倾斜角度更大）

实例代码（代码位置：CDROM\HTML\12\12-3-1.html）

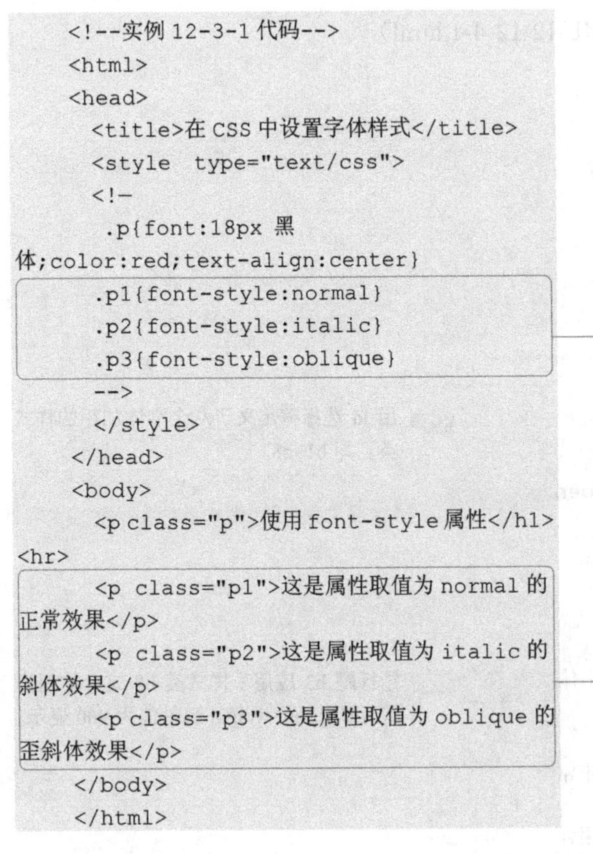

```
<!--实例 12-3-1 代码-->
<html>
<head>
  <title>在 CSS 中设置字体样式</title>
  <style  type="text/css">
  <!-
   .p{font:18px 黑
体;color:red;text-align:center}
  .p1{font-style:normal}
  .p2{font-style:italic}
  .p3{font-style:oblique}
  -->
  </style>
</head>
<body>
  <p class="p">使用 font-style 属性</h1>
<hr>
  <p class="p1">这是属性取值为 normal 的
正常效果</p>
  <p class="p2">这是属性取值为 italic 的
斜体效果</p>
  <p class="p3">这是属性取值为 oblique 的
歪斜体效果</p>
</body>
</html>
```

01 分别定义了 p1、p2、p3 三个类样式来代表字体样式为正常、斜体、歪斜体。

03 分别给各段落应用了上面定义的类样式 p1、p2、p3，实现了字体的正常、斜体、歪斜体显示。

网页效果（图 12-4）

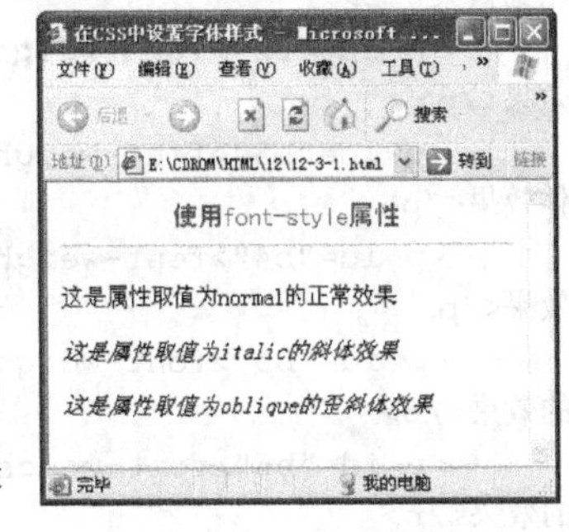

图 12-4　设置字体样式

12.4　设置字体加粗——font-weight

font-weight 属性用来设置字体的加粗，在 HTML 中是用<b>标记来设置文字为粗体，但在 CSS 中是利用 font-weight 属性设置字体的粗体显示。

基本语法

```
font-weight:normal|bold|bolder|lighter|number
```

语法说明：

字体加粗语法中 font-weight 属性的取值说明见表 12-2。

表 12-2　font-weight 属性取值说明

属性的取值	说　　明
normal	正常粗细（默认显示）
bold	粗体（粗细约为数字 700）
bolder	加粗体
lighter	细体（比正常字体还细）
number	数字一般都是整百，有九个级别（100~900），数字越大字体越粗。

实例代码（代码位置：CDROM\HTML\12\12-4-1.html）

```
<!--实例 12-4-1 代码-->
<html>
<head>
  <title>在 CSS 中设置字体加粗</title>
  <style type="text/css">
  <!--
  #b1{font-weight:normal}
  #b2{font-weight:bold}
  #b3{font-weight:bolder}
  #b4{font-weight:lighter}
  #b5{font-weight:100}
  #b6{font-weight:400}
  #b7{font-weight:700}
  #b8{font-weight:900;text-align:cen
ter}
  -->
  </style>
</head>
<body>
  <h3 id="b8">使用 font-weight 设置字体
加粗</h3>
  <hr>
  <p id="b1">font-weight 属性取值为正常
粗细效果</p>
  <p id="b2">font-weight 属性取值为粗体
效果</p>
  <p id="b3">font-weight 属性取值为加粗
体效果</p>
  <p id="b4">font-weight 属性取值为细体
效果</p>
  <p id="b5">font-weight 属性取值为 100
的效果</p>
  <p id="b6">font-weight 属性取值为 400
的效果</p>
  <p id="b7">font-weight 属性取值为 700
的效果</p>
</body>
</html>
```

01 用 id 选择符定义了八个字体加粗的样式类。即 b1~b8。

02 给标题 h3 应用了样式类 b8 这个加粗样式，即以 font-weight 属性值为 900 显示。

03 分别给各段文字应用已经定义的 b1~b7 这七个加粗的样式类。

网页效果（图 12-5）

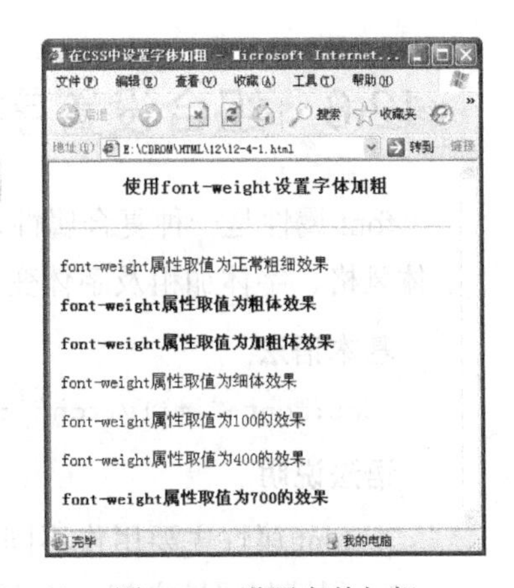

图 12-5　设置字体加粗

12.5　设置字体变体——font-variant

设置字体变体，实际就是设置字体是否显示为小型的大写字母。而且 CSS 中的 font-variant 属性主要用于设置英文字体。

基本语法

```
font-variant:normal|small-caps
```

语法说明

- normal 表示正常的字体，默认值就为这个字体。
- small-caps 表示英文字体显示为小型的大写字母。

实例代码（代码位置：CDROM\HTML\12\12-5-1.html）

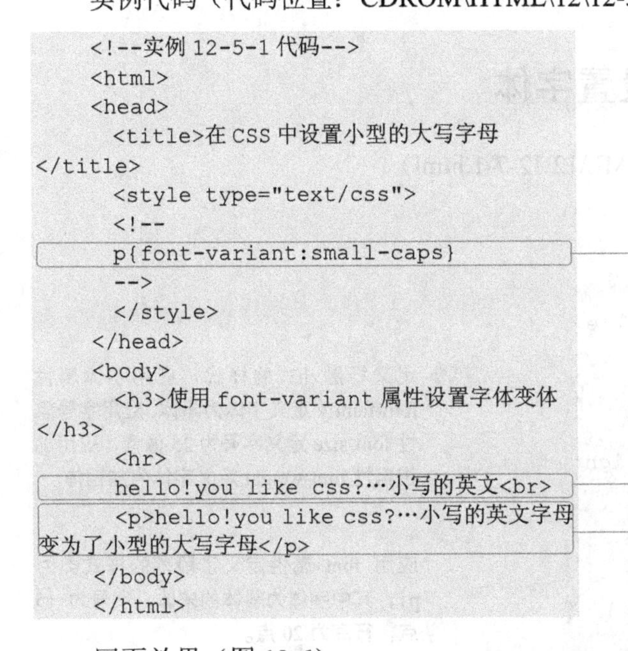

```
<!--实例 12-5-1 代码-->
<html>
<head>
  <title>在 CSS 中设置小型的大写字母
</title>
  <style type="text/css">
  <!--
  p{font-variant:small-caps}
  -->
  </style>
</head>
<body>
  <h3>使用 font-variant 属性设置字体变体
</h3>
  <hr>
  hello!you like css?…小写的英文<br>
  <p>hello!you like css?…小写的英文字母
变为了小型的大写字母</p>
</body>
</html>
```

01 定义段落 p 的样式为英文字母显示小型的大写字母。

02 直接在 body 标记输入一段英文，并加一个
换行标记来空一行。

03 应用了已经定义的 p 样式，使得字母都按小型的大写字母显示。

网页效果（图 12-6）

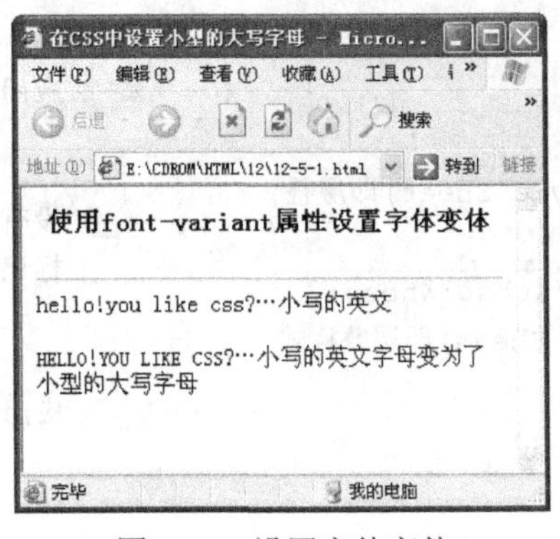

图 12-6　设置字体变体

12.6 组合设置字体属性——font

font 属性是一种复合属性，可以同时对文字设置多个属性。包括字体族科、字体大小、字体风格、字体加粗及字体变体。

基本语法

```
font:font-family|font-size|font-style|font-weight|font-variant
```

语法说明

- font 属性主要用作不同字体属性的略写，特别是可以定义行高。
- 属性与属性之间一定要用空格间隔开。

例如：P{font:italic bold small-caps 15pt/18pt 宋体；}

以上代码表示该段落文字为斜体加粗体的宋体文字，并且大小为 15 点，行高为 18 点，其中英文采用小型的大写字母显示。

12.7 小实例——综合设置字体

实例代码（代码位置：CDROM\HTML\12\12-7-1.html）

```
<!--实例 12-7-1 代码-->
<html>
<head>
  <title>小实例----综合设置字体</title>
  <style type="text/css">
  <!--
  h3{font-family:黑体; font-size:25px;font-weight:bolder;text-align:center}
  .p1{font:italic small-caps 15pt/20pt 宋体;}
  -->
  </style>
</head>
<body>ssss
  <h3>CSS 基本概念</h3>
  <hr>
  <p>CSS(Cascading Style Sheet)即层叠样式表，简称样式表。</p><br>
  <p class="p1">    CSS(Cascading Style Sheet)即层叠样式表，简称样式表。</p>
</body>
</html>
```

01 定义标题 h3 的样式：应用字体属性 font-family 定义字体为黑体，应用字号属性 font-size 定义字号为 25 像素，应用加粗属性 font-weight 定义字体为加粗体。

02 应用 font 属性定义了段落的样式类为 p1，其中字体为斜体的宋体，字号为 15 点，行高为 20 点。

03 应用标题 h3 样式。

04 没有应用任何样式，在 HTML 的 body 标记中直接输入内容。

05 应用了样式类 p1 所定义的样式。

网页效果（图 12-7）

图 12-7　综合设置字体

12.8　习题

一、选择题（多选）

（1）CSS 属性中设置字号 size 的属性值可取（　）。

A．绝对尺寸　　B．相对尺寸　　C．百分比　　D．关键字

（2）在 CSS 文件中，字体加粗属性是（　）。

A．font-family　　B．font-style　　C．font-weight　　D．font-size

（3）在 CSS 中，使用（　）属性设置字号。

A．font-size　　B．size　　C．font-style

（4）在 CSS 中，设置字体样式的基本语法是（　）。

A．font-size:绝对尺寸|关键字|相对尺寸|百分比

B．font-style:normal|italic|oblique

C．font-weight:normal|bold|bolder|lighter|number

（5）在 CSS 中，使用（　）设置字体变体。

A．font-variant　　B．font-weight　　C．font

二、填空题

（1）在 HTML 中，可以利用标记<i>设置字体为斜体。而在 CSS 中是利用________属性设置字体样式的。

（2）浏览器默认的字体为____________，字体加粗为_____________。

（3）在制作网页的过程中，除了可利用 HTML 的标记设置字体外，还可以利用 CSS 的____属性，设置要使用的字体。

（4）在 HTML 里，可以使用<i>标记，将网页文字设置为斜体。而在 CSS 里，则可利用____________属性，达到字体风格的变化。

（5）在 HTML 里，可以利用<b>标记，将文字设置为粗体。在 CSS 里，则可利用____________属性，设置字体的粗细。

*（6）浏览器默认的字体为________，字体粗细约为________。

（7）利用 HTML 的标记<font size=x>只能设定_______种字号，而在 CSS 中可以使用_____________属性对文字的字号进行随心所欲的设置。

*（8）_____是确定文字尺寸最好的单位，因为它在所有的浏览器和操作平台上都适用；而________单位会因为访问者的屏幕分辨率的不同，网页的显示将可能不稳定，字体可能大，也可能小。

三、上机题/问答题

（1）利用 CSS 中的字体、字号、字体样式和字体加粗属性设置网页文字。

（2）通过 CSS 样式表编写如图 12-8 所示的网页（最终效果见 CDROM/习题参考答案及效果/12/1.html）。

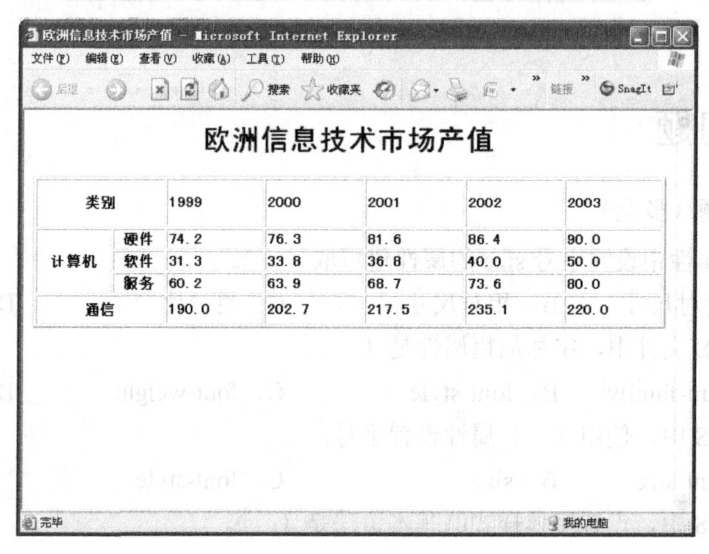

类别		1999	2000	2001	2002	2003
计算机	硬件	74.2	76.3	81.6	86.4	90.0
	软件	31.3	33.8	36.8	40.0	50.0
	服务	60.2	63.9	68.7	73.6	80.0
通信		190.0	202.7	217.5	235.1	220.0

图 12-8　效果

第 13 章　文本的精细排版

本章重点

- 单词间距
- 字符间距
- 文字修饰
- 文本排列
- 段落缩进

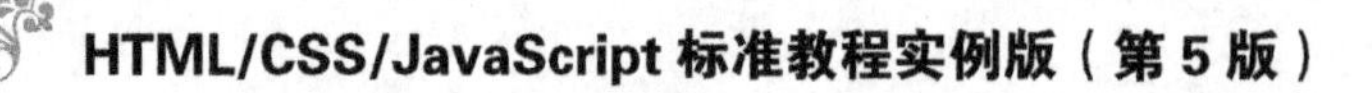

在 CSS 中有关文字的控制，除了字体属性外还有文本属性，文本属性主要帮助实现对文本更加精细的控制，如字符、单词及行与行的间距等。而字体属性是对文字大小、样式和外观的控制。

CSS 文本属性主要包括字符间距、单词间距、文字修饰、文本排列、段落缩进、行高等。

13.1 调整字符间距——letter-spacing

字符间距 letter-spacing 属性用来控制字符之间的间距，这个间距实际就是在浏览器中所显示字符间的空格距离。同时间距的取值必须符合长度标准。

基本语法

```
letter-spacing:normal|长度
```

语法说明

- normal 表示间距正常显示，是默认设置。
- 长度包括长度值和长度单位，长度值可以使用负数。
- 长度单位可以使用 12.2 节讲解“设置字体”时介绍的所有单位。

实例代码（代码位置：CDROM\HTML\13\13-1-1.html）

```
<!--实例 13-1-1 代码-->
<html>
<head>
  <title>应用 letter-spacing 属性</title>
  <style type="text/css">
  <!--
  .h{font-family:黑体;font-size:20pt;font-weight:bold;letter-spacing:normal;text-align:center}
  .p1{font-family:宋体;font-size:18px;letter-spacing:5px}
  .p2{font-family:宋体;font-size:18px;letter-spacing:15px}
  -->
  </style>
</head>
<body>
  <h2 class="h">设置字符间距</h2>
  <hr>
  <p class="p1">这段文字的字符间距为 5 像素</p>
  <p class="p2">这段文字的字符间距为 15 像素</p>
</body>
</html>
```

01 定义了标题的样式类 h，其中字体为黑体，字号为 20 点，为粗体，字符间距为正常。

02 定义了段落的样式类 p1，其中字体为宋体，字号为 18 像素，字符间距为 5 像素。

03 定义了段落的样式类 p2，其中字体为宋体，字号为 18 像素，字符间距为 15 像素。

04 标题 h2 应用了样式类 h 的样式。

05 该段落 p 应用了样式类 p1 定义的样式，字符间距为 5 像素。

06 该段落 p 应用了样式类 p2 定义的样式，字符间距为 15 像素。

网页效果（图 13-1）

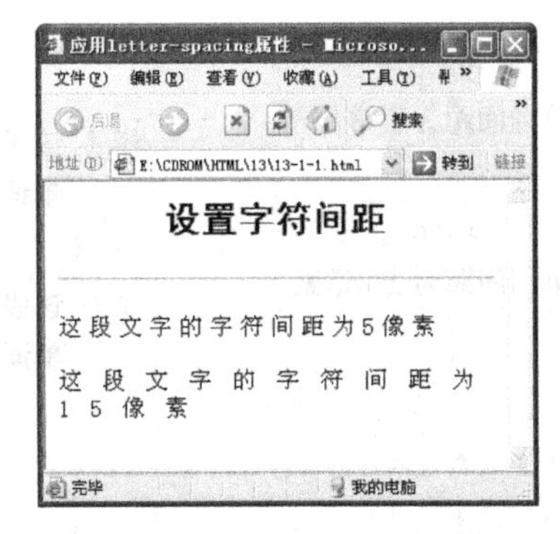

图 13-1　设置字符间距

13.2　调整单词间距——word-spacing

单词间距和字符间距是类似的属性，但单词间距 word-spacing 属性主要用来设置单词之间的空格距离。

基本语法

```
word-spacing:normal|长度
```

语法说明

- normal 表示间距正常，是默认设置。
- 长度包括长度值和长度单位，长度值可以使用负数。
- 长度单位可以使用 12.2 节讲解“设置字体”时介绍的所有单位。

实例代码（代码位置：CDROM\HTML \13\13-2-1.html）

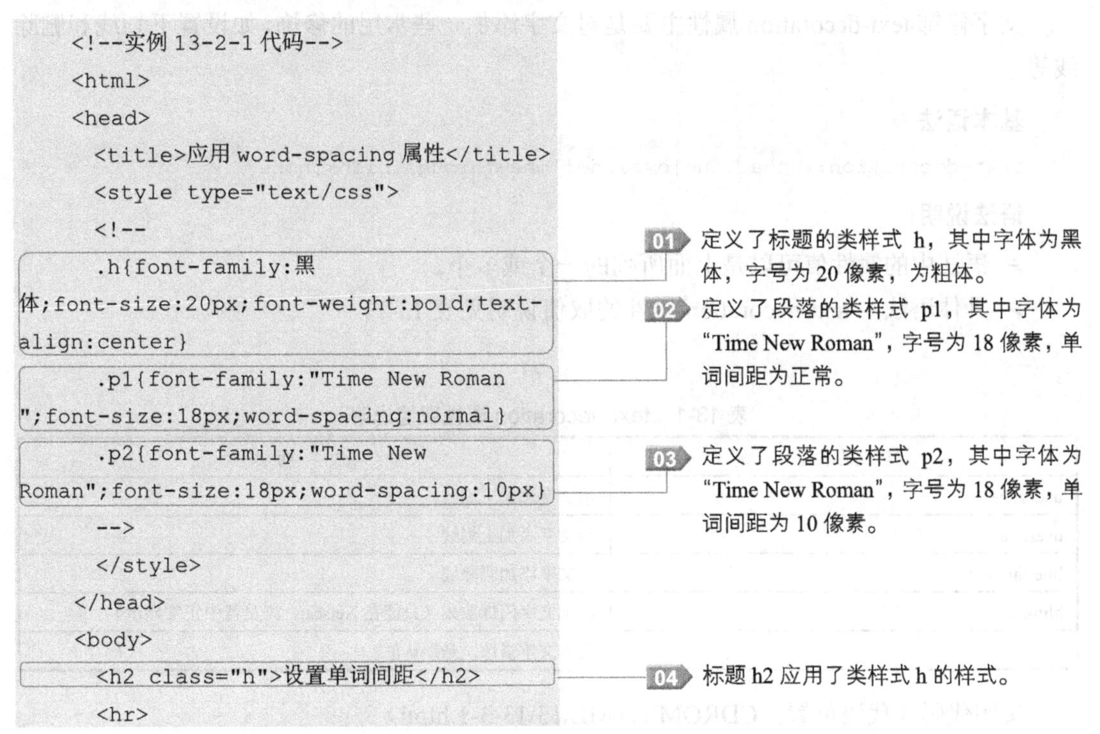

```
<!--实例 13-2-1 代码-->
<html>
<head>
  <title>应用 word-spacing 属性</title>
  <style type="text/css">
  <!--
    .h{font-family:黑
体;font-size:20px;font-weight:bold;text-
align:center}
    .p1{font-family:"Time New Roman
";font-size:18px;word-spacing:normal}
    .p2{font-family:"Time New
Roman";font-size:18px;word-spacing:10px}
  -->
  </style>
</head>
<body>
  <h2 class="h">设置单词间距</h2>
  <hr>
```

01 定义了标题的类样式 h，其中字体为黑体，字号为 20 像素，为粗体。

02 定义了段落的类样式 p1，其中字体为“Time New Roman”，字号为 18 像素，单词间距为正常。

03 定义了段落的类样式 p2，其中字体为“Time New Roman”，字号为 18 像素，单词间距为 10 像素。

04 标题 h2 应用了类样式 h 的样式。

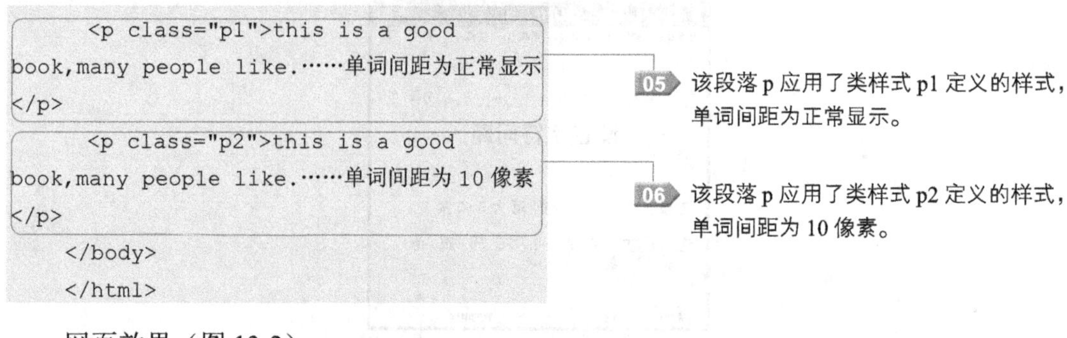

```
    <p class="p1">this is a good
book,many people like.……单词间距为正常显示
</p>
    <p class="p2">this is a good
book,many people like.……单词间距为 10 像素
</p>
  </body>
  </html>
```

05 该段落 p 应用了类样式 p1 定义的样式，单词间距为正常显示。

06 该段落 p 应用了类样式 p2 定义的样式，单词间距为 10 像素。

网页效果（图 13-2）

图 13-2　设置单词间距

13.3　添加文字修饰——text-decoration

文字修饰 text-decoration 属性主要是对文字添加一些常用的修饰，如设置下划线和删除线等。

基本语法

```
text-decoration: underline|oveline|line-through|blink|none
```

语法说明

➢ 语法中的属性值可以是上面所列的一个或多个。

➢ 具体语法中 text-decoration 属性的取值说明见表 13-1。

表 13-1　text-decoration 属性取值说明

属性的取值	说　明
underline	给文字添加下划线
overline	给文字添加上划线
line-through	给文字添加删除线
blink	添加文字闪烁效果（只能在 Netscape 浏览器中正常显示）
none	没有文本修饰，是默认值

实例代码（代码位置：CDROM\HTML\13\13-3-1.html）

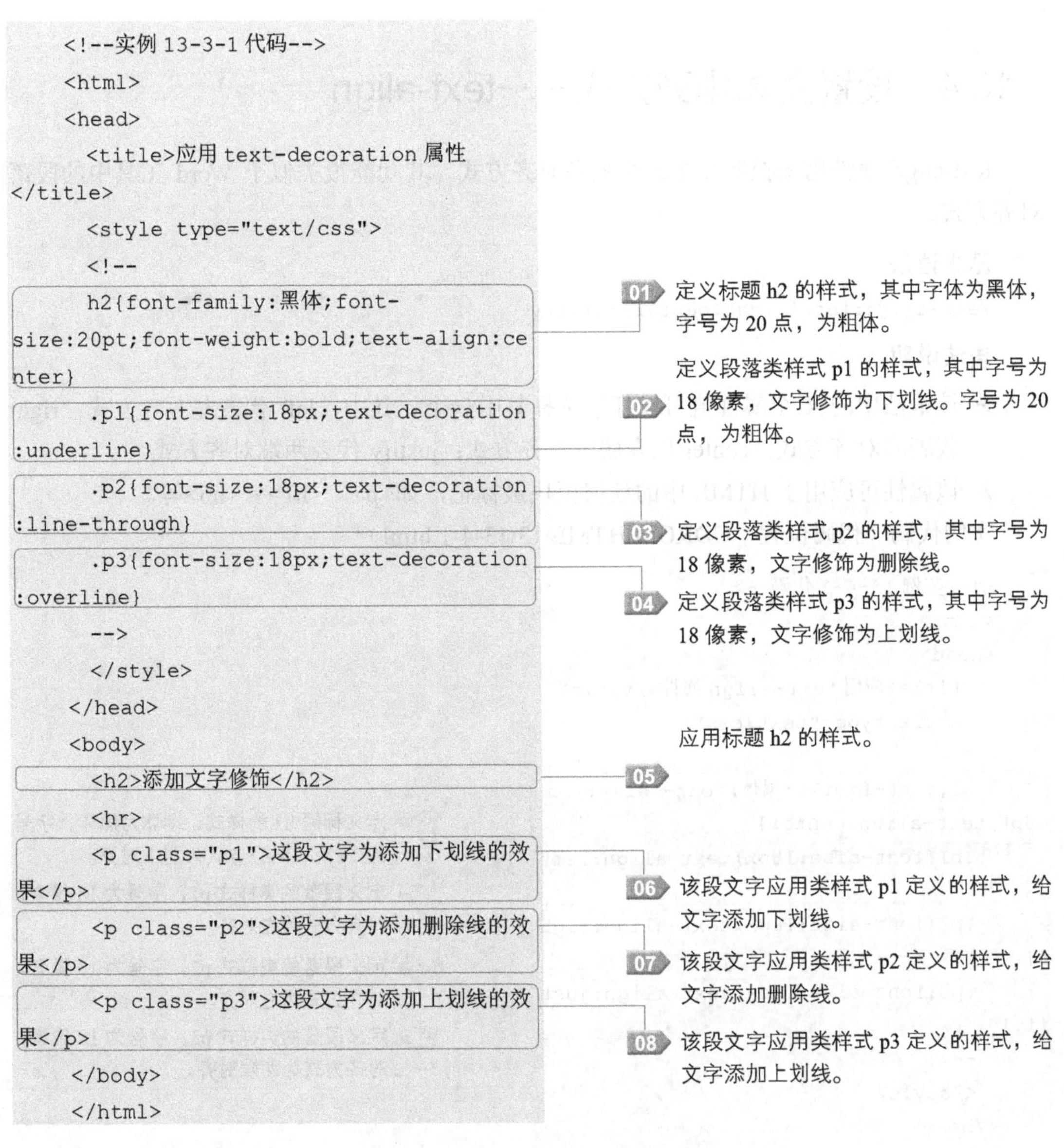

```
<!--实例 13-3-1 代码-->
<html>
<head>
  <title>应用 text-decoration 属性
</title>
  <style type="text/css">
  <!--
  h2{font-family:黑体;font-
size:20pt;font-weight:bold;text-align:ce
nter}
  .p1{font-size:18px;text-decoration
:underline}
  .p2{font-size:18px;text-decoration
:line-through}
  .p3{font-size:18px;text-decoration
:overline}
  -->
  </style>
</head>
<body>
  <h2>添加文字修饰</h2>
  <hr>
  <p class="p1">这段文字为添加下划线的效
果</p>
  <p class="p2">这段文字为添加删除线的效
果</p>
  <p class="p3">这段文字为添加上划线的效
果</p>
</body>
</html>
```

01 定义标题 h2 的样式，其中字体为黑体，字号为 20 点，为粗体。

02 定义段落类样式 p1 的样式，其中字号为 18 像素，文字修饰为下划线。字号为 20 点，为粗体。

03 定义段落类样式 p2 的样式，其中字号为 18 像素，文字修饰为删除线。

04 定义段落类样式 p3 的样式，其中字号为 18 像素，文字修饰为上划线。

05 应用标题 h2 的样式。

06 该段文字应用类样式 p1 定义的样式，给文字添加下划线。

07 该段文字应用类样式 p2 定义的样式，给文字添加删除线。

08 该段文字应用类样式 p3 定义的样式，给文字添加上划线。

网页效果（图 13-3）

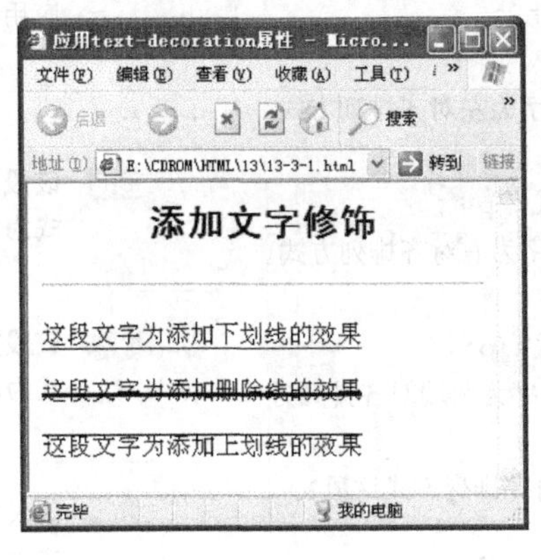

图 13-3　添加文字修饰

13.4 设置文本排列方式——text-align

text-align 属性用来控制文本的排列和对齐方式。其功能很类似于 Word 工具中的段落对齐方式。

基本语法

```
Text-align:left|right|center|justify
```

语法说明

- 该语法中的 4 个属性值可以任意选择其中一个。其中，left 代表左对齐方式；right 代表右对齐方式；center 代表居中对齐方式；justify 代表两端对齐方式。
- 该属性可应用于 HTML 中的任何模块级标记，如<p>，<h1>～<h6>等。

实例代码（代码位置：CDROM\HTML\13\13-4-1.html）

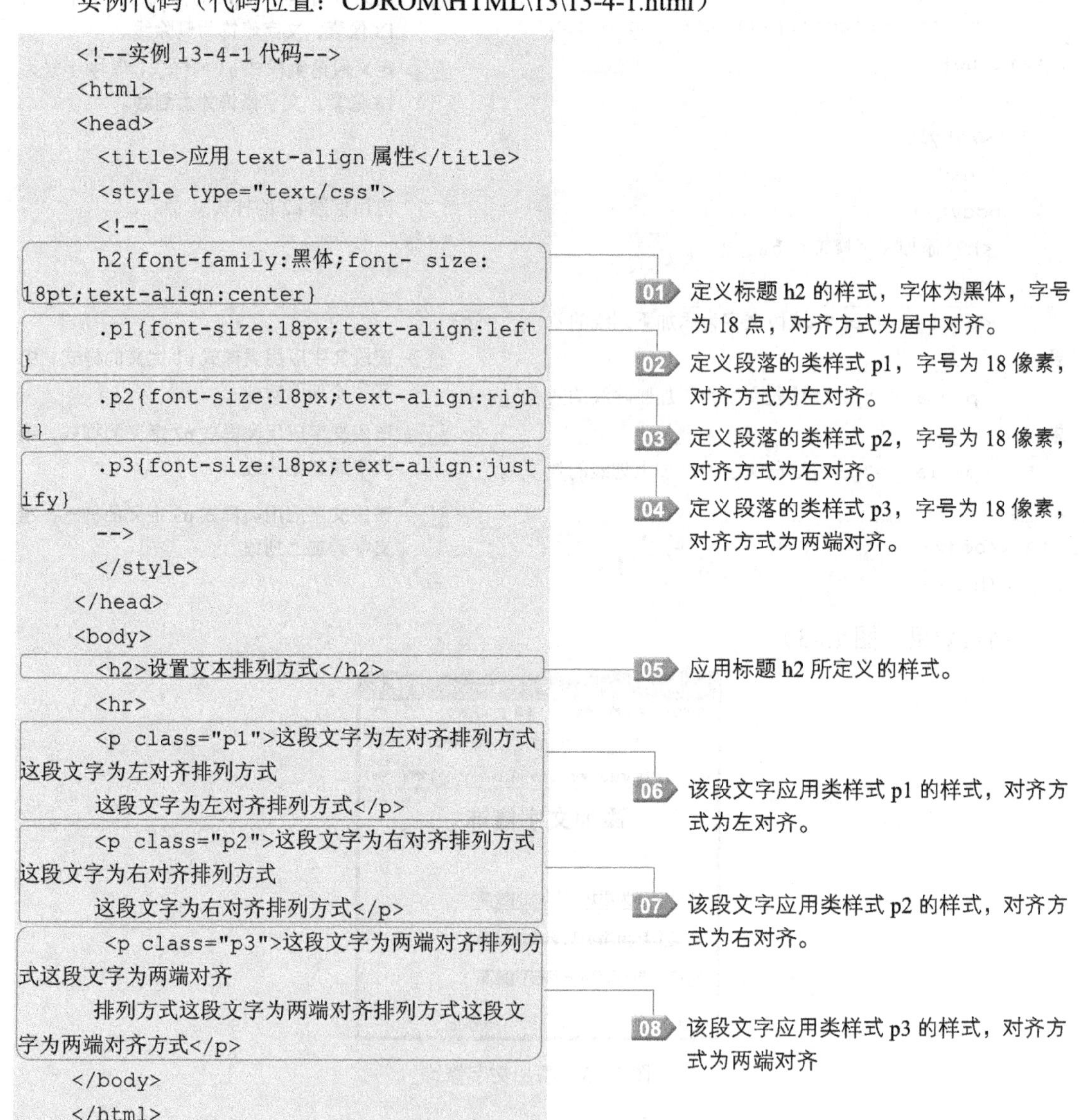

```
<!--实例 13-4-1 代码-->
<html>
<head>
  <title>应用 text-align 属性</title>
  <style type="text/css">
  <!--
  h2{font-family:黑体;font- size:
18pt;text-align:center}
  .p1{font-size:18px;text-align:left
}
  .p2{font-size:18px;text-align:righ
t}
  .p3{font-size:18px;text-align:just
ify}
  -->
  </style>
</head>
<body>
  <h2>设置文本排列方式</h2>
  <hr>
  <p class="p1">这段文字为左对齐排列方式
这段文字为左对齐排列方式
  这段文字为左对齐排列方式</p>
  <p class="p2">这段文字为右对齐排列方式
这段文字为右对齐排列方式
  这段文字为右对齐排列方式</p>
  <p class="p3">这段文字为两端对齐排列方
式这段文字为两端对齐
  排列方式这段文字为两端对齐排列方式这段文
字为两端对齐方式</p>
</body>
</html>
```

网页效果（图 13-4）

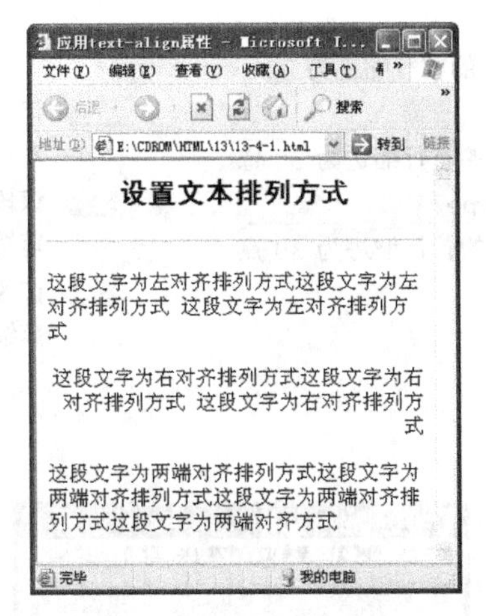

图 13-4　设置文本排列方式

13.5　设置段落缩进——text-indent

段落缩进 text-indent 属性是用来控制每个文字段落的首行缩进距离的。该属性若没有设置值时，默认值为不缩进。

基本语法

```
text-indent:长度|百分比
```

语法说明

➢ 长度包括长度值和长度单位，长度单位同样可以使用之前提到的所有单位。

➢ 百分比则是相对上一级元素的宽度而定的。

实例代码（代码位置：CDROM\HTML\13\13-5-1.html）

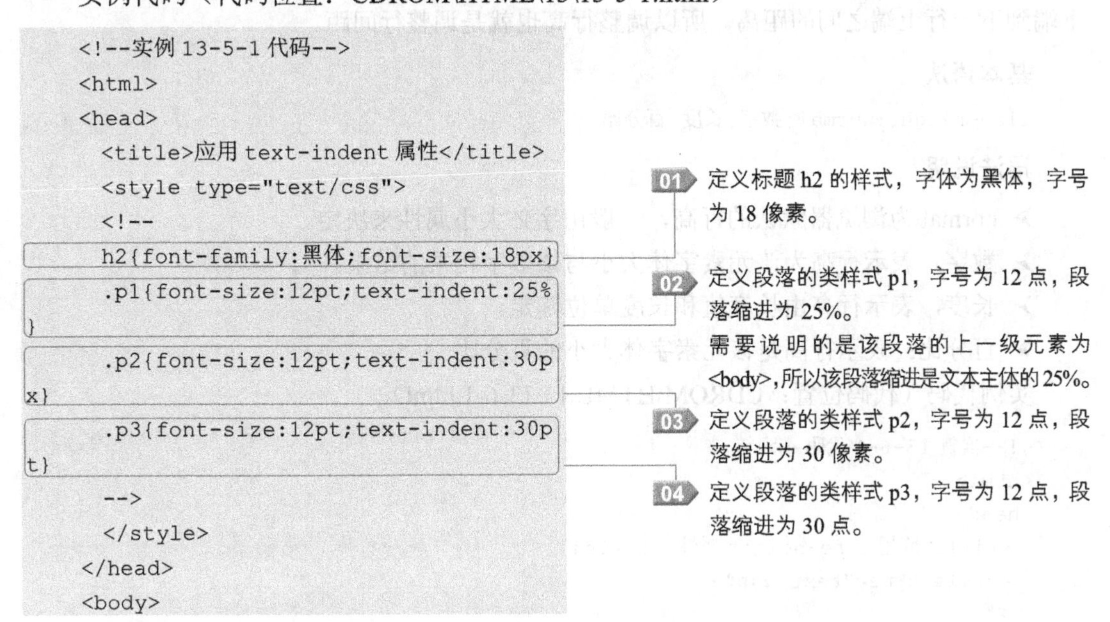

```
<!--实例 13-5-1 代码-->
<html>
<head>
  <title>应用 text-indent 属性</title>
  <style type="text/css">
  <!--
  h2{font-family:黑体;font-size:18px}
  .p1{font-size:12pt;text-indent:25%}
  .p2{font-size:12pt;text-indent:30px}
  .p3{font-size:12pt;text-indent:30pt}
  -->
  </style>
</head>
<body>
```

01 定义标题 h2 的样式，字体为黑体，字号为 18 像素。

02 定义段落的类样式 p1，字号为 12 点，段落缩进为 25%。
需要说明的是该段落的上一级元素为<body>，所以该段落缩进是文本主体的 25%。

03 定义段落的类样式 p2，字号为 12 点，段落缩进为 30 像素。

04 定义段落的类样式 p3，字号为 12 点，段落缩进为 30 点。

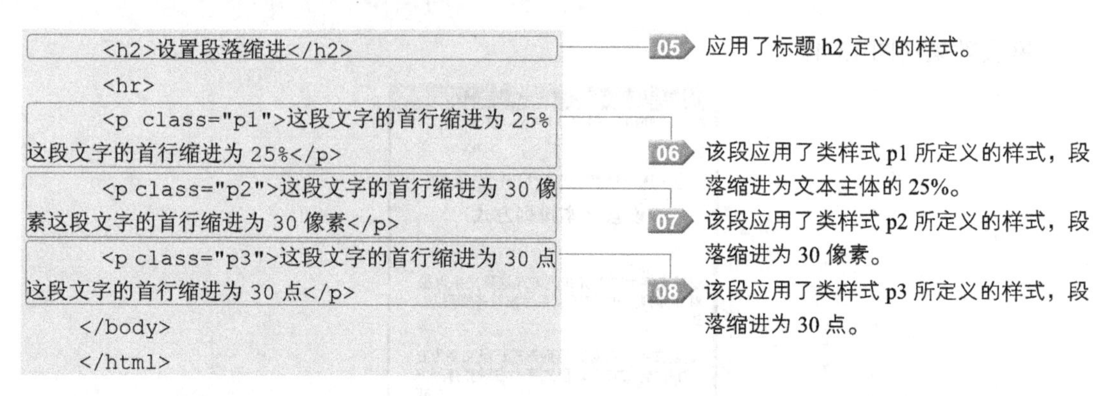

```
        <h2>设置段落缩进</h2>
        <hr>
        <p class="p1">这段文字的首行缩进为 25%
这段文字的首行缩进为 25%</p>
        <p class="p2">这段文字的首行缩进为 30 像
素这段文字的首行缩进为 30 像素</p>
        <p class="p3">这段文字的首行缩进为 30 点
这段文字的首行缩进为 30 点</p>
    </body>
    </html>
```

05 应用了标题 h2 定义的样式。

06 该段应用了类样式 p1 所定义的样式，段落缩进为文本主体的 25%。

07 该段应用了类样式 p2 所定义的样式，段落缩进为 30 像素。

08 该段应用了类样式 p3 所定义的样式，段落缩进为 30 点。

网页效果（图 13-5）

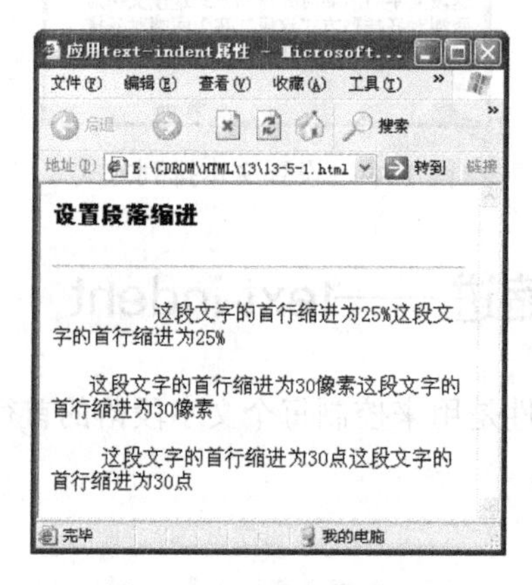

图 13-5　设置段落缩进

13.6　调整行高——line-height

使用行高 line-height 属性可以控制文本内容之间的行间距。行间距通常是指上一行的下端到下一行上端之间的距离。所以调整行高也就是调整行间距。

基本语法

```
Line-height:normal|数字|长度|百分比
```

语法说明

- normal 为浏览器默认的行高，一般由字体大小属性来决定。
- 数字，表示行高为该元素字体大小与该数字相乘的结果。
- 长度，表示行高由长度值和长度单位确定。
- 百分比：表示行高是该元素字体大小的百分比。

实例代码（代码位置：CDROM\HTML\13\13-6-1.html）

```
<!--实例 13-6-1 代码-->
<html>
<head>
  <title>应用 line-height 属性</title>
  <style type="text/css">
  <!--
```

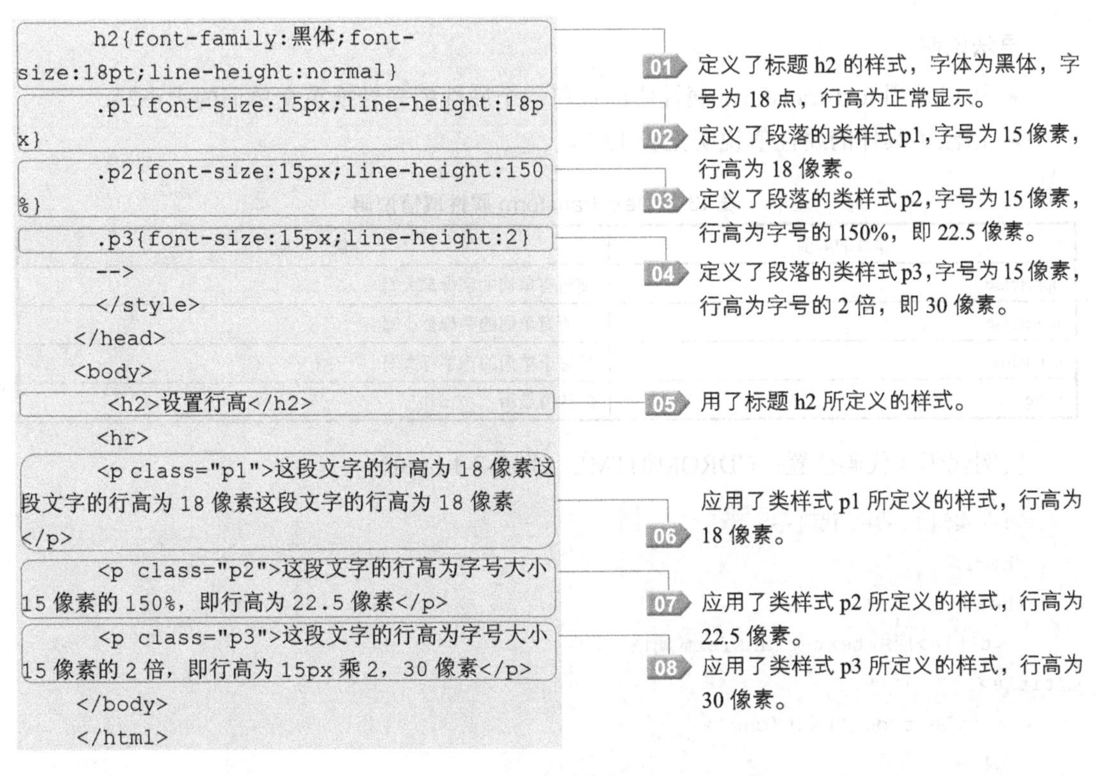

```
    h2{font-family:黑体;font-size:18pt;line-height:normal}
    .p1{font-size:15px;line-height:18px}
    .p2{font-size:15px;line-height:150%}
    .p3{font-size:15px;line-height:2}
    -->
    </style>
  </head>
  <body>
    <h2>设置行高</h2>
    <hr>
    <p class="p1">这段文字的行高为 18 像素这段文字的行高为 18 像素这段文字的行高为 18 像素</p>
    <p class="p2">这段文字的行高为字号大小 15 像素的 150%，即行高为 22.5 像素</p>
    <p class="p3">这段文字的行高为字号大小 15 像素的 2 倍，即行高为 15px 乘 2，30 像素</p>
  </body>
  </html>
```

01 定义了标题 h2 的样式，字体为黑体，字号为 18 点，行高为正常显示。

02 定义了段落的类样式 p1，字号为 15 像素，行高为 18 像素。

03 定义了段落的类样式 p2，字号为 15 像素，行高为字号的 150%，即 22.5 像素。

04 定义了段落的类样式 p3，字号为 15 像素，行高为字号的 2 倍，即 30 像素。

05 用了标题 h2 所定义的样式。

06 应用了类样式 p1 所定义的样式，行高为 18 像素。

07 应用了类样式 p2 所定义的样式，行高为 22.5 像素。

08 应用了类样式 p3 所定义的样式，行高为 30 像素。

网页效果（图 13-6）

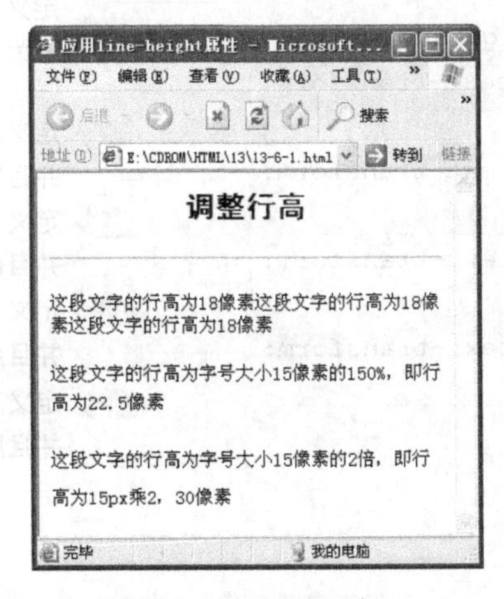

图 13-6　调整行高

13.7　转换英文大小写——text-transform

text-transform 属性主要用来控制英文单词的大小写转换。而且可以很灵活地实现对单词的部分或全部大小写的控制。

基本语法

```
text-transform: uppercase|lowercase|capitalize|none
```

语法说明

- 可以选用 text-transform 属性中的任何一个属性值来转换英文单词的大小写。
- 语法中具体的属性值说明见表 13-2。

表 13-2　text-transform 属性取值说明

属性的取值	说　明
uppercase	使所有单词的字母都大写
lowercase	使所有单词的字母都小写
capitalize	使每个单词的首字母大写
none	默认值显示

实例代码（代码位置：CDROM\HTML \13\13-7-1.html）

```
<!--实例 13-7-1 代码-->
<html>
<head>
<title>应用 text-transform 属性
</title>
<style type="text/css">
<!--
h2{font-family:黑
体;font-size:18pt;text-align:center}
.p1{font-size:15px;text-transform:
uppercase}
.p2{font-size:15px;text-transform:
lowercase}
.p3{font-size:15px;text-transform:
capitalize}
.p4{font-size:15px;text-transform:
none}
-->
</style>
</head>
<body>
<h2>转换英文大小写</h2>
<hr>
<p class="p1">Welcome to china ……
所有单词的字母都大写</p>
<p class="p2">Welcome to china ……
所有单词的字母都小写</p>
<p class="p3">Welcome to china ……
每个单词的首字母大写</p>
<p class="p4">Welcome to china ……
默认值</p>
</body>
</html>
```

01 定义了标题 h2 的样式，字体为黑体，字号为 18 点。

02 定义了段落的类样式 p1，字号为 15 像素，并且所有单词的字母都是大写。

03 定义了段落的类样式 p2，字号为 15 像素，并且所有单词的字母都是小写。

04 定义了段落的类样式 p3，字号为 15 像素，并且所有单词的首字母都是大写。

05 定义了段落的类样式 p4，字号为 15 像素，并且所有单词为默认值。

06 应用了标题 h2 所定义的样式。

07 该段应用了类样式 p1 所定义的样式，所有单词的字母都大写。

08 该段应用了类样式 p2 所定义的样式，所有单词的字母都小写。

09 该段应用了类样式 p3 所定义的样式，所有单词的首字母都大写。

10 该段应用了类样式 p4 所定义的样式，所有单词显示默认值。

网页效果（图 13-7）

图 13-7　转化英文大小写

13.8　小实例——综合应用文本属性

实例代码（代码位置：CDROM\HTML \13\13-8-1.html）

```
<!--实例 13-8-1 代码-->
<html>
<head>
  <title>综合应用文本属性</title>
  <style type="text/css">
  <!--
  h2{font-family:黑体;font- size:
0px;text-align:center}
  .p1{font-size:16px;letter-spacing:
8px;text-decoration:underline}
  .p2{font-size:16px;word-spacing:10
pt;text-indent:40px;text-transform:capit
alize}
  .p3{font-size:16px;text-transform:
uppercase}
  .p4{font-size:16px;text-decoration
:line-through;text-align:right}
  -->
  </style>
</head>
<body>
  <h2>联系方式</h2>
  <hr>
  <p class="p1">公司:北京博文视点资讯有限
公司</p>
  <p class="p2">broadview information
co.,ltd</p>
  <p class="p3">网
址:www.broadview.com.cn</p>
  <p class="p4">地址:北京市万寿路南口(莲
宝路口北)华信大厦 804 房间</p>
</body>
</html>
```

01 定义标题 h2 字体为黑体，字号为 20 像素，对齐方式为居中。

02 定义了段落类样式 p1，字号为 16 像素，字符间距为 8 像素，文字修饰为下划线。

03 定义段落类样式 p2，字号为 16 像素，单词间距为 10 点，段落缩进为 40 像素，英文单词是首字母大写。

04 定义了段落类样式 p3，字号为 16 像素，所有单词的字母都是大写。

05 定义了段落类样式 p4，字号为 16 像素，文字修饰为删除线，文字对齐方式为右对齐。

06 应用了标题 h2 所定义的样式。

07 该段内容应用了类样式 p1 所定义的样式。

08 该段内容应用了类样式 p2 所定义的样式。

09 该段内容应用了类样式 p3 所定义的样式。

10 该段内容应用了类样式 p4 所定义的样式。

网页效果（图 13-8）

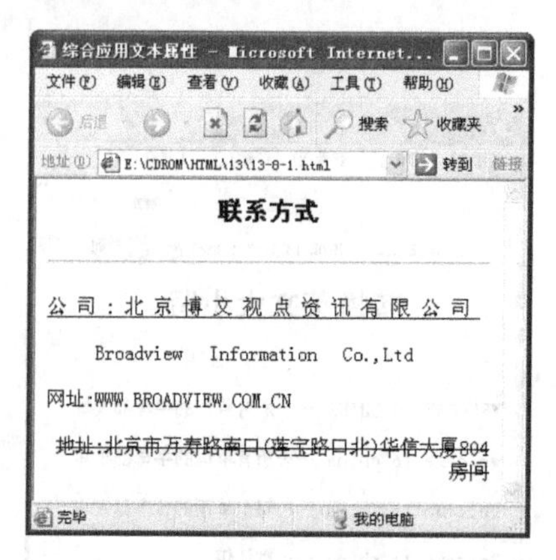

图 13-8 综合应用文本属性

13.9 习题

一、选择题

（1）设置段落缩进的属性为（ ）。

A．word-spacing　　B．text-decoration

C．text-align　　D．text-indent

（2）调整中文文字的字间距，可使用属性（ ）。

A．word-spacing　　B．letter-spacing

C．word-decoration　　D．letter-decoration

（3）在 CSS 中，调整字符间距可以使用（ ）属性。

A．letter-spacing　B．word-spacing　C．text-decoration

（4）属于 text-align 的语法中的属性值的有（ ）。

A．left　B．right　C．center　D．none

（5）text-decoration 属性取值中的 overline 表示（ ）。

A．给文字添加上划线　　B．给文字添加下划线

C．给文字添加删除线　　D．添加文字闪烁效果

二、填空题

（1）利用 CSS 样式给文字加下划线，应该使用文字修饰属性________，属性值________。

（2）利用文本排列方式属性 text-align 排列文本，可选用的属性值有________、left、________、________。

（3）在 CSS 中，调整单词间距的属性是________________。

（4）文字修饰 text-decoration 属性主要是对文字添加一些常用的修饰，可选用的属性取值有 ____________、____________、line-through、__________和 none。

（5）行高 line-height 属性的基本语法是____________________________________。

（6）________属性用于文字的水平对齐，但这项属性只用于整块的内容；__________属性用于控制文字或其他网页对象相对于母体对象的垂直位置。

三、上机题/问答题

（1）对网页中的某段文字进行排版，具体要求为首行缩进 2 字符，字符间距为 10 像素，行高为 15 像素，并且要给文字加上下划线。

（2）通过 CSS 样式表编写如图 13-9 所示的网页（最终效果见 CDROM/习题参考答案及效果/13/1.html）。

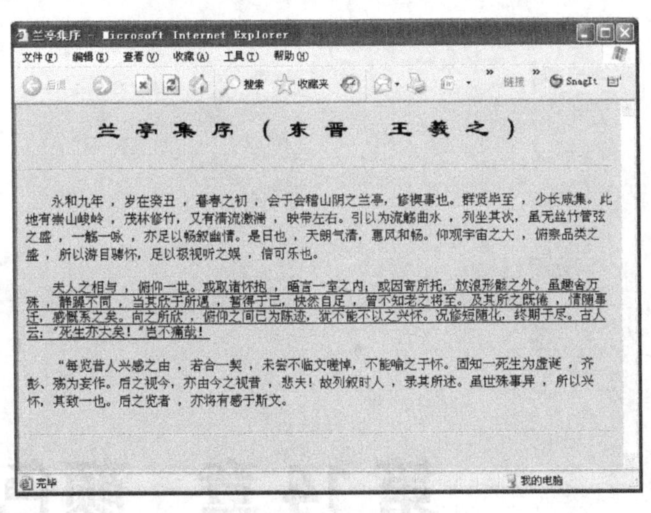

图 13-9　效果

（3）通过 CSS 样式表编写如图 13-10 所示的网页（最终效果见 CDROM/习题参考答案及效果/13/2.html）。

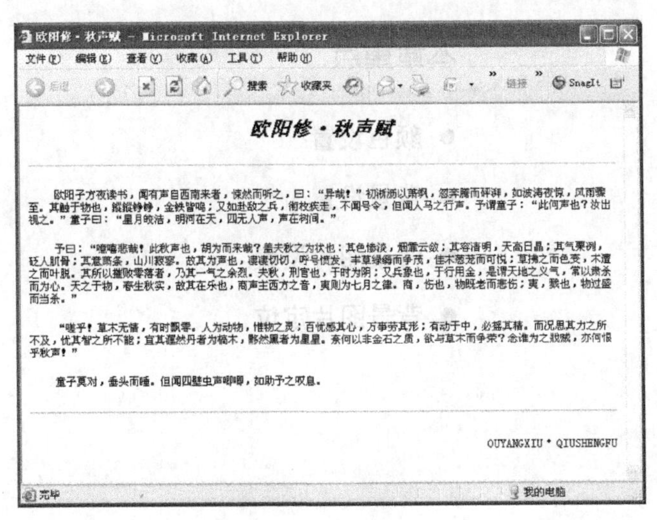

图 13-10　效果

第 14 章　颜色和背景

本章重点

- 颜色设置
- 背景设置
- 背景图片设置
- 背景图片定位

网页中的每一个元素都有一个前景色和一个背景色。而且背景色和前景色最好同时设置，以免重复或冲突。也有好多网页或文字的背景是由图片组成，所以下面除了讲解颜色的设置外，还会讲到背景图片的插入和背景图片的定位等。

14.1　设置颜色——color

在 HTML 中设置字体颜色使用的是<font>标记的 color 属性，而在 CSS 中仅使用 color 属性设置字体的颜色。但一定要明确 color 属性不是只用来设置字体的颜色，网页中每个元素的颜色都可以用 color 属性来设置。而且用 color 属性设置的颜色一般都为标记内容的前景色。

基本语法

```
color:关键字|RGB值
```

语法说明

- 关键字：颜色关键字就是用颜色的英文名称来设置颜色。例如："red" 代表红色，"black" 代表黑色等。
- RGB 值：在 CSS 中，RGB 值有多种表示方式，如十六进制的 RGB 值和 RGB 函数值都行。下面以绿色为例来说明具体的颜色表示：
  - #00FF00 是十六进制的 RGB 值，表示绿色。这是最常用的一种 RGB 值表示方式。
  - #0F0 是十六进制 RGB 值的缩写，表示绿色。在十六进制的 RGB 值中，只要有同样的数字重复出现，就可以省略其中一个不写。
  - RGB（255，0，0）是 RGB 函数值，表示绿色。常用在一些动态颜色效果的网页中，这里的 RGB 函数取值范围为 0~255。
  - RGB（0%，100%，0%）也是 RGB 函数值，表示绿色。但这里的 RGB 函数取值范围为 0%~100%。
  - RGB 函数取值如果超出了指定的范围，浏览器就会自动读取最接近的数值来使用。例如，如果设置了 "101%"，则浏览器会自动读取 "100%"。如果设置了 "-2"，则浏览器会自动读取 "0"。

实例代码（代码位置：CDROM\HTML\14\14-1-1.html）

```
<!--实例 14-1-1 代码-->
<html>
<head>
  <title>应用颜色 color 属性</title>
  <style type="text/css">
  <!--
  .h{font-family:黑体;font-
size:20pt;color:#FF0000;text-align:cente
r}
  .p1{font-family:宋体;font-
size:16px;color:blue}
  -->
  </style>
```

01 定义了标题 h 的类样式，字体为黑体，字号为 20 点，颜色为红色。

02 定义了段落 p1 的样式，字体为宋体，字号为 16 像素，颜色为蓝色。

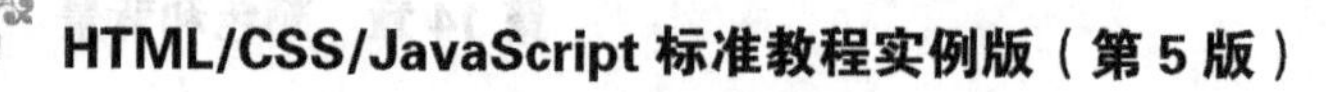

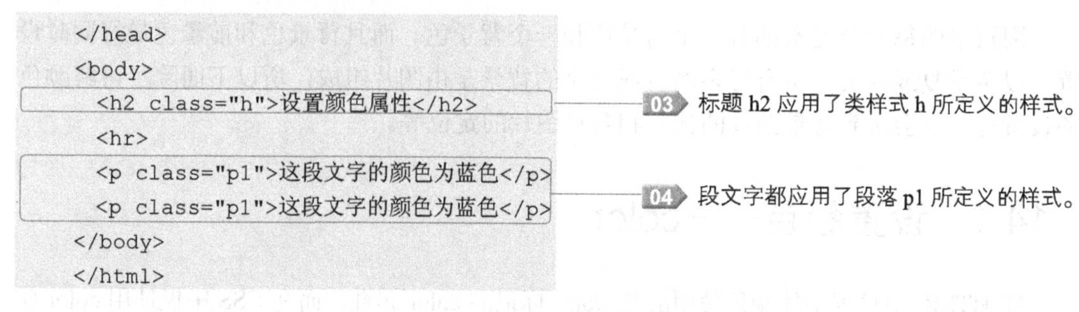

```
  </head>
  <body>
    <h2 class="h">设置颜色属性</h2>
    <hr>
    <p class="p1">这段文字的颜色为蓝色</p>
    <p class="p1">这段文字的颜色为蓝色</p>
  </body>
  </html>
```

03 标题 h2 应用了类样式 h 所定义的样式。

04 段文字都应用了段落 p1 所定义的样式。

网页效果（图 14-1）

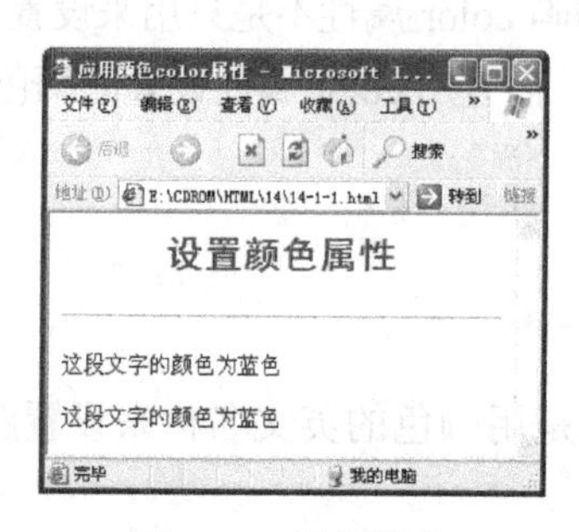

图 14-1　设置颜色

14.2　设置背景颜色——background-color

在 HTML 中设置网页的背景颜色可使用<body>标记的 bgcolor 属性，而在 CSS 中使用 background-color 属性不仅可以设置网页的背景颜色，还可以设置文字的背景颜色。同时文字的前景颜色就可以用 color 属性来设置。

基本语法

```
background-color: 关键字|RGB 值|transparent
```

语法说明

- 关键字和 RGB 值可参照上一节“14.1 设置颜色——color”中的语法说明。
- transparent 表示透明值，是背景颜色 background-color 属性的初始值。

实例代码（代码位置：CDROM\HTML\14\14-2-1.html）

```
<!--实例 14-2-1 代码-->
<html>
<head>
  <title>应用背景颜色属性</title>
  <style type="text/css">
  <!--
  body{background-color:#0000FF}
  h2{font-family:黑体;font-size:18px;color:#FFFFFF;text-align:center}
  .p1{font-family:宋体;font-size:16px;color:#000000;background-color:yellow}
```

01 定义了网页的背景颜色为红色。

02 定义标题 h2 的样式，字体为黑体，字号为 18 像素，颜色为白色。

03 定义了类样式 p1 的样式，字体为宋体，字号为 16 像素，字体颜色为黑色，字体背景颜色为黄色。

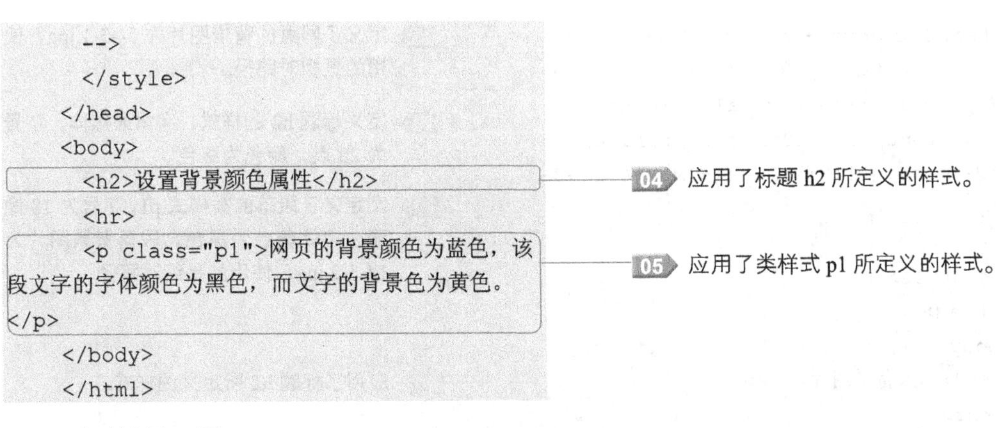

```
  -->
  </style>
</head>
<body>
  <h2>设置背景颜色属性</h2>
  <hr>
  <p class="p1">网页的背景颜色为蓝色，该段文字的字体颜色为黑色，而文字的背景色为黄色。
</p>
</body>
</html>
```


网页效果（图 14-2）

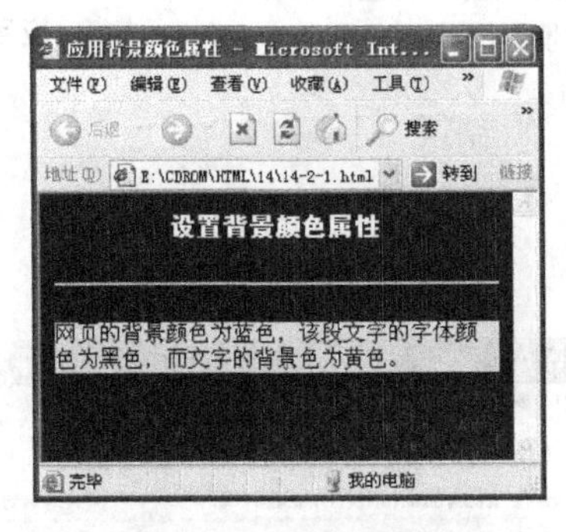

图 14-2　设置背景颜色

14.3　插入背景图片——background-image

在 HTML 中，设置网页的背景图片和设置表格的背景图片都是使用的 background 属性，而在 CSS 中是用 background-image 属性来设置元素的背景图片的。

基本语法

```
background-image:url|none
```

语法说明

- URL 指定要插入的背景图片路径或名称，路径可以为绝对路径也可以为相对路径。第 6 章有绝对路径和相对路径的详细内容讲解。图片的格式一般以 GIF、JPG 和 PNG 格式为主。关于图片格式的内容将在“19.1.1 网页的图片格式”讲到。
- none 是一个默认值，表示没有背景图片。

实例代码（代码位置：CDROM\HTML\14\14-3-1.html）

```
<!--实例 14-3-1 代码-->
<html>
<head>
  <title>应用背景图片属性</title>
  <style type="text/css">
  <!--
```

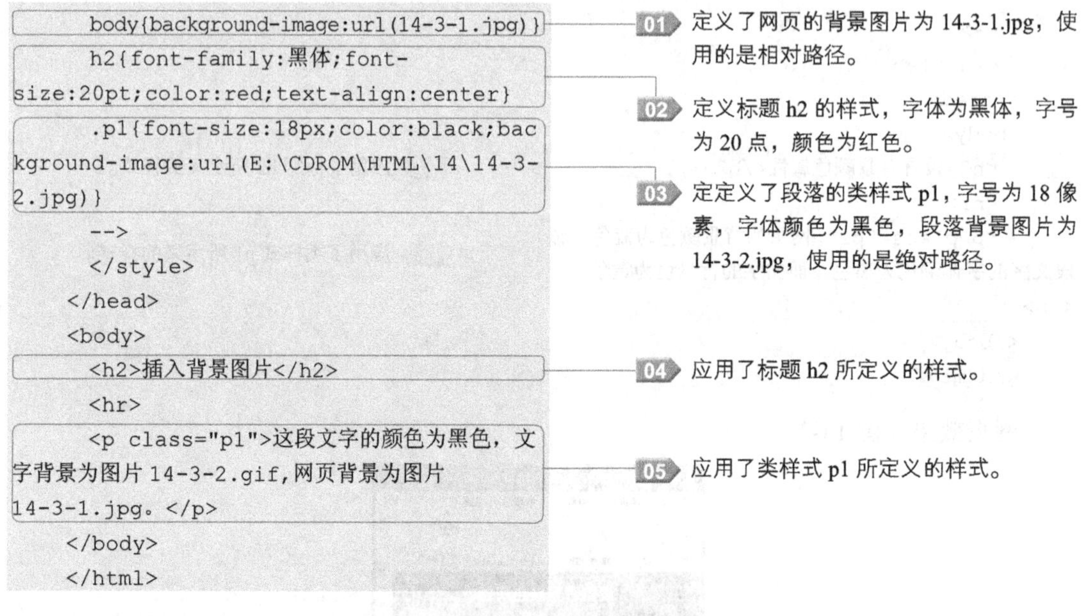

```
    body{background-image:url(14-3-1.jpg)}
    h2{font-family:黑体;font-
size:20pt;color:red;text-align:center}
    .p1{font-size:18px;color:black;bac
kground-image:url(E:\CDROM\HTML\14\14-3-
2.jpg)}
    -->
    </style>
  </head>
  <body>
    <h2>插入背景图片</h2>
    <hr>
    <p class="p1">这段文字的颜色为黑色，文
字背景为图片 14-3-2.gif,网页背景为图片
14-3-1.jpg。</p>
  </body>
  </html>
```

01 定义了网页的背景图片为 14-3-1.jpg，使用的是相对路径。

02 定义标题 h2 的样式，字体为黑体，字号为 20 点，颜色为红色。

03 定定义了段落的类样式 p1，字号为 18 像素，字体颜色为黑色，段落背景图片为 14-3-2.jpg，使用的是绝对路径。

04 应用了标题 h2 所定义的样式。

05 应用了类样式 p1 所定义的样式。

网页效果（图 14-3）

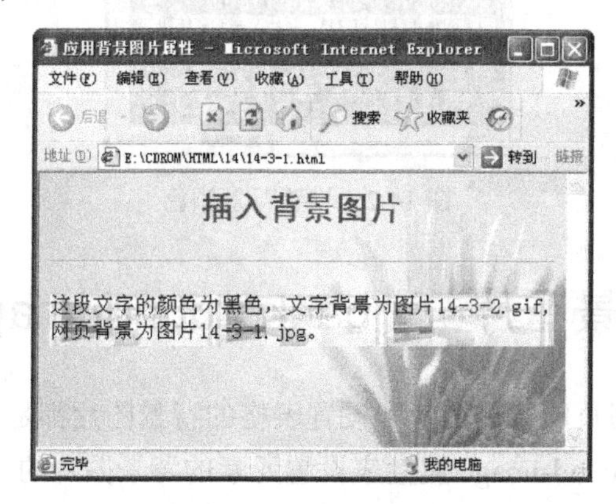

图 14-3 插入背景图片

14.4 插入背景附件——background-attachment

背景附件属性 Background-attachment 就是用来设置背景图片是否随着滚动条的移动而一起移动。

基本语法

```
background-attachment:scroll|fixed
```

语法说明

- scroll 表示背景图片是随着滚动条的移动而移动。是浏览器的默认值。
- fixed 表示背景图片固定在页面上不动，不随着滚动条的移动而移动。

实例代码（代码位置：CDROM\HTML\14\14-4-1.html）

```
<!--实例 14-4-1 代码-->
<html>
```

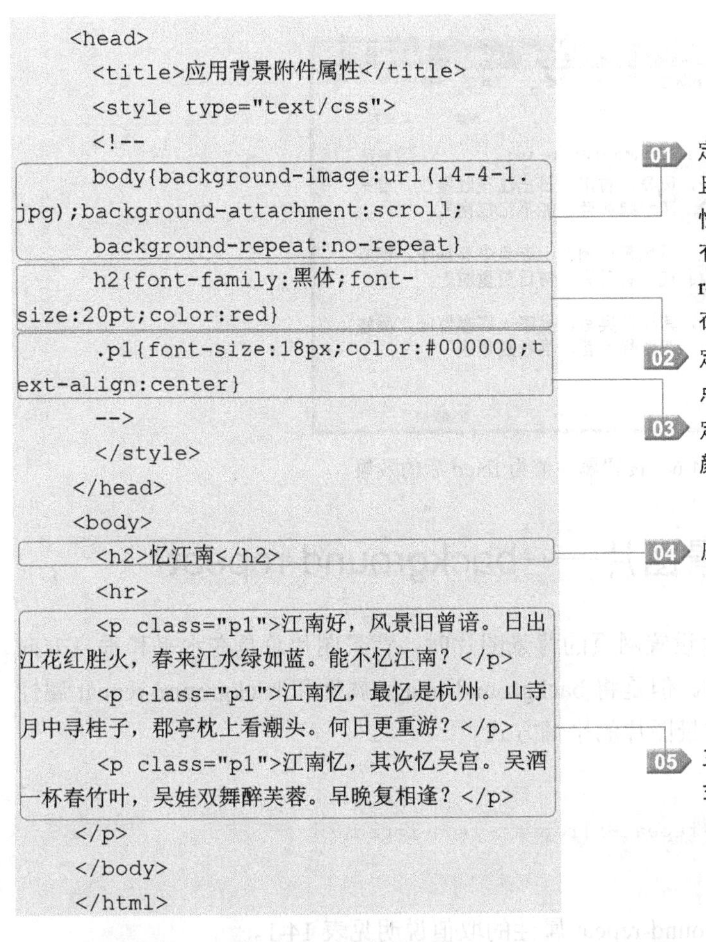

```
<head>
  <title>应用背景附件属性</title>
  <style type="text/css">
  <!--
  body{background-image:url(14-4-1.jpg);background-attachment:scroll;
  background-repeat:no-repeat}
  h2{font-family:黑体;font-size:20pt;color:red}
  .p1{font-size:18px;color:#000000;text-align:center}
  -->
  </style>
</head>
<body>
  <h2>忆江南</h2>
  <hr>
  <p class="p1">江南好，风景旧曾谙。日出江花红胜火，春来江水绿如蓝。能不忆江南？</p>
  <p class="p1">江南忆，最忆是杭州。山寺月中寻桂子，郡亭枕上看潮头。何日更重游？</p>
  <p class="p1">江南忆，其次忆吴宫。吴酒一杯春竹叶，吴娃双舞醉芙蓉。早晚复相逢？</p>
</p>
</body>
</html>
```

01 定义了网页的背景图片为 14-4-1.jpg，而且背景图片的 background-attachment 属性设置为不随滚动条的移动而移动。还有一个背景图片重复属性 background-repeat，这里设置为不重复，具体的内容在下一节将要讲到。

02 定义了标题 h2 的字体为黑体，字号为 20 点，颜色为红色。

03 定义了段落的类样式 p1，字号为 18 像素，颜色为黑色，对齐方式为居中。

04 应用了标题 h2 的样式。

05 三段文字都应用了类样式 p1 所定义的样式。

网页效果（图 14-4 和图 14-5）

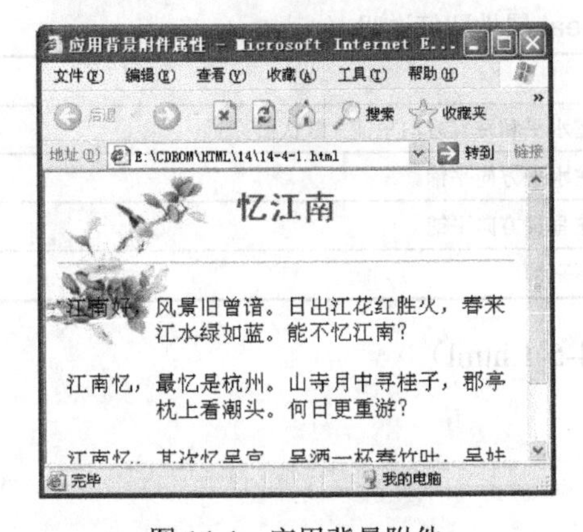

图 14-4　应用背景附件

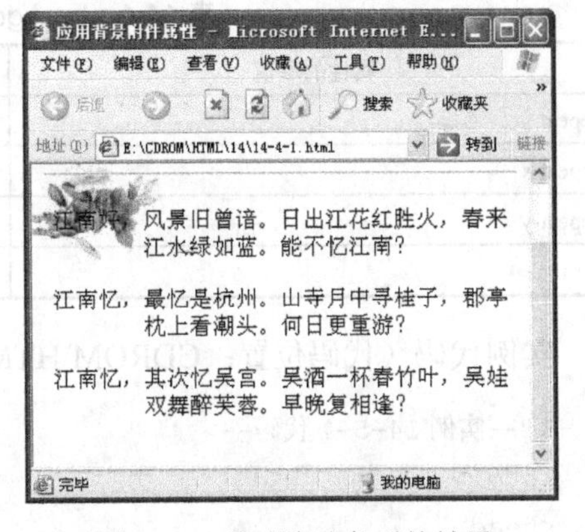

图 14-5　移动滚动条后的效果

效果说明

图 14-4 是没有移动滚动条前的效果，可以清楚地看到背景图片“14-4-1.jpg”的全貌。而图 14-5 是移动滚动条后的效果，因为背景图片设置为随着滚动条的移动而移动，所以只看到背景图片的一部分。如果将背景图片设置为不随着滚动条的移动而移动，（也就是在源代码中设置 background-attachment 的属性值为 fixed）那么移动滚动条后的效果将如图 14-6 所示。

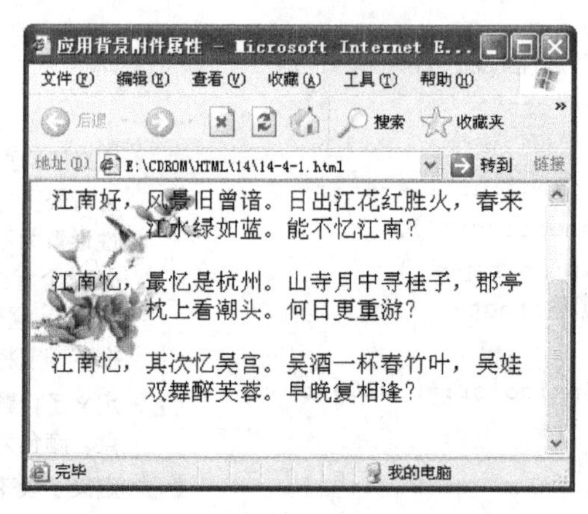

图 14-6　设置属性值为 fixed 后的效果

14.5　设置重复背景图片——background-repeat

使用 background-image 属性设置网页的背景图片时，背景图片总是在水平和垂直方向重复显示并平铺于整个页面窗口。但是将 background-image 属性和 background-repeat 属性结合使用，就可以方便地控制背景图片的平铺方式。

基本语法

```
background-repeat:repeat|repeat-x|repeat-y|no-repeat
```

语法说明

重复背景图片语法中 background-repeat 属性的取值说明见表 14-1。

表 14-1　backgorund-repeat 属性取值说明

属性的取值	说　明
repeat	背景图片在水平和垂直方向平铺（默认值）
repeat-x	背景图片在水平方向平铺
repeat-y	背景图片在垂直方向平铺
no-repeat	背景图片不平铺

实例代码（代码位置：CDROM\HTML\14\14-5-1.html）

```
<!--实例 14-5-1 代码-->
<html>
<head>
  <title>重复背景图片</title>
  <style type="text/css">
  <!--
  body{background-image:url(14-5-1.jpg);background-repeat:repeat-x}
  h2{font-family:黑体;font-size:20px;color:red;text-align:center}
```

01 定义网页的背景图片为 14-5-1.jpg，同时背景图片只在水平方向平铺。

02 定义了标题 h2 的样式，字体为黑体，字号为 20 像素，颜色为红色。

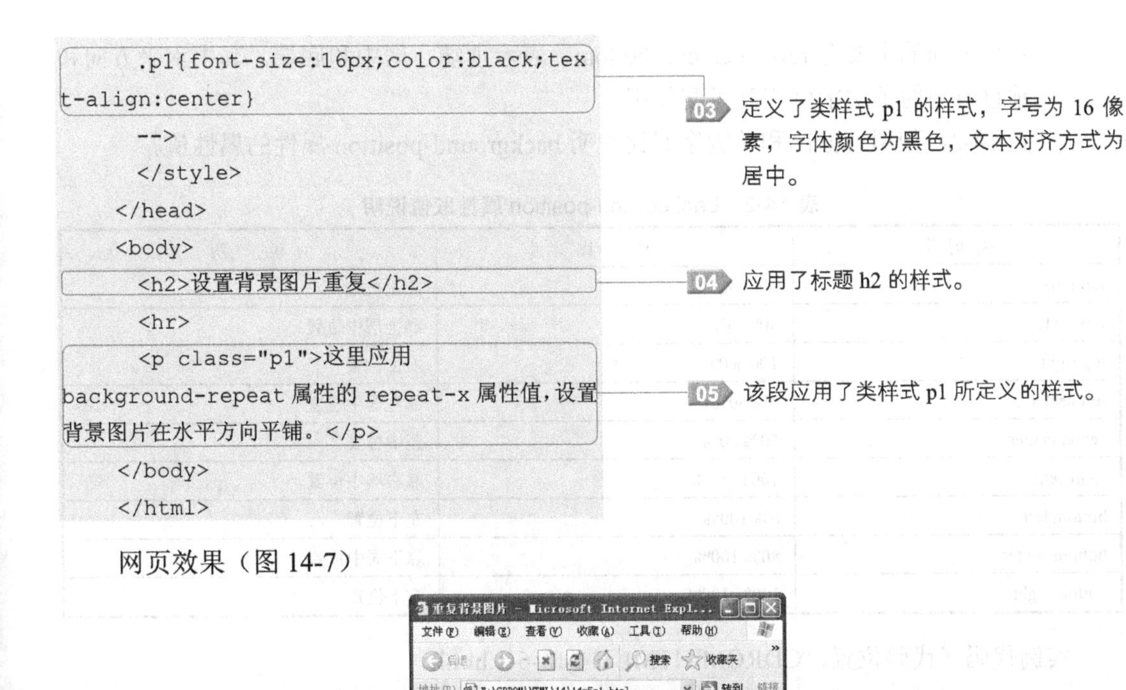

```
    .p1{font-size:16px;color:black;tex
t-align:center}
    -->
    </style>
  </head>
  <body>
    <h2>设置背景图片重复</h2>
    <hr>
    <p class="p1">这里应用
background-repeat 属性的 repeat-x 属性值，设置
背景图片在水平方向平铺。</p>
  </body>
  </html>
```

03 定义了类样式 p1 的样式，字号为 16 像素，字体颜色为黑色，文本对齐方式为居中。

04 应用了标题 h2 的样式。

05 该段应用了类样式 p1 所定义的样式。

网页效果（图 14-7）

图 14-7 设置背景图片重复

14.6 设置背景图片位置——background-position

在网页中插入背景图片时，如果设置背景图片为不重复，那么该图片会默认显示在网页的左上角。其实通过背景图片位置 background-position 属性可以任意设置背景图片的插入位置。

基本语法

```
background-position: 百分比|长度|关键字
```

语法说明

➢ 利用百分比和长度设置图片位置时，都要指定两个值，并且这两个值要用空格隔开。一个代表水平位置，一个代表垂直位置。水平位置的参考点是网页页面的左边，垂直位置的参考点是页面的上边。

例如：background-position:45% 60%，表示背景图片的水平位置为左边起的 45%，垂直位置为上边起的 60%。background-position:150px 120px，表示背景图片的水平位置为左边起的 150px，垂直位置为上边起的 120px。

➢ 关键字在水平方向的主要有 left、center、right，表示居左、居中和居右。关键字在垂直方向的主要有 top、center、bottom，表示顶端、居中和底端。其中水平方向和垂直方向的关键字可相互搭配使用。

➢ 表 14-2，使用百分比和关键字对比说明 background-position 属性的属性值。

表 14-2　backgorund-position 属性取值说明

关 键 字	百 分 比	说　明
top left	0% 0%	左上位置
top center	50% 0%	靠上居中位置
top right	100% 0%	右上位置
left center	0% 50%	靠左居中位置
center center	50% 50%	正中位置
right center	100% 50%	靠右居中位置
bottom left	0% 100%	左下位置
bottom center	50% 100%	靠下居中位置
bottom right	100% 100%	右下位置

实例代码（代码位置：CDROM\HTML \14\14-6-1.html）

```
<!--实例 14-6-1 代码-->
<html>
<head>
  <title>设置背景图片位置</title>
  <style type="text/css">
  <!--
  h2{font-family:黑体;font-size:20px}
  .p1{background-image:url(14-6-1.gif);background-repeat:no-repeat;
  background-position:100% 0%}
  .p2{background-image:url(14-6-1.gif);background-repeat:no-repeat;
  background-position:50% 50%}
  .p3{background-image:url(14-6-1.gif);background-repeat:no-repeat;
  background-position:0% 100%}
  -->
  </style>
</head>
<body>
  <h2>忆江南</h2>
  <hr>
  <p class="p1">江南好，风景旧曾谙。日出江花红胜火，春来江水绿如蓝。能不忆江南？</p>
  <p class="p2">江南忆，最忆是杭州。山寺月中寻桂子，郡亭枕上看潮头。何日更重游？</p>
```

01 定义标题 h2 的样式，字体为黑体，字号为 20 像素。

02 定义了段落的类样式 p1，背景图片为 14-6-1.gif，背景图片不重复，背景图片位置为右上位置。

03 定义了段落的类样式 p2，背景图片为 14-6-1.gif，背景图片不重复，背景图片位置为正中位置。

04 定义了段落的类样式 p3，背景图片为 14-6-1.gif，背景图片不重复，背景图片位置为左下位置。

05 应用了标题 h2 的样式。

06 该段应用了类样式 p1 所定义的样式。

07 该段应用了类样式 p2 所定义的样式。

```
    <p class="p3">江南忆，其次忆吴宫。吴酒
一杯春竹叶，吴娃双舞醉芙蓉。早晚复相逢？</p>
  </body>
  </html>
```

08 该段应用了类样式 p3 所定义的样式。

网页效果（图 14-8）

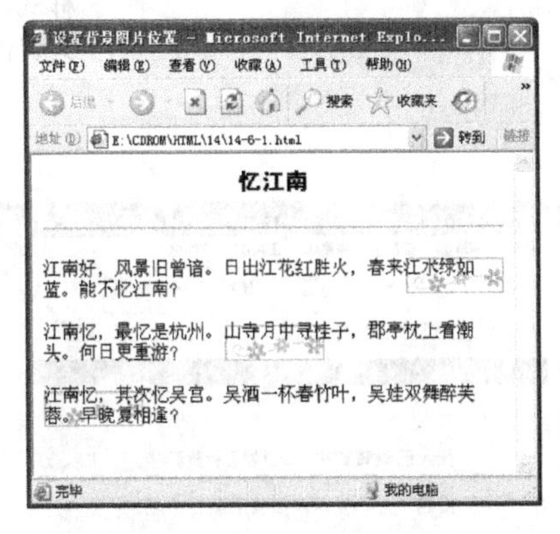

图 14-8　设置背景图片位置

14.7　小实例——综合设置颜色和背景

实例代码（代码位置：CDROM\HTML\14\14-7-1.html）

```
  <!--实例 14-7-1 代码-->
  <html>
  <head>
    <title>设置颜色和背景</title>
    <style type="text/css">
    <!--
    body{background-image:url(14-7-1.
jpg);background-repeat:no-repeat;
    background-position:bottom right}
    h2{font-family:黑体;color:white;
font-size:20px;background-image:url(14-7
-2.jpg);text-align:center;
    background-repeat:repeat-x}
    .p1{font-size:18px;color:blue;back
ground-color:yellow;text-align:center}
    -->
    </style>
  </head>
  <body>
    <h2>黄鹤楼</h2>
    <hr>
```

01 定义了网页的背景图片为 14-7-1.jpg，背景图片不重复，并且背景图片定位到右下角。

02 定义了标题 h2 的样式，字体为黑体，字体颜色为白色，字号为 20 像素，标题的背景图片为 14-7-2.jpg，并且背景图片只在水平方向平铺。

03 定义了段落的类样式 p1，字号为 18 像素，字体颜色为蓝色，字体背景颜色为黄色。

04 应用了标题 h2 定义的样式，标题文字为白色，标题背景为水平重复的图片。

```
        <p class="p1">昔人已乘黄鹤去，此地空余
黄鹤楼。</p>
        <p class="p1">黄鹤一去不复返，白云千载
空悠悠。</p>
        <p class="p1">晴川历历汉阳树，芳草萋萋
鹦鹉洲。</p>
        <p class="p1">日暮乡关何处是，烟波江上
使人愁。</p>
      </body>
      </html>
```

05 这四段文字都应用了类样式 p1 所定义的样式，字体颜色为蓝色，字体背景颜色为黄色。

网页效果（图 14-9）

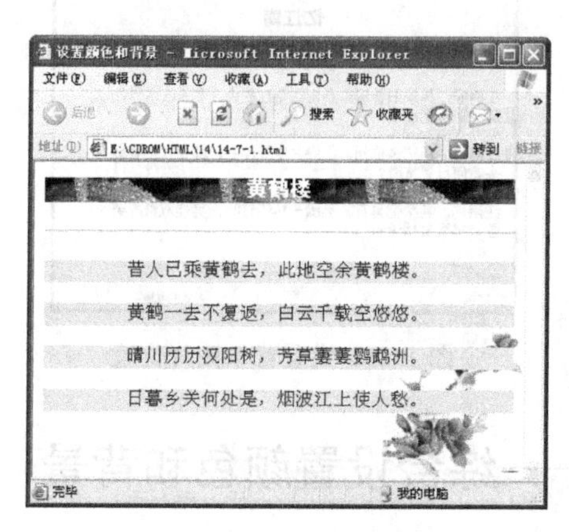

图 14-9　设置颜色和背景

14.8　习题

一、选择题（单选）

（1）在 CSS 中，要设置页面文字的背景颜色，应该使用属性（　）。

A．color　　B．bgcolor　　C．background-color　　D．font-color

（2）要实现背景图片在水平方向的平铺，应该设置为（　）。

A．background-image：repeat　　B．background-image：repeat-x

C．background-image：repeat-y　　D．background-image：no-repeat

（3）在 CSS 里，设置背景颜色的属性是（　）。

A．background-color　　B．backgruound-image

C．color

（4）背景附件属性 background-attachment 的取值有（　）。

A．scroll　　B．top-left　　C．left center　　D．fixed

（5）在 CSS 里，设置背景图片位置的属性是（　）。

A．background-repeat　　B．backgruoun-position

C．baceground-attachment

二、填空题

（1）在 CSS 中，如果要设置背景图片随着滚动条的移动而移动，应该使用背景附件属

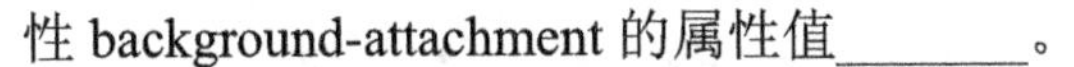
性 background-attachment 的属性值________。

（2）背景图片位置属性可以任意设置背景图片的插入位置，那么 background-position: 100% 0%表示的是________位置。

（3）在 CSS 里，可利用________属性，达到背景颜色的变化；而利用___________属性，将网页背景以图片的方式显示。

*（4）在 CSS 里，可以通过_________属性来设置超链接文字的颜色、字体、字号及字的形状等文字样式属性，以改变文字的效果。

（5）在 HTML 中，设置字体颜色使用的是<font>标记的__________属性，而在 CSS 中仅使用__________属性设置字体的颜色。

（6）重复背景图片语法中 background-repeat 的属性取值中 repeat-x 代表____________。

三、上机题/问答题

（1）给网页添加一个背景图片，同时设置文字的背景颜色为黄色，而且背景图片为垂直方向重复。

（2）通过 CSS 样式表编写如图 14-10 所示的网页（最终效果见 CDROM/习题参考答案及效果/14/1.html）。

图 14-10　效果

第 15 章　边框和边距

本章重点

- 边框宽度
- 边框颜色
- 边框样式
- 边距
- 填充

边框属性包括边框样式、边框颜色和边框宽度，主要用来设置网页中各个元素的边框。这里的元素可以是一个段落、一张图片或是一个表格等。其实每一个网页都可以看作是一个大方框，而在这个大方框里又由不同的网页元素组成了好多的小方框。所以学习边框的属性是很实用的。同时为了更好地控制网页中元素之间的空白距离，还应该了解边距和填充这两个属性。

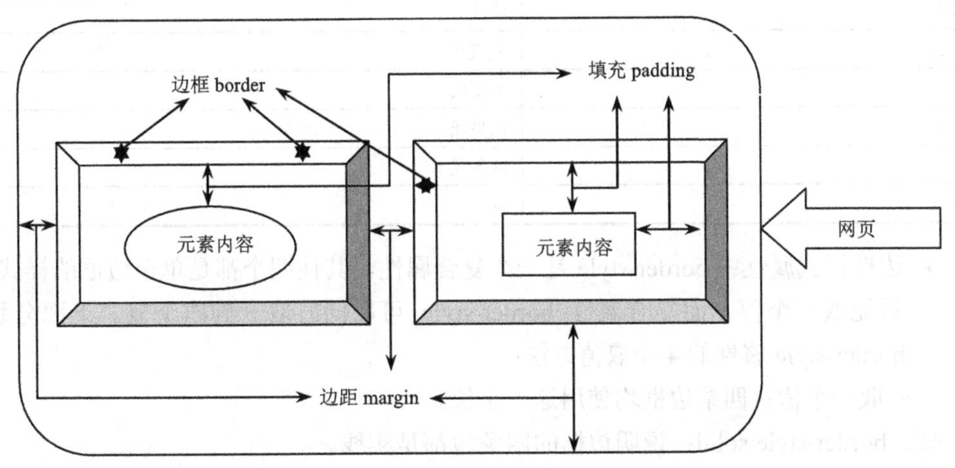

图 15-1　边框、边距、填充说明

参照图 15-1，可以更加明确地区分边框、边距和填充的概念，以及三者之间的关系。图中外面的大方框看作是网页，其中网页里包含两个元素边框，而边框里又含有自己的元素内容。边框属性 border 用来控制元素边框的宽度、样式和颜色；边距属性 margin 用来控制元素四周边和其他元素之间的空白距离（这里的网页也可以看作是一个大的元素）；填充属性 padding 用来控制元素内容和元素边框四周边之间的空白距离。

15.1　设计边框样式——border-style

在 CSS 中，为了设置边框的外观，提供了边框样式属性。利用边框样式属性不仅可以设置单个边框的样式，如利用上边框样式属性 border-top-style 可以设置上边框的样式，利用下边框样式属性 border-bottom-style 可以设置下边框的样式，利用左边框样式属性 border-left-style 可以设置左边框的样式，利用右边框样式属性 border-right-style 可以设置右边框的样式；而且还可以利用复合边框样式属性 border-style 统一设置四条边框的样式。

基本语法

```
border-style:样式取值
border-top-style:样式取值
border-bottom-style:样式取值
border-left-style:样式取值
border-right-style:样式取值
```

语法说明

➢ 边框样式属性基本语法中的样式取值见表 15-1。

表 15-1　边框样式属性取值说明

样式的取值	说　明
none	不显示边框，为默认值
dotted	点线
dashed	虚线，也可成为短线
solid	实线
double	双直线
groove	凹型线
ridge	凸型线
inset	嵌入式
outset	嵌出式

➢ 边框样式属性中 border-style 是一个复合属性，其他四个都是单个边框的样式属性，只能取一个值，而复合属性 border-style 可以同时取一到四个值。下面分别说明 border-style 属性的 4 个取值方法：

- 取一个值：四条边框均使用这一个值。

如：border-style:solid；说明边框的四条边都是实线。

- 取两个值：上下边框使用第一个值，左右边框使用第二个值，两个值一定要用空格隔开。

如：border-style:solid dotted；说明边框的上下边框为实线，左右边框为点线。

- 取三个值：上边框使用第一个值，左右边框使用第二个值，下边框使用第三个值，取值之间要用空格隔开。

如实例 15-1-2 中：段落的边框样式设置为 border-style:dotted solid double；说明边框的上边框为点线，左右边框为实线，下边框为双直线。

- 取四个值：四条边框按照上、右、下、左的顺序来调用取值。取值之间也要用空格隔开。

实例代码（代码位置：CDROM\HTML \15\15-1-1.html）

```
<!--实例 15-1-1 代码-->
<html>
<head>
  <title>设置边框样式</title>
  <style type="text/css">
  <!--
  h2{font-family:黑
体;font-size:18px;border-style:double;te
xt-align:center}
  .p1{font-family:隶
书;font-size:16px;
  border-top-
style:dotted;border-bottom-style:dotted;
  border-left-
style:solid;border-right-style:solid}
  -->
  </style>
```

01 定义标题 h2 的样式，字体为黑体，字号为 18 像素，边框样式应用复合属性定义四条边均为双直线。

02 定义了段落的类样式 p1，字体为隶书，字号为 16 像素，上边框样式为点线，下边框样式为点线，左边框样式为实线，右边框样式为实线。如果是应用边框样式的复合属性来定义，则可以将定义边框的代码改为“border-style:dotted solid”。

```
</head>
<body>
<h2>设置边框样式</h2>
<hr>
这段文字没有应用边框样式。这段文字没有应用
边框样式。
<p class="p1">这段文字应用了边框样式属
性，设置上下边框为点线，左右边框为实线。</p>
</body>
</html>
```

03 应用了标题 h2 的样式，四条边框都为双直线。

04 该段文字没有应用任何样式。

05 该段文字应用了类样式 p1 所定义的样式，上下边框为点线，左右边框为实线。

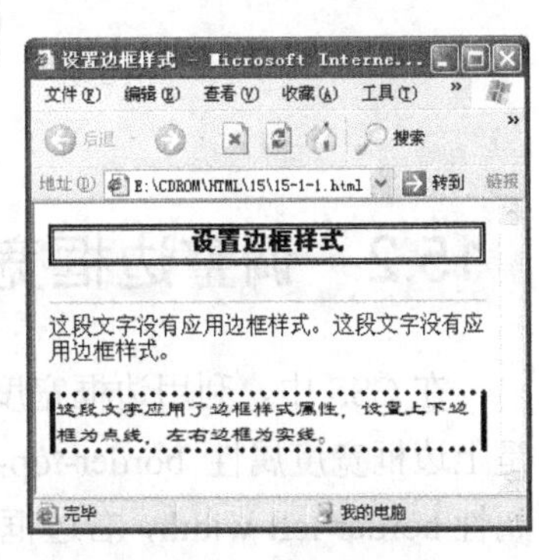

图 15-2　设置边框样式

网页效果（图 15-2）

实例代码（代码位置：CDROM\HTML\15\15-1-2.html）

```
<!--实例 15-1-2 代码-->
<html>
<head>
<title>设置边框样式</title>
<style type="text/css">
<!--
h2{font-family:黑
体;font-size:18px;text-align:center}
.p1{font-family:隶
书;font-size:17px;border-style:dotted
solid double}
-->
</style>
</head>
<body>
<h2>应用边框样式的复合属性
border-style</h2>
<hr>
这段文字没有应用边框样式。这段文字没有应用
边框样式。
<p class="p1">这段文字应用了边框样式的
复合属性，设置上边框为点线，左右边框为实线，下边
框为双直线。</p>
</body>
</html>
```

01 定义了段落的类样式 p1，字体为隶书，字号为 17 像素，同时应用复合边框样式 border-style 定义上边框样式为点线，左右边框样式为实线，下边框样式为双直线。

02 该段文字没有应用任何样式。

03 该段文字应用了类样式 p1 所定义的样式，上边框为点线，左右边框为实线，下边框为双直线。

网页效果（15-3）

提示：对比 15-1-1 和 15-1-2 这两个例子，得出一个结论。如果需要设置四条边框的样式，使用边框复合属性样式 border-style 会比使用单个边框的样式属性方便一些。但是如果只是想设置单条边框的样式，就必须选用其相应的边框属性样式了。这个结论也适合于后面讲到的边框宽度属性和颜色属性。

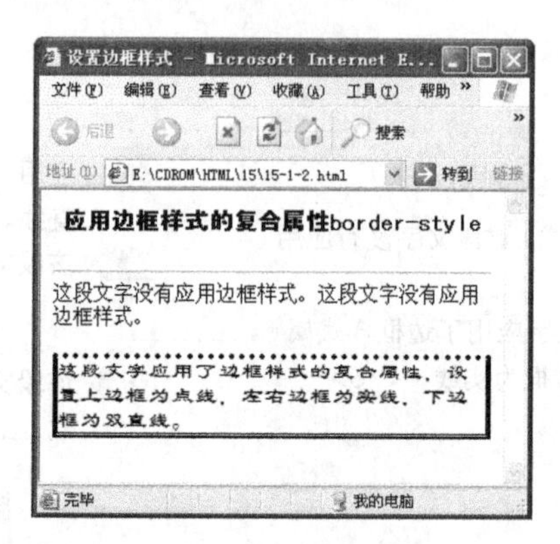

图 15-3 应用复合属性 border-style

15.2 调整边框宽度——border-width

在 CSS 中，利用边框宽度属性来控制边框的宽度。其中一共可用的有五个属性，分别是上边框宽度属性 border-top-width，下边框宽度属性 border-bottom-width，左边框宽度的属性 border-left-width，右边框宽度属性 border-right-width 和边框宽度属性 border-width。其中边框宽度属性 border-width 是一个复合属性，可以用来统一设置四条边的宽度。

基本语法

```
border-width:关键字|长度
border-top-width:关键字|长度
border-bottom-width:关键字|长度
border-right-width:关键字|长度
border-left-width:关键字|长度
```

语法说明

➢ 边框宽度属性基本语法中的关键字说明见表 15-2。

表 15-2 边框宽度属性中关键字说明

关 键 字	说 明
thin	细边框
medium	中等边框，是默认值
thick	粗边框

➢ 长度包括长度值和长度单位，不可以使用负数。长度单位可以使用绝对单位也可使用相对单位，如 px、pt、cm 等。

➢ 基本语法中边框宽度属性 border-width 是一个复合属性，可以同时设置四条边框的宽度。具体使用方法和边框样式的复合属性 border-style 是一样的，可以参照上一节关于 border-style 的讲解。

实例代码（代码位置：CDROM\HTML\15\15-2-1.html）

```
<!--实例 15-2-1 代码-->
<html>
```

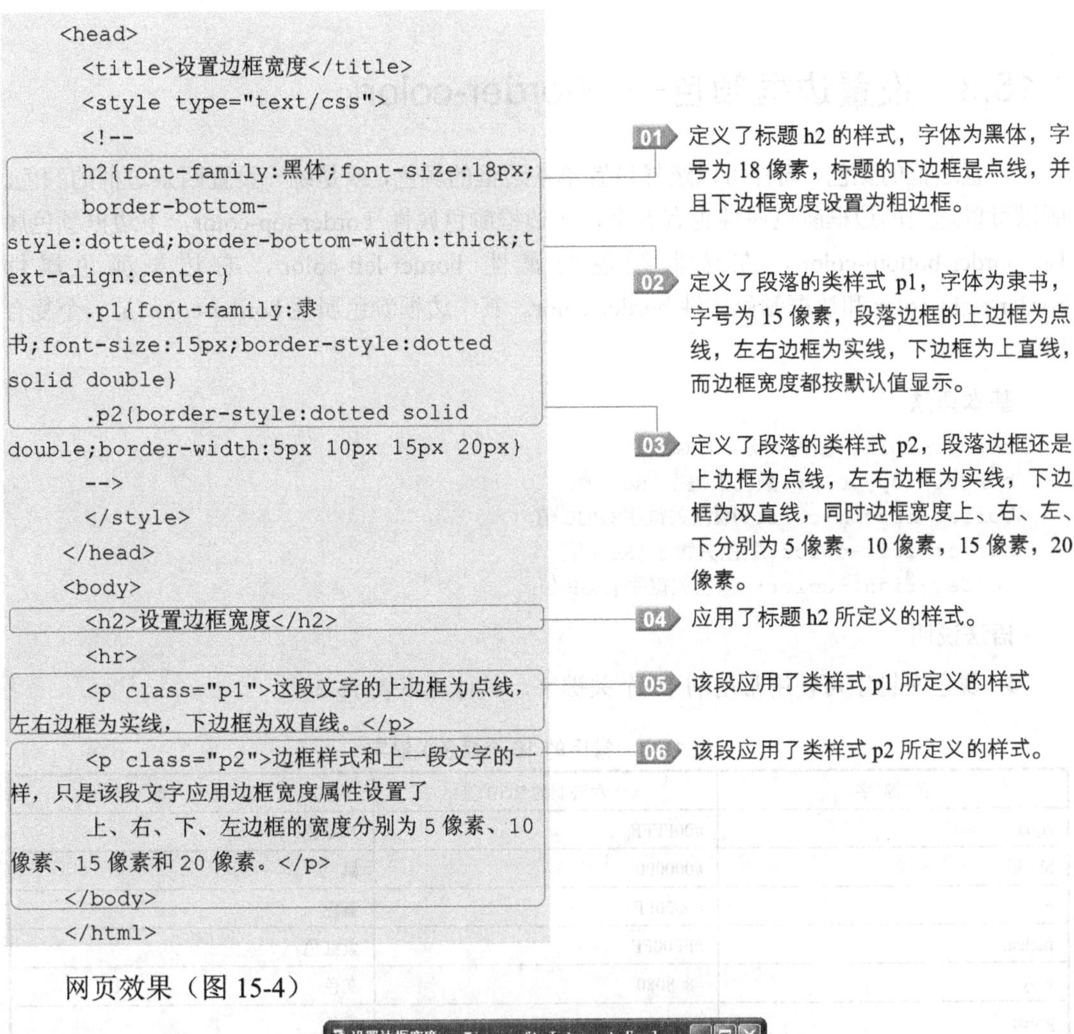

```
    <head>
      <title>设置边框宽度</title>
      <style type="text/css">
      <!--
      h2{font-family:黑体;font-size:18px;
      border-bottom-
style:dotted;border-bottom-width:thick;t
ext-align:center}
      .p1{font-family:隶
书;font-size:15px;border-style:dotted
solid double}
      .p2{border-style:dotted solid
double;border-width:5px 10px 15px 20px}
      -->
      </style>
    </head>
    <body>
      <h2>设置边框宽度</h2>
      <hr>
      <p class="p1">这段文字的上边框为点线,
左右边框为实线，下边框为双直线。</p>
      <p class="p2">边框样式和上一段文字的一
样，只是该段文字应用边框宽度属性设置了
      上、右、下、左边框的宽度分别为 5 像素、10
像素、15 像素和 20 像素。</p>
    </body>
    </html>
```

01 定义了标题 h2 的样式，字体为黑体，字号为 18 像素，标题的下边框是点线，并且下边框宽度设置为粗边框。

02 定义了段落的类样式 p1，字体为隶书，字号为 15 像素，段落边框的上边框为点线，左右边框为实线，下边框为上直线，而边框宽度都按默认值显示。

03 定义了段落的类样式 p2，段落边框还是上边框为点线，左右边框为实线，下边框为双直线，同时边框宽度上、右、左、下分别为 5 像素，10 像素，15 像素，20 像素。

04 应用了标题 h2 所定义的样式。

05 该段应用了类样式 p1 所定义的样式

06 该段应用了类样式 p2 所定义的样式。

网页效果（图 15-4）

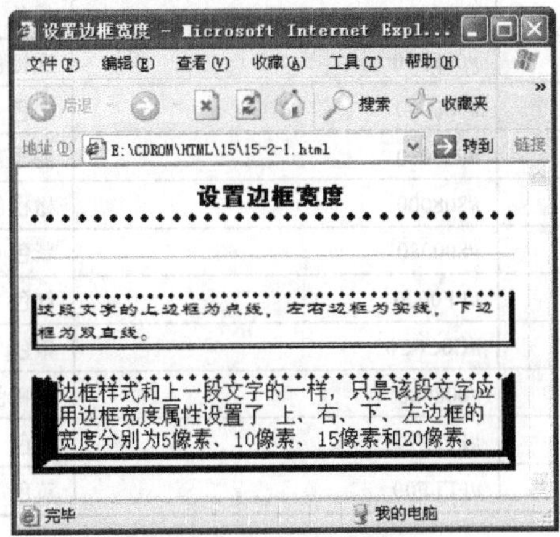

图 15-4　设置边框宽度

提示：在设置边框宽度和边框颜色时，一定要先设置好边框的样式。如果不设置边框的样式，浏览器默认的边框样式属性值为 none（不显示边框），所以在没有设置边框样式前，您所设置的边框宽度和边框颜色是看不到效果的。

15.3 设置边框颜色——border-color

设置边框的颜色，同样可以选择设置单条边框的颜色，或是统一设置四条边框的颜色。所以可以选用的边框颜色属性也有五个，上边框颜色属性 border-top-color，下边框颜色属性 border-bottom-color，左边框颜色的属性 border-left-color，右边框颜色属性 border-right-color 和边框颜色属性 border-color。其中边框颜色属性 border-color 是一个复合属性。

基本语法

```
border-color:颜色关键字|RGB 值
border-top-color:颜色关键字|RGB 值
border-bottom-color:颜色关键字|RGB 值
border-left-color:颜色关键字|RGB 值
border-right-color: 颜色关键字|RGB 值
```

语法说明

➢ 颜色关键字可使用常用的 16 个关键字，具体见下表 15-3。

表 15-3　常用的 16 个颜色关键字

关 键 字	十六进制的 RGB 值	说　明
aqua	#00FFFF	水绿色
black	#000000	黑色
blue	#0000FF	蓝色
fuchsia	#FF00FF	紫红色
gray	#808080	灰色
green	#008000	绿色
lime	#00FF00	酸橙色
maroon	#800000	栗色
navy	#000080	海军蓝
olive	#808000	橄榄色
purple	#800080	紫色
red	#FF0000	红色
silver	#C0C0C0	银色
teal	#008080	水鸭色
white	#FFFFFF	白色
yellow	#FFFF00	黄色

➢ RGB 值使用十六进制的 RGB 值和 RGB 函数值都行。

➢ 在使用边框颜色复合属性 border-color 时，如果只设置 1 种颜色，则四条边框的颜色一样；设置 2 种颜色，则边框的上下为一个颜色，左右为另一个颜色；设置 3 种颜色，边框的颜色顺序为上、左右、下；设置 4 中颜色，边框的颜色顺序为上、右、下、左。

实例代码（代码位置：CDROM\HTML \15\15-3-1.html）

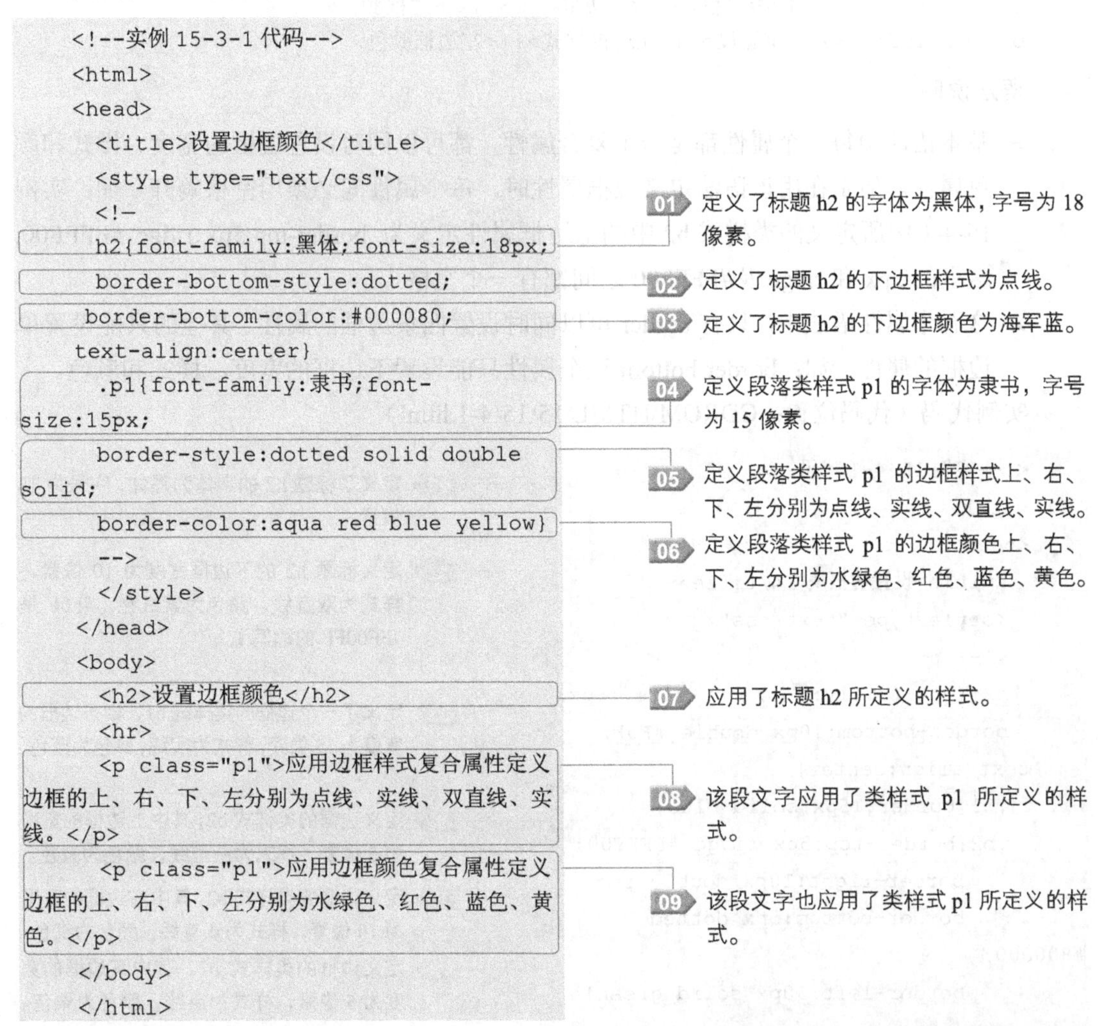

```
<!--实例 15-3-1 代码-->
<html>
<head>
  <title>设置边框颜色</title>
  <style type="text/css">
  <!-
  h2{font-family:黑体;font-size:18px;
  border-bottom-style:dotted;
 border-bottom-color:#000080;
text-align:center}
  .p1{font-family:隶书;font-
size:15px;
  border-style:dotted solid double
solid;
  border-color:aqua red blue yellow}
  -->
  </style>
</head>
<body>
  <h2>设置边框颜色</h2>
  <hr>
  <p class="p1">应用边框样式复合属性定义
边框的上、右、下、左分别为点线、实线、双直线、实
线。</p>
  <p class="p1">应用边框颜色复合属性定义
边框的上、右、下、左分别为水绿色、红色、蓝色、黄
色。</p>
</body>
</html>
```

01 定义了标题 h2 的字体为黑体，字号为 18 像素。

02 定义了标题 h2 的下边框样式为点线。

03 定义了标题 h2 的下边框颜色为海军蓝。

04 定义段落类样式 p1 的字体为隶书，字号为 15 像素。

05 定义段落类样式 p1 的边框样式上、右、下、左分别为点线、实线、双直线、实线。

06 定义段落类样式 p1 的边框颜色上、右、下、左分别为水绿色、红色、蓝色、黄色。

07 应用了标题 h2 所定义的样式。

08 该段文字应用了类样式 p1 所定义的样式。

09 该段文字也应用了类样式 p1 所定义的样式。

网页效果（图 15-5）

图 15-5　设置边框颜色

15.4　设置边框属性——border

在 CSS 中，边框属性用来同时设置边框的宽度、样式和颜色。而且边框属性也包括 5 个可用的属性，并且这些属性都是复合属性，即上边框属性 border-top，右边框属性 border-light，下边框属性 border-bottom，左边框属性 border-left 和边框属性 border。这 5 个属性中，任意一个都可以同时设置边框的宽度、样式和颜色。

基本语法

```
border:<边框宽度>||<边框样式>||<边框颜色>
border-top: <上边框宽度>||<上边框样式>||<上边框颜色>
```

```
border-right: <右边框宽度>||<右边框样式>||<右边框颜色>
border-bottom: <下边框宽度>||<下边框样式>||<下边框颜色>
border-left: <左边框宽度>||<左边框样式>||<左边框颜色>
```

语法说明

- 基本语法中每一个属性都是一个复合属性，都可以同时设置边框的宽度、样式和颜色属性。但是在用该语法定义边框属性时，每个属性间必须用空格隔开。如：实例 15-4-1 中所定义的类样式.b2 中的上边框属性定义为 border-top:5px ridge #FFFF00; 这里的 5px 和 ridge 及#FFFF00 之间都有一个空格。
- 这五个属性语法中，只有 border 可以同时设置四条边框的属性。其他的只能设置单边框的属性。如：border-bottom 这个属性只能设置下边框的宽度、样式和颜色。

实例代码（代码位置：CDROM\HTML\15\15-4-1.html）

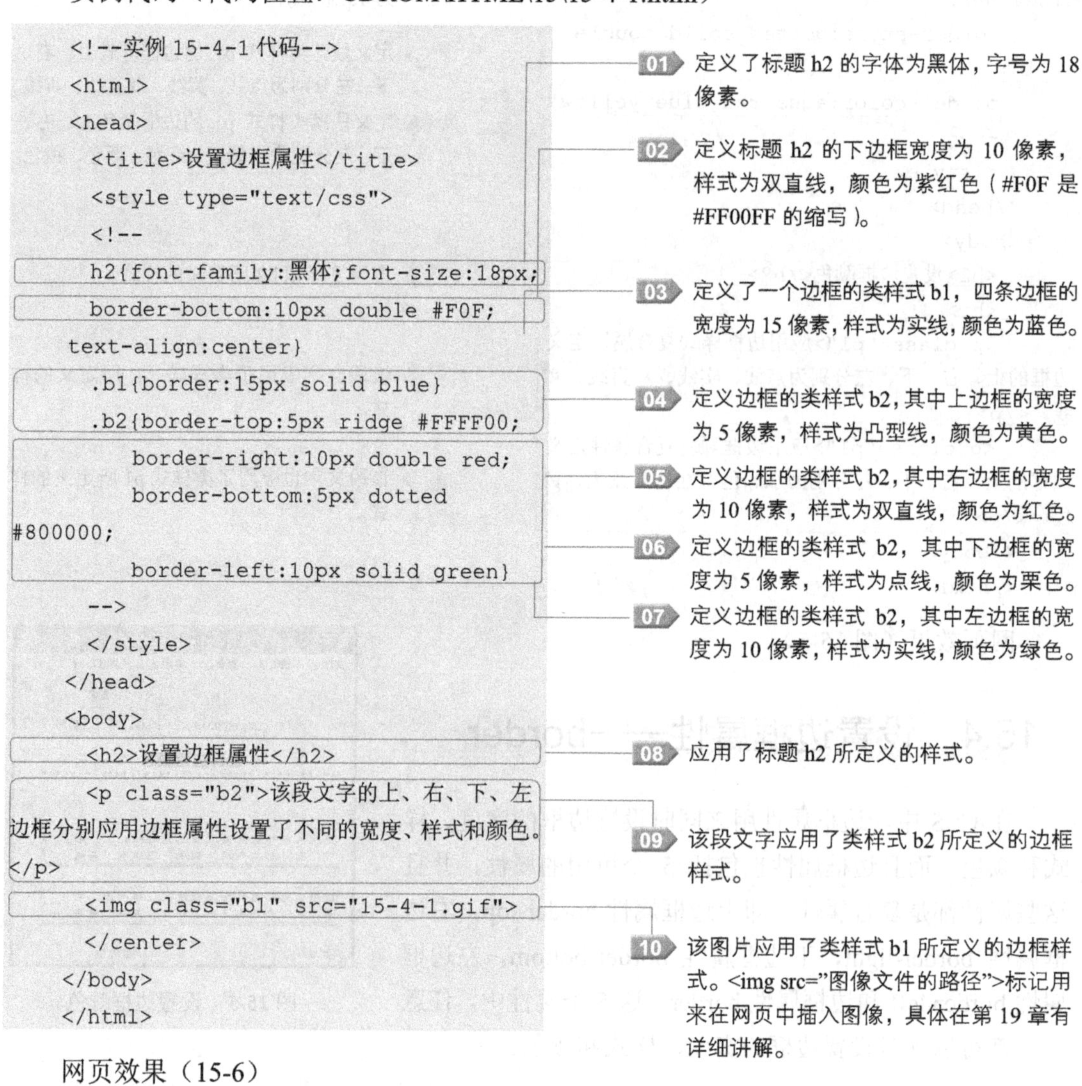

```
<!--实例 15-4-1 代码-->
<html>
<head>
  <title>设置边框属性</title>
  <style type="text/css">
  <!--
  h2{font-family:黑体;font-size:18px;
  border-bottom:10px double #F0F;
text-align:center}
  .b1{border:15px solid blue}
  .b2{border-top:5px ridge #FFFF00;
      border-right:10px double red;
      border-bottom:5px dotted
#800000;
      border-left:10px solid green}
  -->
  </style>
</head>
<body>
  <h2>设置边框属性</h2>
  <p class="b2">该段文字的上、右、下、左
边框分别应用边框属性设置了不同的宽度、样式和颜色。
</p>
  <img class="b1" src="15-4-1.gif">
  </center>
</body>
</html>
```


网页效果（15-6）

图 15-6　设置边框属性

15.5　边距——margin-top /margin-bottom /margin-left/ margin-right/margin

边距就是用来设置网页中某个元素的四边和网页中其他元素之间的空白距离。所以和边框属性类似，边距属性也包括上边距属性 margin-top，下边距属性 margin-bottom，左边距属性 margin-left，右边距属性 margin-right 和复合边距属性 margin。

基本语法

```
margin-top:长度|百分比|auto
margin-bottom: 长度|百分比|auto
margin-left: 长度|百分比|auto
margin-left: 长度|百分比|auto
margin: 长度|百分比|auto
```

语法说明

- 长度包括长度值和长度单位，长度单位可以使用前面多次提到的绝对单位或相对单位。
- 百分比是相对于上级元素宽度的百分比，允许使用负数。
- auto 为自动提取边距值，是默认值。
- margin 复合属性和其他复合属性的设置方法是一样的，也可以取 1 到 4 个值来同时设置边框周围的四个边距。

实例代码（代码位置：CDROM\HTML\15\15-5-1.html）

```
<!--实例 15-5-1 代码-->
<html>
<head>
  <title>设置边距属性</title>
  <style type="text/css">
  <!--
  h2{font-family:黑体;font-size:18px;margin-top:45px}
```

01 定义了标题 h2 的字体为黑体，字号为 18 像素，上边距为 45 像素。

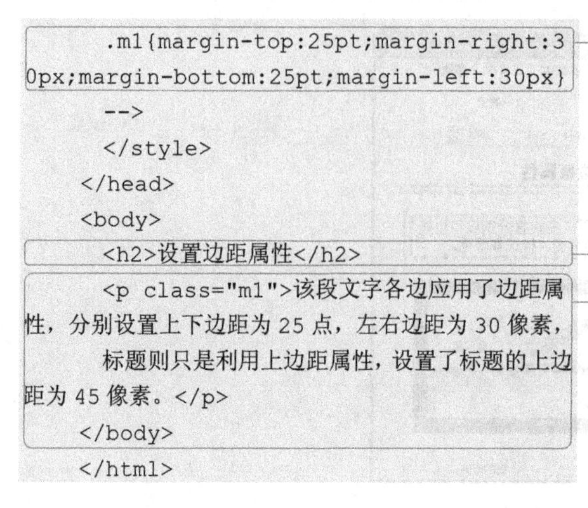

```
    .m1{margin-top:25pt;margin-right:30px;margin-bottom:25pt;margin-left:30px}
    -->
    </style>
  </head>
  <body>
    <h2>设置边距属性</h2>
    <p class="m1">该段文字各边应用了边距属性，分别设置上下边距为 25 点，左右边距为 30 像素，
    标题则只是利用上边距属性，设置了标题的上边距为 45 像素。</p>
  </body>
  </html>
```

02 定义了类样式 m1 的边距，上边距为 25 点，右边距为 30 像素，下边距为 25 点，左边距为 30 像素。这段代码也可以利用边距复合属性定义为 .m1{margin:25pt 30px}，其效果是一样的。

03 应用标题 h2 的样式。

04 该段文字应用了类样式 m1 所定义的样式。

网页效果（15-7）

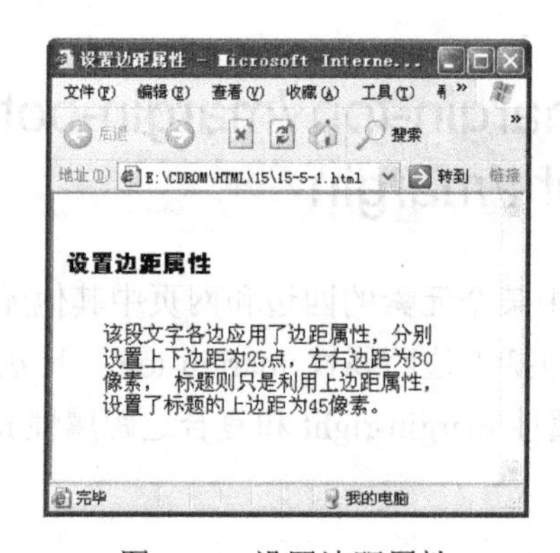

图 15-7 设置边距属性

效果说明

图 15-7 中的标题“设置边距属性”应用了标题 h2 所定义的样式，所以该标题距离网页上边的距离为 45 像素。而段落文字则是应用了类样式 m1 所定义的边距属性，上下边距为 25 点，左右边距为 30 像素。

15.6 填充——padding-top / padding- bottom /padding-left / padding- right /padding

填充属性是用来控制边框和其内部元素之间的空白距离。从语法和用法上来说，填充属性和边距属性是很类似的。它也包括 5 个属性，上边框属性 padding-top、下边框属性 padding-bottom、左边框属性 padding-left、右边框属性 padding-right 和填充复合属性 padding。

基本语法

```
padding-top:长度|百分比
padding-bottom: 长度|百分比
padding-left: 长度|百分比
padding-right: 长度|百分比
padding: 长度|百分比
```

语法说明

➢ 长度包括长度值和长度单位。
➢ 百分比是相对于上级元素宽度的百分比，不允许使用负数。
➢ 填充复合属性 padding 的取值方法，可以参照边框样式 border-style 的取值方法。

实例代码（代码位置：CDROM\HTML\15\15-6-1.html）

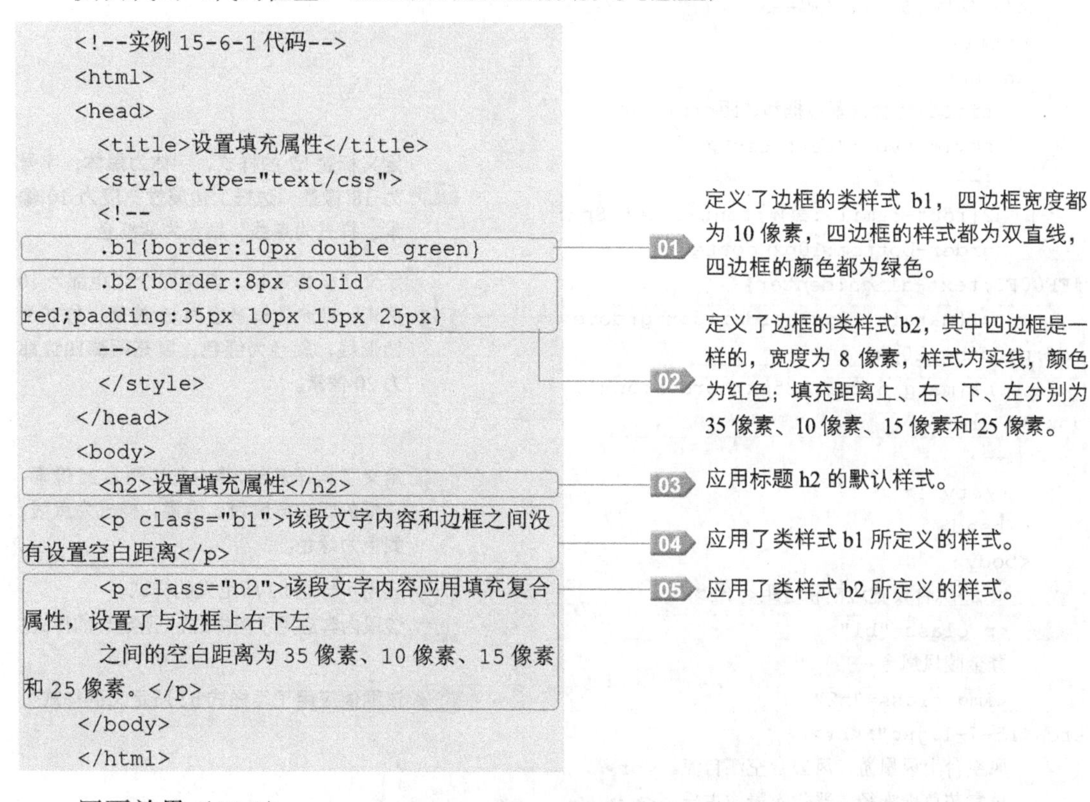

```
<!--实例 15-6-1 代码-->
<html>
<head>
  <title>设置填充属性</title>
  <style type="text/css">
  <!--
  .b1{border:10px double green}
  .b2{border:8px solid
red;padding:35px 10px 15px 25px}
  -->
  </style>
</head>
<body>
  <h2>设置填充属性</h2>
  <p class="b1">该段文字内容和边框之间没
有设置空白距离</p>
  <p class="b2">该段文字内容应用填充复合
属性，设置了与边框上右下左
  之间的空白距离为 35 像素、10 像素、15 像素
和 25 像素。</p>
</body>
</html>
```

01 定义了边框的类样式 b1，四边框宽度都为 10 像素，四边框的样式都为双直线，四边框的颜色都为绿色。

02 定义了边框的类样式 b2，其中四边框是一样的，宽度为 8 像素，样式为实线，颜色为红色；填充距离上、右、下、左分别为 35 像素、10 像素、15 像素和 25 像素。

03 应用标题 h2 的默认样式。

04 应用了类样式 b1 所定义的样式。

05 应用了类样式 b2 所定义的样式。

网页效果（15-8）

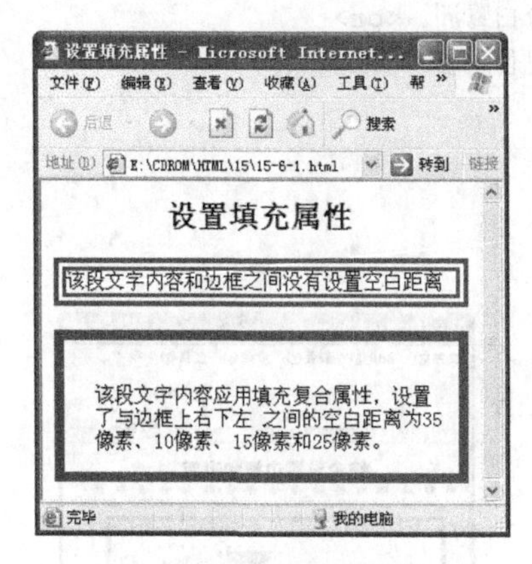

图 15-8　设置填充属性

效果说明

从图 15-8 上下两段文字应用边框后的效果我们会发现，第一段文字没有设置文字和边框之间的填充值，所以它们之间没有空白；而第二段文字在上、右、下、左和边框之间分别设置了不同的填充值，所以空白距离也是不同的。

15.7 小实例——综合设置边框和边距

实例代码（代码位置：CDROM\HTML\15\15-7-1.html）

```
<!--实例 15-7-1 代码-->
<html>
<head>
  <title>综合设置边框和边距</title>
  <style type="text/css">
  <!--
  h2{font-family:黑体;font-size:18px;
  border-bottom:10px dotted
#FF00FF;text-align:center}
  .b1{margin:10px;border:5px groove
red;padding:20px}
  .b2{margin-left:25px;border:5px
dotted green}
  -->
  </style>
</head>
<body>
  <h2>综合设置边框和边距</h2>
  <p class="b1">
  登金陵凤凰台
  <img class="b2"
src="15-7-1.jpg"><br>
  凤凰台上凤凰游，凤去台空江自流。<br>
  吴宫花草埋幽径，晋代衣冠成古丘。<br>
  三山半落青天外，二永中分白鹭洲。<br>
  总为浮云能蔽日，长安不见使人愁。<br>
  </p>
</body>
</html>
```

01 定义标题 h2 的样式，字体为黑体，字号为 18 像素，边框上边属性宽度为 10 像素、样式为点线、颜色为紫红色。

02 定义了类样式 b1，其中四个边距都为 10 像素；四个边框宽度为 5 像素，样式为凹形线，颜色为红色；填充距离四边都为 20 像素。

03 定义了类样式 b2，其中左边距为 25 像素；边框的四边宽度为 5 像素，样式为点线，颜色为绿色。

04 应用了标题 h2 所定义的样式。

05 该段内容应用了类样式 b1 所定义的样式。

06 该图像应用了类样式 b2 所定义的样式

网页效果（15-9）

图 15-9　综合设置边框和边距

15.8　习题

一、选择题（单选）

（1）设置边框样式属性 border-style 的取值中 double 表示（　）。

A. 点线　　B. 实线　　C. 双直线　　D. 虚线

（2）CSS 语法中 border-left-color：#800080 定义的是（　）。

A. 上边框颜色为紫色　　B. 下边框颜色为紫色

C. 上边框颜色为绿色　　D. 下边框颜色为海军色

二、填空题

（1）在 CSS 中，可以利用______属性来控制边框的宽度；_____属性控制边框的颜色；_____属性控制边框的样式。

（2）填充属性是用来控制边框和其内部元素之间的空白距离，包含 5 个属性，分别为 padding、______、padding-top、_______、________。

（3）在 CSS 里，可以利用_______属性来控制边框的宽度；_______属性用于设置边框的颜色；__________属性用于设置边框的样式。

（4）而利用样式表的________属性，就可以精确地设定对象的位置，还能将各对象进行叠放处理，它的参数值有________和________两种。

三、上机题/问答题

（1）简述边框、边距和填充属性的区别。

（2）通过 CSS 样式表编写如图 15-10 所示的网页（最终效果见 CDROM/习题参考答案及效果/15/1.html）。

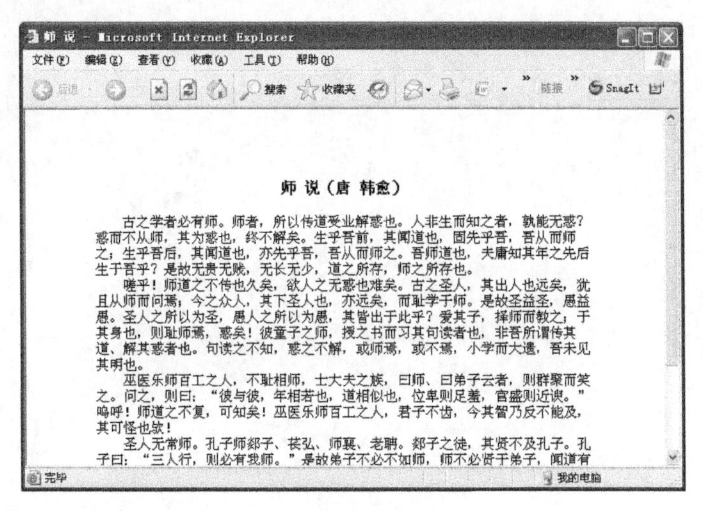

图 15-10　效果

（3）通过 CSS 样式表编写如图 15-11 所示的网页（最终效果见 CDROM/习题参考答案及效果/15/2.html）。

图片边框效果 - Microsoft Internet Explorer
文件(F) 编辑(E) 查看(V) 收藏(A) 工具(T) 帮助(H)
后退 搜索 收藏夹 链接 SnagIt
完毕 我的电脑

图 15-11　效果

第 16 章　JavaScript 基础

本章重点

- JavaScript 语言概况
- JavaScript 常用元素

16.1　JavaScript 语言概况

在前面的章节中，分别详细地介绍了 HTML 代码的编写和 CSS 样式的定义方法。我们不难发现：HTML 存在一个缺陷，即用 HTML 和 CSS 样式只能制作一种静态网页，给用户提供的都只是一些静态的资源。由 Netscape 公司开发的 JavaScript 的出现，弥补了 HTML 的只能提供静态资源的缺陷，将原来的静态网页变成了动态的网页。

由 Netscape 公司开发的 JavaScript 是一种网页的脚本编程语言，同时也是一种基于对象而又可以被看着是面向对象的一种编程语言，它支持客户端与服务器端的应用程序以及构建的开发。JavaScript 也是一种解释性的语言，它的基本结构形式与其他编程语言相似，如：C 语言、VB 等，但又不像 C 语言或者 VB，需要先编译后执行。

16.1.1　JavaScript 语言的特点

JavaScript 采用的是小程序段的编程方式，与 HTML 标识结合在一起，使用户对网页的操作更加的方便，其中 JavaScript 还有以下几个主要的特点：

1．安全性：JavaScript 是一种安全性高的语言，它只能通过浏览器实现网络的访问和动态交互，可以有效地防止通过访问本地硬盘或者将数据存入到服务器，而对网络文档或者重要数据进行不正当的操作。

2．易用性：JavaScript 是一种脚本的编程语言，没有严格的数据类型，同时是采用小段程序的编写方式来实现编程的。

3．动态交互性：在 HTML 中嵌入 JavaScript 小程序后，提高了网页的动态性。JavaScript 可以直接对用户提交的信息在客户端做出回应。JavaScript 的出现使用户与信息之间不再是一种浏览与显示的关系，而是一种实时、动态、可交互式的关系。

4．跨平台性：它的运行环境与操作系统没有关系，它是一种依赖浏览器本身运行的编程语言，只要安装了支持 JavaScript 浏览器，并且能正常运行浏览器的电脑，就可以正确地执行 JavaScript 程序。

16.1.2　JavaScript 常用元素

JavaScript 作为一种脚本语言，它有自己的常用元素，如：常量、变量、运算符、函数、事件、对象等。具体定义如表 16-1 所示。

表 16-1　JavaScript 常用元素及定义

常用元素	定　义
常量	在程序中的数值保持不变的量
变量	在程序中，值是变化的量，它可以用于存取数据、存放信息。对于定义一个变量，变量的命名必须符合命名规则，同时还必须明确该变量的类型、声明以及作用域等。变量有 4 种简单的基本类型：整型、字符、布尔以及实型。
运算符	在定义完变量和常量后，需要利用运算符对这些定义的变量和常量进行计算或者其他操作。

续表

常用元素	定　义
函数	在程序开发中，程序员开发一个大的程序时，需要将一个大的程序根据所要完成的功能块，划分为一个个相对独立的模块，像这样的模块在程序中被称为函数。在 JavaScript 中，一个函数包含了一组 JavaScript 语句。一个 JavaScript 函数被调用，表示这一部分的 JavaScript 语句将执行
对象	JavaScript 是一种基于对象，但不完全是面向对象的脚本语言。因为它不支持分类、类的继承和封装等基本属性。
事件	JavaScript 是一种基于对象的编程语言，所以 JavaScript 的执行往往需要事件的驱动，例如：鼠标事件引发的一连串动作等。

16.2　第一个 JavaScript 程序

在上一节内容中，简单介绍了 JavaScript 的基础知识，下面用记事本来编写一个简单的 JavaScript 程序。

基本语法

```
<script type="text/javascript">
  …
</script>
```

语法说明

在 HTML 中嵌入 JavaScript 时，需要使用<script type="javascript"></script>标记。其中省略号部分可以嵌入更多的 JavaScript 语句。

实例代码（代码位置：CDROM\HTML\16\16-2.html）

```
<!-实例 16-2 代码-->
<html>
<head>
   <title>第一个 JavaScript 程序</title>
</head>
<body>
    <script type="text/javascript">
      function  rec()
      {  alert("Hello  欢迎学习
JavaScript!")
      }
    </script>
    <form>
      <input name="button" type=
"button" onclick="rec()" value="运行程序
"/> <br>
   </form>
</body>
</html>
```

01 此处的代码表示：定义一个函数 rec(),弹出一个对话框，显示的内容是：Hello 欢迎学习 JavaScript!

02 此处代码表示：插入了一个标准按钮，代码运行后，单击该按钮，就会调用函数 rec(),从而执行函数中的程序块。

网页效果（图 16-1）

图 16-1　插入文本框

注意：运行该程序时，安全级别高的浏览器会阻止该程序的运行，如图 16-1 所示;，需要用户对提示的警告信息作出一个响应，允许浏览器阻止的内容运行，该程序才可以正确的运行，否则将不能运行。

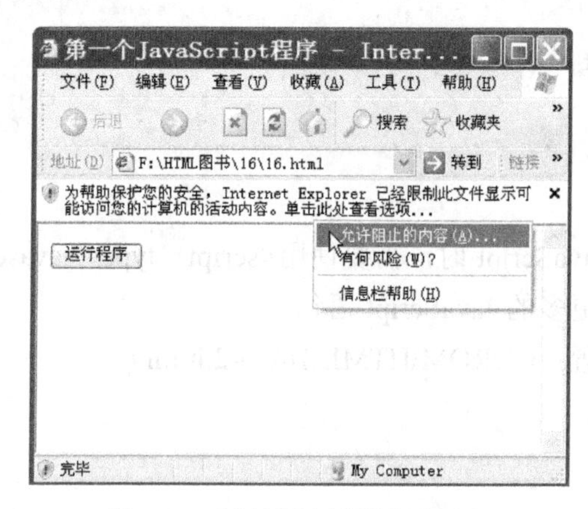

图 16-2　运行程序被浏览器阻止

16.3　习题

一、选择题

（1）JavaScript 的主要特点有（　）。

A．安全性　　B．易用性　　C．动态交互性　　D．跨平台性

（2）JavaScript 的常用元素有（　）。

A．常量　　B．变量　　C．函数　　D．对象

二、填空题

（1）JavaScript 由____________开发的。

（2）JavaScript 是____________。

（3）常量是______________________________________。

（4）在 HTML 中嵌入 JavaScript 时，需要使用______________________________标记。

三、上机题/问答题

（1）利用 JavaScript 编写一个简单的小程序。

（2）利用 JavaScript 编写如图 16-3 所示的小程序（最终效果见 CDROM/习题参考答案及效果/16/1.html）。

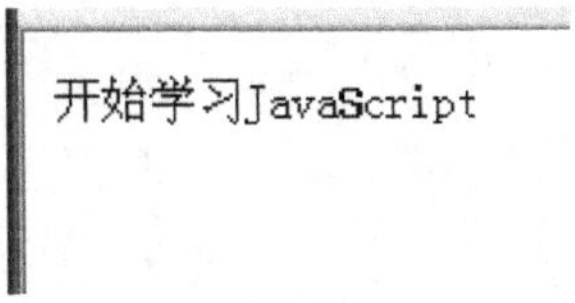

开始学习JavaScript

图 16-3　效果

第 17 章　JavaScript 基本语法

本章重点

- JavaScript 运算
- JavaScript 程序语句
- JavaScript 函数

17.1 基本数据类型

前面介绍 JavaScript 的易用性特点时，提过 JavaScript 采用的不是很严格的数据类型，但是也有自己的数据类型。JavaScript 提供了四种数据类型：**数值、字符、布尔和空值**。四种数据类型的数据可以是常量也可以是变量。下面主要讲解一下变量的使用：

在 JavaScript 程序中，在使用变量之前，必须先进行变量的声明和定义。声明变量使用关键字 var。例如：

```
var a;
```

当然，使用一个关键字 var 可以同时声明多个变量；

```
var a, b
```

同时，变量也可以在定义时进行初始化赋值：

```
var a=10;
var b="ADVDF";
```

JavaScript 与其他编程语言一样，变量的命名也必须符合以下的变量命名规则：

（1）只能由字母、数字和下画线组成，并且第一个字符必须是字母或下画线。

正确变量名：hour、minite、second。

错误变量名：#our、9abc。

（2）JavaScript 语言对字母的大小写很敏感，大写字母和小写字母所代表的意义不同。

（3）不能使用关键字作为变量名。常用关键字如下：

for、hort、void、do、fortran、while 、asm、double、goto、static、auto、else、if、struct、sizeof、break、entry、int switch、case、enum、long、typedef、char、extern、register、union、contiue、float、return、unsigned、default。

注意：使用变量时，要考虑变量的使用范围，注意区分局部变量和全局变量。

17.2 运算符

JavaScript 作为一门脚本语言与其他语言一样，也有语言本身的运算符，用于完成一些指定的操作等。JavaScript 语言的运算符主要分为：算术运算符、比较运算符、逻辑运算符等。

17.2.1 算术运算符

JavaScript 语言中的算术运算包括“+”、“-”、“*”、“/”和其他一些数学运算，具体运算符见表 17-1 所示：

表 17-1　具体算术运算符

算术运算符	说　明
+	加
-	减
*	乘
/	除
%	求余
++	自加
--	自减

实例代码（代码位置：CDROM\HTML\17\17-2-1.html）

```
<!--实例 17-2-1 代码-->
<html>
<head>
    <title>算术运算符的使用</title>
</head>
<body>
   <script type="javascript">
    function  rec(form){
     form.recanswers.value=(form.
recshortth.value*form.recheightth.value+
form.reclength.value*form.recheightth.va
lue)/2
    }
    </script>
    <form action="">
      <h1>梯形面积</h1>
      上底
      <input type="text" name=
"recshortth"><br>
       下底
       <input type="text"
name="reclength"><br>
       高度
       <input type="text"
name="recheightth"><br>
       <input name="button" type=
"button" onclick="rec(this.form)" value="
面积">
       <br>
       <input type="text"
name="recanswers"><br>
     </form>
  </body>
  </html>
```

01 此行代码通过提取表单中的数据，进行梯形的面积计算。

02 在网页中插入文本框。

03 定义表单的提交按钮。

网页效果（图 17-1）

输入不同的上底、下底、高度，然后单击面积，可以得出该梯形的面积。

注意：当浏览设置的安全系数较高时，会阻止程序的正常运行，如图 17-1 所示，需要进行如下操作：

（1）单击鼠标右键，如图 17-2 所示；

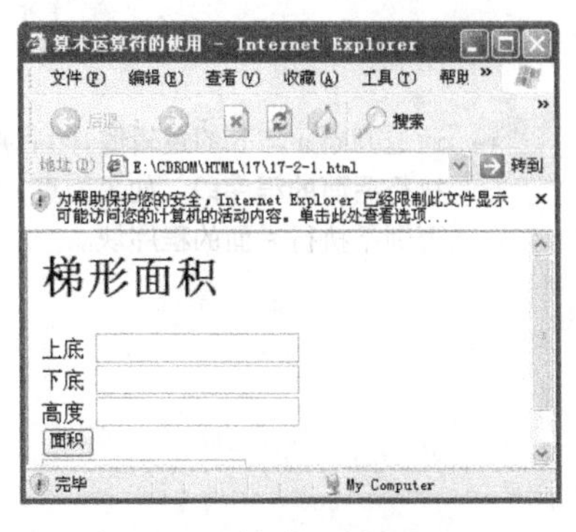

图 17-1　算术运算效果图

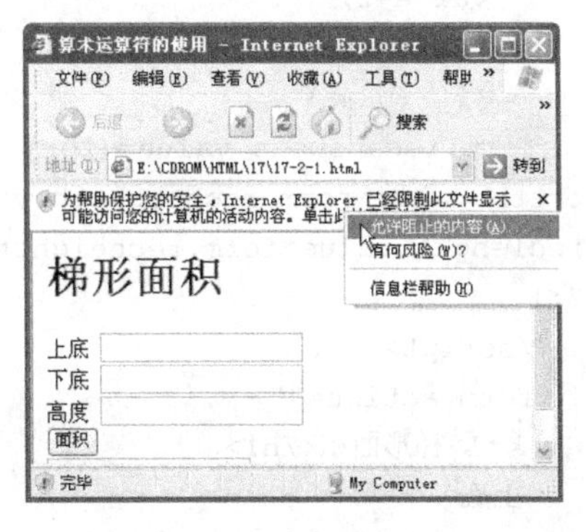

图 17-2　单击右键

（2）选择“允许阻止的内容”命令，弹出“安全警告”对话框，如图 17-3 所示；

（3）单击安全警告对话框中的“是”按钮，就可以进入如图 17-4 所示的界面。

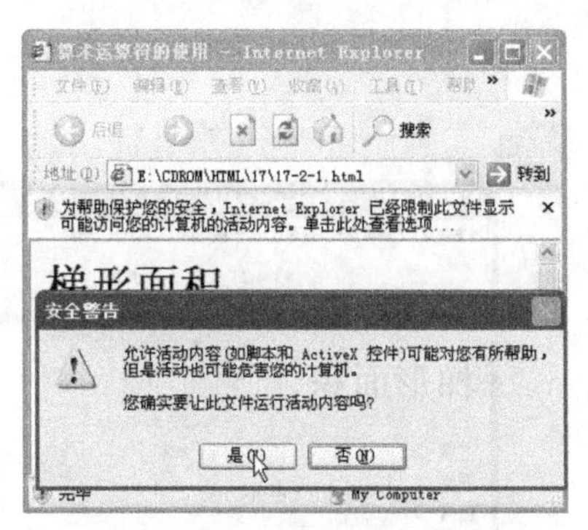

图 17-3　选择“允许阻止的内容”

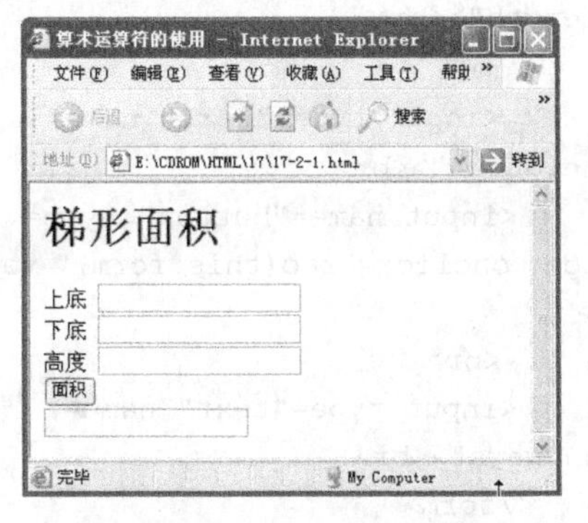

图 17-4　程序正常运行界面

17.2.2 逻辑运算符

JavaScript 语言中的逻辑运算包括“&&”、“||”、“!”。逻辑运算符主要用于比较两个布尔型的值，判断是真还是假，返回一个布尔型的值。具体运算符与说明见表 17-2 所示：

表 17-2　具体运算符

运 算 符	说　明
&&	逻辑与，只有相与的两个值都为真时，返回的结果为真，否则为假。
||	逻辑或，只要相或的两个值有一个为真时，返回的结果为真。
!	逻辑非，如：! A，若 A 为真，结果为假；A 为假，结果为真。

实例代码（代码位置：CDROM\HTML\17\17-2-2.html）

```
<!--实例 17-2-2 代码-->
<html>
<head>
```

```
        <title>逻辑运算符</title>
    </head>
    <body>
      <script type="text/javascript">
        function  rec(form){
          var a=2;
          var b=1;
           if (b&&a)
       form.recanswers.value=(form.
recshortth.value*form.recheightth.value+
form.reclength.value*form.recheightth.va
lue)/2;}
        </script>
        <form action="">
          <h1>梯形面积</h1>
          上底
          <input type="text" name=
"recshortth"><br>
          下底
           <input type="text" name=
"reclength"><br>
           高度
           <input type="text" name=
"recheightth"><br>
          <input name="button" type=
"button" onclick="rec(this.form)" value="
面积">
           <br>
          <input type="text" name=
"recanswers"><br>
        </form>
    </body>
    </html>
```

01 通过判断 a 与 b 的逻辑值，然后判断是否执行后面的程序段。如果为真，则执行；否则不执行后面的程序块。

网页效果（图 17-5）

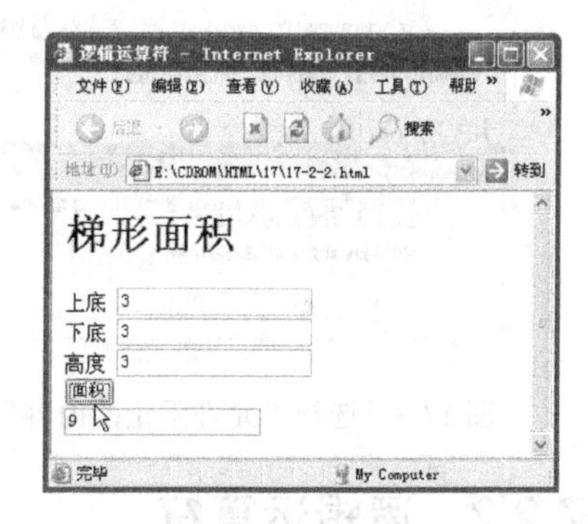

图 17-5 逻辑运算符

17.2.3 比较运算符

JavaScript 语言中的比较运算符包括“>”、“<”、“==”、“!=”和其他一些比较运算符。比较运算符可以比较两个表达式的值，并同时返回一个布尔型的值。具体运算符与说明见表 17-3 所示：

表 17-3 具体运算符

运 算 符	说 明
>	大于
<	小于
==	等于
>=	大于或等于

续表

运 算 符	说　　明
<=	小于或等于
!=	不等于

实例代码（代码位置：CDROM\HTML\17\17-2-3.html）

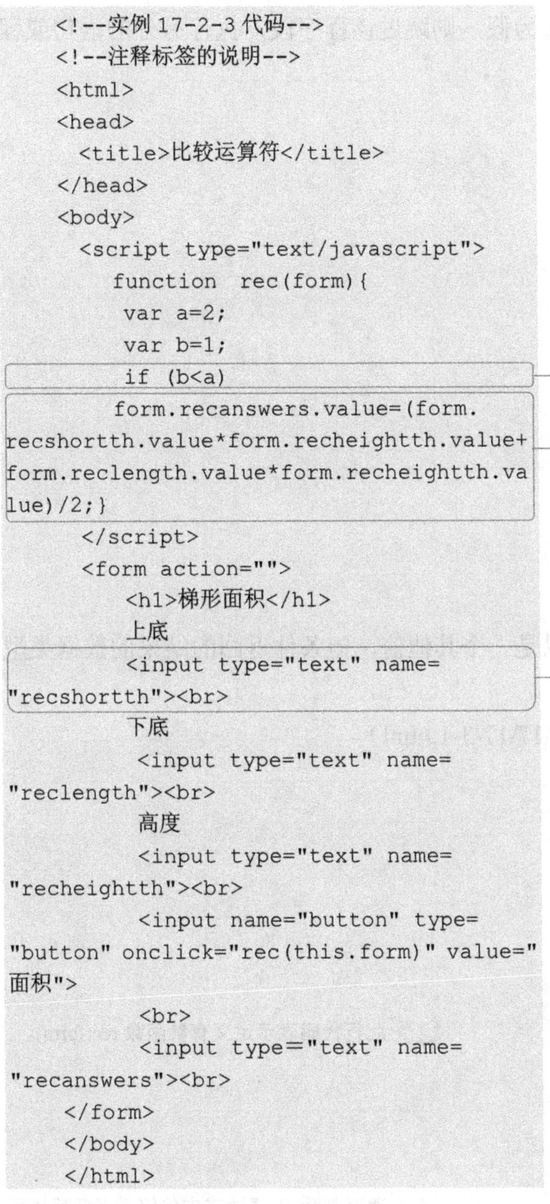

```
<!--实例 17-2-3 代码-->
<!--注释标签的说明-->
<html>
<head>
  <title>比较运算符</title>
</head>
<body>
  <script type="text/javascript">
     function  rec(form){
      var a=2;
      var b=1;
      if (b<a)
     form.recanswers.value=(form.
recshortth.value*form.recheightth.value+
form.reclength.value*form.recheightth.va
lue)/2;}
  </script>
  <form action="">
      <h1>梯形面积</h1>
      上底
      <input type="text" name=
"recshortth"><br>
      下底
       <input type="text" name=
"reclength"><br>
       高度
       <input type="text" name=
"recheightth"><br>
       <input name="button" type=
"button" onclick="rec(this.form)" value="
面积">
       <br>
       <input type="text" name=
"recanswers"><br>
   </form>
   </body>
   </html>
```

01 通过比较 a 与 b 值，如果该表达式为真，则执行后面的语句，否则不执行。

02 输入计算梯形面积的公式，并赋给 form.recanswers.value。

03 插入文本框，同时给文本框命名。

网页效果（图 17-6）

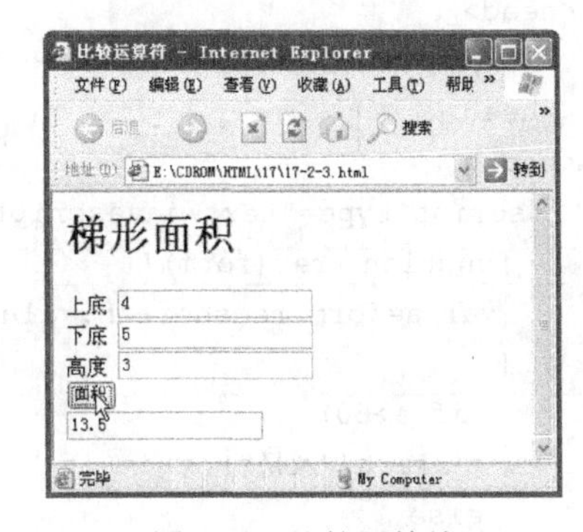

图 17-6　比较运算符

17.3　程序结构

在编程语言中，程序的结构有：顺序结构、循环结构、选择结构，在 JavaScript 脚本语言中，只提供了两种结构：一种是条件结构、一种是循环结构。下面主要介绍这两种结构。

17.3.1 If 语句

If 语句是一种条件结构，它可以根据表达式的逻辑值改变程序执行的顺序，如果判断的值为真，则执行该条件下的程序块；如果为假，则跳过该程序段，执行另外的语句或程序段。

基本语法

```
if 条件
  {
  …
}
或者 if 条件
    {
    …
  }
  Else 条件
    {
    …
  }
```

语法说明

If 语句后面的条件可以是表达式也可以是一个其他值，但条件返回的结果的数据类型只能是布尔型，要么为真，要么为假。

实例代码（代码位置：CDROM\HTML\17\17-3-1.html）

```
<!--实例 17-3-1 代码-->
<html>
<head>
  <title>IF 语句的使用</title>
</head>
<body>
  <script type="text/javascript">
   function  rec(form){
    var a=form.recshortth.value
   {
      if(a>60)
       alert("及格");
     else
      alert("不及格");
    }
}
  </script>
   <form action="">
     <input type="text" name=
"recshortth"><br>
```

01 此行代码表示定义有参函数 rec(form)。

02 通过判断 if 表达式中的值，来判断执行哪条语句，如果满足 if 表达式中的条件，则执行该条件后面的语句，否则执行 else 后面的语句。

```
    <input name="button" type="button"
onclick="rec(this.form)" value="显示">
    </form>
  </body>
  </html>
```

03 在网页文件中插入“显示”按钮，当按钮的单击事件触发时，调用函数 rec(this.form)，执行 rec(this.form)模块。

网页效果（图 17-7 和图 17-8）

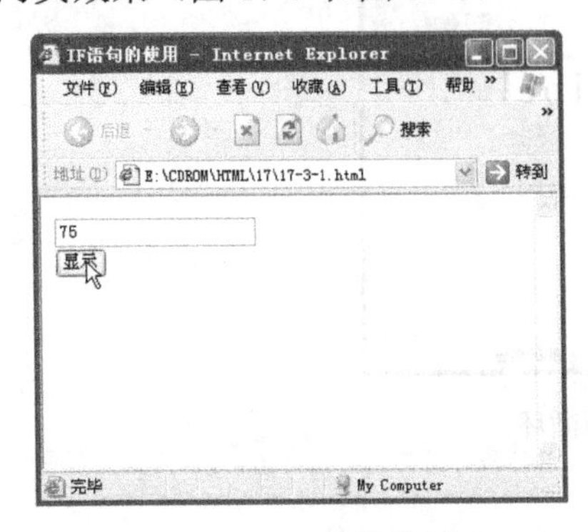

图 17-7　If 语句的使用

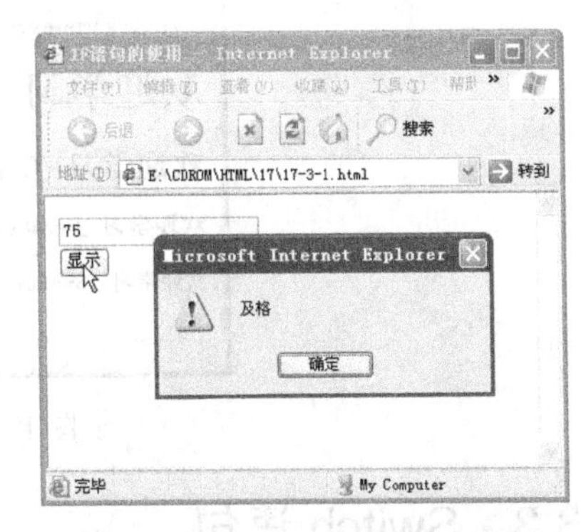

图 17-8　If…Else 语句的使用

17.3.2 For 语句

For 语句在编程语言中使用广泛，主要用在循环语句中。使用很简单，但是程序员必须计算出要循环的次数才能方便地使用 For 循环语句。

基本语法

```
for （初始化值;条件;求新值）
{
…
}
```

语法说明

For 后面的条件一个都不能省略，同时初始化值、条件、求新值三者之间必须使用分号（;）隔开。只有当 For 语句中的条件部分为真时，才执行后面的程序部分，否则不执行。

实例代码（代码位置：CDROM\HTML\17\17-3-2.html）

```
<!--实例 17-3-2 代码-->
<html>
<head>
  <title>For 语句循环</title>
</head>
<body>
  <script type="text/javascript">
    var i=1
  for(i=1;i<=4;i++){
      document.write("<h",i,">欢迎学习
JavaScript!</h",i,">");
    }
  </script>
```

01 For 语句后面的条件不可以省略，否则进入死循环。

02 此行代码是一个 For 的循环语句，通过 For 后面括号中表达式的值，来决定是否执行该语句。

```
</body>
</html>
```

网页效果（图 17-9）

图 17-9　For 语句循环

17.3.3 Switch 语句

Switch 语句是作为一种分支选择的结构语句，它可以在多条语句中进行判断，符合条件就执行条件后面的语句，否则，程序会继续往下执行。

基本语法

```
switch(){
          Case1: 语句 1;
          Case2: 语句 2
          Case3: 语句 3
          …
          Default: 语句…
          }
```

语法说明

使用 Switch 语句时，必须赋初始条件，程序将根据给出的初始条件，在 Switch 语句中进行判断，如果 Case 条件符合初始条件，则执行该 Case 后面的语句，否则向下继续判断，继续执行。

实例代码（代码位置：CDROM\HTML\17\17-3-3.html）

```
<!--实例 17-3-3 代码-->
<!--注释标签的说明-->
<html>
<head>
  <title>Switch 语句的使用</title>
</head>
<body>
  <script type="text/JavaScript">
    function  rec(form)  {
     var a=form.recshortth.value;
```

```
        switch(a){
         case '90':{
          document.write("优秀");
          break;}
          case '80':{
           document.write("良好");
            break;}
    case '70':{
           document.write("中等");
           break;}
    case '60' :{
           document.write("及格");
           break;}
        default:{
          document.write("不及格");
          break;}
        }
       }
     </script>
     <form action="">
       <input type="text"
name="recshortth"><br>
       <input name="button" type="button"
onclick="rec(this.form)" value="显示">
     </form>
   </body>
   </html>
```

01 此程序模块是 Switch 的分支选择结构语句，通过比较 a 与 case 后面的值，来判断是否执行后面的语句。

网页效果（图 17-10 和图 17-11）

图 17-10　Switch 语句的使用时输入数据

图 17-11　显示结果

17.3.4 While 与 Do…While

While 与 Do…While 中，两者都是用于循环语句，但前者是先进行判断，后执行；后者是先执行，后判断。因此在 While 条件相同的情况下，前者比后者要少执行一次。

基本语法

```
While 语法: While () {
```

```
                    程序段
                    …
                    }
Do ..While 语法：Do
                {
                程序段
                  …
                }
                While ()
```

语法说明

While 与 Do…While 都是用于循环结构的，但两者的明显区别是：前者必须在满足条件的情况下才执行该条件下的程序段，后者是不管条件是否满足 While 语句后面的条件，都至少会执行一次。

实例代码（代码位置：CDROM\HTML\17\17-3-4-1.html）

```
<!--实例 17-3-4-1 代码-->
<!--注释标签的说明-->
<html>
<head>
  <title> While 语法</title>
</head>
<body>
<script language="javascript">
    var i=1;
    while(i<1){
    document.write("<h",i,">欢迎学习
JavaScript!</h",i,">");
    i++;
    }
  </script>
</body>
</html>
```

01 此程序没有显示的结果，While 需要先进行条件的判断，而 i 的初始值小于条件值，故没有输出显示。

网页效果（图 17-12）

图 17-12 While 语法

实例代码（代码位置：CDROM\HTML\17\17-3-4-2.html）

```
<!--实例 17-3-4-2 代码-->
<!--注释标签的说明-->
<html>
<head>
  <title>Do…While</title>
</head>
<body>
  <script type="text/javascript">
    var i=1
    do
    {
    document.write("<h",i,">欢迎学习
JavaScript!</h",i,">");
    i++;
    }
    while(i<1)
  </script>
</body>
</html>
```

01 此程序块会执行一次，显示的结果为：字体为一号字“欢迎学习　JavaScript!”的标语。

网页效果（图 17-13）

图 17-13　Do…While 语法

17.4　函数

在编程语言中，要使用某种语言完成某项功能，并不是把所有的程序堆积在一起来实现的。在程序开发中，为了提高程序的运行效率，方便后期的组织和调试以及更新维护，而是将一个大的程序分解成许多小的程序块，这些小的程序块就是我们要讲的所谓的函数。

使用函数时，需要首先定义函数。在 JavaScript 脚本语言中，是使用 Function 来定义函数的。函数的结构分为：有参函数和无参函数。有参函数指函数名后面的括号中带有参数，如：Function　rec(form)；无参函数指函数名后面的括号中不带有参数，如 Function rec()

1．有参函数

基本语法

“Function 函数名（参数 1 参数 2...参数 *n*）”

语法说明

前面讲解程序结构时，例子中已经使用到了函数，定义的 Function rec(form),这是一个带有参数的函数。通过单击“面积”按钮，调用函数 rec(form).

实例代码（代码位置：CDROM\HTML\17\17-4-1.html）

```
<!--实例 17-4-1 代码-->
<html>
<head>
  <title>有参函数调用</title>
</head>
<body>
  <script type="text/javascript">
   function  rec(form){
    var a=2;
    var b=1;
   if (b&&a)
   form.recanswers.value=(form.
recshortth.value*form.recheightth.value+
form.reclength.value*form.recheightth.va
lue)/2;}
    </script>
    <form action="">
       <h1>梯形面积</h1>
       上底
       <input type="text" name=
"recshortth"><br>
       下底
        <input type="text" name=
"reclength"><br>
        高度
        <input type="text" name=
"recheightth"><br>
        <input name="button" type=
"button" onclick="rec(this.form)" value="
面积">
        <br>
        <input type="text"
name="recanswers"><br>
      </form>
   </body>
   </html>
```

01 此行代码表示，通过标准按钮“面积”，直接调用有参函数 rec(form)，通过函数计算出该梯形的面积。

网页效果（图 17-14）

2. 无参函数

基本语法

```
"Function  函数名（）"
```

语法说明

在 JavaScript 中，还可以通过调用一些无参函数来实现一些功能。函数名后面的括号中无参数，称该函数为无参函数。

实例代码（代码位置：CDROM\HTML\17\17-4-2.html）

```
<!--实例 17-4-2 代码-->
<html>
<head>
   <title>调用无参函数</title>
</head>
<body>
   <script type="text/javascript">
     function  rec(){
     alert("程序运行正确")
     }
   </script>
   <form action="">
     <input name="button" type=
"button" onclick="rec()" value="运行程序">
       <br>
     </form>
</body>
</html>
```

01 此行代码表示：直接通过按钮，调用无参函数 rec()，执行无参函数程序块。

网页效果（图 17-15）

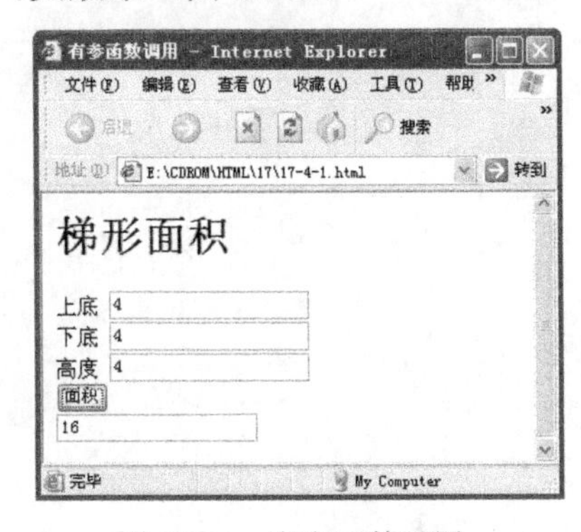

图 17-14 有参函数调用

图 17-15 无参函数调用

17.5 小实例——修改密码

实例代码（代码位置：CDROM\HTML\17\17-6.html）

```
<!--实例 17-6 代码-->
<html>
<head>
<title>用户密码修改</title>
</head>
<script type="text/JavaScript">
   function  rec(form)
    {
    var a=form.text1.value;
     var b=form.textf.value;
    var c=form.texts.value;
     {
      if(c==b)
        alert("恭喜您 修改成功！");
     else
        alert("对不起 密码与确认码不一致!");
     }
    }
    function re(form){
      form.text1.value="";
      form.textf.value="";
      form.texts.value="";
     }
  </script>
  <form action="">
   <table width="321" border="1">
   <tr>
     <td colspan="3">用户密码修改</td>
   </tr>
   <tr>
     <td> </td>
     <td>旧密码：</td>
     <td><input type= "password"
name="text1"></td>
   </tr>
   <tr>
     <td> </td>
     <td>新密码：</td>
     <td><input type="password" name=
"textf"></td>
   </tr>
   <tr>
     <td> </td>
     <td>重新输入密码：</td>
     <td><input type="password" name=
"texts"></td>
   </tr>
   <tr>
     <td> </td>
```

01 定义有参函数

02 定义变量同时将表单中的数据赋给变量。

03 使用 IF 语句进行判断。

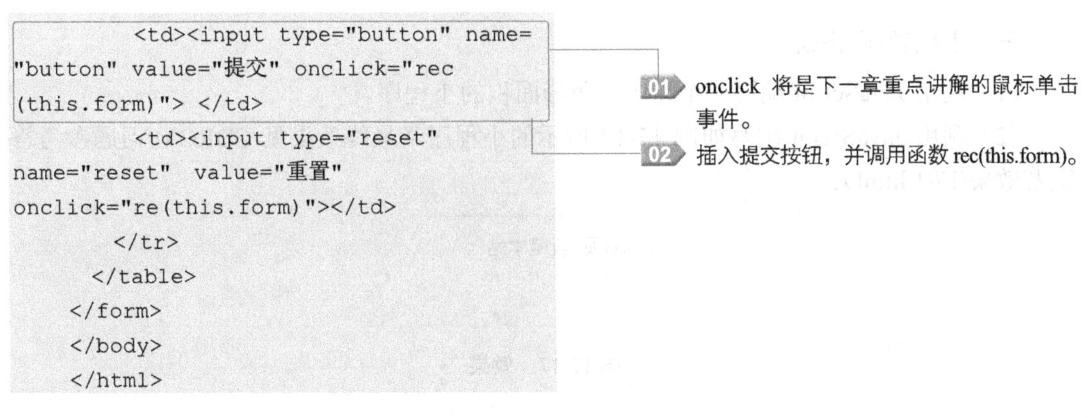

```
        <td><input type="button" name=
"button" value="提交" onclick="rec
(this.form)"> </td>
        <td><input type="reset"
name="reset"  value="重置"
onclick="re(this.form)"></td>
      </tr>
    </table>
  </form>
  </body>
  </html>
```


网页效果（图 17-16）

图 17-16　修改密码成功

效果说明：当输入的新密码与重新输入的密码一致时，才能将密码修改成功.

17.6　习题

一、选择题

（1）JavaScript 的 4 种数据类型是（　）。

A．数值　　B．字符　　C．布尔　　D．空值

（2）JavaScript 的运算符有（　）。

A．算术运算符　　B．逻辑运算符　　C．比较运算符

（3）JavaScript 语言中的逻辑运算包括（　）。

A．&&　　B．||　　C．!　　D．+

二、填空题

（1）在编程语言中，程序的结构有____________。

（2）在编程语言中，函数的结构有____________。

（3）JavaScript 语言中的比较运算符包括_______、______、______、______。

（4）_________语句是作为一种分支选择的结构语句，它可以在多条语句中进行判断，符合条件就执行条件后面的语句，否则，程序会继续往下执行。

（5）无参函数是指__________________________。

三、上机题/问答题

（1）利用 JavaScript 编写一个计算三角形面积的小程序。

（2）利用 JavaScript 编写如图 17-17 所示的小程序（最终效果见 CDROM/习题参考答案及效果/17/1.html）。

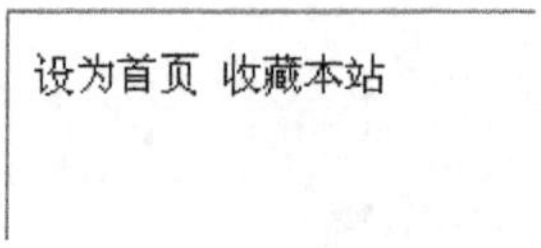

设为首页 收藏本站

图 17-17　效果

第 18 章　JavaScript 事件分析

本章重点

- 事件概述
- 主要事件分析
- 其他常用事件

18.1 事件概述

JavaScript 是一门脚本语言，也是一门基于面向对象的编程语言，虽然没有专业面向对象编程语言那样规范的类的继承、封装等，但有面向对象的编程必须要有事件的驱动，才能执行程序。例如，当用户单击按钮或者提交表单数据时，就发生了一个鼠标单击（onClick）事件，需要浏览器做出处理，返回给用户一个结果。

JavaScript 语言中的事件的处理功能，可以给用户带来更多的操作性，也可以开发更具交互性、应用性的网页。

18.2 主要事件分析

JavaScript 提供了较多的事件，例如鼠标单击（onClick）、文本框内容的改变（onChange）等，但主要的有以下几种，如表 18-1 所示。

表 18-1 主要事件

事 件	说 明
onClick	鼠标单击事件
onChange	文本框内容改变事件
onSelect	文本框内容被选中事件
onFocus	聚焦
onLoad	装载事件
onUnload	卸载事件
onBlur	失焦事件
onMouseOver	鼠标事件
onMouseOut	鼠标移开事件

18.2.1 鼠标单击事件 onClick

onClick 是一个鼠标单击事件，在当前网页上单击鼠标时，就会发生该事件。同时 onClick 事件调用的程序块就会被执行。鼠标的单击事件（onClick）通常与按钮一起使用。

基本语法

```
<input name="button" type="button" onclick="rec(this.form)" value="面积">
```

语法说明

在 HTML 文件中，onClick 常常与表单中的按钮一起使用。

实例代码（代码位置：CDROM\HTML\18\18-2-1.html）

```
<!--实例 18-2-1 代码-->
<html>
<head>
  <title>onClick 事件</title>
```

```
    </head>
    <body>
        <script type="text/javascript">
          function  rec(form){
    form.recanswers.value=(form.recshort
th.value*form.recheightth.value+
form.reclength.value*form.recheightth.va
lue)/2}
        </script>
        <form action="">
          <h1>梯形面积</h1>
          上底
          <input type="text"
name="recshortth"><br>
          下底
           <input type="text"
name="reclength"><br>
           高度
           <input type="text"
name="recheightth"><br>
           <input name="button" type=
"button" onclick="rec(this.form)" value="
面积">
           <br>
           <input type="text"
name="recanswers"><br>
        </form>
     </body>
     </html>
```

01 通过 onClick 事件，调用函数 rec(this.form) 来计算梯形的面积。

网页效果（图 18-1）

效果说明：输入数据，单击“面积”按钮，可以计算出面积，在 JavaScript 中的事件语法基本与之相似，下面对事件的分析不再列出基本语法和语法说明。

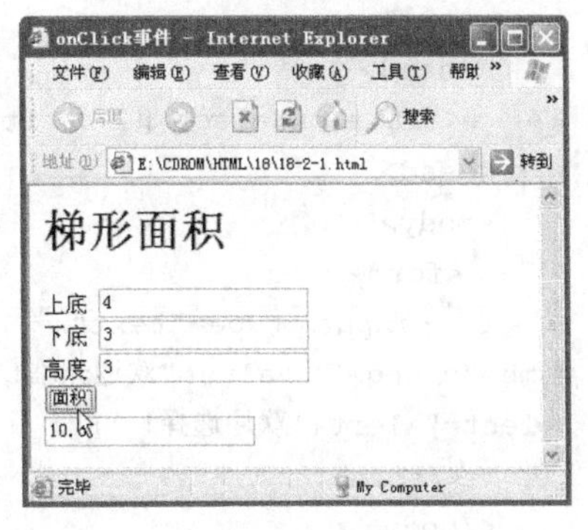

图 18-1 鼠标单击效果图

18.2.2 文本框内容改变 onChange

onChange 事件是通过改变文本框的内容来发生事件的，当输入文本框的内容发生改变时，onChange 事件调用的程序块就会被执行。

实例代码（代码位置：CDROM\HTML\18\18-2-2.html）

```
    <!--实例 18-2-2 代码-->
    <html>
    <head>
      <title>onChange 事件</title>
    <head>
    <body>
        <form action="">
```

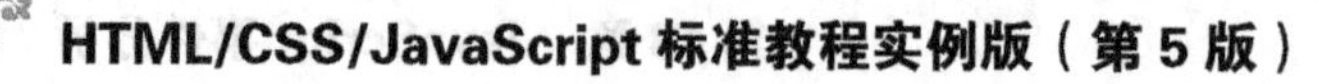

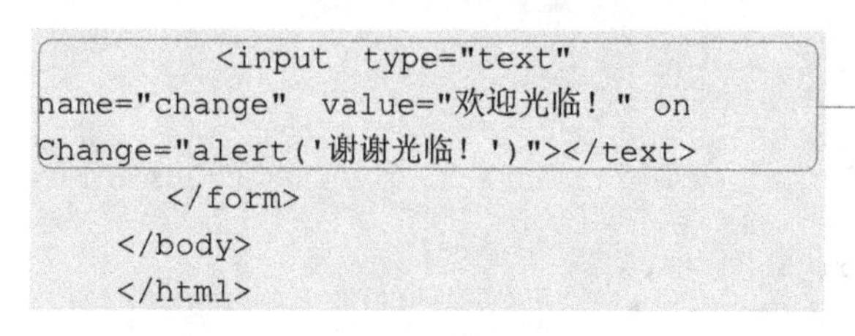

```
        <input  type="text"
name="change"  value="欢迎光临！" on
Change="alert('谢谢光临！')"></text>
    </form>
  </body>
  </html>
```

01 当文本框中的内容发生改变时，onChange 事件就会调用该事件的程序块。

网页效果（图 18-2 和图 18-3）

效果说明：当文本框中的文字改变时，就触发 onChange 事件，弹出提示框。

图 18-2　文本框内容改变效果

图 18-3　文本框内容改变效果

18.2.3 内容选中事件 onSelect

onSelect 事件是一个选中事件，当文本框或者文本域中的文字被选中时，onSelect 事件调用的程序就会被执行。

实例代码（代码位置：CDROM\HTML\18\18-2-3.html）

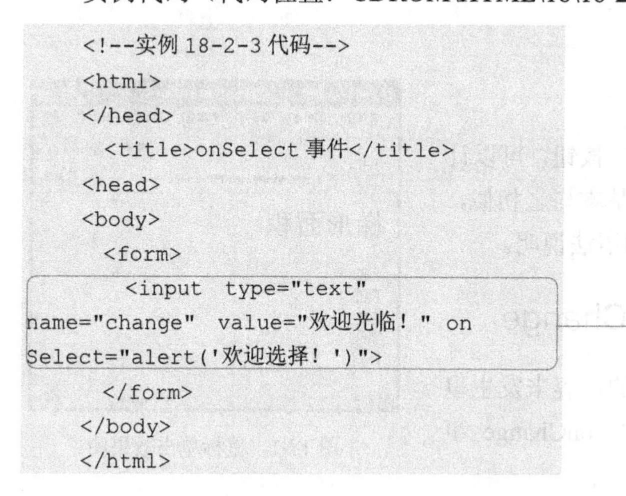

```
  <!--实例 18-2-3 代码-->
  <html>
  </head>
    <title>onSelect 事件</title>
  <head>
  <body>
    <form>
      <input  type="text"
name="change"  value="欢迎光临！" on
Select="alert('欢迎选择！')">
    </form>
  </body>
  </html>
```

01 此行代码表示：当文本框中的内容被选中时，onSelect 事件就会被触发，该事件调用的程序块就会被调用执行，弹出对话框“欢迎选择”。

网页效果（图 18-4）

效果说明：当读者选择文本框的内容时，会触发 onSelect 事件，执行响应的程序。

18.2.4 聚焦事件 onFocus

onFocus 事件是一个聚焦事件，网页中的对象获得聚焦时，onFocus 事件调用的程序就会被执行。

实例代码（代码位置：CDROM\HTML\18\18-2-4.html）

```
<!--实例 18-2-4 代码-->
<html>
  <head>
    <title>onFocus 事件</title>
  <head>
  <body>
  <script type="text/javascript">
  function aihao(){
  alert(" 选择成功！")
  }
  </script>
    请选择自己的兴趣爱好：<br>
    <form action="">
      <select name="gushi"
onFocus="aihao()">
        <option>体育</option>
        <option>音乐</option>
        <option>美术</option>
        <option>其它</option>
      </select>
    </form>
    </body>
  </html>
```

01 此行代码表示：网页中的对象获得焦点时，该对象的 onFocus 事件就会被触发，执行程序，弹出对话框“选择成功!”。

网页效果（图 18-5）

图 18-4　内容选中事件效果

图 18-5　聚焦事件效果图

18.2.5 装载事件 onLoad

onLoad 事件是一个装载事件，当载入一个新的页面文件时，onLoad 事件调用的程序就会被执行。

实例代码（代码位置：CDRzOM\HTML\18\18-2-5.html）

```
<!--实例 18-2-5 代码-->
<html>
<head>
  <title>onLoad 事件</title>
```

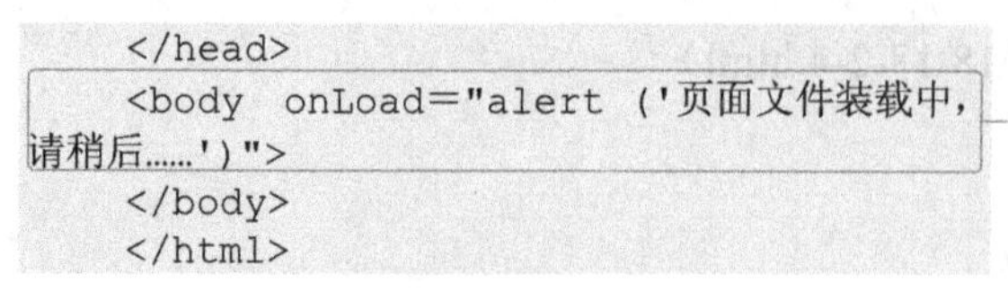

```
</head>
<body  onLoad="alert ('页面文件装载中，请稍后......')">
</body>
</html>
```

01 此行代码表示：装载一个新的页面和新的页面文件时，onLoad 事件就会被触发，执行程序，弹出对话框“页面文件装载中，请稍后……”。

网页效果（图 18-6）

18.2.6 卸载事件 onUnload

onUnload 事件是一个卸载事件，当卸载页面文件时，onUnload 事件调用的程序就会被执行。

实例代码（代码位置：CDROM\HTML\18\18-2-6.html）

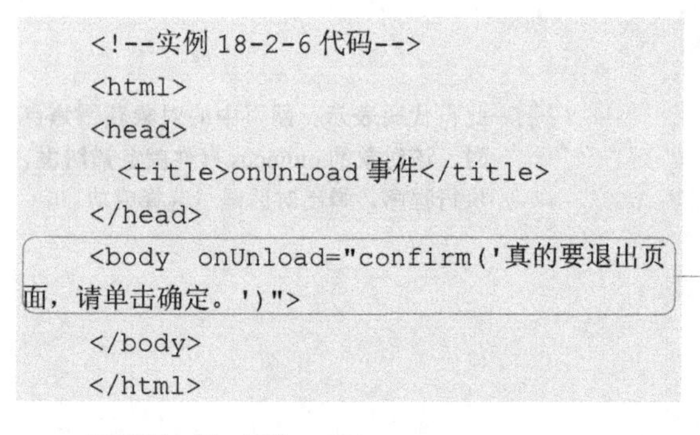

```
<!--实例 18-2-6 代码-->
<html>
<head>
  <title>onUnLoad 事件</title>
</head>
<body  onUnload="confirm('真的要退出页面，请单击确定。')">
</body>
</html>
```

01 此行代码表示：当关闭页面或者退出页面时，onUnload 事件就会被触发，执行程序，弹出对话框“真的要退出页面，请单击确定”。

网页效果（图 18-7）

图 18-6　装载事件效果图

图 18-7　卸载事件效果

效果说明：单击网页的“关闭”按钮时，会触发网页的卸载事件，弹出提示框。

18.2.7 失焦事件 onBlur

onBlur 事件是一个与 onFocus 相对的事件。onBlur 事件是一个失焦事件，当光标移开当前对象时，onBlur 事件调用的程序就会被执行。

实例代码（代码位置：CDROM\HTML\18\18-2-7.html）

```
<!--实例 18-2-7 代码-->
<html>
<head>
  <title>onUnload 事件</title>
</head>
```

```
    <body>
    <form action="">
        口令:<input name="kouling" type=
"text" onBlur="confirm('口令错误，请重新输入!
')"/>
        <input name="anniu" type="button"
value="确定"/>
      </form>
    </body>
    </html>
```

01 此行代码表示：当光标从文本框移开时，onBlur 事件就会被触发，执行程序，弹出对话框“口令错误，请重新输入”。

网页效果（图 18-8）

图 18-8　失焦事件效果图

18.2.8　鼠标事件 onMouseOver

onMouseOver 事件是一个鼠标事件，当鼠标移到一个对象上时，该对象就会引发鼠标的 onMouseOver 事件，并执行 onMouseOver 事件调用的程序。

实例代码（代码位置：CDROM\HTML\18\18-2-8.html）

```
    <!--实例 18-2-8 代码-->
    <html>
    <head>
      <title>onMouseOver 事件</title>
    </head>
    <body>
      <form action="">
        口令:<input name="kouling"
type="text"/>
        <input name="anniu" type="button"
value="确定"  onMouseOver="confirm('请输
入口令后，再单击！')"/>
      </form>
    </body>
    </html>
```

01 此行代码表示：当鼠标放在“确定”按钮上时，onMouseOver 就会被触发，执行程序，弹出对话框“请输入口令后，再单击!”。

网页效果（图 18-9）

图 18-9　鼠标事件效果图

18.2.9 鼠标移开事件 onMouseOut

onMouseOut 也是一个鼠标事件，当鼠标移开当前对象时，onMouseOut 调用的程序就会被执行。

实例代码（代码位置：CDROM\HTML\18\18-2-9.html）

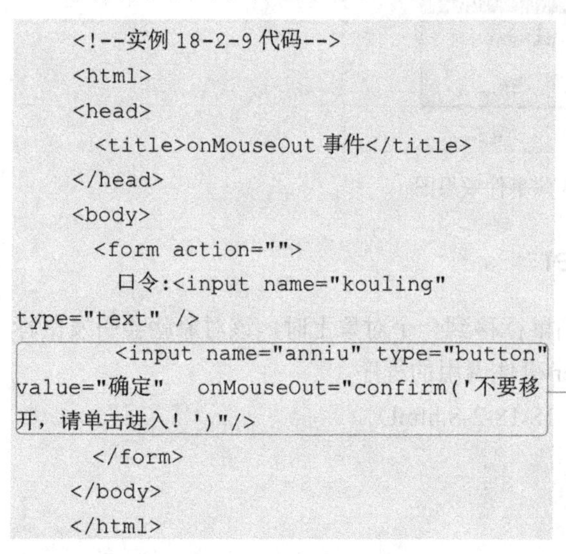

```
<!--实例 18-2-9 代码-->
<html>
<head>
  <title>onMouseOut 事件</title>
</head>
<body>
  <form action="">
    口令:<input name="kouling"
type="text" />
     <input name="anniu" type="button"
value="确定"  onMouseOut="confirm('不要移
开，请单击进入！')"/>
  </form>
</body>
</html>
```

01 此行代码表示，当鼠标从“确定”按钮上移开时，onMouseOut 就会被触发，执行程序块，弹出对话框“不要移开，请单击进入!”。

网页效果（图 18-10）

图 18-10　鼠标移开效果图

效果说明：输入口令后，移开鼠标会触发“鼠标移开”事件。

18.3 其他常用事件

JavaScript 脚本语言不仅仅提供了以上所讲述的 9 个主要事件，还有其他一些常用事件。给程序员开发网页提供了更多的方便。其他常用事件如表 18-2 所示。

表 18-2 其他常用事件

事　件	分　析
onDbclick 事件	鼠标双击事件
onMouseDown 事件	鼠标按下事件
onMouseUp 事件	鼠标弹起事件
onMouseMove 事件	鼠标移动事件
onKeyPress 事件	键盘输入事件
onMove 事件	窗口移动事件
onScorll 事件	滚动条移动事件
onReset 事件	表单中重置按钮事件
onSubmit 事件	表单中提交按钮事件
onCopy 事件	页面内容复制事件
onPaset 事件	页面内容粘贴事件
onRowDelect 事件	当前数据记录删除事件
onRowInserted 事件	当前数据记录插入事件
onHelp 事件	打开帮助文件触发的事件

在实际的网页编程中，还会用到更多的脚本事件，在此将不再一一列举。

18.4 习题

一、选择题

（1）下列属于鼠标事件的是（　）。

A．onDbclick 事件　　B．onMouseDown 事件

C．onMouseUp 事件　　D．onMove 事件

（2）下列与按钮有关的事件是（　）。

A．onReset 事件　　B．onMove 事件　　C．onSubmit 事件

（3）下列属于网页导入事件的是（　）。

A．onClick　　B．onChange　　C．onLoad　　D．onBlur

（4）下列属于鼠标移开事件的是（　）。

A．onMouseOut　　B．onClick　　C．onSelect　　D．onMouseOver

（5）下列属于鼠标双击事件的是（　）。

A．onDbclick 事件

B．onMouseUp 事件

C．onMoveMove

二、填空题

（1）事件在网页中的作用有____________。

（2）在网页文件中，主要的事件有____________等。

（3）__________是一个鼠标单击事件，在当前网页上单击鼠标时，就会发生该事件。

（4）onMouseOver 事件是一个鼠标事件，当鼠标__________一个对象上时，该对象就会引发鼠标的 onMouseOver 事件，并执行 onMouseOver 事件调用的程序。

（5）__________事件是通过改变文本框的内容来发生事件的。

三、上机题/问答题

（1）利用 JavaScript 编写如图 18-11 所示的小程序（最终效果见 CDROM/习题参考答案及效果/18/1.html）。

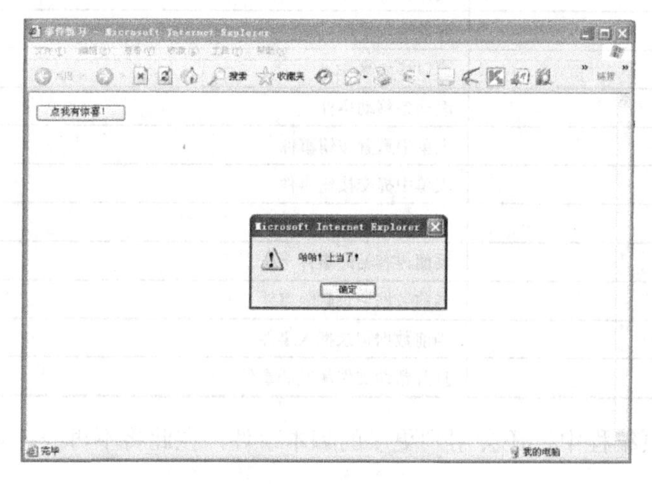

图 18-11　效果

（2）利用 JavaScript 编写如图 18-12 所示的小程序（最终效果见 CDROM/习题参考答案及效果/18/2.html）。

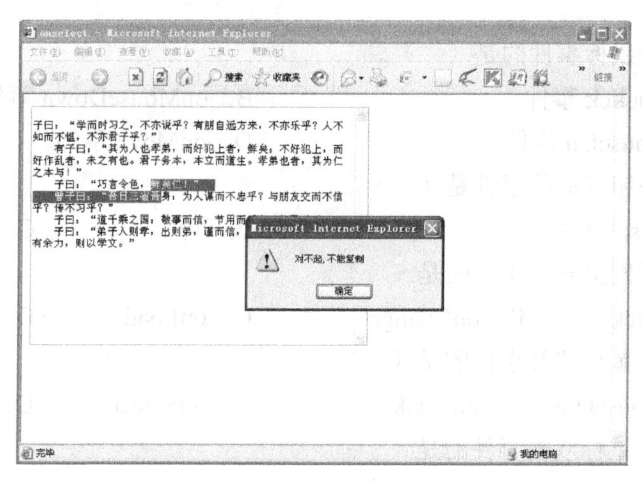

图 18-12　效果

（3）选择几个主要事件，编写一个简单的事件响应网页。

第 19 章　图片和多媒体文件的使用

本章重点

- 插入图片
- 添加滚动文字
- 插入动画
- 插入音频
- 插入视频

网页的基本组成元素是文字、图片、音乐和动画。虽然文字在元素中占有首要地位，但是图片、音乐和动画也是不可缺少的，因为在网页中最能体现其特色效果的正是这些元素。本章介绍的就是图片及多媒体文件，其中多媒体有滚动文字、flash 动画、音频和视频文件。

19.1 图片

图片作为网页中必需的元素，其灵活的应用会给网页增添不少特效。而且图片的直观、明了、绚丽和美观等都是文字无法代替的。同时图片的选用也是很重要的，选用时除了要考虑图片的格式外，还有图片的颜色搭配及大小。

图片的大小选用，一般最好不超过 8KB。如果图片过大，会增加整个 HTML 文件的体积，这样既不利于网页的上传，也不利于浏览者进行浏览。当必须要使用大图片时，也可以对其进行一些处理，将其切割成几个小图。

图片的颜色选用，主要是依赖于本网页的整体风格。图片的颜色和网页的整体颜色风格尽量保持一致，不要过于花哨。

19.1.1 网页的图片格式

网页中图片格式的选用更是图片的关键因素，因为不同的图片格式表现出来的颜色分辨率和颜色标准也不同，同时还会影响到图片的体积大小。网页作为信息的载体，每天都会被好多计算机浏览，而且图片信息作为网页中不可缺少的元素，当然要有统一的标准。目前，网页中使用比较普遍的图片格式有 GIF 和 JPEG，还有一种较常用的格式 PNG，下面就逐一解释。

1. GIF 格式

GIF（Graphics Interchange Format）图形交换格式，采用 LZW 压缩，是以压缩相同颜色的色块来减少图片的大小。由于 LZW 压缩不会造成任何品质上的损失，而且压缩效率高，再加上 GIF 在各种平台上都可用，所以很适合在互联网上使用，但 GIF 格式只能支持 256 色。

LZW 压缩是一种能将数据中重复的字符串加以编码制作成一个数据流的压缩方法，通常应用于 GIF 图片格式文件。

GIF 格式文件的后缀名为.gif。

2. JPEG 格式

JPEG 格式是按 Joint Photographic Experts Group（联合图片专家组）制定的压缩标准产生的压缩格式，可以用不同的压缩比例对文件进行压缩，虽然 JPEG 格式的压缩过程会造成图片数据的损失，但这个“损失”是剔除一些视觉上不容易察觉的部分。而且对于高质量的压缩比，几乎是看不出损失的。通常 JPEG 格式用来保存超过 256 色的图片格式文件。

JPEG 格式文件的后缀名为.jpg。

3. PNG 格式

PNG（Portable Network Graphics）图片格式是一种新兴的网络图形格式，结合了 GIF 和 JPEG 的优点。PNG 格式不会破坏网页图片文件格式，可以将图片文件以最小的方式压缩却又不造成图片失真，而且 PNG 格式支持 48 比特的色彩，采用无损压缩方案存储，能够显示透明度效果。

19.1.2 插入图片——<img>

图片选择好以后，就要考虑怎么将它放到网页中了，可以使用 HTML 代码中的 img 标记将图片插入网页中，也可以使用 CSS 设置成某元素的背景图片，而根据图片的格式不同，其适用的地方也不太相同。本节介绍的是如何利用 img 标记来插入图片，img 标记是网页中最常用的图片插入方式。

基本语法

```
<img src="图片地址"  alt="">
```

语法说明

- img 标记的作用就是插入图片，该标记含有多个属性，其中 src 属性为必要属性，其他属性将在后面几节内容中逐个介绍。
- src 属性用来指定图片文件所在的路径，这个路径可以是相对路径，也可以是绝对路径。有关路径的相关内容可参看第 6 章。

实例代码（代码位置：CDROM\HTML\19\19-1-2.html）

```
<!--实例 19-1-2 代码-->
<html>
<head>
  <title>插入图片</title>
</head>
<body>
  <h2>网页中插入图片</h2>
  <hr>
  <img src="19-1-2.jpg"  alt="">
</body>
</html>
```

01 在网页中插入图片 19-1-2.jpg，图片的格式为 JPEG。

网页效果（图 19-1）

提示:

图片显示不出来，应从以下几个方面去检查：

1. 文件名是否书写正确；
2. 图片文件是否为 GIF，JPG，PNG 格式；
3. 浏览器的图片下载功能是否启用。

如果上面三个方面都检查过，确定没有问题，图片就可以显示了。另外，如果在同一个文件中需要反复使用相同的图片文件时，最好在<img>标记中使用相对路径。因为使用相对路径，浏览器只需要下载一次图片，再次使用该图片时，只需重新显示即可。但是使用绝对路径就必须在每次显示图片时，都要下载一次，这样不仅图片显示慢，也加大下载量。

图 19-1　插入图片

19.1.3 添加图片的提示文字——alt

img 标记的 alt 属性用来添加图片的提示文字，提示文字有两个作用。首先当浏览网页时，如果图片下载完成，鼠标放在图片上，鼠标旁边会出现提示文字。也就是说，当鼠标指向图片上方的时候，稍等片刻，可以出现图片的提示性文字，用于说明或者描述图片。其次，图片没有被下载的时候，在图片的位置上会显示提示文字，起到提醒的作用。

基本语法

```
<img src="图片地址" alt="提示文字">
```

语法说明

➢ alt 属性的提示文字可以是中文也可以是英文。

实例代码（代码位置：CDROM\HTML\19\19-1-3.html）

```
<!--实例 19-1-3 代码-->
<html>
<head>
  <title>添加图片提示文字</title>
</head>
<body>
  <h2>添加图片提示文字</h2>
  <hr>
  <img src="19-1-3.jpg" alt="雪中小屋
">
</body>
</html>
```

01 添加了图片的提示文字为“雪中小屋”。

网页效果（图 19-2）

提示：在使用了添加图片提示文字属性后，测试却发现图片仍然显示，这是因为图片就在本地计算机上。这时候，可以先关闭浏览器的显示图片功能，然后再测试结果。

关闭“显示图片”功能的具体步骤如下。

1. 打开浏览器，选择“工具>Internet 选项”。
2. 打开“Internet 选项”对话框，选择“高级”选项卡。
3. 移动滚动条，在多媒体项目中去除“显示图片”复选框前的选择。
4. 单击“确定”按钮，如图 19-3 所示。

19.1.4 设置图片的宽度和高度——width/height

img 标记的属性 width 和 height 是用来设置图片的宽度和高度的，默认情况下，网页中的图片大小就是由图片的宽度和高度来决定。如果不设置图片的宽度和高度，图片的大小和原图是一样的。

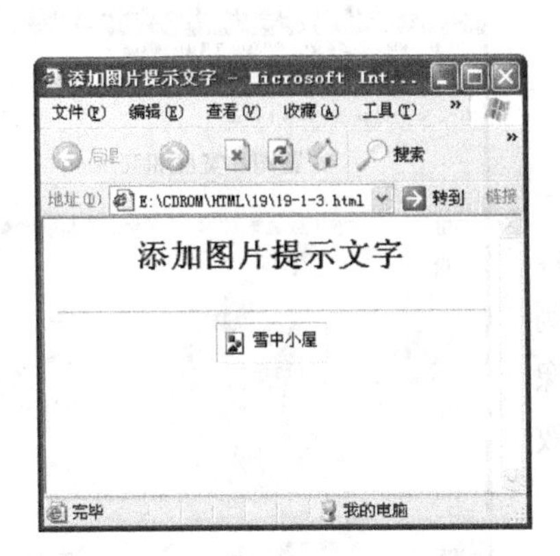

图 19-2　添加图片提示文字

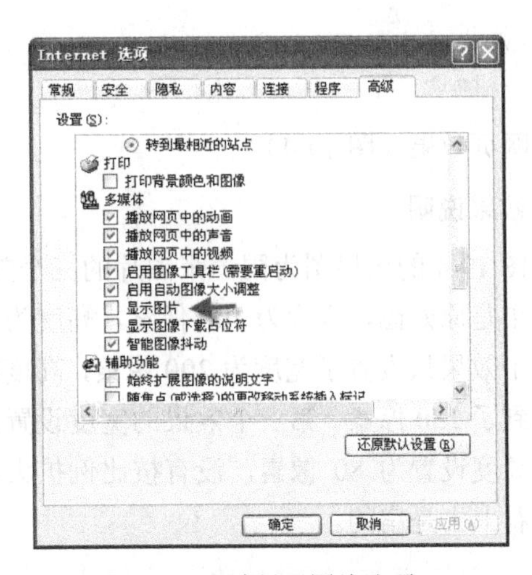

图 19-3　取消显示图片选项

基本语法

```
<img src="图片地址" width="value" height="value"  alt="">
```

语法说明

- 图片高度和宽度的单位可以是像素，也可以是百分比。
- 如果在使用的宽度和高度属性中，只设置了宽度或高度中的一个属性，那么另一个属性会按原始图片宽高等比例显示。但是如果两个属性没有按原始大小的缩放比例设置，图片很可能变形。

实例代码（代码位置：CDROM\HTML\19\19-1-4.html）

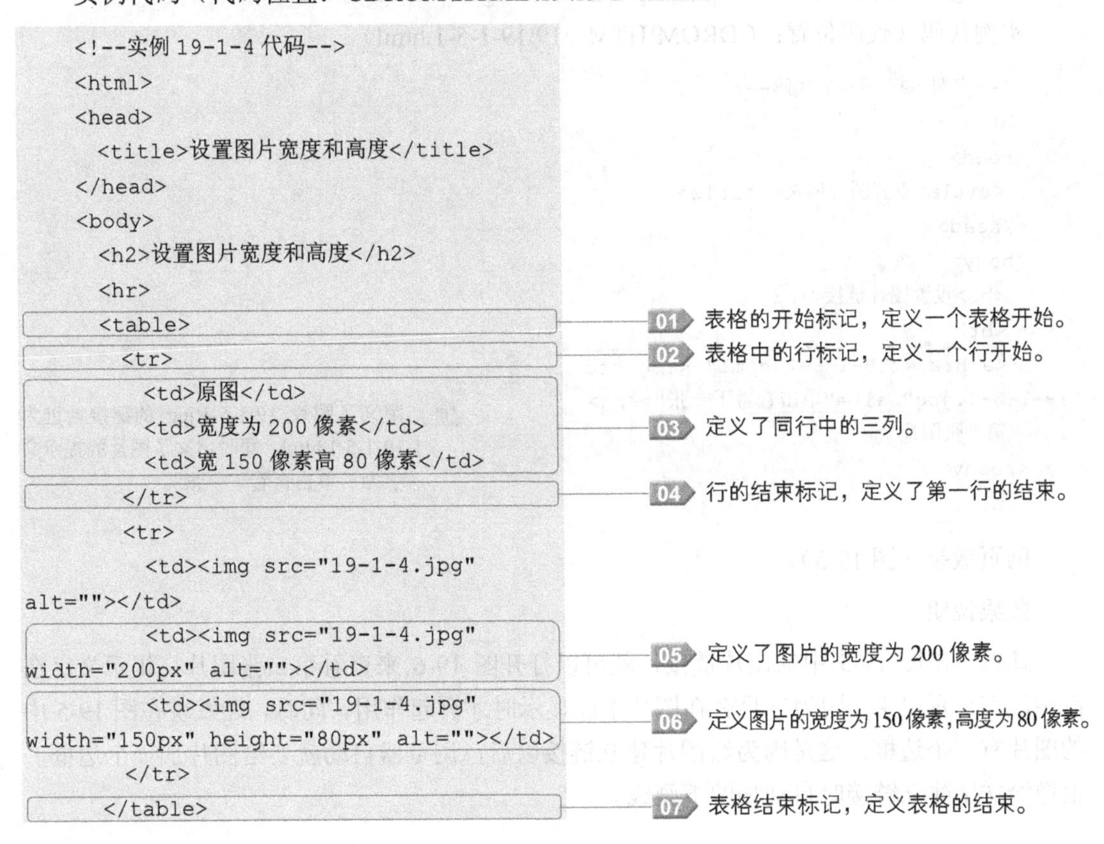

```
<!--实例 19-1-4 代码-->
<html>
<head>
  <title>设置图片宽度和高度</title>
</head>
<body>
  <h2>设置图片宽度和高度</h2>
  <hr>
  <table>
    <tr>
      <td>原图</td>
      <td>宽度为 200 像素</td>
      <td>宽 150 像素高 80 像素</td>
    </tr>
    <tr>
      <td><img src="19-1-4.jpg"
alt=""></td>
      <td><img src="19-1-4.jpg"
width="200px" alt=""></td>
      <td><img src="19-1-4.jpg"
width="150px" height="80px" alt=""></td>
    </tr>
  </table>
```

01 表格的开始标记，定义一个表格开始。

02 表格中的行标记，定义一个行开始。

03 定义了同行中的三列。

04 行的结束标记，定义了第一行的结束。

05 定义了图片的宽度为 200 像素。

06 定义图片的宽度为 150 像素，高度为 80 像素。

07 表格结束标记，定义表格的结束。

```
</body>
</html>
```

网页效果（图 19-4）

效果说明

图 19-4 的效果图为同一张图片的三个效果，第一个效果是原始图，宽度为 100 像素，高度为 75 像素。第二个效果只设置了宽度为 200 像素，高度则按比例增加到了 150 像素。第三个效果的宽度设置为 150 像素，高度设置为 80 像素，没有按比例扩大，所以效果图看上去是扁的。

图 19-4　设置图片宽度和高度

19.1.5 设置图片链接——<a>

图片的超链接和文字的超链接基本相同，都是通过标记<a>来实现的。

基本语法

```
<a href="URL" target="目标窗口的打开方式"><img src="图片地址"  alt=""></a>
```

语法说明

- href 属性是用来设置图片的链接地址 URL，target 属性用来设置目标窗口的打开方式，包含有 4 个属性值，具体内容可参照第 6 章。
- img 标记中还可以添加其他的属性，如 height、width 等。

实例代码（代码位置：CDROM\HTML\19\19-1-5-1.html）

```
<!--实例 19-1-5-1 代码-->
<html>
<head>
  <title>设置图片链接</title>
</head>
<body>
  <h2>设置图片链接</h2>
  <hr>
  <a href="19-1-8-2.html"><img src=
"19-1-5-1.jpg" alt="单击查看下一张"></a>
  第一张图片
</body>
</html>
```

01 定义了图片 19-1-5-1.jpg 的链接地址为 19-1-5-1.html，同时定义了图片的提示文字为“单击查看下一张”。

网页效果（图 19-5）

效果说明

通过单击图 19-5 中的图片链接，就可以打开图 19-6 来查看第二张图片。提示文字在图中没有显示出来，因为它只有在图片不能显示时才会起作用。同时，还发现在图 19-5 中的图片有一个边框，这是因为给图片建立链接以后，浏览器自动就要给图片加一个边框，很像给文字建立链接时自动加的下画线。

图 19-5　单击图片链接

图 19-6　打开链接的图

19.1.6　设置图片热区链接

图片链接的另一种方法就是建立图片热区链接。所谓热区就是在图片中特意划分出一个热点区域。在图片热区链接中，查看链接要单击的是这个热点区域，而在整个图片链接中，单击图片任何区域都可以查看链接。通常将含有热区的图片称为映射图片。

基本语法

```
<img src="图片地址" usemap="#映射图片名称"  alt="">
```

热区图像及热区链接属性的定义如下：

```
<map name="映射图片名称">
  <area shape="热区形状" coords="热区坐标" href="URL">
</map>
```

语法说明

- <img>标记用来插入图片和引用映射图片名称，即用 usemap 属性来引用在<map>标记中所定义的映射图片名称，并且要在名称前加上#号。
- <map>标记只有一个 name 属性，用来定义映射图片的名称。
- <area>标记有三个属性，shape 属性、coords 属性和 href 属性。
- shape 属性用来定义热区的形状，又有 3 个属性值，具体取值见表 19-1。

表 19-1　shape 属性取值说明

shape 属性值	说　明
rect	矩形区域
circle	圆形区域
poly	多边形区域

- coords 属性用来定义热区的坐标，不同的形状其 coords 属性的设置方式也不同，具体可以参见表 19-2。

表 19-2　shape 属性值对应的 coords 属性值

shape 属性值	coords 属性可取值	说　　明
rect	left、right、top、bottom	代表矩形四个顶点坐标
circle	center-x、center-y、radius	代表圆心和半径
poly	取决于多边形的形状	代表各顶点坐标

➢ href 属性，用来定义超链接的目标地址。

实例代码（代码位置：CDROM\HTML\19\19-1-6.html）

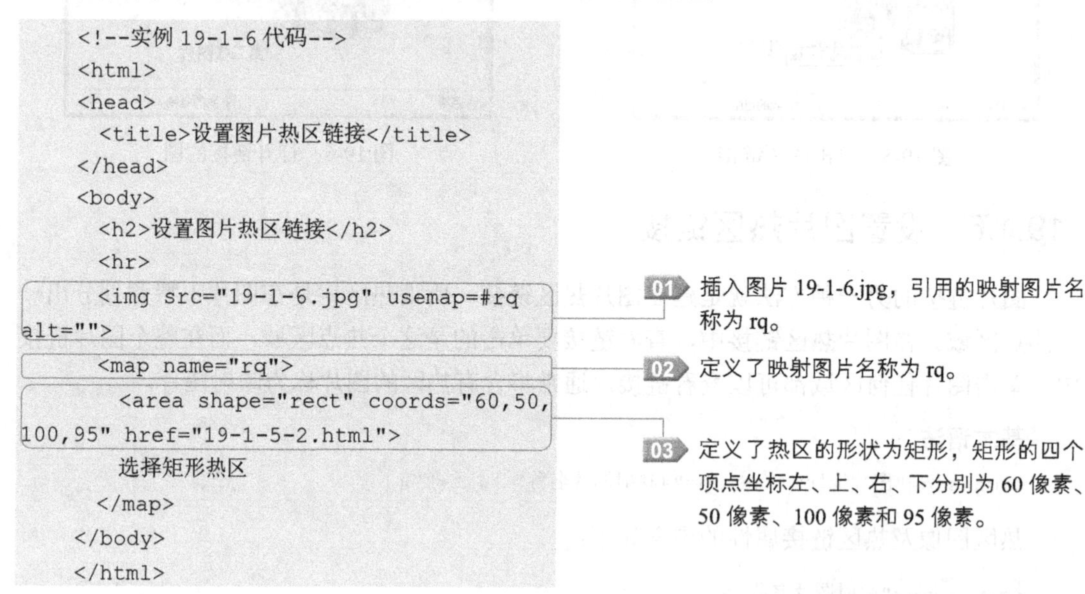

```
<!--实例 19-1-6 代码-->
<html>
<head>
  <title>设置图片热区链接</title>
</head>
<body>
  <h2>设置图片热区链接</h2>
  <hr>
  <img src="19-1-6.jpg" usemap=#rq
alt="">
  <map name="rq">
    <area shape="rect" coords="60,50,
100,95" href="19-1-5-2.html">
    选择矩形热区
  </map>
</body>
</html>
```

01 插入图片 19-1-6.jpg，引用的映射图片名称为 rq。

02 定义了映射图片名称为 rq。

03 定义了热区的形状为矩形，矩形的四个顶点坐标左、上、右、下分别为 60 像素、50 像素、100 像素和 95 像素。

网页效果（图 19-7）

图 19-7　设置图片热区

19.2　插入多媒体文件——<embed>

网页中的多媒体除了滚动文字外还包括音频文件和视频文件及 Flash 文件等，音频文件常用格式的有 MP3、MID 和 WAV 等，视频文件常用的格式有 MOV、AVI、ASF 及 MPEG 等。而要在网页中插入这些文件就要使用标记<embed>，利用该标记可直接调用多媒体文件，非常方便。

基本语法

```
<embed src="多媒体文件地址" width="文件宽度" height="文件高度"
autostart="true|false" loop="true|false"/>
```

语法说明

➢ src 属性用来指定插入的多媒体文件地址或多媒体文件名，同时文件一定要加上后缀名。

➢ width 属性用来设置多媒体文件的宽度，height 属性用来设置多媒体文件的高度，都是用数字表示，单位为像素。

- autostart 属性用来设置多媒体文件的自动播放，有两个取值 true 和 false，true 表示在打开网页时自动播放多媒体文件；false 是默认值，表示打开网页时不自动播放。
- loop 属性用来设置多媒体文件的循环播放，只有两个取值 true 和 false，true 表示多媒体文件将无限循环播放；false 表示多媒体文件只播放一次，false 为默认值。

下面分别以 flash 动画、音频文件和视频文件的插入为例来说明标记<embed>的使用。

19.2.1 插入 flash 动画

实例代码（代码位置：CDROM\HTML\19\19-2-1.html）

```
<!--实例 19-2-1 代码-->
<html>
<head>
  <title>插入多媒体文件</title>
</head>
<body>
  <h2>插入 flash 文件</h2>
  <hr>
  <embed src="19-2-1.swf" width="300"
/>
</body>
</html>
```

01 插入的多媒体文件名为“19-2-1.swf”，同时设置了该多媒体文件的宽度为 300 像素。

网页效果（图 19-8）

效果说明

图 19-8 是两个小球在自由跳动的 flash 动画，完整效果可参看光盘文件 HTML\19\19-2-1.swf。

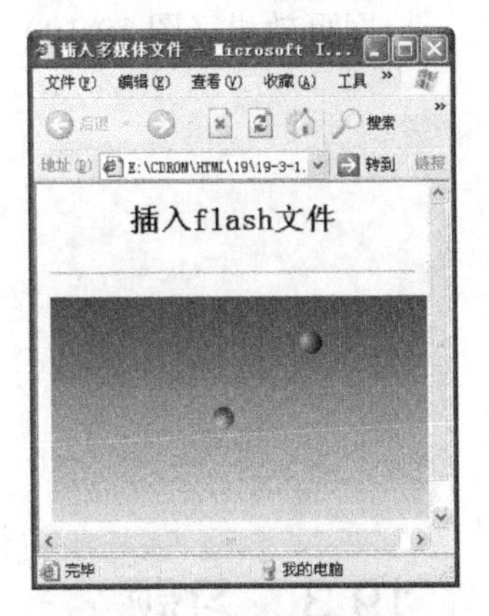

图 19-8　插入 flash 文件

19.2.2 插入音频

实例代码（代码位置：CDROM\HTML\19\19-2-2.html）

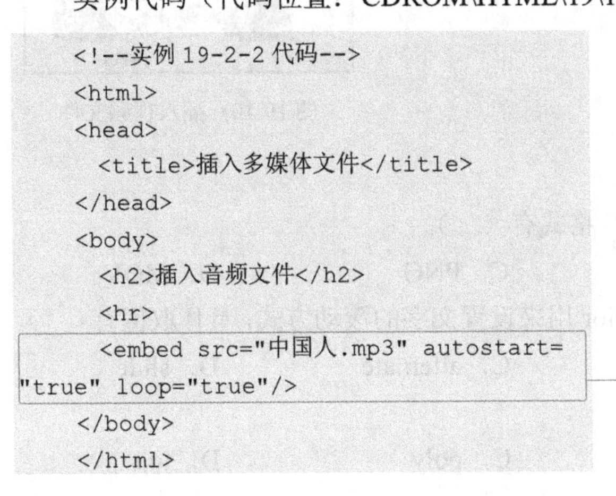

```
<!--实例 19-2-2 代码-->
<html>
<head>
  <title>插入多媒体文件</title>
</head>
<body>
  <h2>插入音频文件</h2>
  <hr>
  <embed src="中国人.mp3" autostart=
"true" loop="true"/>
</body>
</html>
```

01 插入的多媒体文件名为“中国人.mp3”，并同时设置了该多媒体文件为自动播放和无限循环。

网页效果（图 19-8）

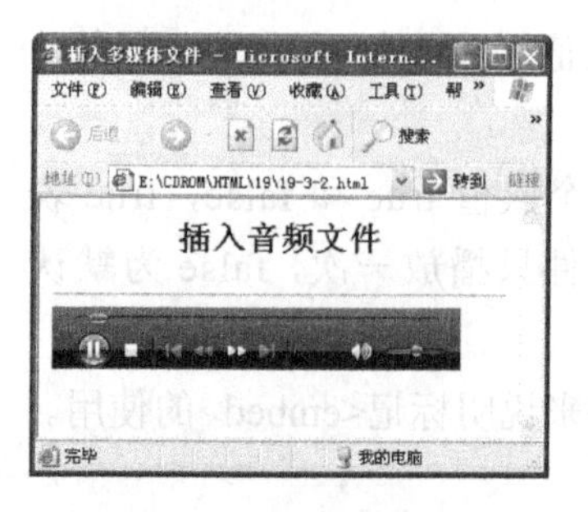

图 19-9　插入音频文件

效果说明

图 19-9 是运行实例 19-3-2.html 代码的结果，自动会显示音乐播放器，同时音乐“中国人.mp3”也将自动播放。如果没有设置多媒体音乐为自动播放时，播放器就会显示一个播放按钮，只要单击该播放按钮即可播放多媒体音乐。

19.2.3　插入视频

实例代码（代码位置：CDROM\HTML\19\19-2-3.html）

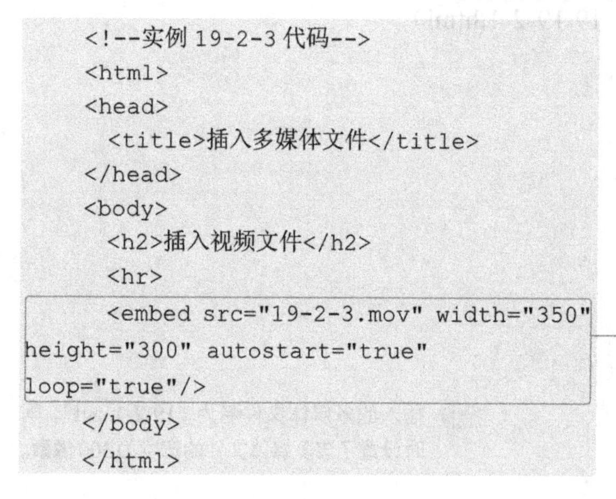

```
<!--实例 19-2-3 代码-->
<html>
<head>
  <title>插入多媒体文件</title>
</head>
<body>
  <h2>插入视频文件</h2>
  <hr>
  <embed src="19-2-3.mov" width="350"
height="300" autostart="true"
loop="true"/>
</body>
</html>
```

01 插入的多媒体文件名为“19-2-3.mov”，并设置了该多媒体文件的宽度为 350 像素，高度为 300 像素，还有自动播放和无限循环。

网页效果（图 19-10）

图 19-10　插入视频文件

19.3　习题

一、选择题（多选）

（1）目前，网页中使用比较普遍的图片格式有（　）。

A．GIF　　B．JPEG　　C．PNG　　D．MOV

（2）CSS 属性中滚动文字的属性 behavior 用来设置文字的滚动方式，具体取值有（　）。

A．scroll　　B．double　　C．alternate　　D．slide

（3）下列属于 shape 属性取值的是（　）。

A．rect　　B．circle　　C．poly　　D．top

（4）插入多媒体文件的标记是（　）。

A．<embed>　　B．<marquee>　　C．<bgsound>

二、填空题

（3）<body>标记中的__________属性可以使图像作为网页的背景。

（4）<img>标记中的________属性是用来指出一个图像的文件名或是指出 URL 的路径名。

（5）<img>标记中的__________和___________属性，用来设定图像的宽度和高度。

（6）如果将<img>标记放在_______和______的中间，这个图像将成为一个可单击的图像，产生一个链接。

三、上机题/问答题

（1）用 HTML 代码制作如图 19-11 所示效果的网页。（最终效果见 CDROM/习题参考答案及效果/19/1.html）

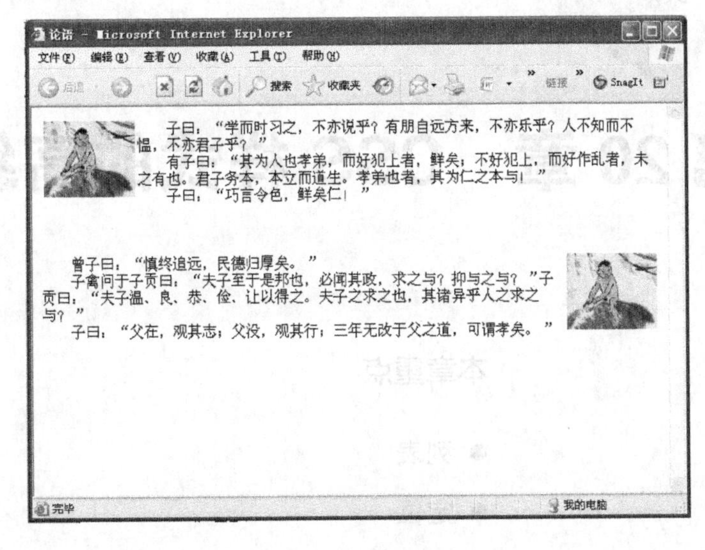

图 19-11　效果

（2）在网页中插入一个图片，并设置图片的宽度为 290 像素，高度为 250 像素，而且要给图片设置一个链接。

（3）给网页插入一个背景音乐，同时设置网页中滚动的文字方向为向上滚动，滚动速度为 50 像素，并且循环滚动 5 次。

第 20 章　CSS 样式的高级应用

本章重点

- 列表
- 定位
- CSS 层
- 鼠标指针

前面讲到的 CSS 属性都是一些基础的属性，如字体、文本、背景和颜色等，很容易理解和应用。为了实现网页内容更加的多样化和美观化，从这一章开始介绍 CSS 属性的一些高级应用，主要包括列表属性、定位属性、层的属性，以及鼠标的属性等。

20.1　列表

在 HTML 中使用<ol>、<ul>标记来表示所建立的列表为有序列表或无序列表。而利用 CSS 样式来定义列表，则可使列表样式设置的更加丰富、美观，如列表符号不仅可以使用圆点、方块和序列数字，还可用图像作为列表符号。（关于有序列表和无序列表的区别在 5.1 节有讲解，这里就不再赘述。）

20.1.1　设计列表样式——list-style-type

列表样式就是指列表项目的符号类型，主要使用 list-style-type 属性来设置。

基本语法

```
list-style-type:<属性值>
```

语法说明

设计列表样式语法中 list-style-type 属性的取值说明见表 20-1。

表 20-1　list-style-type 属性取值说明

属性的取值	说　明
disc	列表符号为黑圆点●（默认值）
circle	列表符号为空心圆点○
square	列表符号为小黑方块■
decimal	列表符号按数字排序 1、2、3…
lower-roman	列表符号按小写罗马数字排序 i、ii、iii…
upper-roman	列表符号按大写罗马数字排序 I、II、III…
lower-alpha	列表符号按小写字母排序 a、b、c…
upper-alpha	列表符号按大写字母排序 A、B、C…
none	不显示任何列表符号或编号

实例代码（代码位置：CDROM\HTML\20\20-1-1.html）

```
<!--实例 20-1-1 代码-->
<html>
<head>
  <title>设置列表样式</title>
  <style type="text/css">
  <!--
  h2{font-family:黑
体;font-size:16pt;text-align:center}
  .p1{list-style-type:square}
```

01 定义了标题 h2 的字体为黑体，字号为 16 点。

02 定义了类样式 p1，其中列表符号为小黑方块。

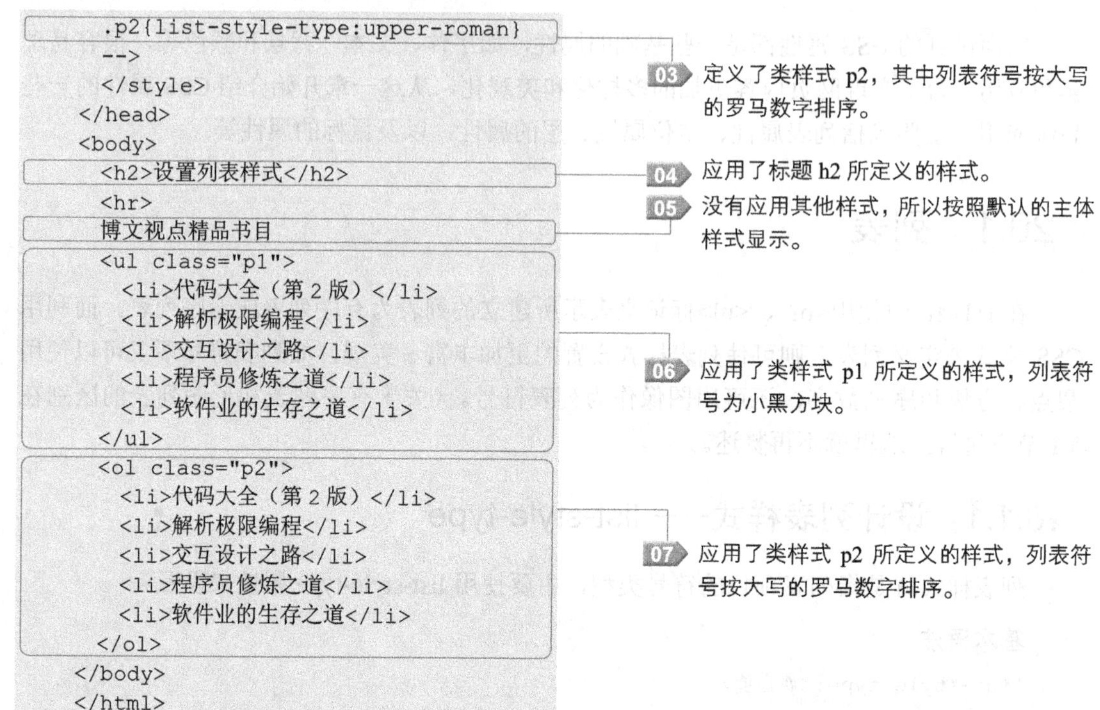

```
    .p2{list-style-type:upper-roman}
    -->
    </style>
  </head>
  <body>
    <h2>设置列表样式</h2>
    <hr>
    博文视点精品书目
    <ul class="p1">
      <li>代码大全（第 2 版）</li>
      <li>解析极限编程</li>
      <li>交互设计之路</li>
      <li>程序员修炼之道</li>
      <li>软件业的生存之道</li>
    </ul>
    <ol class="p2">
      <li>代码大全（第 2 版）</li>
      <li>解析极限编程</li>
      <li>交互设计之路</li>
      <li>程序员修炼之道</li>
      <li>软件业的生存之道</li>
    </ol>
  </body>
</html>
```

03 定义了类样式 p2，其中列表符号按大写的罗马数字排序。

04 应用了标题 h2 所定义的样式。

05 没有应用其他样式，所以按照默认的主体样式显示。

06 应用了类样式 p1 所定义的样式，列表符号为小黑方块。

07 应用了类样式 p2 所定义的样式，列表符号按大写的罗马数字排序。

网页效果（图 20-1）

提示：在给列表应用列表样式时，列表标记的选用是很灵活的，但建议用户根据列表的类型来选用，这样做不容易出错，如无序列表选用标记<ul>、有序列表选用标记<ol>、菜单列表选用标记<menu>、目录列表选用标记<dir>等。

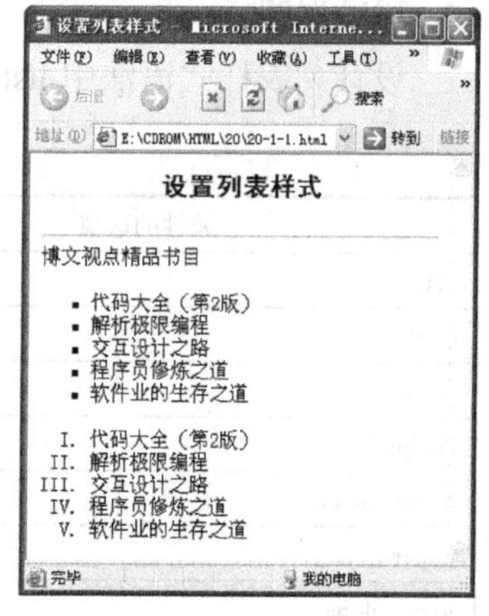

图 20-1　设置列表样式

20.1.2 添加列表图像——list-style-image

添加列表图像属性 list-style-image 用来设置列表符号的图像类型，丰富和美化了列表符号。

基本语法

```
list-style-image:none|URL
```

语法说明

- none 表示不使用图像符号。
- URL 指定图像的名称或者路径。

实例代码（代码位置：CDROM\HTML\20\20-1-2.html）

```
<!--实例 20-1-2 代码-->
<html>
<head>
  <title>设置列表图像</title>
  <style type="text/css">
  <!--
```

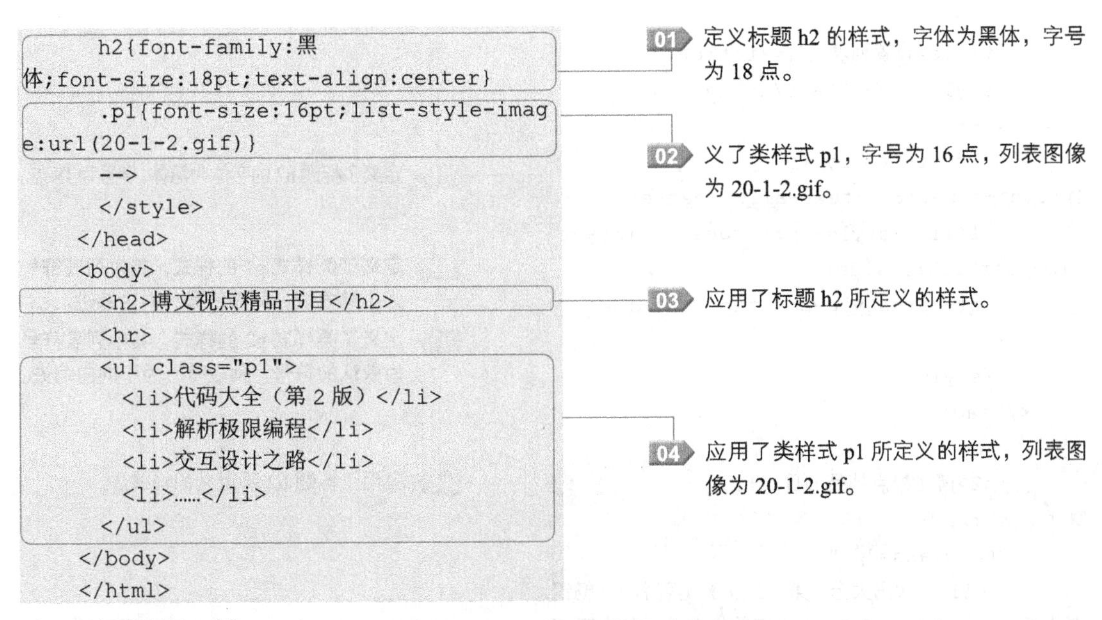

```
    h2{font-family:黑
体;font-size:18pt;text-align:center}
    .p1{font-size:16pt;list-style-imag
e:url(20-1-2.gif)}
    -->
    </style>
  </head>
  <body>
    <h2>博文视点精品书目</h2>
    <hr>
    <ul class="p1">
      <li>代码大全（第 2 版）</li>
      <li>解析极限编程</li>
      <li>交互设计之路</li>
      <li>......</li>
    </ul>
  </body>
  </html>
```

01 定义标题 h2 的样式，字体为黑体，字号为 18 点。

02 义了类样式 p1，字号为 16 点，列表图像为 20-1-2.gif。

03 应用了标题 h2 所定义的样式。

04 应用了类样式 p1 所定义的样式，列表图像为 20-1-2.gif。

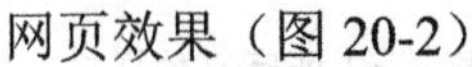

网页效果（图 20-2）

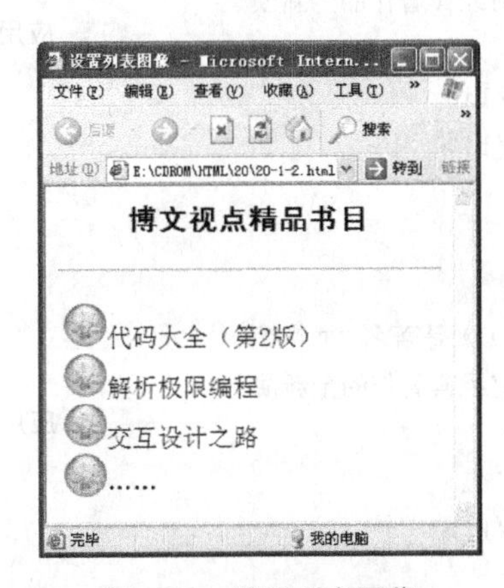

图 20-2　设置列表图像

20.1.3　调整列表位置——list-style-position

调整列表位置 list-style-position 属性用来设置列表符号的缩进，包含两个属性值，一个为向内缩进，一个为不向内缩进。

基本语法

```
list-style-position:outside|inside
```

语法说明

- outside 表示列表符号不向内缩进，是列表的默认属性值。
- inside 表示列表符号向内缩进。

实例代码（代码位置：CDROM\HTML\20\20-1-3.html）

```
<!--实例 20-1-3 代码-->
<html>
<head>
```

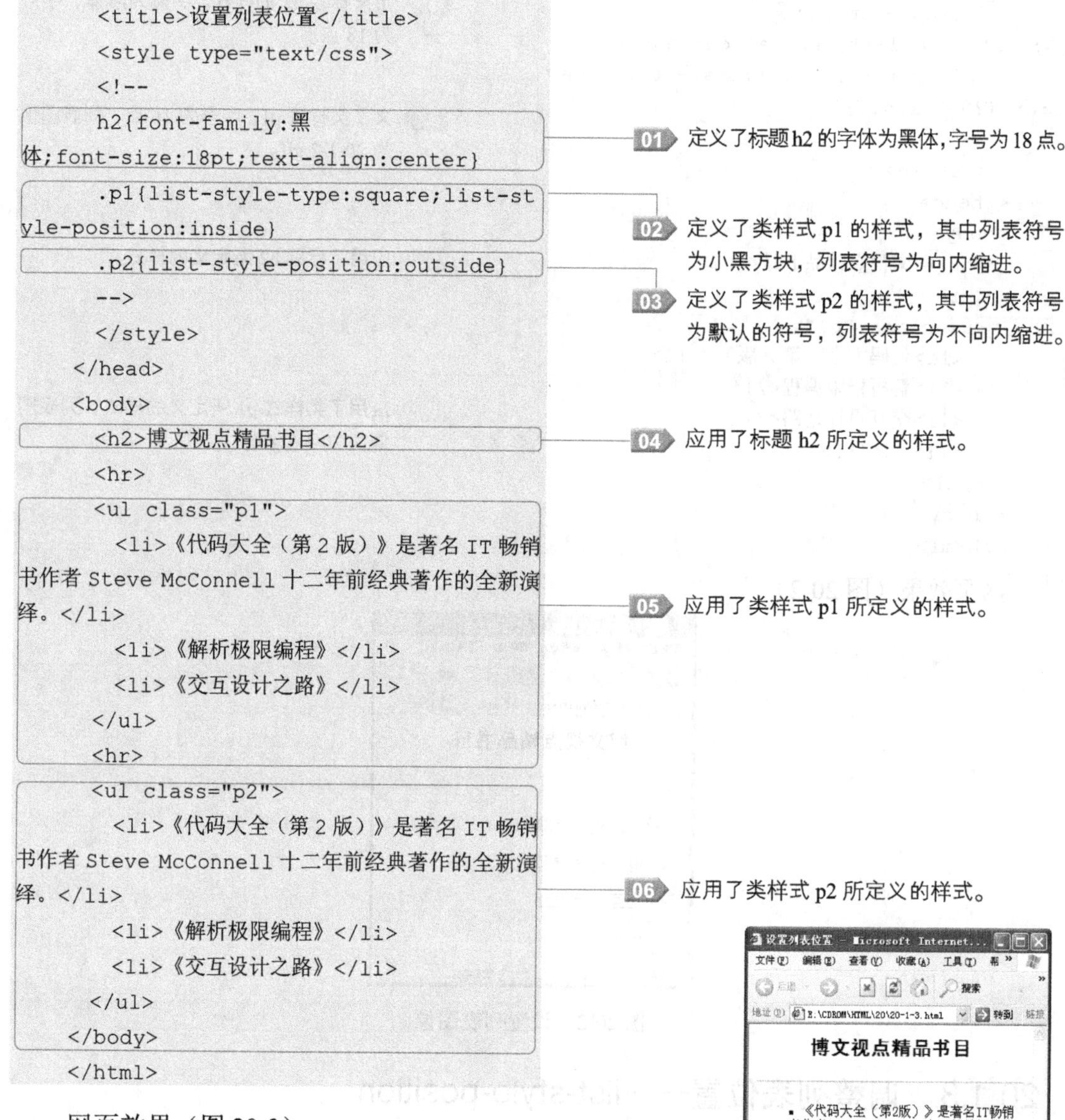

```
        <title>设置列表位置</title>
        <style type="text/css">
        <!--
        h2{font-family:黑
体;font-size:18pt;text-align:center}
        .p1{list-style-type:square;list-st
yle-position:inside}
        .p2{list-style-position:outside}
        -->
        </style>
    </head>
    <body>
        <h2>博文视点精品书目</h2>
        <hr>
        <ul class="p1">
            <li>《代码大全（第 2 版）》是著名 IT 畅销
书作者 Steve McConnell 十二年前经典著作的全新演
绎。</li>
            <li>《解析极限编程》</li>
            <li>《交互设计之路》</li>
        </ul>
        <hr>
        <ul class="p2">
            <li>《代码大全（第 2 版）》是著名 IT 畅销
书作者 Steve McConnell 十二年前经典著作的全新演
绎。</li>
            <li>《解析极限编程》</li>
            <li>《交互设计之路》</li>
        </ul>
    </body>
    </html>
```


网页效果（图 20-3）

效果说明

从图 20-3 的网页效果可以看出，第一段文字的列表符号和文字是对齐排列的，也就是说列表符号是向内缩进的。而第二段文字的列表符号是在文字外排列的，也就是说列表符号是没有向内缩进的。

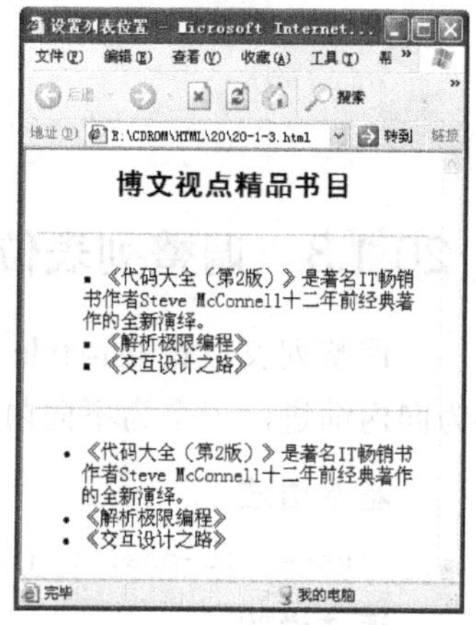

图 20-3　设置列表位置

20.2　定位

定位属性用来控制网页中显示的整个元素的位置。定位属性对层的作用是很大的，因为每一个层都可以看作为一个独立体，而这个独立体在网页中的最佳位置就是由定位属性来决定的。例如，用<div>标记定义了某个层元素（它包含文字、图片和表格等各种网页元素），如果要确定它的位置，则可以使用定位属性。

20.2.1 定位方式——position

定位方式属性 position 用来设置网页中 HTML 元素定位的具体方式。定位方式主要包含绝对定位、相对定位和静态定位。

静态定位是网页元素定位的默认值，没有特殊指定时，都是按照这个方式定位的。

绝对定位就是指网页中元素的位置仅参照原始文档进行偏移，不会随着页面大小的改变而改变。

相对定位就是指网页中元素的位置相对其他元素的位置进行偏移，会随着页面大小的改变而改变。

基本语法

```
position:static|absolute|relative
```

语法说明

- static 表示为静态定位，是默认设置。
- absolute 表示绝对定位，与下一节的位置属性 top、bottom、right、left 等结合使用可实现对元素的绝对定位。
- relative 表示相对定位，对象不可层叠，但也要依据 top、bottom、right、left 等属性来设置元素的具体偏移位置。

实例代码（代码位置：CDROM\HTML\20\20-2-1-1.html）

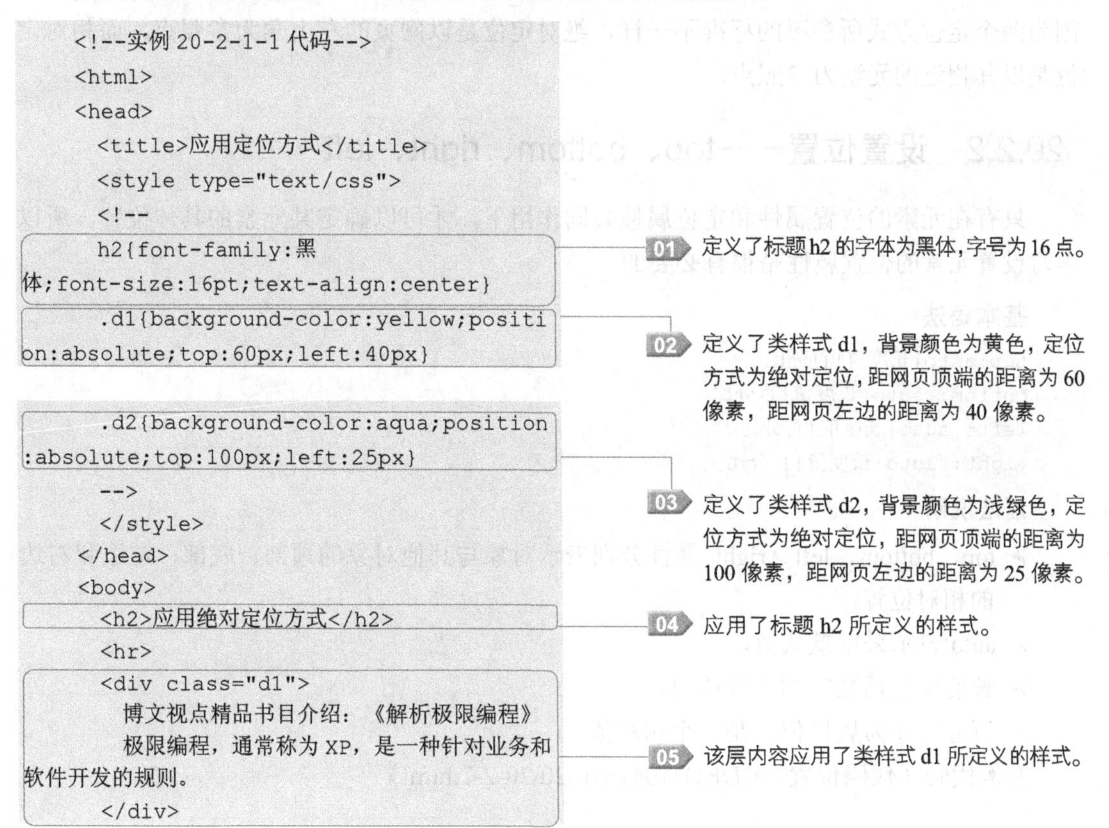

```
<!--实例 20-2-1-1 代码-->
<html>
<head>
  <title>应用定位方式</title>
  <style type="text/css">
  <!--
  h2{font-family:黑体;font-size:16pt;text-align:center}
  .d1{background-color:yellow;position:absolute;top:60px;left:40px}
  .d2{background-color:aqua;position:absolute;top:100px;left:25px}
  -->
  </style>
</head>
<body>
  <h2>应用绝对定位方式</h2>
  <hr>
  <div class="d1">
    博文视点精品书目介绍：《解析极限编程》
    极限编程，通常称为 XP，是一种针对业务和软件开发的规则。
  </div>
```

```
    <div class="d2">
      博文视点精品书目介绍：《系统分析与设计》
      本书包括现代系统分析员、系统分析任务、系统设计任务及实施与支持四个部分的内容。
    </div>
  </body>
</html>
```

06 该层内容应用了类样式 d2 所定义的样式。

网页效果（图 20-4）

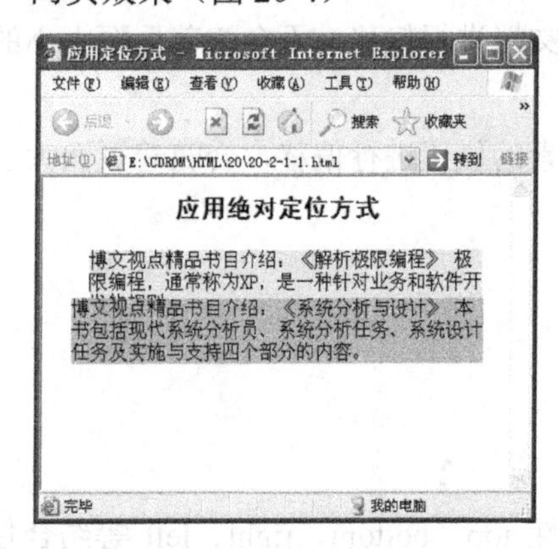

图 20-4　应用绝对定位方式

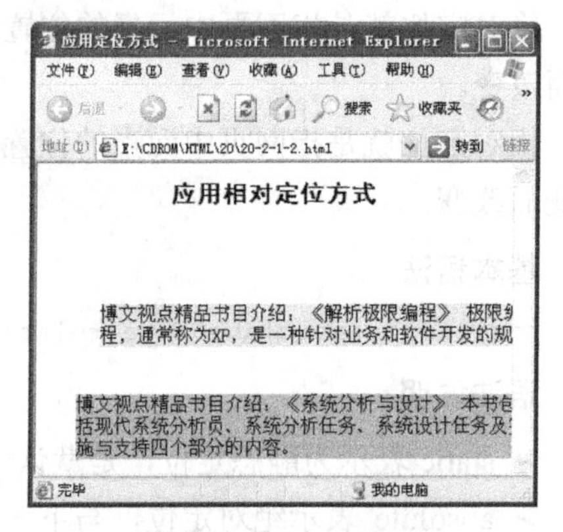

图 20-5　应用相对定位方式

效果说明

在图 20-4 的源代码基础上，只要把类样式 d1 和 d2 中定位方式语句由 position:absolute 改为 position:relative，就变成了图 20-5。但从两图的效果来看，差距是很大的，这主要是因为两个定位方式所参照的标准不一样，绝对定位是以网页的左上角为参照点，而相对定位是以其相近的元素为参照点。

20.2.2 设置位置——top、bottom、right、left

只有在元素的位置属性和定位属性共同作用下，才可以确定某元素的具体位置。所以学习设置元素的位置属性是很有必要的。

基本语法

```
top:auto|长度值|百分比
bottom: auto|长度值|百分比
left: auto|长度值|百分比
right: auto|长度值|百分比
```

语法说明

- top、bottom、left、right 属性分别表示对象与其他对象的顶部、底部、左边和右边的相对位置。
- auto 表示采用默认值。
- 长度值包括数字和长度单位。
- 百分比作为属性值，是一个相对值。

实例代码（代码位置：CDROM\HTML\20\20-2-2.html）

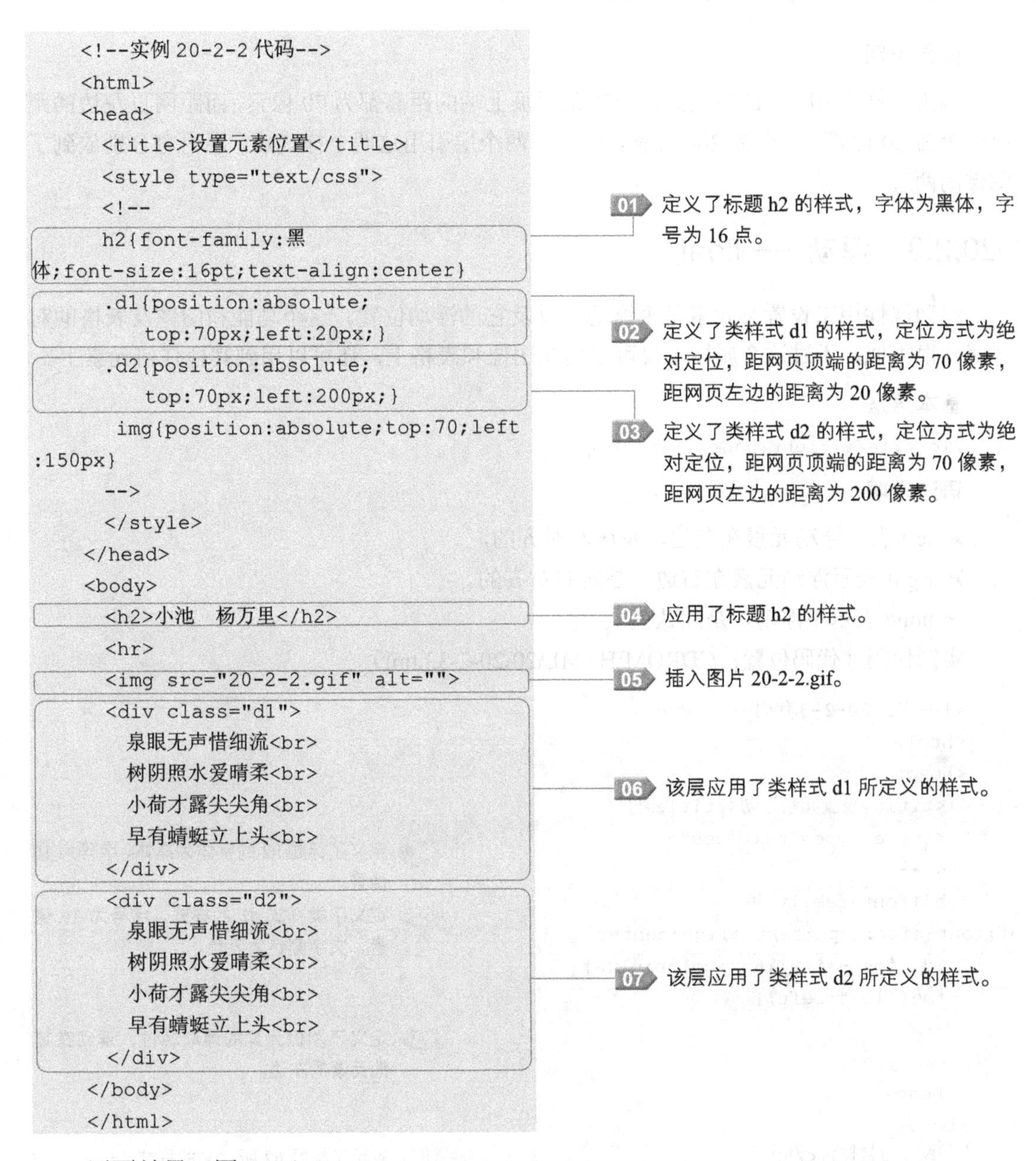

```
<!--实例 20-2-2 代码-->
<html>
<head>
  <title>设置元素位置</title>
  <style type="text/css">
  <!--
  h2{font-family:黑
体;font-size:16pt;text-align:center}
  .d1{position:absolute;
     top:70px;left:20px;}
  .d2{position:absolute;
     top:70px;left:200px;}
   img{position:absolute;top:70;left
:150px}
  -->
  </style>
</head>
<body>
  <h2>小池　杨万里</h2>
  <hr>
  <img src="20-2-2.gif" alt="">
  <div class="d1">
    泉眼无声惜细流<br>
    树阴照水爱晴柔<br>
    小荷才露尖尖角<br>
    早有蜻蜓立上头<br>
  </div>
  <div class="d2">
    泉眼无声惜细流<br>
    树阴照水爱晴柔<br>
    小荷才露尖尖角<br>
    早有蜻蜓立上头<br>
  </div>
</body>
</html>
```

01 定义了标题 h2 的样式，字体为黑体，字号为 16 点。

02 定义了类样式 d1 的样式，定位方式为绝对定位，距网页顶端的距离为 70 像素，距网页左边的距离为 20 像素。

03 定义了类样式 d2 的样式，定位方式为绝对定位，距网页顶端的距离为 70 像素，距网页左边的距离为 200 像素。

04 应用了标题 h2 的样式。

05 插入图片 20-2-2.gif。

06 该层应用了类样式 d1 所定义的样式。

07 该层应用了类样式 d2 所定义的样式。

网页效果（图 20-6）

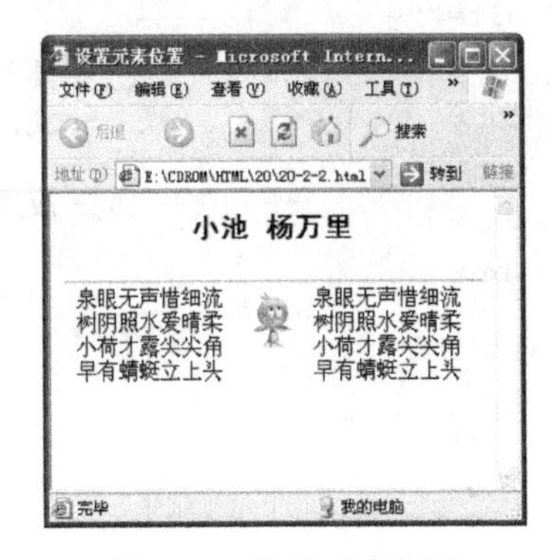

图 20-6　设置元素位置

效果说明

因为类样式 d1 和 d2 所定义的位置距网页上端的距离都为 70 像素，而距网页左边的距离一个为 20 像素，一个为 200 像素，所以在两个层引用这两个样式后，层内容分别放到了图像的两边。

20.2.3 浮动——float

浮动属性用来设置某元素是否浮动，以及它的浮动位置。这个功能和图像及表格的对齐属性很类似，不过这个属性不仅可以用在图像和表格上，还可以用到其他任何元素上。

基本语法

```
float:left|right|none
```

语法说明

- left 表示浮动元素在左边，是居左对齐的。
- right 表示浮动元素在右边，是居右对齐的。
- none 表示不浮动，是默认值。

实例代码（代码位置：CDROM\HTML\20\20-2-3.html）

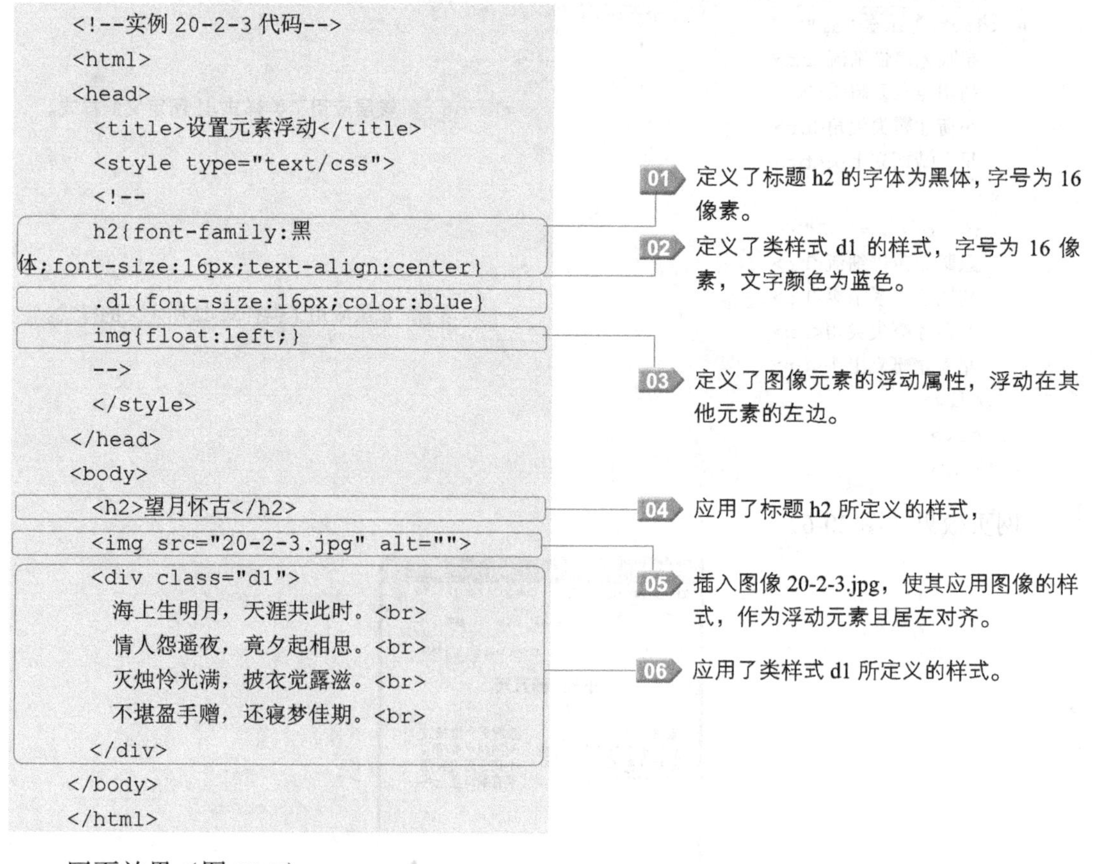

```
<!--实例 20-2-3 代码-->
<html>
<head>
  <title>设置元素浮动</title>
  <style type="text/css">
  <!--
  h2{font-family:黑
体;font-size:16px;text-align:center}
  .d1{font-size:16px;color:blue}
  img{float:left;}
  -->
  </style>
</head>
<body>
  <h2>望月怀古</h2>
  <img src="20-2-3.jpg" alt="">
  <div class="d1">
    海上生明月，天涯共此时。<br>
    情人怨遥夜，竟夕起相思。<br>
    灭烛怜光满，披衣觉露滋。<br>
    不堪盈手赠，还寝梦佳期。<br>
  </div>
</body>
</html>
```

01 定义了标题 h2 的字体为黑体，字号为 16 像素。

02 定义了类样式 d1 的样式，字号为 16 像素，文字颜色为蓝色。

03 定义了图像元素的浮动属性，浮动在其他元素的左边。

04 应用了标题 h2 所定义的样式，

05 插入图像 20-2-3.jpg，使其应用图像的样式，作为浮动元素且居左对齐。

06 应用了类样式 d1 所定义的样式。

网页效果（图 20-7）

图 20-7　设置元素浮动

效果说明

实例 20-2-3 代码中 img{float:left}定义了图像的浮动属性为浮动在元素的左边，所以图像 20-2-3.jpg 浮动到了文字内容的左边，即居左对齐。

20.2.4　清除——clear

清除属性表示是否允许在某个元素周围有浮动元素。其和浮动属性是一对相对立的属性，浮动属性用来设置某个元素的浮动位置，而清除属性则是要去掉某个位置的浮动元素。

基本语法

```
clear:left|right|both|none
```

语法说明

- left 表示不允许在某元素的左边有浮动元素。
- right 表示不允许在某元素的右边有浮动元素。
- both 表示在某元素左右两边都不允许有浮动元素。
- none 表示在某元素左右两边都允许有浮动元素。

实例代码（代码位置：CDROM\HTML\20\20-2-4.html）

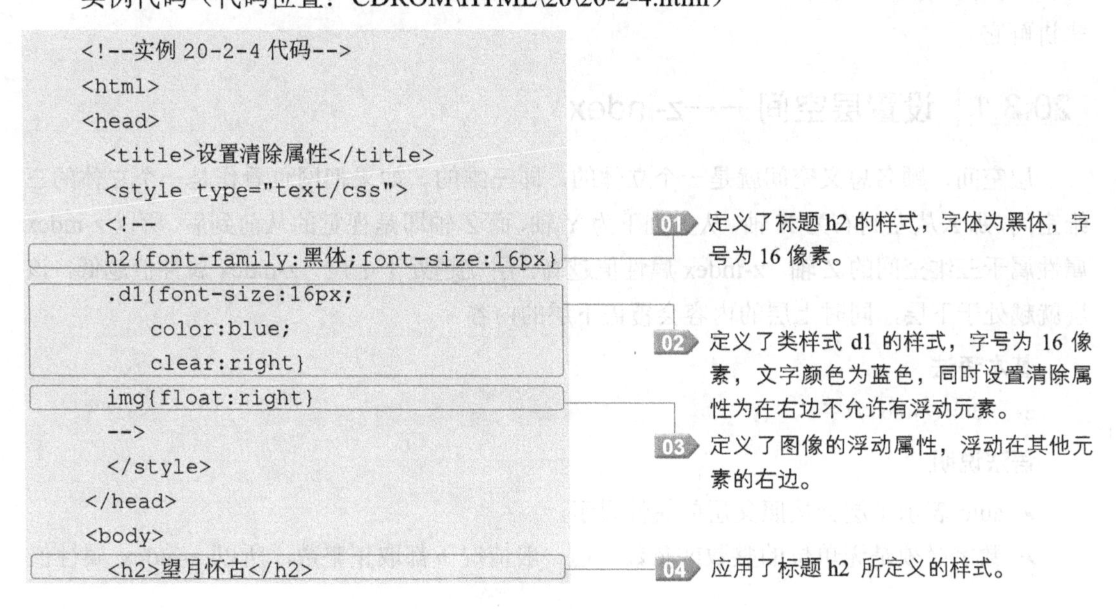

```
<!--实例 20-2-4 代码-->
<html>
<head>
  <title>设置清除属性</title>
  <style type="text/css">
  <!--
  h2{font-family:黑体;font-size:16px}
  .d1{font-size:16px;
     color:blue;
     clear:right}
  img{float:right}
  -->
  </style>
</head>
<body>
  <h2>望月怀古</h2>
```

01 定义了标题 h2 的样式，字体为黑体，字号为 16 像素。

02 定义了类样式 d1 的样式，字号为 16 像素，文字颜色为蓝色，同时设置清除属性为在右边不允许有浮动元素。

03 定义了图像的浮动属性，浮动在其他元素的右边。

04 应用了标题 h2 所定义的样式。

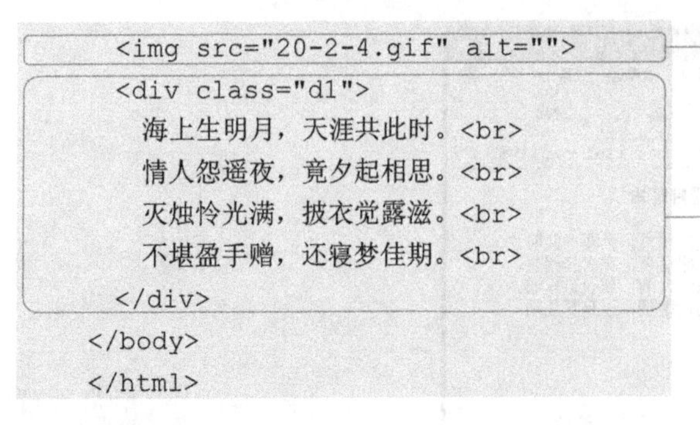

```
    <img src="20-2-4.gif" alt="">
    <div class="d1">
      海上生明月，天涯共此时。<br>
      情人怨遥夜，竟夕起相思。<br>
      灭烛怜光满，披衣觉露滋。<br>
      不堪盈手赠，还寝梦佳期。<br>
    </div>
  </body>
  </html>
```

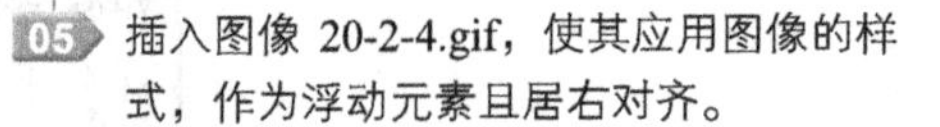

05 插入图像 20-2-4.gif，使其应用图像的样式，作为浮动元素且居右对齐。

06 应用了类样式 d2 所定义的样式。

网页效果（图 20-8）

效果说明

在图 20-8 的效果图中，图像 20-2-4 本身应用了浮动属性是浮动在其他内容的右边，但是因为这段文字应用了 d1 所定义的样式，不允许在该内容右边有浮动元素，所以图像 20-2-4 浮动到了应用 d1 所定义样式的内容上面，且还是居右对齐。

图 20-8　设置清除属性

20.3　CSS 层

用<div>标记定义层元素以后，还可以使用层的属性来设置层的样式。层的属性主要包括层空间、层裁剪、层大小、层溢出和层可见等。但在讲解这些属性之前，先来理解层的概念。

好多人提到层的概念，好像有种可意会而不可言传的感觉，其实一个层就可以理解为一张纸，多个层就是多张纸。在 CSS 中，层是由位于同一个平面的元素组成的，这里的元素包括图像、文字、表格及其他网页元素。这个概念也很类似于 Photoshop 中图层的概念，我们都知道，在 Photoshop 中上面的图层将会覆盖下面的图层，所以调整图层的先后顺序是很重要的。然而在 CSS 中，层的先后顺序是由层空间属性 z-index 来确定的，所以要先来讲解它。

20.3.1　设置层空间——z-index

层空间，顾名思义空间就是一个立体的，即三维的。如果把网页看作是一个立体的三维空间，那么从左到右为 X 轴，从上到下为 Y 轴，而 Z 轴即是视觉的从前到后。所以 z-index 属性属于三维空间的 Z 轴。z-index 属性值越高，层就越处于上层，z-index 属性值越低，该层就越处于下层，同时上层的内容会覆盖下层的内容。

基本语法

```
z-index:auto|数字
```

语法说明

- auto 表示子层会按照父层的属性显示。
- 数字必须是无单位的整数或负数，但一般情况下都取正整数，所以 z-index 属性值为 1 的层位于最下层。

实例代码（代码位置：CDROM\HTML\20\20-3-1.html）

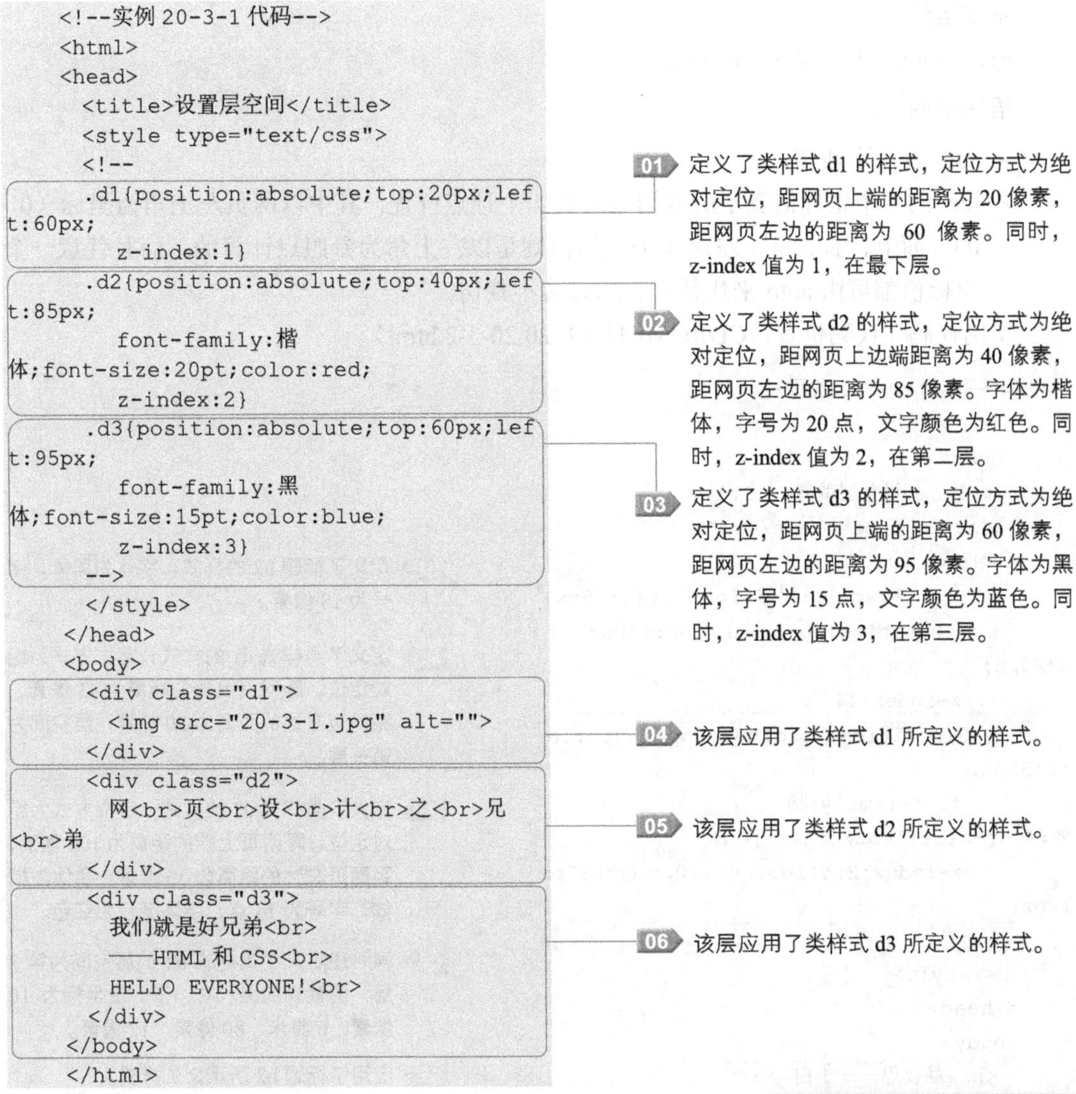

```
<!--实例 20-3-1 代码-->
<html>
<head>
  <title>设置层空间</title>
  <style type="text/css">
  <!--
  .d1{position:absolute;top:20px;left:60px;
     z-index:1}
  .d2{position:absolute;top:40px;left:85px;
     font-family:楷体;font-size:20pt;color:red;
     z-index:2}
  .d3{position:absolute;top:60px;left:95px;
     font-family:黑体;font-size:15pt;color:blue;
     z-index:3}
  -->
  </style>
</head>
<body>
  <div class="d1">
    <img src="20-3-1.jpg" alt="">
  </div>
  <div class="d2">
    网<br>页<br>设<br>计<br>之<br>兄<br>弟
  </div>
  <div class="d3">
    我们就是好兄弟<br>
    ——HTML 和 CSS<br>
    HELLO EVERYONE!<br>
  </div>
</body>
</html>
```

01 定义了类样式 d1 的样式，定位方式为绝对定位，距网页上端的距离为 20 像素，距网页左边的距离为 60 像素。同时，z-index 值为 1，在最下层。

02 定义了类样式 d2 的样式，定位方式为绝对定位，距网页上边端距离为 40 像素，距网页左边的距离为 85 像素。字体为楷体，字号为 20 点，文字颜色为红色。同时，z-index 值为 2，在第二层。

03 定义了类样式 d3 的样式，定位方式为绝对定位，距网页上端的距离为 60 像素，距网页左边的距离为 95 像素。字体为黑体，字号为 15 点，文字颜色为蓝色。同时，z-index 值为 3，在第三层。

04 该层应用了类样式 d1 所定义的样式。

05 该层应用了类样式 d2 所定义的样式。

06 该层应用了类样式 d3 所定义的样式。

网页效果（图 20-9）

效果说明

在“图 20-9 设置层空间”中，第三层的内容覆盖在第二层和第一层内容上面，第二层的内容又覆盖在第一层内容上面，所以从视觉角度会有立体感。

20.3.2 设置层裁切——clip

层裁切，是 CSS 中的一种裁剪方法，将需要的部分留下，不需要的部分裁掉，同时裁切的部分一定是一个矩形区域，而矩形区域的大小则是由上、右、下、左 4 个顶点的坐标来确定。

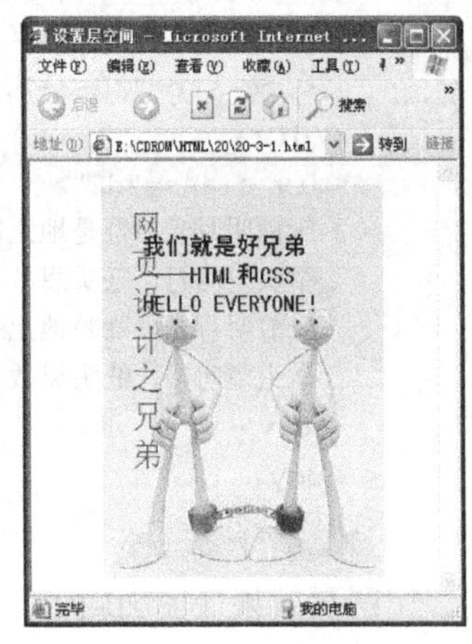

图 20-9　设置层空间

关于该属性还有一点要说明的是，属性值只有在定位属性 position 的值设定为绝对定位时，才可起作用。

基本语法

```
clip:rect{<上>|<右>|<下>|<左>} |auto
```

语法说明

- auto 表示不裁切。
- rect 的 4 个坐标值表示所裁切矩形的 4 个顶点位置，其中以网页左上角为坐标（0，0），而上、右、下、左这 4 个坐标值则是以左上角为参照点计算的。而且任意一个坐标值都可由 auto 来代替，表示该边不裁切。

实例代码（代码位置：CDROM\HTML\20\20-3-2.html）

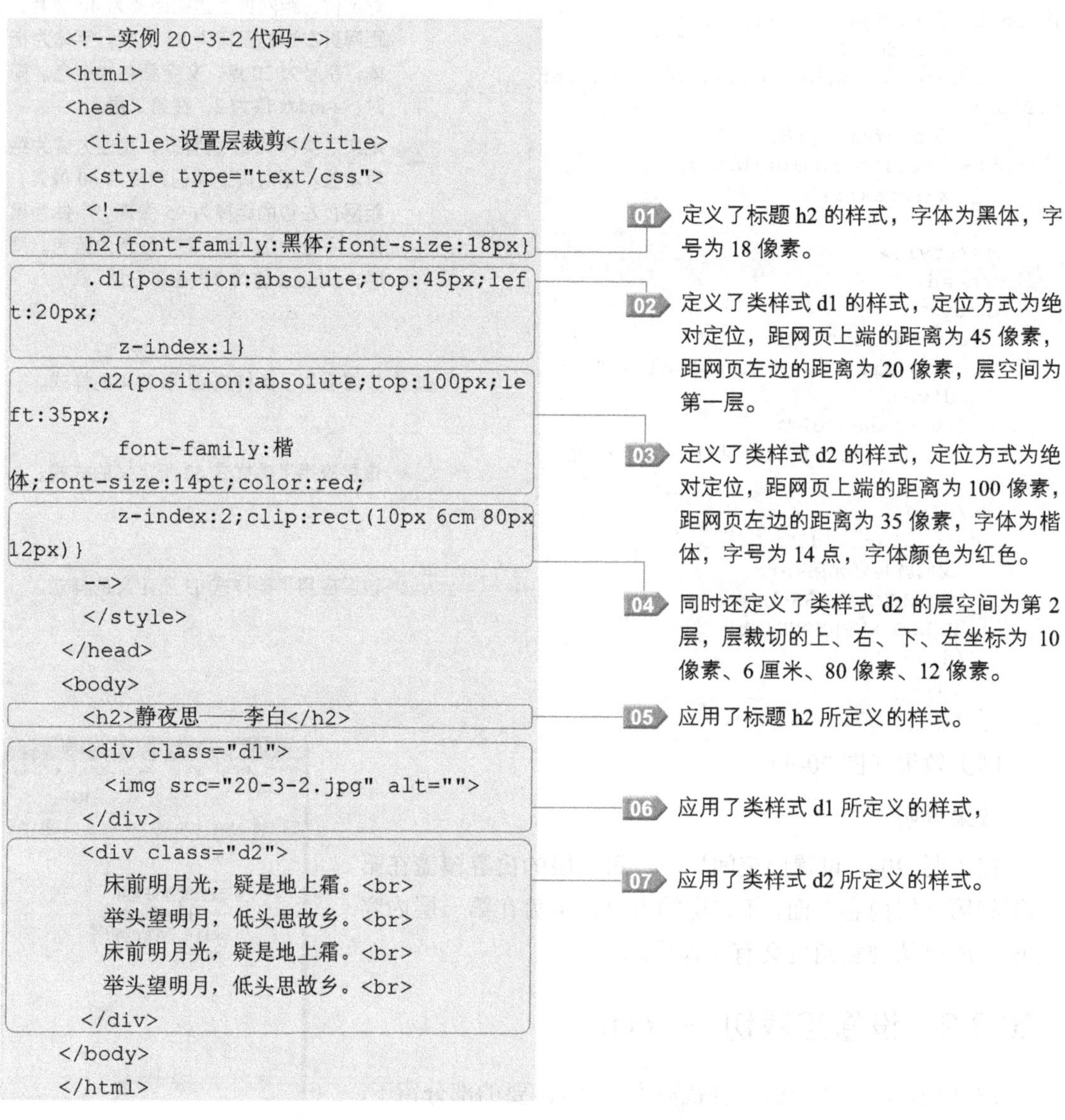

```
<!--实例 20-3-2 代码-->
<html>
<head>
  <title>设置层裁剪</title>
  <style type="text/css">
  <!--
  h2{font-family:黑体;font-size:18px}
  .d1{position:absolute;top:45px;left:20px;
      z-index:1}
  .d2{position:absolute;top:100px;left:35px;
      font-family:楷体;font-size:14pt;color:red;
      z-index:2;clip:rect(10px 6cm 80px 12px)}
  -->
  </style>
</head>
<body>
  <h2>静夜思——李白</h2>
  <div class="d1">
    <img src="20-3-2.jpg" alt="">
  </div>
  <div class="d2">
    床前明月光，疑是地上霜。<br>
    举头望明月，低头思故乡。<br>
    床前明月光，疑是地上霜。<br>
    举头望明月，低头思故乡。<br>
  </div>
</body>
</html>
```

01 定义了标题 h2 的样式，字体为黑体，字号为 18 像素。

02 定义了类样式 d1 的样式，定位方式为绝对定位，距网页上端的距离为 45 像素，距网页左边的距离为 20 像素，层空间为第一层。

03 定义了类样式 d2 的样式，定位方式为绝对定位，距网页上端的距离为 100 像素，距网页左边的距离为 35 像素，字体为楷体，字号为 14 点，字体颜色为红色。

04 同时还定义了类样式 d2 的层空间为第 2 层，层裁切的上、右、下、左坐标为 10 像素、6 厘米、80 像素、12 像素。

05 应用了标题 h2 所定义的样式。

06 应用了类样式 d1 所定义的样式，

07 应用了类样式 d2 所定义的样式。

网页效果（图 20-10）

效果说明

层裁切的矩形区域坐标值说明，上坐标 10 像素是指矩形的上边距网页上边的距离；右坐标 6 厘米是指矩形的右边距网页左边的距离为 6 厘米；下坐标 80 像素是指矩形的下边距网页的上边的距离；左坐标 12 像素是指矩形的左边距网页左边的距离为 12 像素。

图 20-10　设置层裁切

20.3.3　设置层大小—width、height

层的大小主要是由宽度和高度决定，所以包括的属性为 width 和 height。

基本语法

```
width:auto|长度
height:auto|长度
```

语法说明

- width 表示的是宽度，而 height 表示的是高度。
- auto 表示自动设置长度。
- 长度包括长度值和单位。
- 长度也可使用相对值中的百分比。

实例代码（代码位置：CDROM\HTML\20\20-3-3.html）

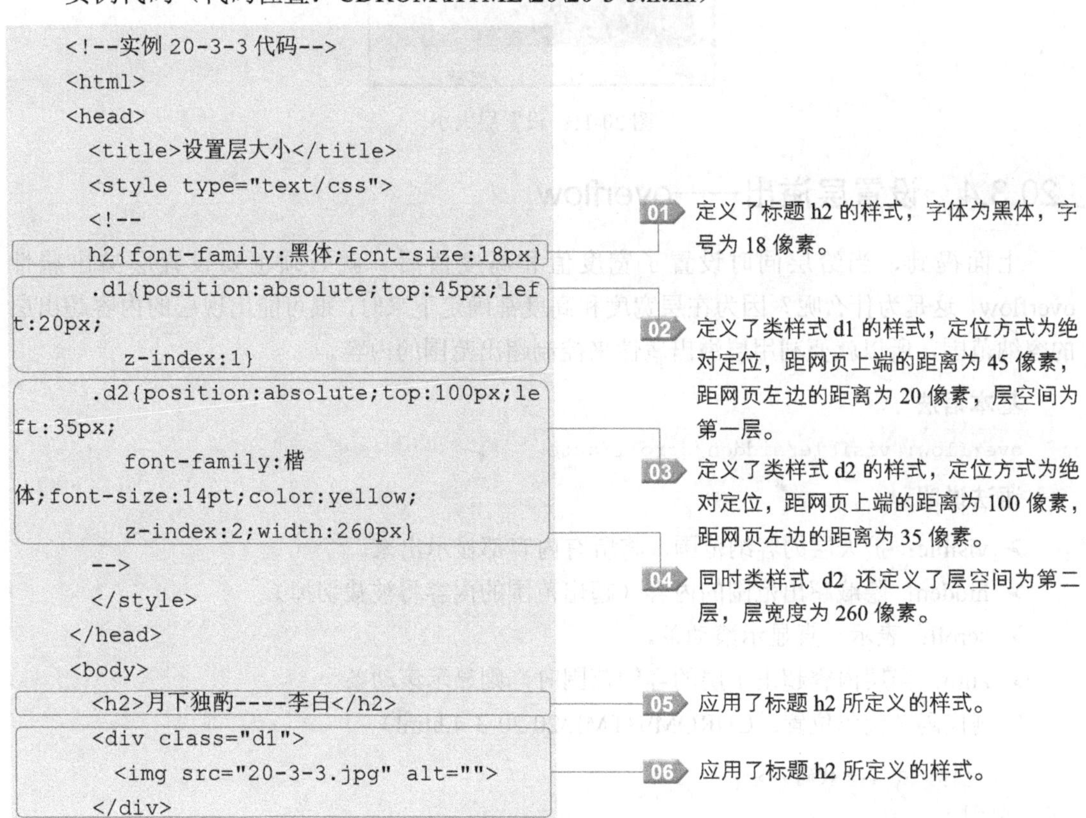

```
<!--实例 20-3-3 代码-->
<html>
<head>
  <title>设置层大小</title>
  <style type="text/css">
  <!--
  h2{font-family:黑体;font-size:18px}
  .d1{position:absolute;top:45px;lef
t:20px;
     z-index:1}
  .d2{position:absolute;top:100px;le
ft:35px;
     font-family:楷
体;font-size:14pt;color:yellow;
     z-index:2;width:260px}
  -->
  </style>
</head>
<body>
  <h2>月下独酌----李白</h2>
  <div class="d1">
    <img src="20-3-3.jpg" alt="">
  </div>
```

01 定义了标题 h2 的样式，字体为黑体，字号为 18 像素。

02 定义了类样式 d1 的样式，定位方式为绝对定位，距网页上端的距离为 45 像素，距网页左边的距离为 20 像素，层空间为第一层。

03 定义了类样式 d2 的样式，定位方式为绝对定位，距网页上端的距离为 100 像素，距网页左边的距离为 35 像素。

04 同时类样式 d2 还定义了层空间为第二层，层宽度为 260 像素。

05 应用了标题 h2 所定义的样式。

06 应用了标题 h2 所定义的样式。

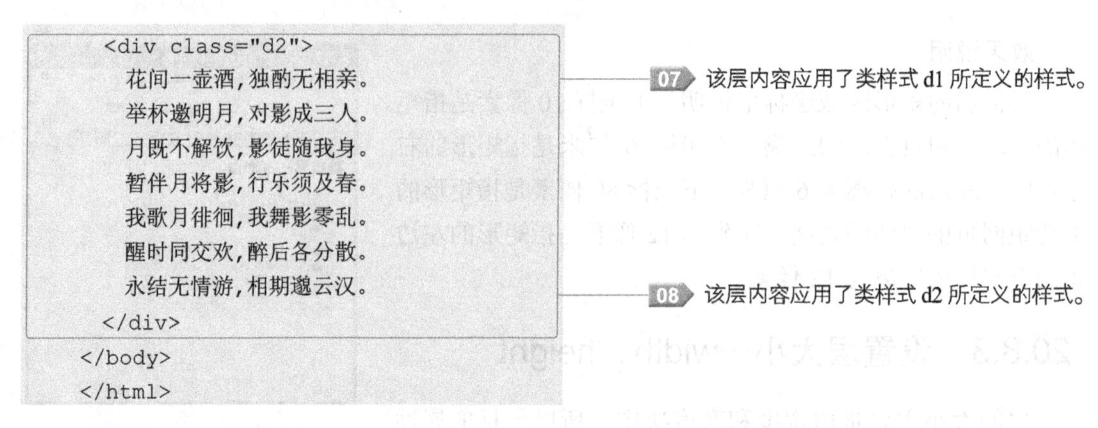

```
    <div class="d2">
      花间一壶酒，独酌无相亲。
      举杯邀明月，对影成三人。
      月既不解饮，影徒随我身。
      暂伴月将影，行乐须及春。
      我歌月徘徊，我舞影零乱。
      醒时同交欢，醉后各分散。
      永结无情游，相期邈云汉。
    </div>
  </body>
  </html>
```

07 该层内容应用了类样式 d1 所定义的样式。

08 该层内容应用了类样式 d2 所定义的样式。

网页效果（图 20-11）

注意：对于每个层在设置层大小时，其中只能设置宽度和高度中的一个值，另一个值则自动获得。如果两个值都设置了，则还要同时设置层溢出属性 overflow。

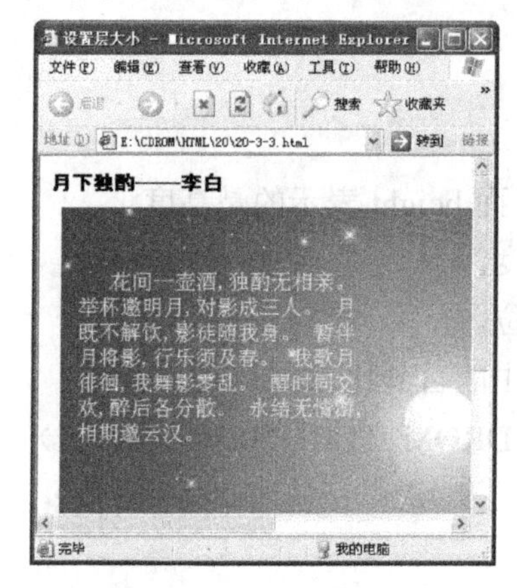

图 20-11 设置层大小

20.3.4 设置层溢出——overflow

上面提到，当给层同时设置了宽度值和高度值后，就必须也要设置层溢出属性 overflow。这是为什么呢？因为在层宽度和高度都确定下来时，很可能出现层的内容超出层的容纳范围，所以就要利用层溢出属性来控制超出范围的内容。

基本语法

```
overflow: visible/hidden/scroll/auto
```

语法说明

- visible：扩大层的容纳范围，将所有内容都显示出来。
- hidden：隐藏超出范围的内容（超出范围的内容将被裁切掉）。
- scroll：表示一直显示滚动条。
- auto：当层内容超出了层的容纳范围时，则显示滚动条。

实例代码（代码位置：CDROM\HTML\20\20-3-4.html）

```
<!--实例 20-3-4 代码-->
<html>
```

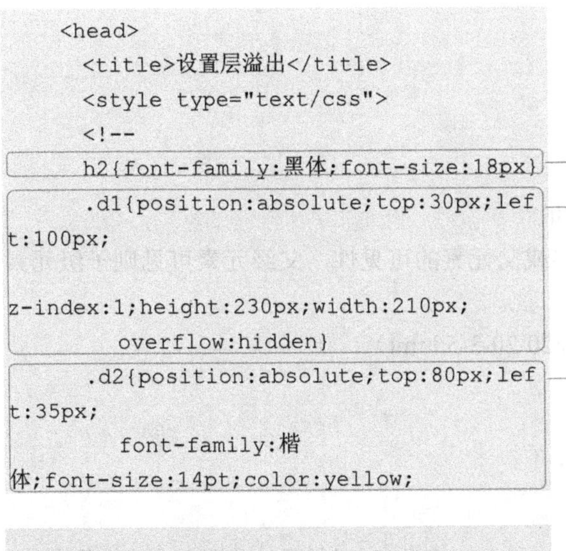

```
    <head>
      <title>设置层溢出</title>
      <style type="text/css">
      <!--
      h2{font-family:黑体;font-size:18px}
      .d1{position:absolute;top:30px;lef
t:100px;

z-index:1;height:230px;width:210px;
         overflow:hidden}
      .d2{position:absolute;top:80px;lef
t:35px;
         font-family:楷
体;font-size:14pt;color:yellow;
```

01 定义了标题 h2 的样式，字体为黑体，字号为 18 像素。

02 定义了类样式 d1 的样式，定位方式为绝对定位，距网页上端的距离为 30 像素，距网页左边的距离为 100 像素，层空间为第一层，层高度为 230 像素，层宽度为 210 像素，同时层溢出设置为隐藏超出范围的内容。

03 定义了类样式 d2 的样式，定位方式为绝对定位，距网页上端的距离为 80 像素，距网页左边的距离为 35 像素，字体为楷体，字号为 14 像素，字体颜色为黄色。

```
z-index:2;width:250px;height:90px;
         overflow:scroll}
      -->
      </style>
    </head>
    <body>
      <h2>生查子——欧阳修</h2>
      <div class="d1">
        <img src="20-3-4.jpg" alt="">
      </div>
      <div class="d2">
        去年元夜时，花市灯如昼。<br>
        月上柳梢头，人约黄昏后。<br>
        今年元夜时，月与灯依旧。<br>
        不见去年人，泪湿春衫袖。
      </div>
    </body>
    </html>
```

04 同时类样式 d2 还定义了层空间为第二层，层宽度为 250 像素，层高度为 90 像素，层溢出设置为总显示滚动条。

05 应用了标题 h2 所定义的样式。

06 该层应用了类样式 d1 所定义的样式。

07 该层应用了类样式 d2 所定义的样式。

网页效果（图 20-12）

效果说明

图 20-12 的效果中，图像所在的层，层溢出属性为 hidden，所以超出范围的内容被隐藏；而文字所在的层，层溢出属性为 scroll，所以滚动条一直会显示。

图 20-12　设置层溢出

20.3.5 设置层可见——visibility

可见属性 visibility 用来设置层和其他元素的可见性。同时也可设置嵌套层的可见，子层会继承父层的可见性。同理如果某元素要可见，则该元素的父元素必须也是可见的。

基本语法

```
visibility:visible|hidden|inherit
```

语法说明

- visible 表示该层是可见的。
- hidden 表示该层被隐藏，是不可见的。
- inherit 表示子层或子元素会继承父层或父元素的可见性，父级元素可见则子级元素也可见。

实例代码（代码位置：CDROM\HTML\20\20-3-5.html）

```
<!--实例 20-3-5 代码-->
<html>
<head>
  <title>设置层可见</title>
  <style type="text/css">
  <!--
  h2{font-family:黑体;font-size:16pt}
  .d1{position:absolute;top:35px;left:8px;
     z-index:1;visibility:hidden}
  .d2{position:absolute;top:70px;left:50px;
     font-size:15px;color:blue;
     z-index:2;visibility:visible}
  .d2 img{visibility:inherit;float:right}
  -->
  </style>
</head>
<body>
  <h2>水调歌头——苏轼</h2>
  <div class="d1">
    <img src="20-3-5-1.jpg" alt="">
  </div>
  <div class="d2">
    明月几时有？把酒问青天。<br>
    不知天上宫阙，今夕是何年。<br>
    我欲乘风归去，又恐琼楼玉宇，
    高处不胜寒，起舞弄清影，何似在人间。<br>
    转朱阁，抵绮户，照无眠。<br>
    不应有恨，何事偏向别时圆。<br>
    人有悲欢离合，月有阴晴圆缺，此事古难全。<br>
    但愿人长久，千里共婵娟。<br>
    <img src="20-3-5-2.gif" alt="">
  </div>
</body>
</html>
```

01 定义了标题 h2 的样式，字体为黑体，字号为 16 点。

02 如果将这里的可见属性设置为 visible，则效果图变为了"图 20-14"。

03 定义了类样式 d1 的样式，定位方式为绝对定位，距网页上端距离为 35 像素，距网页左边的距离为 8 像素，层空间为第一层，层可见性设置为隐藏。

04 定义了类样式 d2 的样式，定位方式为绝对定位，距网页上端的距离为 70 像素，距网页左边的距离为 50 像素，字号为 15 像素，字体颜色为蓝色。层空间为第二层，层的可见性为可见。

05 设置图像的可见属性为继承父级元素的可见性。

06 应用了标题 h2 所定义的样式。

07 该层应用了类样式 d1 所定义的样式。

08 插入图像 20-3-5-2.gif，并且设置图像为右对齐，可见性继承 d2 所定义的属性为可见。

09 该层应用了类样式 d2 所定义的样式，

网页效果（图 20-13）

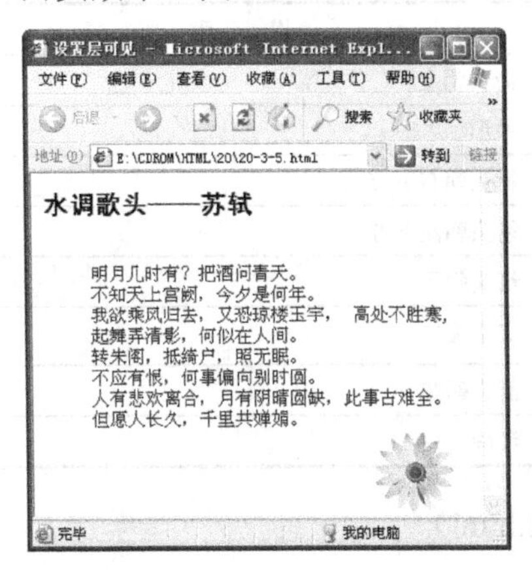

图 20-13　设置层可见

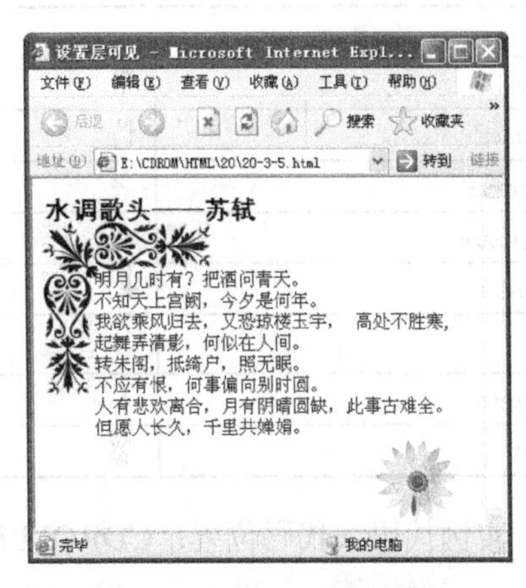

图 20-14　修改可见属性值

效果说明

图20-14的效果是在图20-13的代码基础上将d1样式中的可见性visibility属性由hidden修改为visible。所以图像20-3-5-1.jpg在图20-13中被隐藏，而在图20-14中是可见的。

20.4　鼠标指针——cursor

网页中，鼠标指针有不同的形状，不同的形状又代表着不同的意义。而这种特殊的样式定义，只有在CSS中利用cursor属性才可以实现，HTML是没有这项功能的。cursor属性是专门为鼠标设定的，其主要用来设置当鼠标移动到某个对象元素上时，所显示出的鼠标指针形状。

基本语法

```
cursor:auto|关键字|URL（图像地址）
```

语法说明

- auto 表示根据对象元素的内容自动选择鼠标指针形状。
- URL（图像地址）表示选取自定义的图像作为鼠标指针的形状。
- 关键字共有 16 种，是系统预先定义好的鼠标指针形状，具体说明和形状见表 20-2。

表 20-2　鼠标指针关键字说明

关 键 字	指针形状	说　明
auto	自动获得	浏览器默认值
crosshair		精确定位
default		正常选择箭头
e-resize		箭头朝右
help		帮助选择
move		移动
ne-resize		箭头朝右上方
nw-resize		箭头朝左上方

续表

关 键 字	指针形状	说　明
n-resize		箭头朝上
pointer		手形
se-resize		箭头朝右下方
sw-resize		箭头朝左下方
s-resize		箭头朝下
text		文本选择
w-resize		箭头朝左
wait		等待

实例代码（代码位置：CDROM\HTML\20\20-4-1.html）

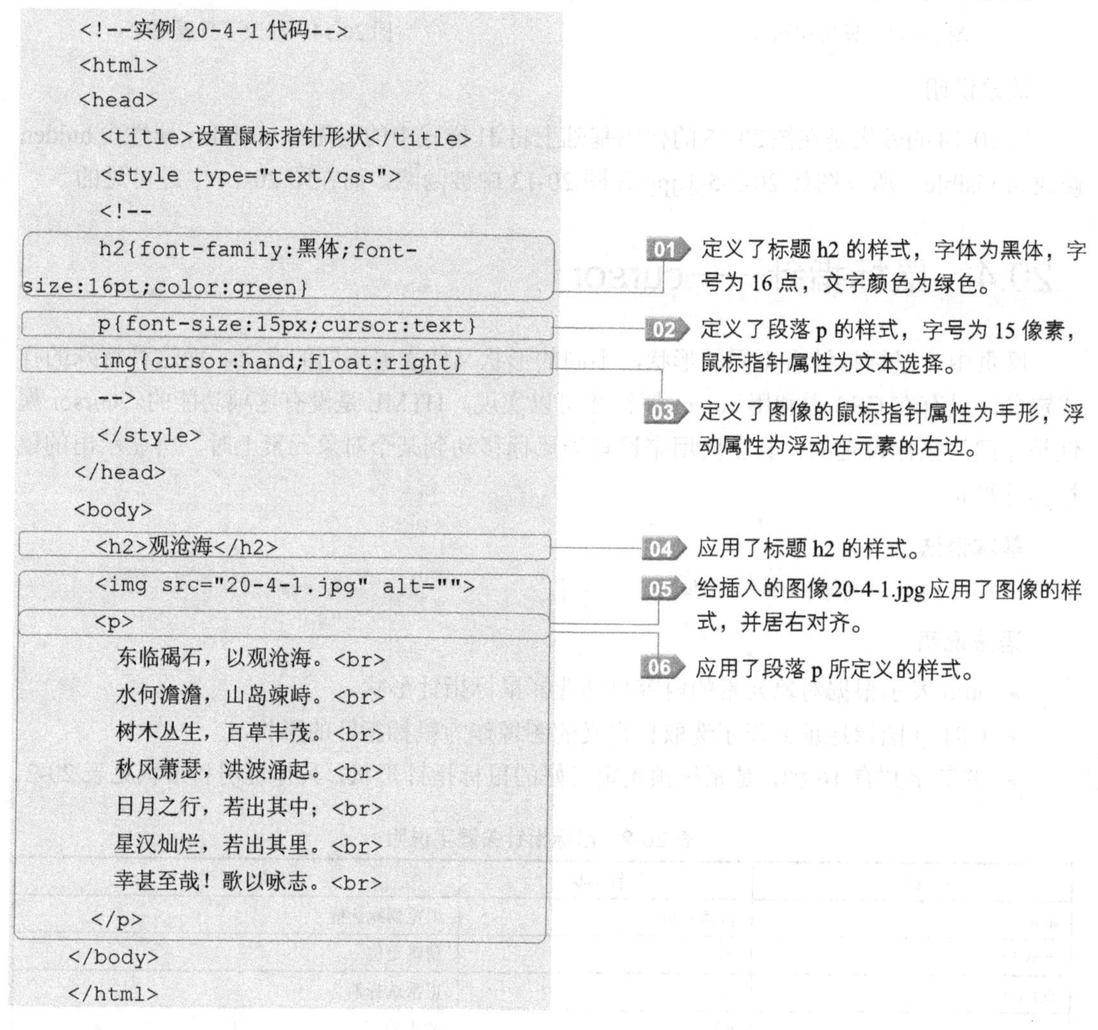

```
<!--实例 20-4-1 代码-->
<html>
<head>
 <title>设置鼠标指针形状</title>
 <style type="text/css">
 <!--
 h2{font-family:黑体;font-size:16pt;color:green}
 p{font-size:15px;cursor:text}
 img{cursor:hand;float:right}
 -->
 </style>
</head>
<body>
 <h2>观沧海</h2>
 <img src="20-4-1.jpg" alt="">
 <p>
  东临碣石，以观沧海。<br>
  水何澹澹，山岛竦峙。<br>
  树木丛生，百草丰茂。<br>
  秋风萧瑟，洪波涌起。<br>
  日月之行，若出其中；<br>
  星汉灿烂，若出其里。<br>
  幸甚至哉！歌以咏志。<br>
 </p>
</body>
</html>
```


网页效果（图 20-15）

效果说明

在实例 20-4-1 代码中分别为段落和图像定义了两个不同的鼠标指针形状，当鼠标指向图像时，鼠标指针变为手形，效果如图 20-15。当鼠标指向段落文字时，鼠标指针变为文本选择的形状，效果如图 20-16。

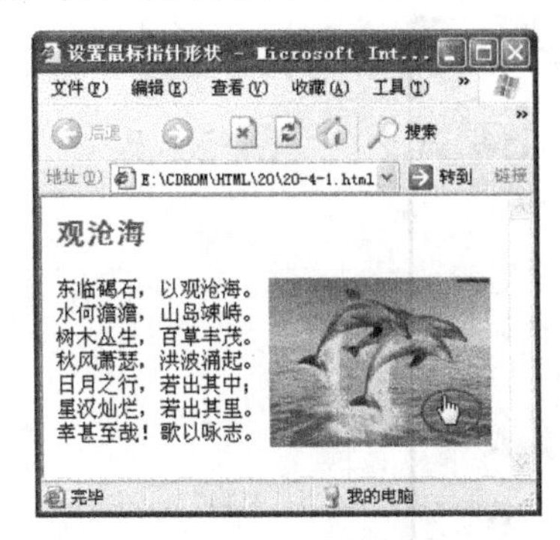

图 20-15　手形鼠标指针

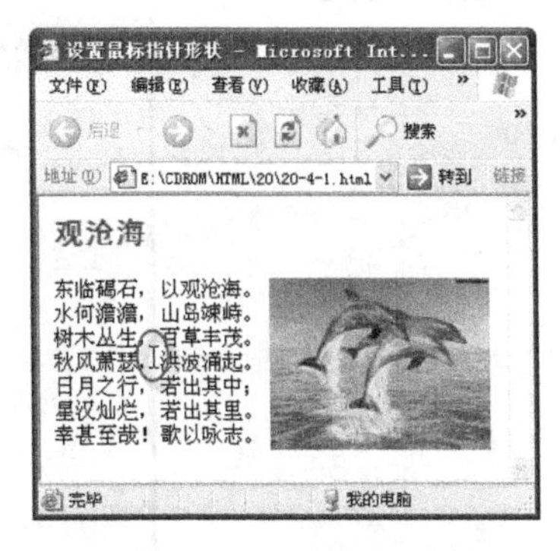

图 20-16　文本选择鼠标指针

20.5　小实例——综合设置层样式

实例代码（代码位置：CDROM\HTML\20\20-5-1.html）

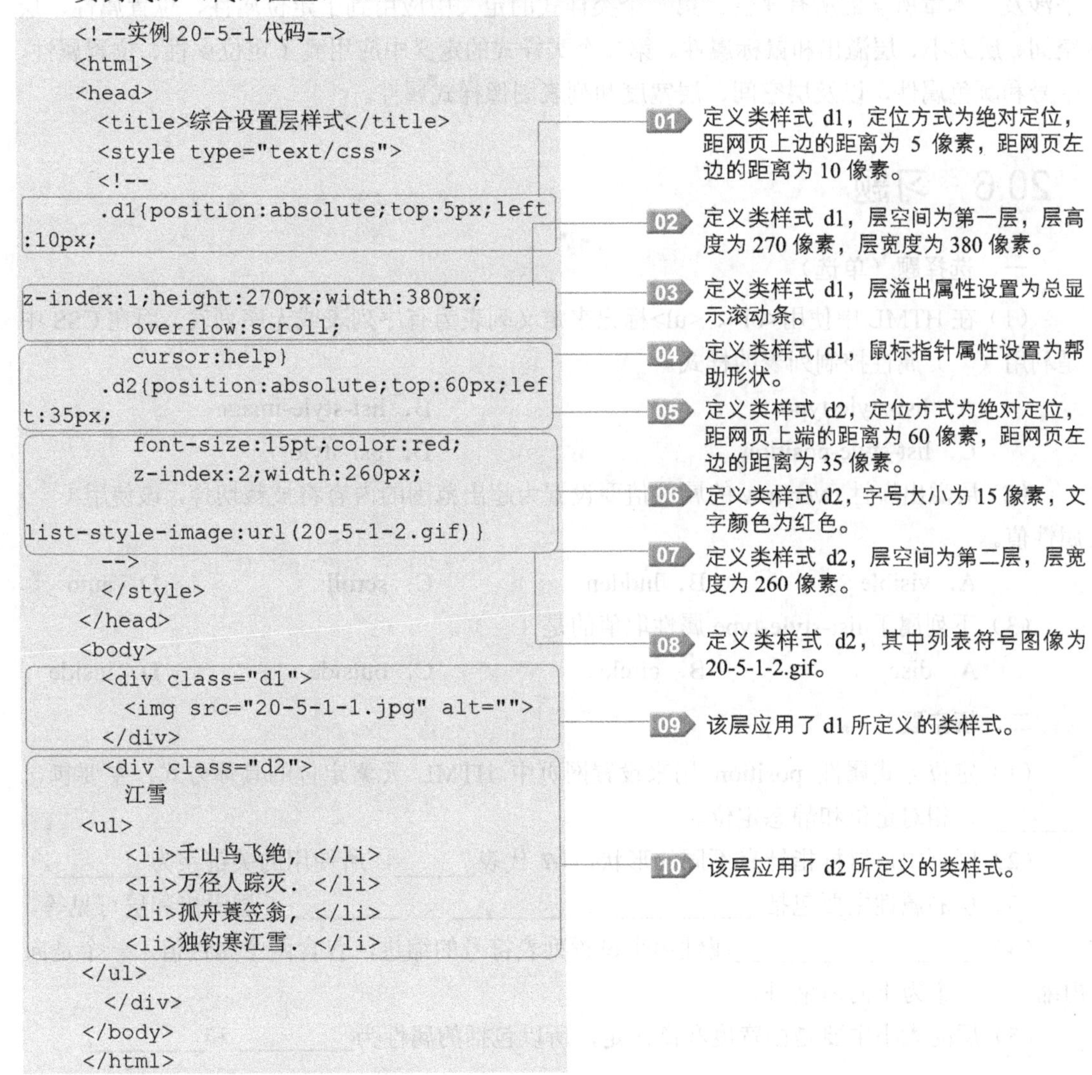

```
<!--实例 20-5-1 代码-->
<html>
<head>
  <title>综合设置层样式</title>
  <style type="text/css">
  <!--
  .d1{position:absolute;top:5px;left
:10px;

z-index:1;height:270px;width:380px;
     overflow:scroll;
     cursor:help}
  .d2{position:absolute;top:60px;lef
t:35px;
     font-size:15pt;color:red;
     z-index:2;width:260px;

list-style-image:url(20-5-1-2.gif)}
  -->
  </style>
</head>
<body>
  <div class="d1">
    <img src="20-5-1-1.jpg" alt="">
  </div>
  <div class="d2">
    江雪
  <ul>
    <li>千山鸟飞绝，</li>
    <li>万径人踪灭.</li>
    <li>孤舟蓑笠翁，</li>
    <li>独钓寒江雪.</li>
  </ul>
  </div>
</body>
</html>
```

网页效果（图 20-17）

图 20-17 综合设置层样式

效果说明

虽然图 20-17 的效果看上去并不复杂，但是在实例 20-5-1 代码中定义的两个类样式几乎涉及了本章所学的所有属性。第一个类样式的定义中应用到了定位属性、位置属性、层空间、层大小、层溢出和鼠标属性。第二个类样式的定义中应用到了定位属性、位置属性、字号和颜色属性，以及层空间、层宽度和列表图像样式属性。

20.6 习题

一、选择题（单选）

（1）在 HTML 中使用<ol>、<ul>标记来定义列表为有序列表或无序列表。而在 CSS 中是利用（ ）属性控制列表的样式。

A．list-style-type　　B．list-style-image
C．list-style-position　　D．list-style

（2）层溢出属性 overflow 的属性值要设置为超出范围的内容将被裁切掉，该使用（ ）属性值。

A．visible　　B．hidden　　C．scroll　　D．auto

（3）下列属于 list-style-type 属性取值的是（ ）。

A．disc　　B．circle　　C．outside　　D．inside

二、填空题

（1）定位方式属性 position 用来设置网页中 HTML 元素定位的具体方式，主要包含________、相对定位和静态定位。

（2）网页中，鼠标指针有不同的形状，↖? 代表______，所使用的关键字为_______。

（3）层的属性主要包括__________、_________、_________、层溢出和层可见等。

（4）_________________属性用来设置列表符号的缩进，包含两个属性值，一个是向内缩进，一个为不向内缩进。

（5）层的大小主要是由宽度和高决定，所以包括的属性为________和________。

三、上机题/问答题

（1）设计一个含有两个层的网页，而且要求层的大小不同。

（2）制作如图 20-18 所示的网页（最终效果见 CDROM/习题参考答案及效果/20/1.html）。

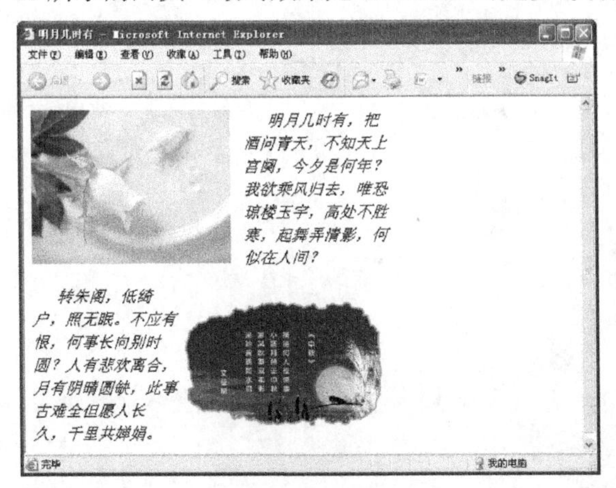

图 20-18　效果

（3）制作如图 20-19 所示的网页（最终效果见 CDROM/习题参考答案及效果/20/2.html）。

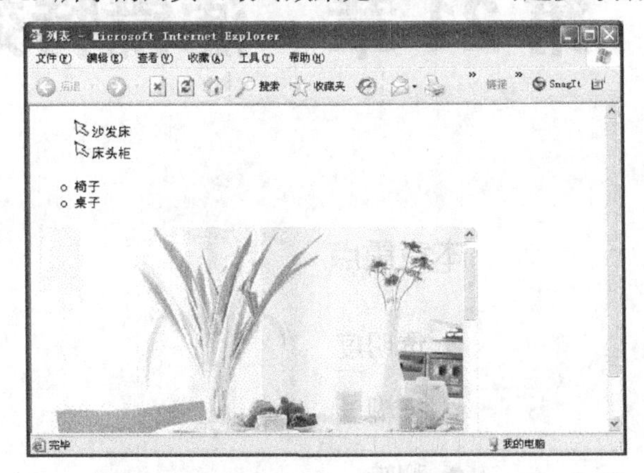

图 20-19　效果

（4）制作如图 20-20 所示的网页（最终效果见 CDROM/习题参考答案及效果/20/3.html）。

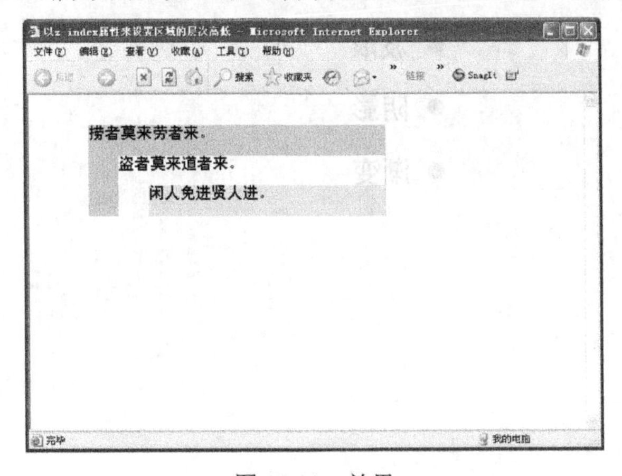

图 20-20　效果

第 21 章　滤镜特效的应用

本章重点

- 透明度
- 模糊
- 翻转
- 灰度
- 波浪
- 阴影
- 渐变

在汉语字典中，滤是指在一些辅助工具的作用下将含有的杂物除掉；镜则有两个含义，一是指用来反映形象的器具，二是指利用光学原理特制的各种器具。所以“滤镜”简单理解就是在镜的作用下使物质由混杂变为纯净。更准确地说，这里的“镜”应该取其第二个含义，主要利用光作用来过滤光或颜色，而不同的光作用又会产生不同的视觉效果，滤镜特效也就由此而产生了。这也是学习“滤镜”功能的首要目的，即了解如何利用不同的光作用使图像和文字呈现更多特效。如图 21-1 所示，为应用滤镜效果的前后对比图。

图 21-1 滤镜效果

滤镜（filter）被 CSS 引用，是微软对 CSS 功能的又一次扩展。这样在网页中只要利用简单的滤镜属性即可给 HTML 元素添加更多新颖别致的特殊效果。这些滤镜属性效果和 Photoshop 中的滤镜效果是很类似的，但不同的是利用 CSS 滤镜属性处理后的图像或文字不仅显示速度快，而且占用内存小。

基本语法：

```
filter:滤镜属性（参数 1，参数 2，……）
```

语法说明

- filter 是滤镜属性选择符。
- 滤镜属性包含有好多种，本章主要介绍的内容如表 21-1 所示。
- 参数值就是属性值，用来反映属性效果的，具体各个滤镜属性的参数值将在后面详细介绍。

表 21-1 滤镜属性表

滤镜属性	属性说明
alpha	透明和渐变效果
blur	快速移动的模糊效果
fliph/flipv	水平和垂直翻转效果
gray	灰度效果
invert	反转效果，类似底片

续表

滤镜属性	属性说明
xray	X 射线效果
wave	波浪效果
dropshadow	阴影效果
glow	边缘光晕效果
mask	遮罩效果
shadow	阴影渐变效果
chroma	颜色透明效果

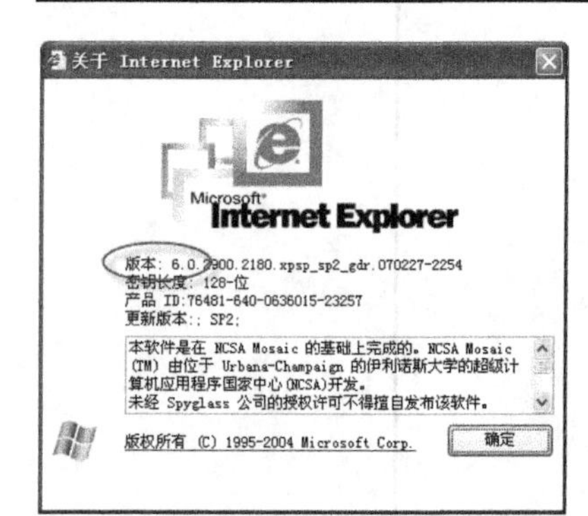

图 21-2　查看 IE 版本

提示：滤镜属性只有在 IE4.0 版本及 4.0 以上版本的浏览器中使用，才能实现滤镜的效果。所以在使用滤镜属性时，最好先查看一下浏览器的版本。方法很简单，只要打开浏览器，然后选择“帮助>关于 Internet Explorer”命令来查看，即打开的窗口如图 21-2 所示（此图示版本为 IE6.0）。

21.1　设置透明度——alpha

alpha 滤镜属性主要用来设置图片或文字的透明度和渐变效果。共包括 7 个参数，每个参数又有各自可选的参数值。

基本语法

```
filter:alpha(opacity=opacity, finishopacity=finishopacity, style=style,
startx=startx, starty=starty, finishx=finishx, finishy=finishy)
```

语法说明

➢ alpha 属性包含的参数说明见表 21-2。

表 21-2　alpha 滤镜参数说明

参　数	参数说明
opacity	代表透明度等级，参数值从 0 到 100，0 代表完全透明，100 代表完全不透明
finishopacity	是一个可选项，用来设置结束时的透明度，从而达到一种渐变效果，它的值也是从 0 到 100
style	指定透明区域的形状特征。其中 0 代表统一形状、1 代表线形、2 代表放射状、3 代表长方形
startx	代表渐变透明效果的开始 X 坐标
starty	代表渐变透明效果的开始 Y 坐标
finishx	代表渐变透明效果的结束 X 坐标
finishy	代表渐变透明效果的结束 Y 坐标

实例代码（代码位置：CDROM\HTML\21\21-1-1.html）

```
<!--实例 21-1-1 代码-->
<html>
<head>
```

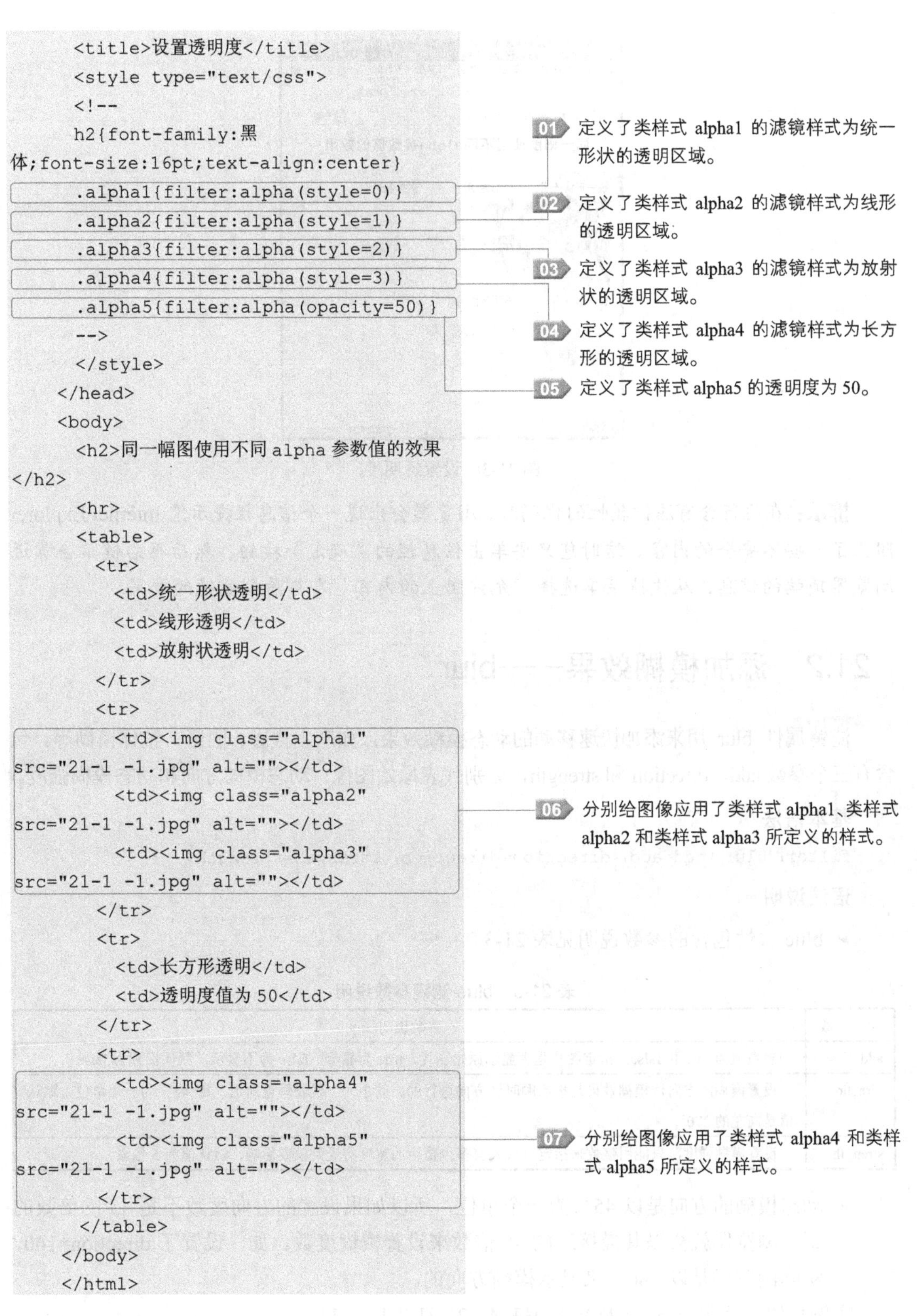

```
    <title>设置透明度</title>
    <style type="text/css">
    <!--
    h2{font-family:黑
体;font-size:16pt;text-align:center}
    .alpha1{filter:alpha(style=0)}
    .alpha2{filter:alpha(style=1)}
    .alpha3{filter:alpha(style=2)}
    .alpha4{filter:alpha(style=3)}
    .alpha5{filter:alpha(opacity=50)}
    -->
    </style>
  </head>
  <body>
    <h2>同一幅图使用不同 alpha 参数值的效果
</h2>
    <hr>
    <table>
      <tr>
        <td>统一形状透明</td>
        <td>线形透明</td>
        <td>放射状透明</td>
      </tr>
      <tr>
        <td><img class="alpha1"
src="21-1 -1.jpg" alt=""></td>
        <td><img class="alpha2"
src="21-1 -1.jpg" alt=""></td>
        <td><img class="alpha3"
src="21-1 -1.jpg" alt=""></td>
      </tr>
      <tr>
        <td>长方形透明</td>
        <td>透明度值为 50</td>
      </tr>
      <tr>
        <td><img class="alpha4"
src="21-1 -1.jpg" alt=""></td>
        <td><img class="alpha5"
src="21-1 -1.jpg" alt=""></td>
      </tr>
    </table>
  </body>
  </html>
```

01 定义了类样式 alpha1 的滤镜样式为统一形状的透明区域。

02 定义了类样式 alpha2 的滤镜样式为线形的透明区域。

03 定义了类样式 alpha3 的滤镜样式为放射状的透明区域。

04 定义了类样式 alpha4 的滤镜样式为长方形的透明区域。

05 定义了类样式 alpha5 的透明度为 50。

06 分别给图像应用了类样式 alpha1、类样式 alpha2 和类样式 alpha3 所定义的样式。

07 分别给图像应用了类样式 alpha4 和类样式 alpha5 所定义的样式。

网页效果（图 21-3）

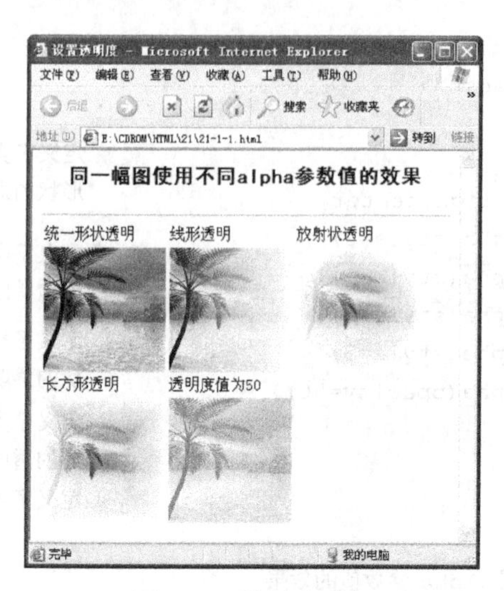

图 21-3　设置透明度

提示：在运行含有滤镜属性的代码时，浏览器会出现一个信息栏提示您 Internet Explorer 阻止了一些不安全的内容。这时您只要单击信息栏的“确定”按钮，然后再右键单击靠近浏览器顶端的信息，从快捷菜单选择“允许阻止的内容”即可看到滤镜的效果。

21.2　添加模糊效果——blur

滤镜属性 blur 用来添加快速移动的动态模糊效果，如产生背影、阴影、整体模糊等。包含有三个参数 add、direction 和 strength，分别代表原始图像、动态模糊方向和动态模糊强度。

基本语法

```
filter: blur (add=add, direction=direction, strength=strength)
```

语法说明

➢ blue 属性包含的参数说明见表 21-3。

表 21-3　blue 滤镜参数说明

参　数	参数说明
add	参数值为 true 和 false，指定图片是否显示原始图片，true 为显示，false 为不显示，默认设置为 false
direction	设置模糊的方向，模糊效果是按照顺时针方向进行的。其中 0° 代表垂直向上，每 45° 为一个单位，默认值是向左的 270°
strength	设置模糊强度，只能用整数来指定，代表有多少像素的宽度将受到模糊影响，默认值为 5 像素

➢ 动态模糊的方向是以 45° 为一个单位，所以如果设置的方向度数不是 45 的倍数的话，浏览器就会以其最接近的 45 倍数来设置模糊度数。如，设置了 direction=160，实际浏览器是以 180° 来显示模糊方向的。

实例代码（代码位置：CDROM\HTML\21\21-2-1.html）

```
<!--实例 21-2-1 代码-->
<html>
<head>
```

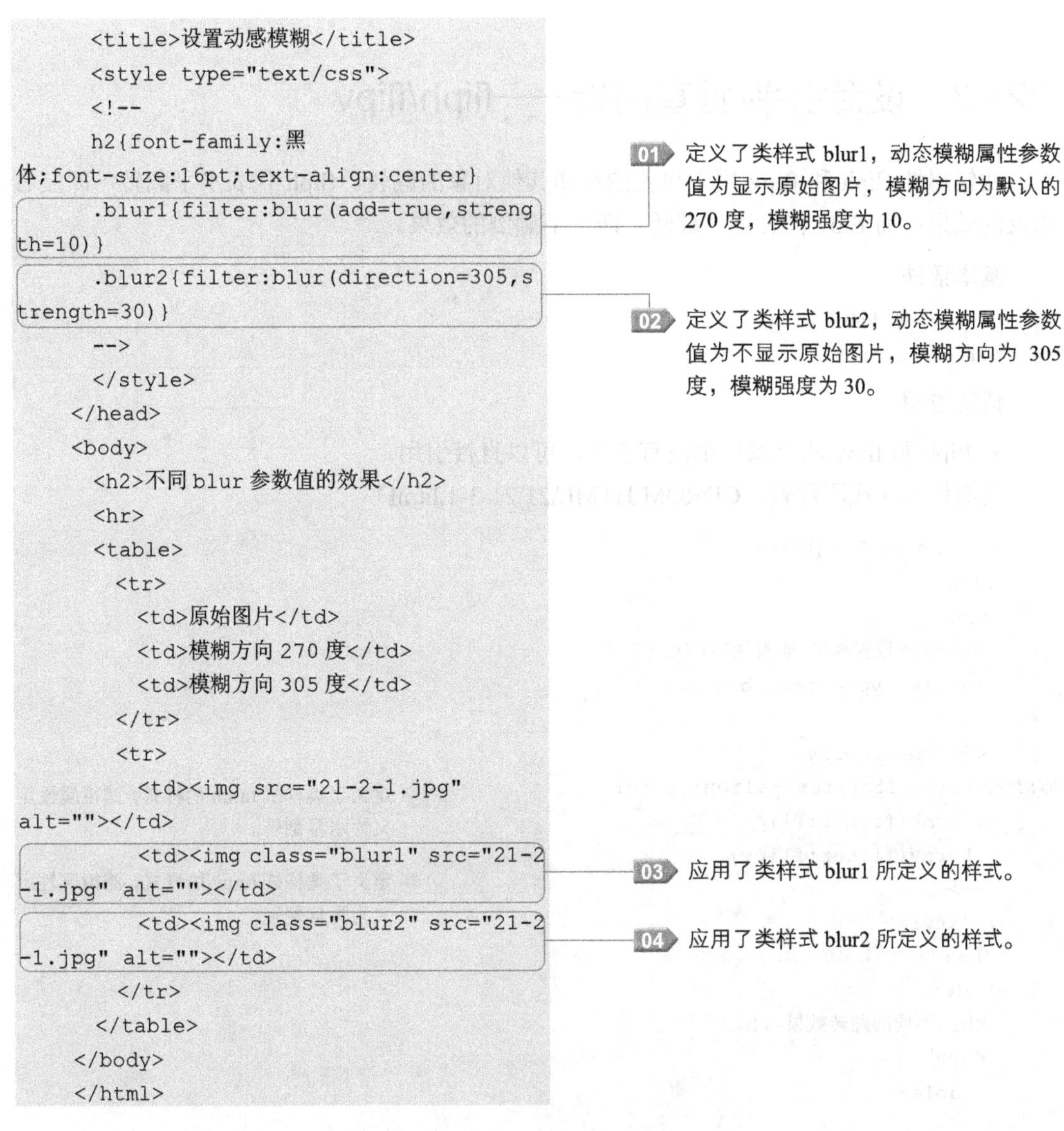

```
    <title>设置动感模糊</title>
    <style type="text/css">
    <!--
    h2{font-family:黑
体;font-size:16pt;text-align:center}
    .blur1{filter:blur(add=true,streng
th=10)}
    .blur2{filter:blur(direction=305,s
trength=30)}
    -->
    </style>
  </head>
  <body>
    <h2>不同 blur 参数值的效果</h2>
    <hr>
    <table>
      <tr>
        <td>原始图片</td>
        <td>模糊方向 270 度</td>
        <td>模糊方向 305 度</td>
      </tr>
      <tr>
        <td><img src="21-2-1.jpg"
alt=""></td>
        <td><img class="blur1" src="21-2
-1.jpg" alt=""></td>
        <td><img class="blur2" src="21-2
-1.jpg" alt=""></td>
      </tr>
    </table>
  </body>
  </html>
```

01 定义了类样式 blur1，动态模糊属性参数值为显示原始图片，模糊方向为默认的 270 度，模糊强度为 10。

02 定义了类样式 blur2，动态模糊属性参数值为不显示原始图片，模糊方向为 305 度，模糊强度为 30。

03 应用了类样式 blur1 所定义的样式。

04 应用了类样式 blur2 所定义的样式。

网页效果（图 21-4）

图 21-4　设置动态模糊

21.3 设置水平/垂直翻转——fliph/flipv

滤镜属性 fliph 和 flipv 用来设置图片和其他对象的翻转。fliph 代表水平翻转，即左右相反的效果；而 flipv 代表垂直翻转，即上下颠倒的效果。

基本语法

```
filter: fliph
filter: flipv
```

语法说明

➢ fliph 和 flipv 两个属性都没有参数，可以直接引用。

实例代码（代码位置：CDROM\HTML\21\21-3-1.html）

```
<!--实例 21-3-1 代码-->
<html>
<head>
  <title>设置水平/垂直翻转</title>
  <style type="text/css">
  <!--
  h2{font-family:黑
体;font-size:15pt;text-align:center}
  .turnh{filter:fliph}
  .turnv{filter:flipv}
  -->
  </style>
</head>
<body>
  <h2>不同的翻转效果</h2>
  <hr>
  <table>
    <tr>
      <td>原图</td>
      <td>水平翻转</td>
      <td>垂直翻转</td>
    </tr>
    <tr>
      <td><img src="21-3-1.jpg"
alt=""></td>
      <td><img class="turnh" src="21-3
-1.jpg" alt=""></td>
      <td><img class="turnv" src="21-3
-1.jpg" alt=""></td>
    </tr>
  </table>
</body>
</html>
```

01 定义了类样式 turnh 的样式，滤镜属性定义为水平翻转。

02 定义了类样式 turnv 的样式，滤镜属性定义为垂直翻转。

03 应用了类样式 turnh 所定义的样式。

04 应用了类样式 turnv 所定义的样式。

网页效果（图 21-5）

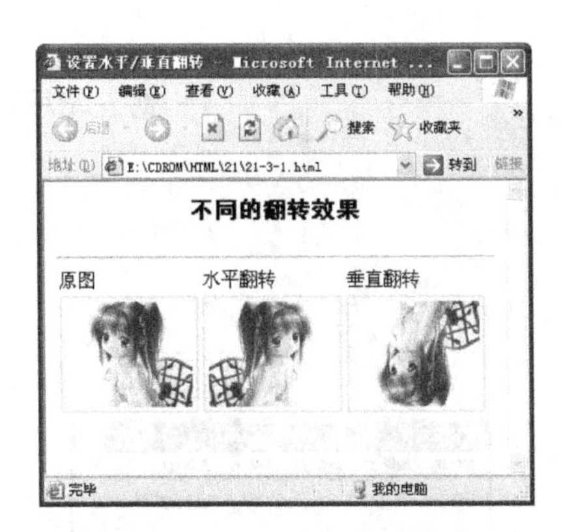

图 21-5　设置水平和垂直翻转

提示：在实际应用过程中，水平翻转和垂直翻转滤镜属性也可以同时使用。其语法为：filter：fliph flipv;两个属性中间用空格隔开，代表水平垂直翻转。

21.4　设置灰度——<gray>

滤镜属性 gray 用来设置图片灰度，就是将图片的颜色去除，产生黑白的效果。gray 滤镜属性也没有参数，直接引用属性名称即可。

基本语法

```
filter: gray
```

实例代码（代码位置：CDROM\HTML\21\21-4-1.html）

```
<!--实例 21-4-1 代码-->
<html>
<head>
  <title>设置灰度</title>
  <style type="text/css">
  <!--
  h2{font-family:黑体;font-size:15pt;text-align:center}
  .gray{filter:gray}
  -->
  </style>
</head>
<body>
  <h2>设置灰度效果</h2>
  <hr>
  <table>
    <tr>
      <td>原图</td>
      <td>灰度效果</td>
    </tr>
    <tr>
```

01　定义了类样式 gray 的样式，滤镜属性定义为灰度效果。

```
        <td><img src="21-4-1.jpg"
alt=""></td>
        <td><img class="gray"
src="21-4-1.jpg" alt=""></td>
      </tr>
    </table>
  </body>
  </html>
```

02 应用了类样式 gray 所定义的样式。

网页效果（图 21-6）

图 21-6　设置图片灰度

提示：因为书中的效果图为黑白色，所以灰度效果可能对比不明显，读者可以查看源文件。

21.5　设置反转——<invert>

滤镜属性 invert 用来将对象颜色的饱和度和亮度值设置为反转，产生类似于底片的效果。invert 滤镜属性也没有参数，直接引用属性名称即可。

基本语法

```
filter: invert
```

实例代码（代码位置：CDROM\HTML\21\21-5-1.html）

```
<!--实例 21-5-1 代码-->
<html>
<head>
  <title>设置反转</title>
  <style type="text/css">
  <!--
  h2{font-family:黑
体;font-size:15pt;text-align:center}
  .invert{filter:invert}
  -->
  </style>
```

01 定义了类样式 invert 的样式，其中滤镜属性定义为反转效果。

```
    </head>
    <body>
      <h2>设置反转效果</h2>
      <hr>
      <table>
        <tr>
          <td>原图</td>
          <td>反转效果</td>
        </tr>
        <tr>
          <td><img src="21-5 -1.jpg"
alt=""></td>
          <td ><img class="invert"
src="21-5-1.jpg" alt=""></td>
        </tr>
      </table>
    </body>
    </html>
```

02 应用了类样式 invert 所定义的样式。

网页效果（21-7）

图 21-7　设置反转效果

21.6　设置 X 射线效果——xray

滤镜属性 xray 用来加亮对象的轮廓，显示类似 X 光片的效果，也称为 X 射线效果。xray 滤镜属性也没有参数，直接引用属性名称即可。

基本语法

```
filter: xray
```

实例代码（代码位置：CDROM\HTML\21\21-6-1.html）

```
<!--实例 21-6-1 代码-->
<html>
<head>
  <title>设置 X 射线效果</title>
  <style type="text/css">
  <!--
  h2{font-family:黑
体;font-size:15pt;text-align:center}
  .xray{filter:xray}
  -->
  </style>
</head>
<body>
  <h2>设置 X 射线效果</h2>
  <hr>
```

01 定义了类样式 xray 的样式，滤镜属性设置为 X 射线。

```
        <table>
          <tr>
            <td>原图</td>
            <td>X 射线效果</td>
          </tr>
          <tr>
            <td><img src="21-6-1.jpg"
alt=""></td>
            <td><img class="xray"
src="21-6-1.jpg" alt=""></td>
          </tr>
        </table>
      </body>
    </html>
```

02 应用了类样式 xray 所定义的样式。

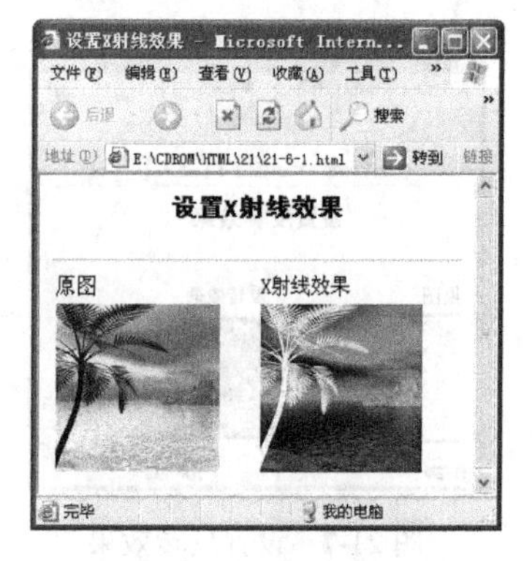

图 21-8　设置 X 射线效果

网页效果（图 21-8）

提示：滤镜属性 xray 和滤镜属性 invert 及滤镜属性 gray 三者的效果有类似处，也有不同点。应用 xray 的滤镜效果中暗色调和应用 invert 滤镜的效果基本相似，明色调不同；而应用 xray 的滤镜效果中暗色调又和应用 gray 滤镜效果的暗色调基本相反。下面以实例 21-6-2 来具体看看三者的区别。（最好参看本书附带光盘中的源文件，因为书中的效果图为黑白色，效果不明显。）

实例代码（代码位置：CDROM\HTML\21\21-6-2.html）

```
    <!--实例 21-6-2 代码-->
    <html>
    <head>
      <title>对比 gray、invert、xray 的效果
</title>
      <style type="text/css">
      <!--
      h2{font-family:黑
体;font-size:15pt;text-align:center}
      .xray{filter:xray}
      .gray{filter:gray}
      .invert{filter:invert}
      -->
      </style>
    </head>
    <body>
      <h2>对比 gray、invert、xray 的效果</h2>
      <hr>
      <table>
        <tr>
          <td>原图</td>
```

01 定义了类样式 xray 的样式，滤镜属性设置为 X 射线效果。

02 定义了类样式 gray 的样式，滤镜属性设置为灰度效果。

03 定义了类样式 invert 的样式，滤镜属性设置为反转效果。

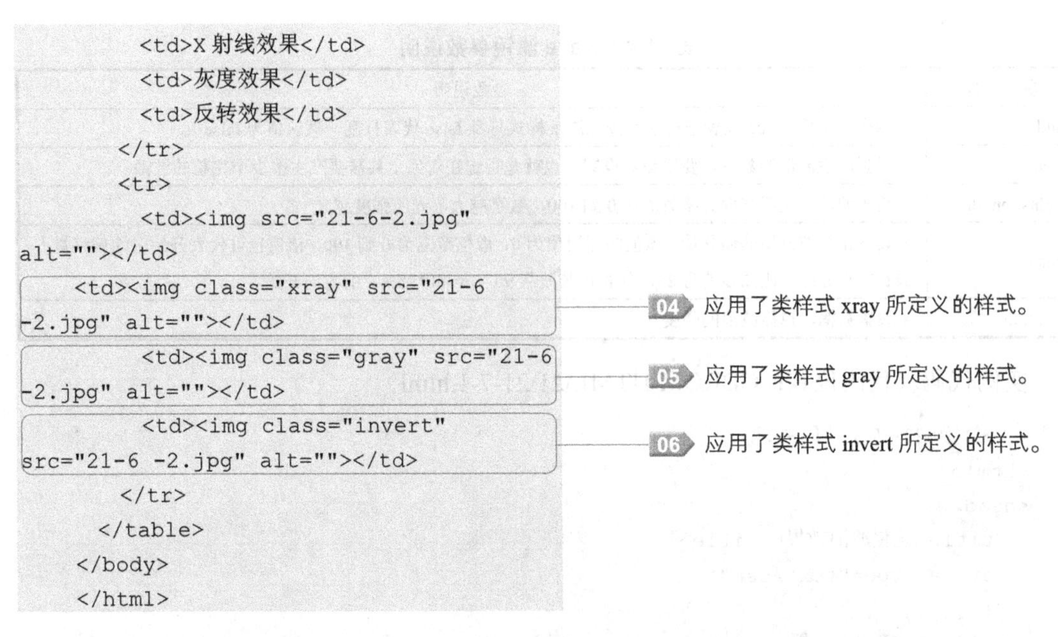

```
        <td>X 射线效果</td>
        <td>灰度效果</td>
        <td>反转效果</td>
      </tr>
      <tr>
        <td><img src="21-6-2.jpg"
alt=""></td>
   <td><img class="xray" src="21-6
-2.jpg" alt=""></td>
        <td><img class="gray" src="21-6
-2.jpg" alt=""></td>
        <td><img class="invert"
src="21-6 -2.jpg" alt=""></td>
      </tr>
    </table>
  </body>
  </html>
```

04 应用了类样式 xray 所定义的样式。

05 应用了类样式 gray 所定义的样式。

06 应用了类样式 invert 所定义的样式。

网页效果（图 21-9）

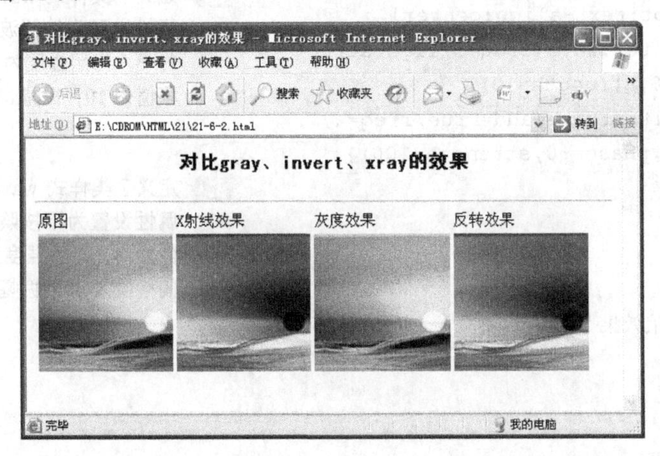

图 21-9　对比 gray、invert、xray 的效果

21.7　设置波浪效果——wave

滤镜属性 wave 能产生垂直的波浪效果，并将对象按照垂直的波浪样式打乱。该属性有 5 个参数值，可设置是否打乱原图、产生的波浪数目、波浪振幅、波浪强度和正弦波的起始位置。

基本语法

```
filter:wave(add=true(false),freq=频率,lightstrength=光强,phase=偏移量,strength=
强度)
```

语法说明

➢ wave 属性包含的参数说明见表 21-4。

表 21-4 wave 滤镜参数说明

参　数	参数说明
add	两个参数值：true 代表把对象不按照波浪样式打乱 false 代表打乱。默认值为 false
freq	设置产生波浪的数目，要用整数设置，也就是指定在对象上共需要产生多少个完整的波浪
lightstrength	设置波浪的光照强度。参数值从 0 到 100，数字越大，光照强度越大
phase	设置正弦波开始的偏移量。该值的通用值为 0，取值范围为 0 到 100。该值也可代表开始时的偏移量占波长的百分比。比如该值为 25，代表正弦波从 90°（360*25%）的方向开始
strength	设置振幅，也称波浪的强度

实例代码（代码位置：CDROM\HTML\21\21-7-1.html）

```
<!--实例 21-7-1 代码-->
<html>
<head>
  <title>设置波浪效果</title>
  <style type="text/css">
  <!--
  h2{font-family:黑体;font-size:15pt;text-align:center}
  .wave1{filter:wave(freq=3,lightstrengh=15,phase=10,strength=10)}
  .wave2{filter:wave(add=true,freq=4,lightstrengh=30,phase=60,strength=100)}
  -->
  </style>
</head>
<body>
  <h2>设置波浪效果</h2>
  <hr>
  <table>
    <tr>
      <td>原图</td>
      <td>波浪效果 1</td>
      <td>波浪效果 2</td>
    </tr>
    <tr>
      <td><img src="21-7-1.jpg" alt=""></td>
      <td><img class="wave1" src="21-7-1.jpg" alt=""></td>
      <td><img class="wave2" src="21-7-1.jpg" alt=""></td
    </tr>
  </table>
</body>
</html>
```

01 定义了类样式 wave1 的样式，波浪滤镜属性设置为按照波浪样式打乱，波浪数为 3，光照强度为 15，正弦波的起始偏移值为 10，振幅也为 10。

02 定义了类样式 wave2 的样式，波浪滤镜属性设置为不按照波浪样式打乱，波浪数为 4，光照强度为 30，正弦波的起始偏移值为 60，振幅也为 100。

03 应用了类样式 wave1 所定义的样式。

04 应用了类样式 wave2 所定义的样式。

网页效果（图 21-10）

图 21-10　设置波浪效果

21.8　设置阴影——dropshadow

滤镜属性 dropshadow 用来设置对象的阴影效果。该属性有 4 个参数值，可以设置阴影的颜色、方向和透明度。

基本语法

```
filter: dropshadow (color=color, offx=offx, offy=offy, positive=positive)
```

语法说明

➢ dropshadow 属性包含的参数说明见表 21-5。

表 21-5　dropshadow 滤镜参数说明

参　数	参数说明
color	代表投射阴影的颜色。
offx	X 方向阴影的偏移量。偏移量必须用整数值来设置，如果设置为正整数，代表 X 轴的右方向，设置为负整数则相反。
offy	Y 方向阴影的偏移值。偏移量必须用整数值来设置，如果设置为正整数，代表 Y 轴的向下方向，设置为负整数则相反。
positive	有两个值：true 为任何非透明像素建立投影，false 为透明的像素部分建立投影。

实例代码（代码位置：CDROM\HTML\21\21-8-1.html）

```
<!--实例 21-8-1 代码-->
<html>
<head>
  <title>设置阴影效果</title>
  <style type="text/css">
  <!--
  h2{font-family:黑
体;font-size:15pt;text-align:center}
    .dropshadow1{filter:dropshadow(col
or=#ff0000, Offx=5, Offy=10, Positive=
ture)}
```

01 定义了类样式 dropshadow1 的样式，滤镜属性的阴影设置为红色，X 轴右方向阴影的偏移值为 5，Y 轴的向下方向阴影偏移值为 10，并设置为非透明像素建立投影。

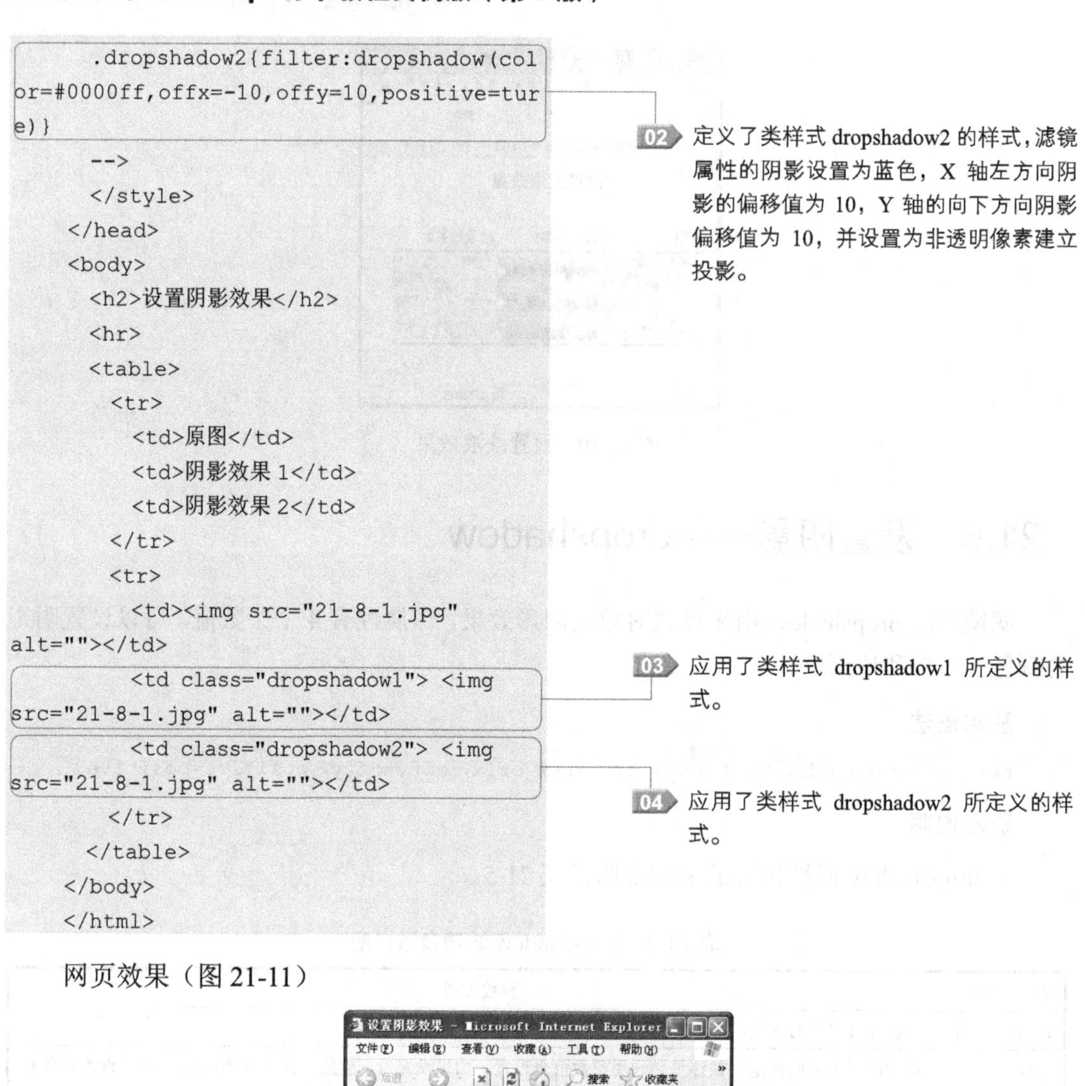

```
        .dropshadow2{filter:dropshadow(col
or=#0000ff,offx=-10,offy=10,positive=tur
e)}
        -->
        </style>
      </head>
      <body>
        <h2>设置阴影效果</h2>
        <hr>
        <table>
          <tr>
            <td>原图</td>
            <td>阴影效果 1</td>
            <td>阴影效果 2</td>
          </tr>
          <tr>
            <td><img src="21-8-1.jpg"
alt=""></td>
            <td class="dropshadow1"> <img
src="21-8-1.jpg" alt=""></td>
            <td class="dropshadow2"> <img
src="21-8-1.jpg" alt=""></td>
          </tr>
        </table>
      </body>
      </html>
```

02 定义了类样式 dropshadow2 的样式，滤镜属性的阴影设置为蓝色，X 轴左方向阴影的偏移值为 10，Y 轴的向下方向阴影偏移值为 10，并设置为非透明像素建立投影。

03 应用了类样式 dropshadow1 所定义的样式。

04 应用了类样式 dropshadow2 所定义的样式。

网页效果（图 21-11）

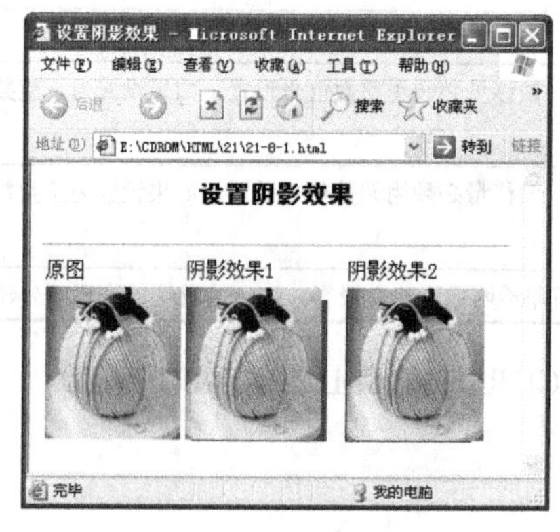

图 21-11　设置阴影

21.9　设置边缘光晕效果——glow

滤镜属性 glow 用来设置对象周围的发光效果。该属性有两个参数值，分别设置发光的颜色和发光的强度。

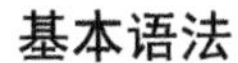

基本语法

```
filter: glow (color=color, strength=strength)
```

语法说明

➢ glow 属性包含的参数说明见表 21-6。

表 21-6　glow 滤镜参数说明

参　　数	参数说明
color	指定发光的颜色
strength	指定发光的强度，参数值可取从 1 到 255 之间的任意整数。数字越大，强度越大

实例代码（代码位置：CDROM\HTML\21\21-9-1.html）

```
<!--实例 21-9-1 代码-->
<html>
<head>
  <title>设置边缘发光效果</title>
  <style type="text/css">
  <!--
  h2{font-family:黑
体;font-size:20pt;text-align:center}
   .glow1{position:absolute;top:80px;
         filter:glow(color=#ff0000,
strenght=5);}
   .glow2{position:absolute;top:150px
;left:50px;
         filter:glow(color=#0000ff,
strength=15);}
   -->
   </style>
 </head>
 <body>
   <h2>设置边缘发光效果</h2>
   <hr>
   <div class="glow1">
     <p style="font-family:'华文行楷';
font-size:45pt; font-weight:bold;color:
#003366;">
     Read The Book!
     </p>
   </div>
   <div class="glow2">
     <p style="font-family:'方正姚体';
font-size:30pt; font-weight:bold;color:
#00ff66;">
     我选择，我喜欢！
     </p>
   </div>
 </body>
 </html>
```

01 定义类样式 glow1 的样式，定位方式为绝对定位，距网页上端的距离为 80 像素，滤镜属性的边缘发光颜色为红色，发光强度为 5。

02 定义类样式 glow2 的样式，定位方式为绝对定位，距网页上端的距离为 150 像素，距网页左边的距离为 50 像素，滤镜属性的边缘发光颜色为蓝色，发光强度为 15。

03 定义了该段文字的字体为华文行楷，字号为 45 点，加粗，颜色为深蓝色。

04 该层整体应用了类样式 glow1 所定义的样式。

05 定义了该段文字的字体为方正姚体，字号为 30 点，加粗，字体颜色为亮绿色。

06 该层整体应用了类样式 glow2 所定义的样式。

网页效果（图 21-12）

图 21-12　设置边缘发光效果

21.10　设置遮罩——mask

mask 滤镜属性为对象建立一个覆盖于表面的膜，产生遮罩的效果。表面所罩膜的作用就是覆盖它下面对象的颜色，所以只有一个参数值，即颜色 color。

基本语法

```
filter: mask (color=颜色值)
```

语法说明

这里的颜色值可以使用颜色名称或 RGB 值，而且 color 参数值的颜色正是遮罩后所显示的颜色，很类似用印章印出的效果。

实例代码（代码位置：CDROM\HTML\21\21-10-1.html）

```
<!--实例 21-10-1 代码-->
<html>
<head>
  <title>设置遮罩效果</title>
  <style type="text/css">
  <!--
  h2{font-family:黑
体;font-size:15pt;text-align:center}
   .mask1{position:absolute;top:150px;
         filter:mask(color=#0000ff)}
  -->
  </style>
</head>
<body>
  <h2>设置遮罩效果</h2>
  <hr>
  <div>
    <p style="font-family:'华文行楷';
font-size:26pt; font-weight:bold;color:
#003366;
    position:absolute;top:80px;">
```

01 定义了类样式 mask1 的样式，定位方式为绝对定位，距网页上端的距离为 150 像素，滤镜属性的遮罩颜色设置为蓝色。

02 定义了该段文字的字体为华文行楷，字号为 26 点，加粗，字体颜色为深蓝色。

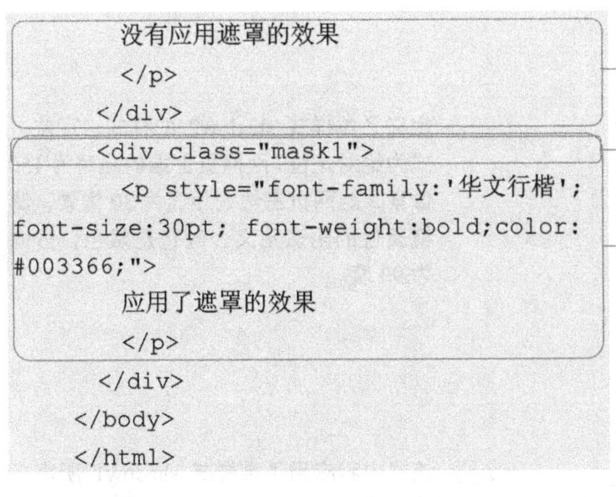

```
        没有应用遮罩的效果
        </p>
    </div>
    <div class="mask1">
        <p style="font-family:'华文行楷';
font-size:30pt; font-weight:bold;color:
#003366;">
        应用了遮罩的效果
        </p>
    </div>
</body>
</html>
```

03 该层内容没有应用样式。

05 该层应用了类样式 mask1 所定义的样式。

04 定义了该段文字的字体为华文行楷，字号为 30 点，加粗，字体颜色为深蓝色。

网页效果（图 21-13）

效果说明

图 21-12 中上下两段文字应用了两个层，但只给第二个层内容应用了所定义的样式，而且在样式中定义了遮罩的颜色为蓝色，所以图中第二段文字的颜色被蓝色覆盖，看到的是覆盖后的效果。

图 21-13　设置遮罩效果

21.11　设置渐变阴影——shadow

shadow 滤镜属性除了具备 dropshadow 滤镜属性的阴影效果外，还具有渐变的效果。而且使用 shadow 滤镜属性设置的阴影可以在任意角度投射阴影，但使用 dropshadow 滤镜属性设置的阴影只是某个方向的偏移值。

基本语法

```
filter: shadow (color=color, direction=direction)
```

语法说明

- color 设置渐变阴影的颜色。
- direction 设置渐变阴影的方向，从 0° 开始，每 45° 为一个单位，默认值是 225° 。和滤镜属性 blur 模糊效果的 direction 参数值设置方法一样。

实例代码（代码位置：CDROM\HTML\21\21-11-1.html）

```
<!--实例 21-11-1 代码-->
<html>
<head>
  <title>设置渐变阴影效果</title>
  <style type="text/css">
  <!--
  h2{font-family:黑
体;font-size:15pt;text-align:center}
  .shadow1{position:absolute;top:80px;
        filter:shadow(color=#0000ff)}
```

01 定义了类样式 shadow1 的样式，定位方式为绝对定位，距网页上端的距离为 80 像素，滤镜属性阴影的颜色定义为蓝色，阴影方向为默认值 225 度。

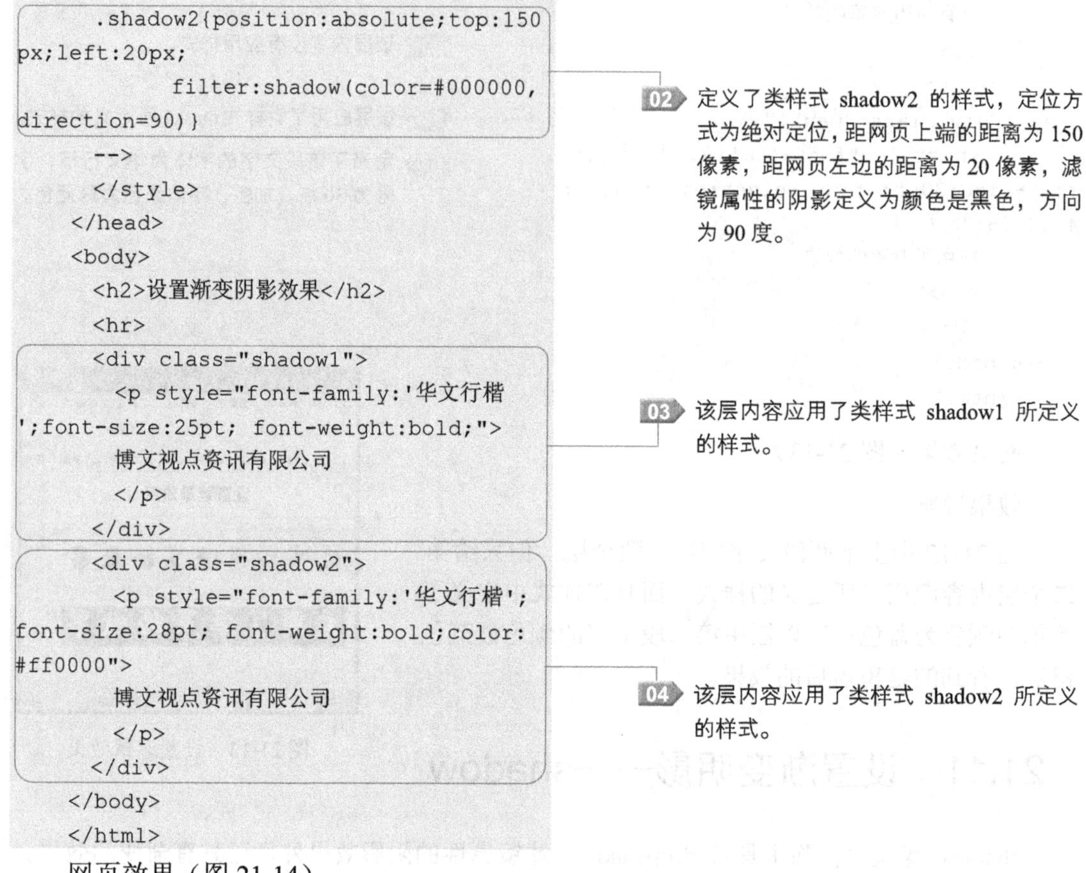

```
        .shadow2{position:absolute;top:150
px;left:20px;
              filter:shadow(color=#000000,
direction=90)}
        -->
        </style>
      </head>
      <body>
        <h2>设置渐变阴影效果</h2>
        <hr>
        <div class="shadow1">
          <p style="font-family:'华文行楷
';font-size:25pt; font-weight:bold;">
          博文视点资讯有限公司
          </p>
        </div>
        <div class="shadow2">
          <p style="font-family:'华文行楷';
font-size:28pt; font-weight:bold;color:
#ff0000">
          博文视点资讯有限公司
          </p>
        </div>
      </body>
      </html>
```

02 定义了类样式 shadow2 的样式，定位方式为绝对定位，距网页上端的距离为 150 像素，距网页左边的距离为 20 像素，滤镜属性的阴影定义为颜色是黑色，方向为 90 度。

03 该层内容应用了类样式 shadow1 所定义的样式。

04 该层内容应用了类样式 shadow2 所定义的样式。

网页效果（图 21-14）

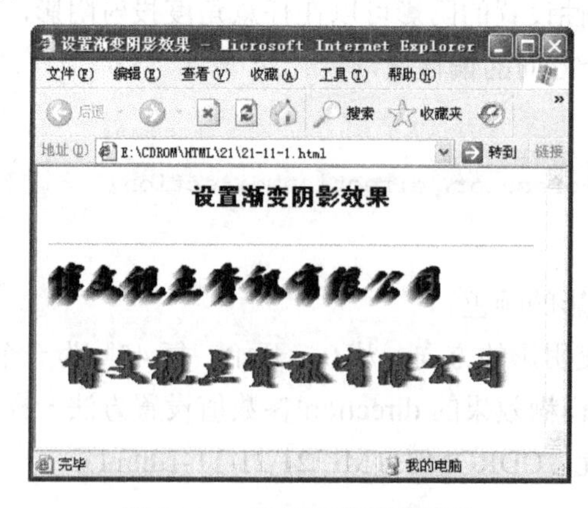

图 21-14　设置渐变阴影效果

21.12　设定颜色透明——chroma

chroma 滤镜属性用来设置某个颜色为透明色，从而把这个颜色的对象在应用了该属性后设置为透明色。它也只有一个参数，是颜色 color。

基本语法

```
filter: chroma (color=颜色值)
```

语法说明

参数 color 的颜色值可以使用颜色名称或 RGB 值，并且这个颜色就是要设置为透明的颜色。

实例代码（代码位置：CDROM\HTML\21\21-12-1.html）

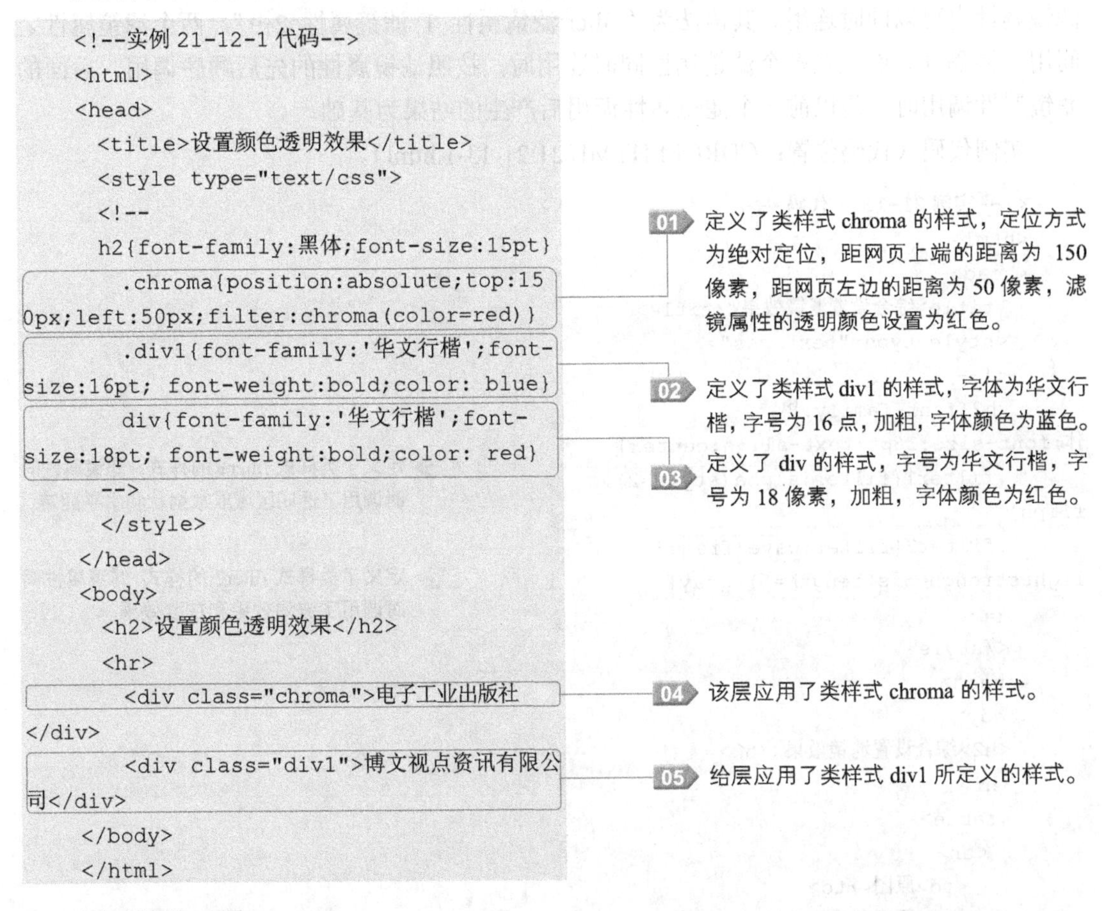

```
<!--实例 21-12-1 代码-->
<html>
<head>
  <title>设置颜色透明效果</title>
  <style type="text/css">
  <!--
  h2{font-family:黑体;font-size:15pt}
    .chroma{position:absolute;top:150px;left:50px;filter:chroma(color=red)}
    .div1{font-family:'华文行楷';font-size:16pt; font-weight:bold;color: blue}
    div{font-family:'华文行楷';font-size:18pt; font-weight:bold;color: red}
  -->
  </style>
</head>
<body>
  <h2>设置颜色透明效果</h2>
  <hr>
    <div class="chroma">电子工业出版社</div>
    <div class="div1">博文视点资讯有限公司</div>
</body>
</html>
```

01 定义了类样式 chroma 的样式，定位方式为绝对定位，距网页上端的距离为 150 像素，距网页左边的距离为 50 像素，滤镜属性的透明颜色设置为红色。

02 定义了类样式 div1 的样式，字体为华文行楷，字号为 16 点，加粗，字体颜色为蓝色。

03 定义了 div 的样式，字号为华文行楷，字号为 18 像素，加粗，字体颜色为红色。

04 该层应用了类样式 chroma 的样式。

05 给层应用了类样式 div1 所定义的样式。

网页效果（图 21-16）

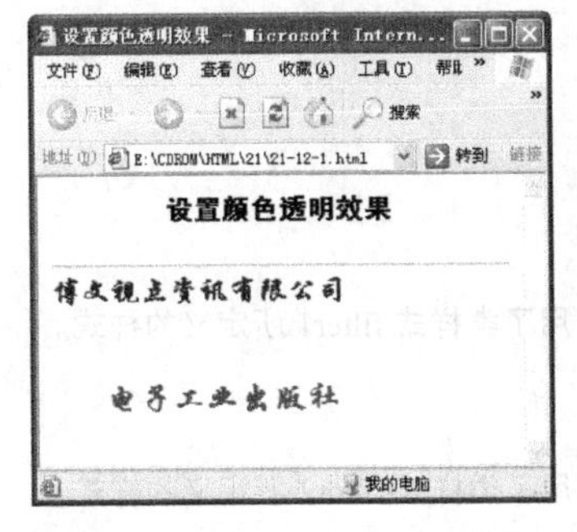

图 21-15　没有设置颜色透明的效果

图 21-16　设置颜色透明的效果

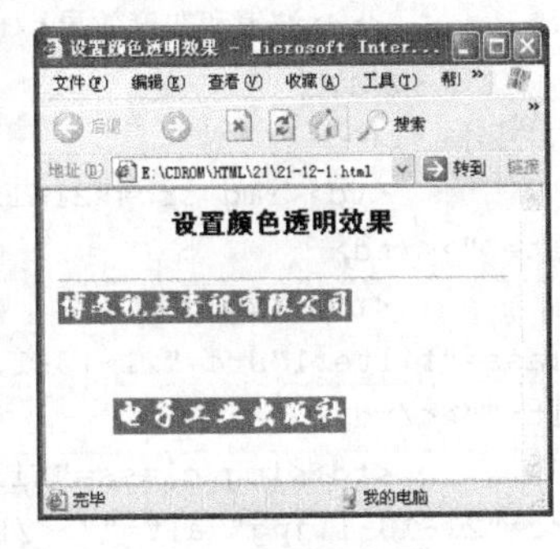

图 21-17　鼠标选中后的效果

效果说明

图 21-15 是没有设置颜色透明前的效果，图 21-16 是设置了红色为透明颜色的效果，看不到了文字“电子工业出版社”，因为该文字颜色是红色的，所以变为了透明色。虽然看不见透明颜色的效果，但它本身还是占用空间的，如图 21-17 是用鼠标选取后的效果。

21.13 小实例——滤镜的综合应用

在讲到滤镜属性翻转效果的时候，提到可以同时连用水平和垂直翻转效果，其实不同滤镜属性也可以同时连用。其语法为“filter:滤镜属性 1 滤镜属性 2…”，两个滤镜属性之间用空格隔开。而且在多个滤镜属性同时连用时，按照滤镜属性的先后顺序调用，后面的滤镜属性调用时，是以前一个滤镜属性调用后产生的结果为基础。

实例代码（代码位置：CDROM\HTML\21\21-13-1.html）

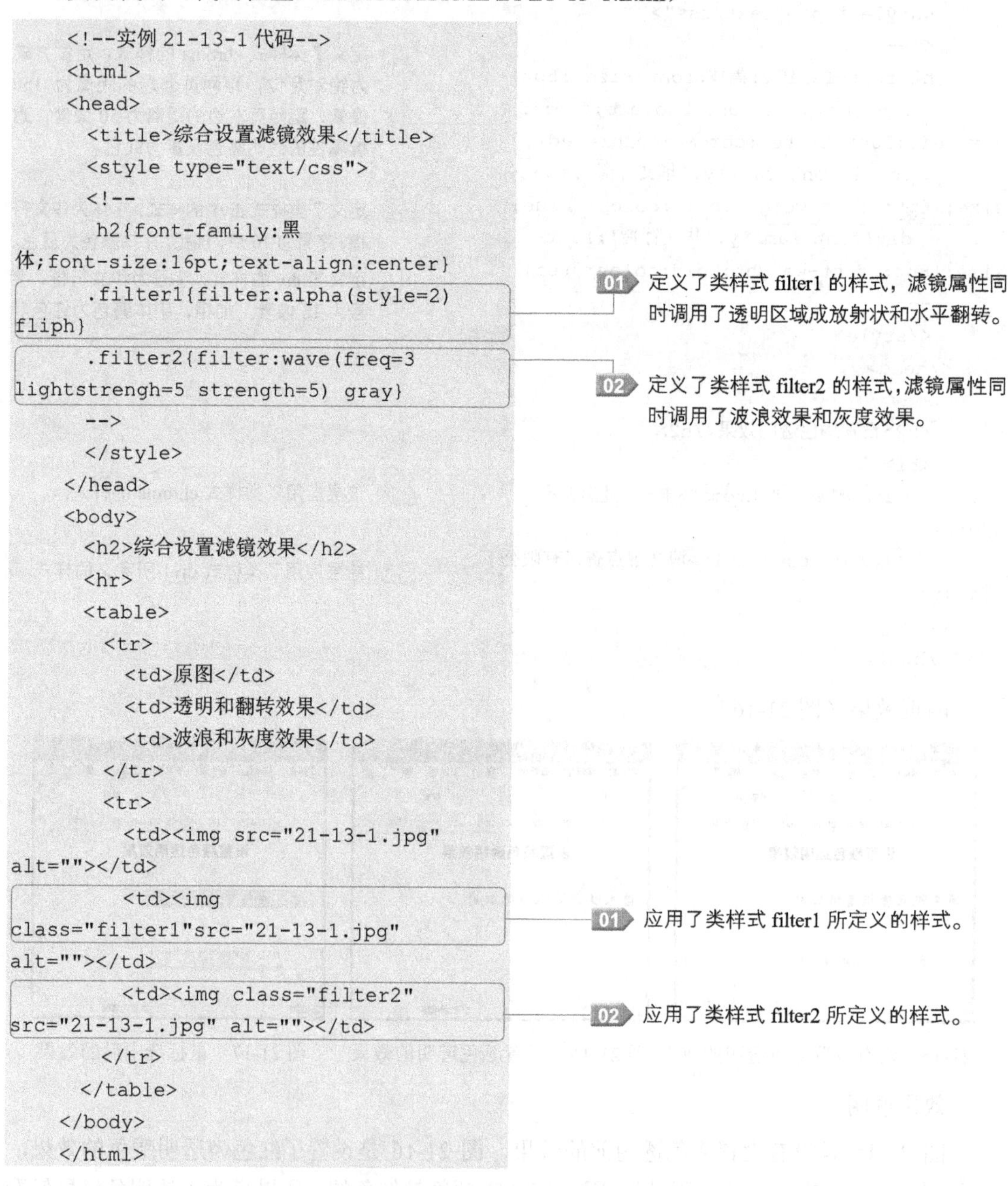

```
<!--实例 21-13-1 代码-->
<html>
<head>
  <title>综合设置滤镜效果</title>
  <style type="text/css">
  <!--
   h2{font-family:黑
体;font-size:16pt;text-align:center}
  .filter1{filter:alpha(style=2)
fliph}
  .filter2{filter:wave(freq=3
lightstrengh=5 strength=5) gray}
  -->
  </style>
</head>
<body>
  <h2>综合设置滤镜效果</h2>
  <hr>
  <table>
    <tr>
      <td>原图</td>
      <td>透明和翻转效果</td>
      <td>波浪和灰度效果</td>
    </tr>
    <tr>
      <td><img src="21-13-1.jpg"
alt=""></td>
      <td><img
class="filter1"src="21-13-1.jpg"
alt=""></td>
      <td><img class="filter2"
src="21-13-1.jpg" alt=""></td>
    </tr>
  </table>
</body>
</html>
```

01 定义了类样式 filter1 的样式，滤镜属性同时调用了透明区域成放射状和水平翻转。

02 定义了类样式 filter2 的样式，滤镜属性同时调用了波浪效果和灰度效果。

01 应用了类样式 filter1 所定义的样式。

02 应用了类样式 filter2 所定义的样式。

网页效果（图 21-18）

效果说明

图 21-18 中都是应用了两个滤镜属性后所看到的效果，但不是所有属性都可以一起用，如应用了透明属性后再应用模糊属性，效果就会不明显。而且有一些滤镜属性对图像的支持不是很好，多用于文字，如阴影、光晕、遮罩和颜色透明等。所以在调用多个滤镜属性时最好多次浏览效果图，看是否达到理想的效果。

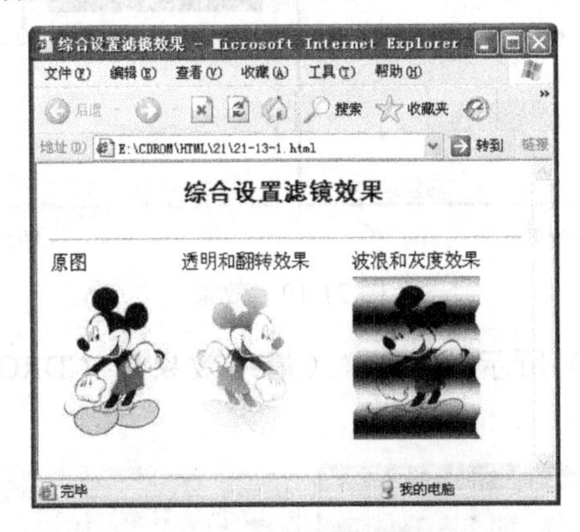

图 21-18　综合设置滤镜属性效果

21.14　习题

一、选择题（单选）

（1）利用 CSS 的滤镜属性设置图片的水平和垂直翻转，应该使用的滤镜属性为（　）。

A．alpha　　B．blur　　C．gray　　D．invert

（2）要实现图片放射状的透明效果，应使用（　）滤镜属性。

A．alpha　　B．blur　　C．gray　　D．invert

二、填空题

（1）滤镜属性 glow 用来设置对象周围的发光效果。该属性有两个参数值，分别__________和发光的强度。

（2）滤镜属性 wave 能产生垂直的波浪效果，并将对象按照垂直的波浪样式打乱，该属性有 5 个参数值，分别为 add、________、lightstrength、______、strength。

（3）滤镜分为____________和__________两类。

（4）转换滤镜必须配合________语言（例如________和 ________）及事件的概念，才能自如地使用转换滤镜，产生绚丽的效果。

（5）________________________________滤镜用于执行淡入或淡出方式的转换。

（6）________________________________滤镜提供了 24 种转换方式，将以揭示的方式进行转换。

三、上机题/问答题

（1）制作如图 21-19 所示的网页。（最终效果见 CDROM/习题参考答案及效果/21/1.html）

图片转换之前效果

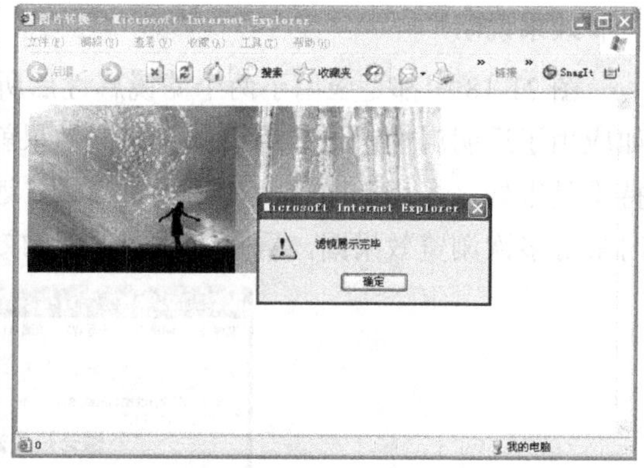

图片转换之后效果

图 21-19 效果

（2）制作如图 21-20 所示的网页。（最终效果见 CDROM/习题参考答案及效果/21/2/2.html）

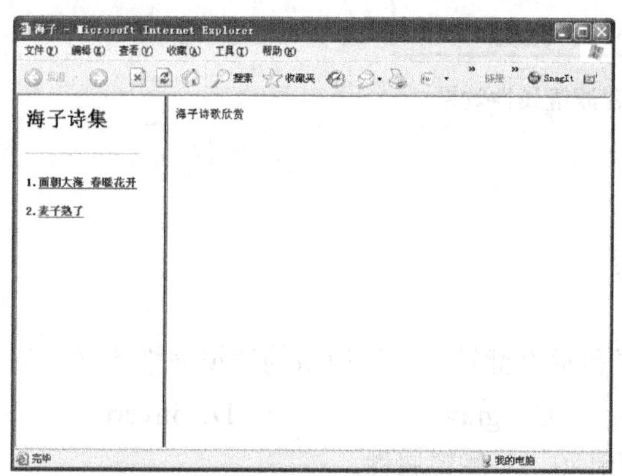

网页转换之前的效果

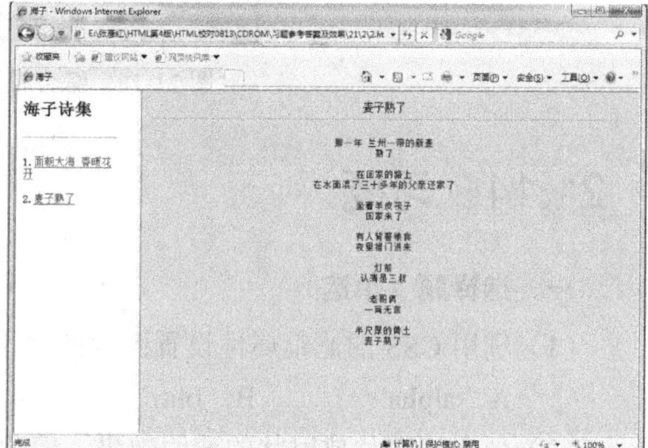

网页转换中的效果

图 21-20 效果

（3）综合应用滤镜属性中的透明属性（alpha）、反转属性（invert）、波浪属性（wave）和边缘光晕属性（glow）做一个网页效果。

第 22 章　JavaScript 对象的应用

本章重点

- 对象概述
- 浏览器内部对象
- 内置对象和方法

22.1 对象概述

面向对象的编程方法被越来越多的人接受，而且它的使用也越来越广泛和成熟，不管是 Web 开发还是其他软件的开发都需要使用面向对象的程序设计，对象包含数据的属性和允许对数据属性进行访问并操作的方法两个部分，标准的面向对象的编程一般有以下几个特点：

1. 封装：在面向对象的程序设计中，封装是一个重要的原则。所谓"封装"，就是将对象中的各种属性和方法按照一定的安排，可任意提供一组给外部使用者访问权限，更直接地说，就是将一段可以实现某一功能的程序段"打包"。例如：Navigator 对象中 appName 属性包含了一段实现特定功能的程序段，将这些程序段调试好，然后将这些程序段封装起来，用于显示浏览器名称。

2. 继承：在程序开发过程中，为了保持某些窗口或者其他属性的一致性，将该对象的属性和方法引用到其他对象，最好的方法就是继承。例如 A 对象继承 B 对象，那么 A 对象就是 B 对象的子对象，A 对象将拥有 B 对象的属性和方法，如图 22-1 所示。

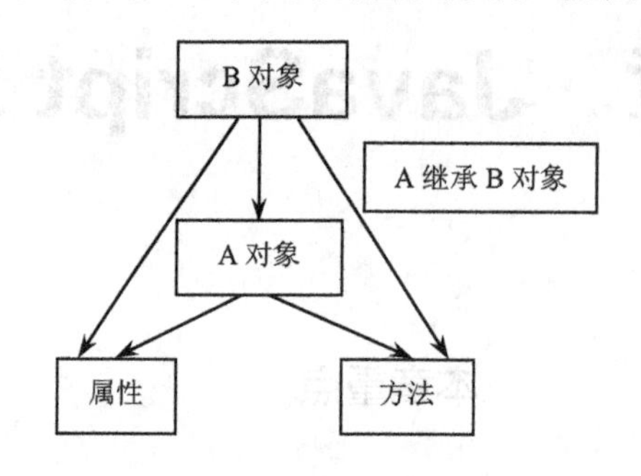

图 22-1　对象的继承

3. 多态：在面向对象程序设计中，由于对象的继承，各对象附属的方法也有一定的层次关系，因此对那些功能相同的方法就可以使用相同的名称，可以大大简化对象方法的调用。

JavaScript 脚本语言是一门基于面向对象的编程语言，它也支持一些预定义对象支持的简单对象模型。JavaScript 的对象由属性和方法两个基本元素组成。属性和方法的引用在后面的例子中将具体介绍。

22.2 浏览器内部对象

浏览器内部对象系统，可以与 HTML 文档实现交互作用，它将相关的元素进行封装，从而提高了开发人员设计 Web 页面的能力。浏览器提供的内部对象很多，下面将重点介绍：Navigator 对象、Window 对象、Location 对象、History 对象、Document 对象，可以直接通过 JavaScript 调用，同样也可以使用其他语言来进行调用。

22.2.1 Navigator 对象

Navigator 对象管理着浏览器的基本信息，例如版本号、操作系统等一些基本信息。Navigator 对象中也包括了一些常用的属性，具体属性说明如表 22-1 所示。

表 22-1　Navigator 对象属性说明

属　性	说　明
appName	显示浏览器名称
appVersion	浏览器版本号
platform	客户端操作系统
onLine	浏览器是否在线
JavaEnabled()	是否启用 Java

实例代码（代码位置：CDROM\HTML\22\22-2-1.html）

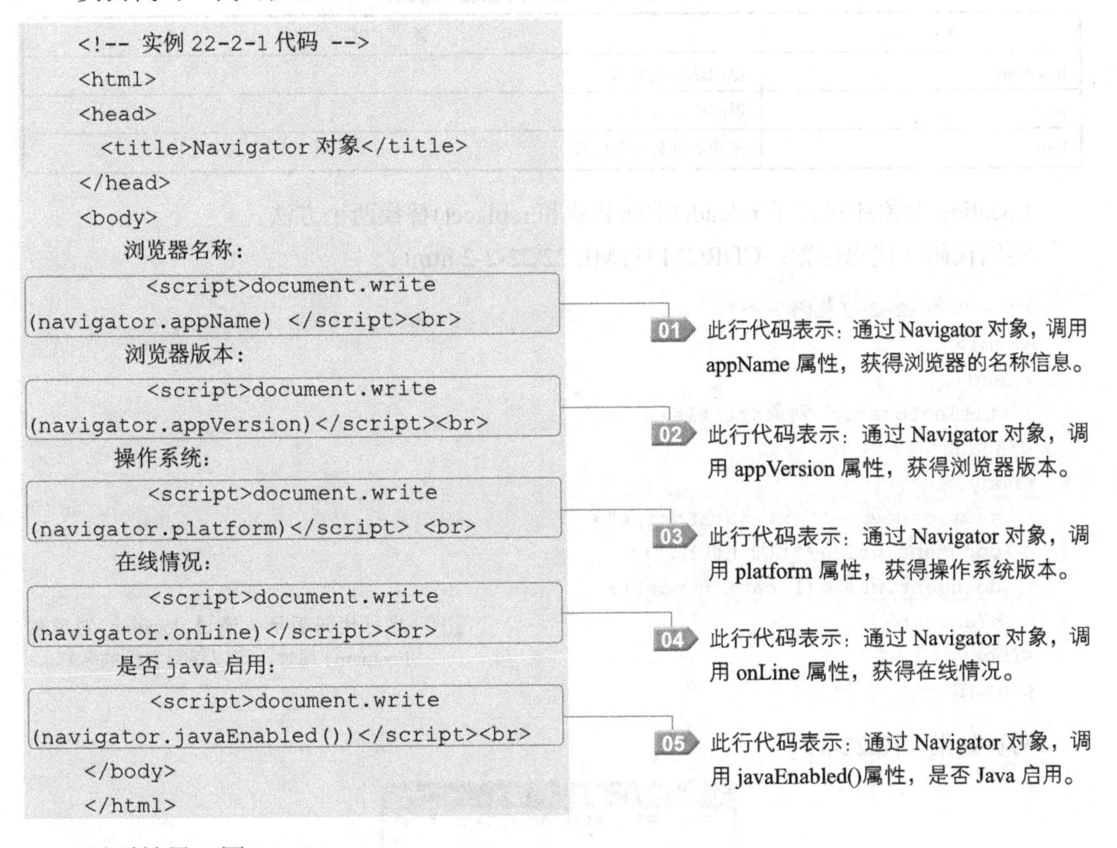

```
<!-- 实例 22-2-1 代码 -->
<html>
<head>
  <title>Navigator 对象</title>
</head>
<body>
    浏览器名称：
      <script>document.write
(navigator.appName) </script><br>
    浏览器版本：
      <script>document.write
(navigator.appVersion)</script><br>
    操作系统：
      <script>document.write
(navigator.platform)</script> <br>
    在线情况：
      <script>document.write
(navigator.onLine)</script><br>
    是否 java 启用：
      <script>document.write
(navigator.javaEnabled())</script><br>
</body>
</html>
```


网页效果（图 22-2）

22.2.2 Location 对象

Location 对象是浏览器内置的一个静态的对象，它显示的是一个窗口对象所打开的地址。使用 Location 对象是要考虑权限问题，不同的协议或者不同的主机不能互相引用彼此的 Location 对象。Location 对象包括的一些常用对象如表 22-2 所示。

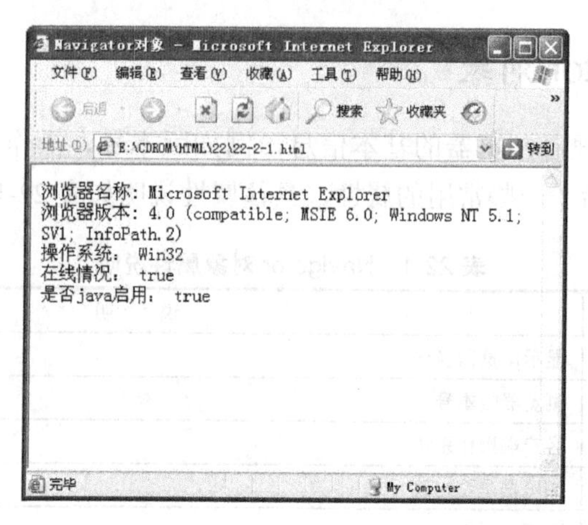

图 22-2 Navigator 对象效果

表 22-2 Location 对象属性说明

属 性	说 明
hostname	返回地址主机名
port	返回地址端口号
host	返回主机名和端口号

Location 对象还包含了 reload()重新装载和 replace()替换两个方法。

实例代码（代码位置：CDROM\HTML\22\22-2-2.html）

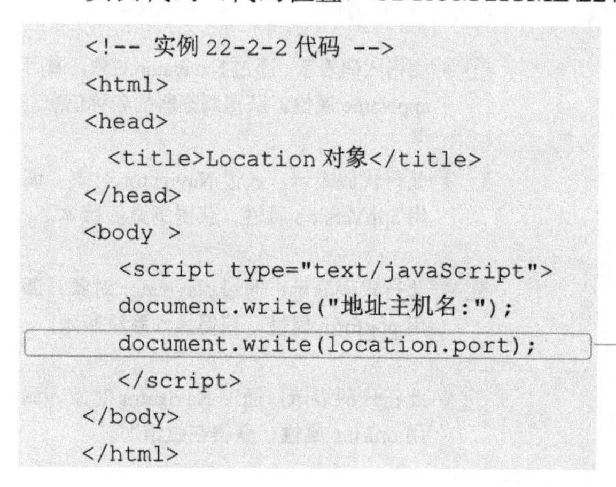

```
<!-- 实例 22-2-2 代码 -->
<html>
<head>
  <title>Location 对象</title>
</head>
<body >
   <script type="text/javaScript">
   document.write("地址主机名:");
   document.write(location.port);
   </script>
</body>
</html>
```

01 此行代码表示：通过 location 对象的 hostname 属性，可以获得主机的名称。

网页效果（图 22-3）

图 22-3 Location 对象效果

效果说明：程序运行后，会显示当前网页的主机名称，如果地址栏上显示的是网页文件的绝对路径，如：E:\\CDROM\HTML\22\22-2-2.html，将不会显示网页的主机名称。

注意：此程序段如果需要正确显示，建议读者最好安装强大的 Web 服务器软件 IIS。

IIS（Internet 信息服务）是 Internet Information Server 的简称，由微软开发的 Web 服务器，该服务需要使用在 Windows NT 以上的系统版本，如果是使用 Windows XP 系统安装，必须使用 Professional 版本，而不是 Home 版。使用 Windows 2003 Server 的用户则系统自动安装了 IIS.

安装并设置好 IIS 后如图 22-4 所示，就可以浏览网页了。

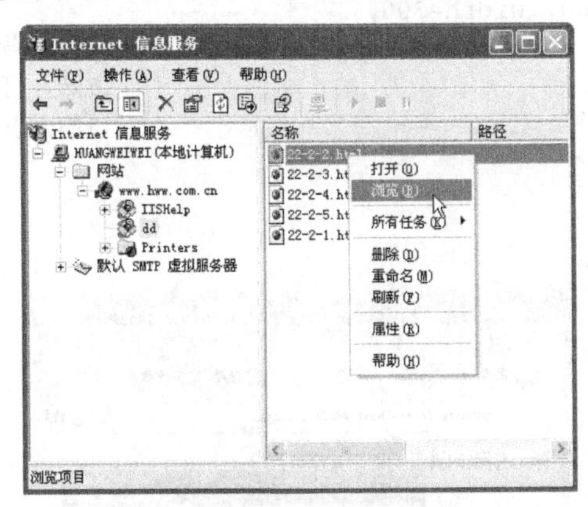

图 22-4 安装并设置后的 IIS

效果说明：当单击“浏览”后，会显示如图 22-3 所示的网页效果。

22.2.3 Window 对象

Window 对象是一个优先级很高的对象，Window 对象包含了丰富的属性、方法和其他时间驱动，程序员可以简单地操作这些简单的属性和方法，对浏览器显示窗口进行控制。Window 对象常用属性如表 22-3 所示和方法如表 22-4 所示。

表 22-3 Window 对象属性说明

属　性	说　明
self	当前窗口
parent	主窗口
top	顶部窗口
status	浏览器状态栏

表 22-4 Window 对象方法说明

方　法	说　明
close()	关闭
alert()	消息框
confirm()	确认框
prompt()	提示框

实例代码（代码位置：CDROM\HTML \22\22-2-3.html）

```
<!-- 实例 22-2-3 代码 -->
<html>
<head>
  <title>Location 对象</title>
</head>
<body>
   弹出实例 2 的页面（22-2-2.html）
   <script type="texet/javaScript">
window.open ("22-2-2.html",
"newwindow", "height=200, width=300,
top=50, left=50")
   </script>
</body>
</html>
```

01 此行代码表示：通过 window 对象的 open 方法，打开一个新的窗口，通过设置窗口的大小以及位置进行显示。

网页效果（图 22-5）

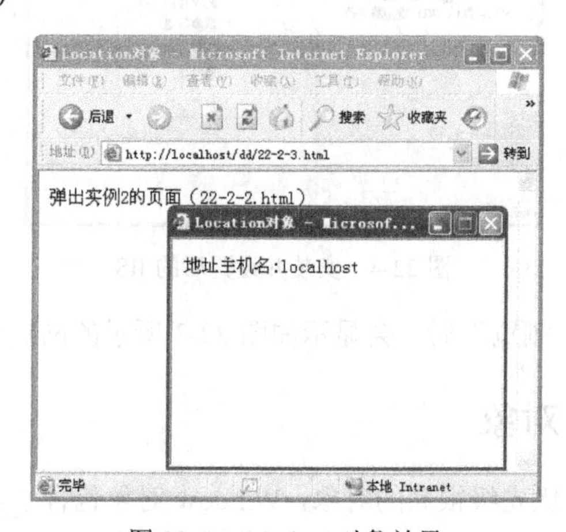

图 22-5　Window 对象效果

效果说明：当程序运行后，通过 window 对象的 open 方法会打开一个新的网页文件。

22.2.4 Document 对象

JavaScript 既是一门脚本的编程语言，又是基于面向对象的编程。JavaScript 的输入和输出都必须通过对象来完成，Document 就是输出对象的其中之一。Document 对象最主要的方法是 write().

实例代码（代码位置：CDROM\HTML\22\22-2-4.html）

```
<!-- 实例 22-2-4 代码 -->
<html>
  <head>
  <title>Document 对象</title>
</head>
<body >
   <script type="text/javaScript">
```

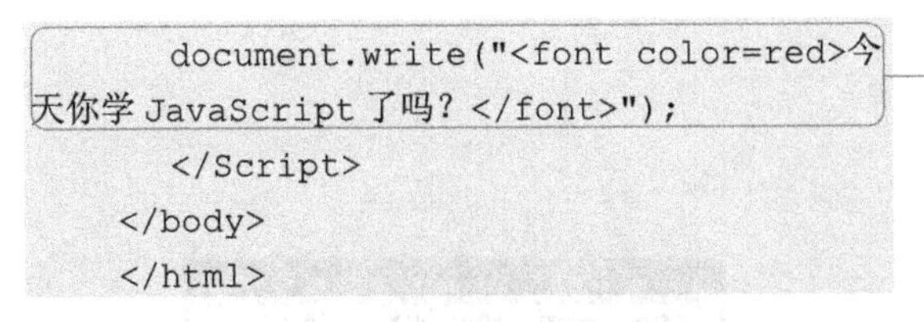

```
      document.write("<font color=red>今
天你学 JavaScript 了吗？</font>");
      </Script>
    </body>
    </html>
```

01 此行代码表示：通过 document 对象的 write 方法，做为网页的输出显示。

网页效果（图 22-6）

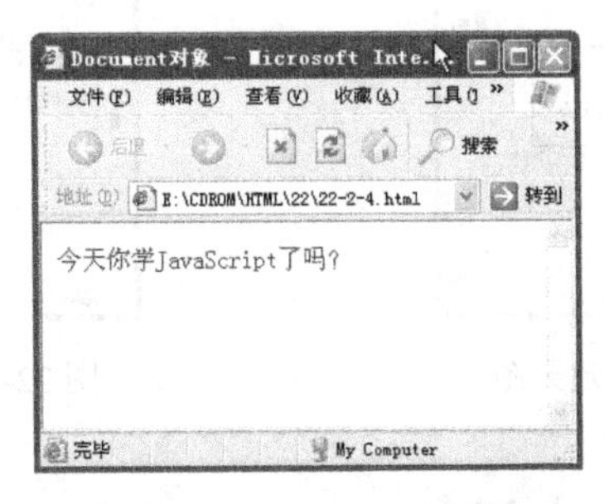

图 22-6　Document 对象效果

22.2.5 History 对象

History 的字面意思是“历史”，在 JavaScript 脚本语言中，History 对象表示的是浏览历史，它包含了浏览器以前浏览过的网页的网络地址。常用方法如表 22-5 所示；

表 22-5　History 对象属性说明

方　法	说　明
Forward()	相当于浏览器工具栏上的“前进”按钮
Back()	相当于浏览器工具栏上的“后退”按钮
Go()	相当于浏览器工具栏上的“转到”按钮

实例代码（代码位置：CDROM\HTML\22\22-2-5.html）

```
<!-- 实例 22-2-5 代码 -->
<html>
<head>
  <title>Document 对象</title>
</head>
<body >
   <script type="text/javaScript">
    document.write("<font color=red>
今天你学 JavaScript 了吗？</font>");
   </Script>
  <form action="">
    <input name="前进" type="button"
onClick="history.go(1)" value="前进">
    <input name="后退" type="button"
onClick="history.go(-1)" value="后退">
    <input name="转到" type="button"
onClick="history.go(2)" value="转到">
  </form>
```

01 此行代码表示：通过 History 对象记载了浏览器的浏览历史，可以之间进行网页的换页。

```
</body>
</html>
```

网页效果（图 22-7 和图 22-8）

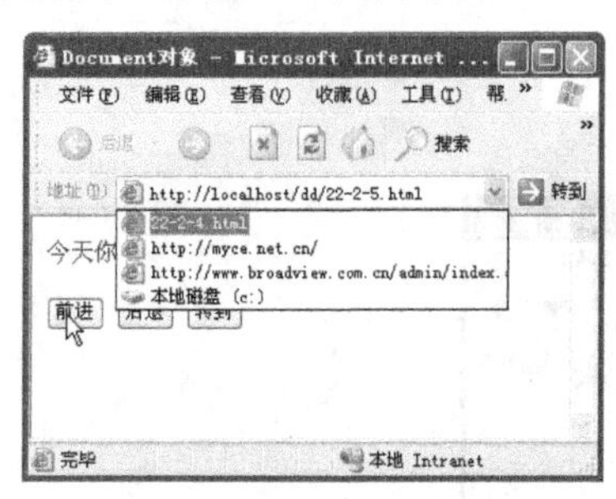

图 22-7　History 对象效果图

图 22-8　History 对象效果图

22.3　内置对象和方法

JavaScript 脚本语言，也提供了一些内置的对象，程序员可以利用这些对象以及对象的属性和方法更好地编程，提高程序开发的效率。JavaScript 语言提供的内置对象的属性和方法与其他面向对象编程语言的调用方式相同，格式如下：

```
对象名.属性名称
对象名.方法名称（参数）
```

具体属性和方法如表 22-6 所示：

表 22-6　内置对象属性说明

对　象	属性/方法	说　明
Date	getDate	显示当前日期
	getDay	显示当前是哪一天
	getHour	显示当前具体小时
	getMouth	显示当前月份
	getSconds	显示当前具体秒
	setDay	设置当前的天数
	setHour	设置当前小时
	setMouth	设置当前月份
	setSconds	设置当前的秒
String	indexOF()	显示字符串位置
	charAT()	字符定位
	toLowerCase()	大写转换小写
	toUpperCase()	小写转换大写
	substing()	求子串
Math	abs()	求绝对值
	acos()	求反余弦值
	atan()	求反正切值
	max()	求最大值

续表

对　象	属性/方法	说　明
	min()	求最小值
	sprt()	求平方根
Array		定义数组

以上内置对象的属性和方法与上一节对象调用的方式相同，下面将不再重复举例介绍。除了以上列举的对象外，用户还可以根据需要自定义对象，定义对象的方法与函数定义的方式完全相同。

22.4 习题

一、选择题

（1）下列属于浏览器内部对象的是（ ）。

A．Location 对象　B．Window 对象　C．Navigator 对象　D．History 对象

（2）下面哪些是属于 DATA 对象的属性（ ）。

A．atan()　B．indexOF()　C．setDay

（3）下列属于 Window 对象的属性的是（ ）。

A．self　B．parent　C．top　D．port

（4）下列属于 History 对象的属性的是（ ）。

A．Forward()　B．Back()　C．colse()　D．Go()

二、填空题

（1）对象包括____________。

（2）IIS 是____________。

（3）Window 对象中的 alert()方法的含义是___________。

（4）Document 对象最主要的方法是________________。

（5）Location 对象的属性有__________、__________和____________。

三、上机题/问答题

*（1）制作如图 22-9 所示的网页。（最终效果见 CDROM/习题参考答案及效果/22/1.html）

图 22-9　效果

（2）制作如图 22-10 所示的网页。（最终效果见 CDROM/习题参考答案及效果/22/2.html）

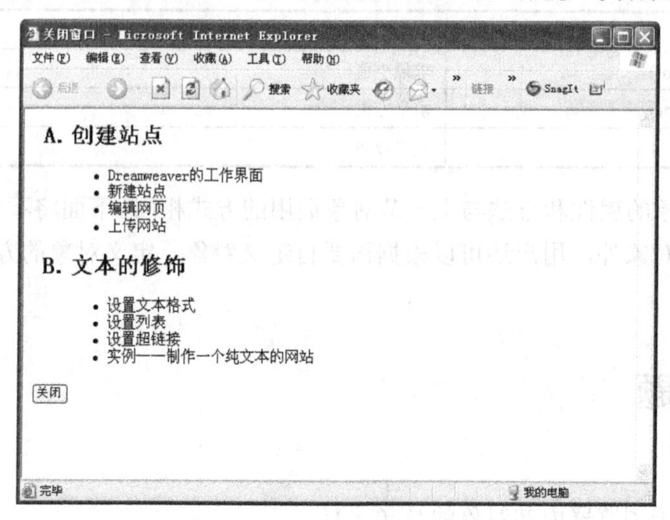

图 22-10　效果

（3）编写一个小程序，检测一下自己电脑的操作系统。

第 23 章　综合案例

本章重点

- 用表格嵌套安排内容
- 准备网页素材
- CSS 实例
- JavaScript 实例
- 综合实例
- 网站开发流程

23.1 HTML 综合案例

要想将一个网页中的元素按照你的想法服服贴贴地显示在它该显示的地方，还真不是一件容易的事情。笔者在制作本节案例（图 23-1）的时候，也遇到了许多问题。

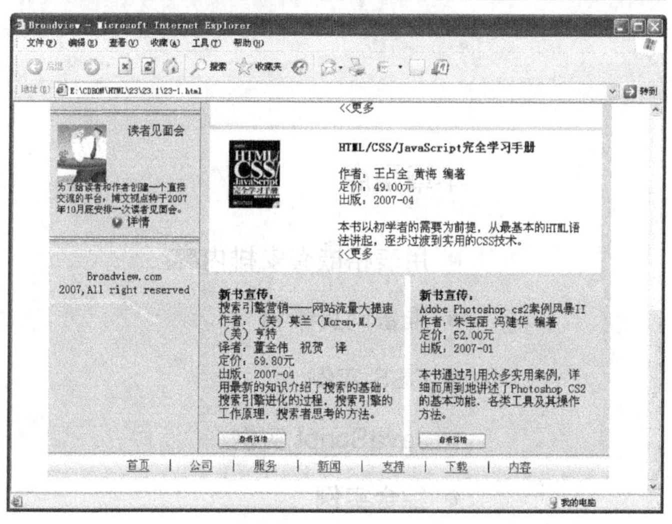

图 23-1 一个简单的公司首页

比如，段落文字不听使唤（没自动换行），随处乱跑；要链接的图片在预览的时候不显示；表格嵌套太多，代码很乱，改起来没头绪等。后来笔者重新振作精神，将所有代码逐行排除、修改，一个个问题迎刃而解。其实，有些问题就是加个标记
那么简单，解决问题的关键就是你的学习态度。

本例制作的是一个公司的首页，制作的原则就是能不用 CSS 的地方，就尽量不用 CSS，让该网页成为一个纯粹的 HTML 作品。事实上这样做很难，同时也印证了 CSS 伟大的作用，不用 CSS 参与网页的设计是一件很愚蠢的事。比如定义一段文字的字号大小（效果如图 23-2），CSS 是这样的定义的：

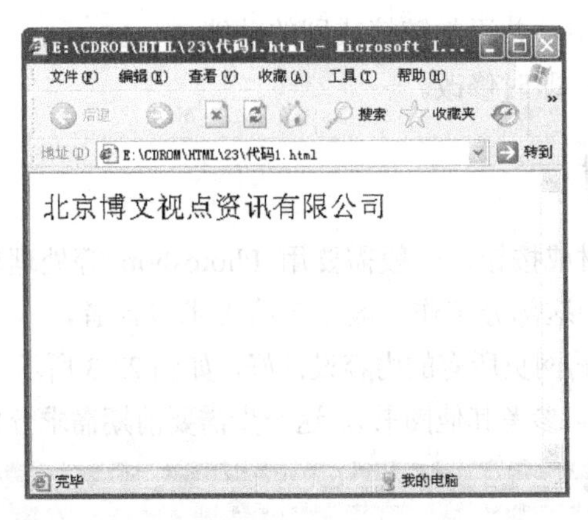

图 23-2　要实现的效果

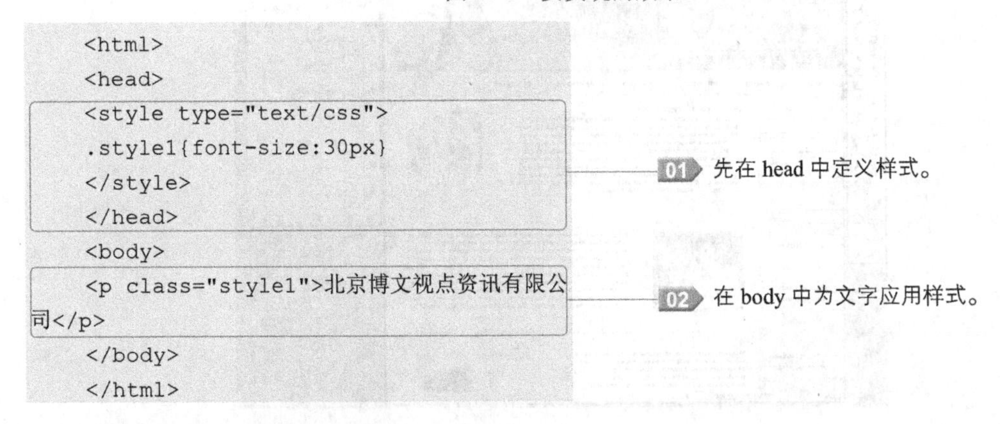

```
<html>
<head>
<style type="text/css">
.style1{font-size:30px}
</style>
</head>
<body>
<p class="style1">北京博文视点资讯有限公
司</p>
</body>
</html>
```


而用 HTML 是这样实现的：

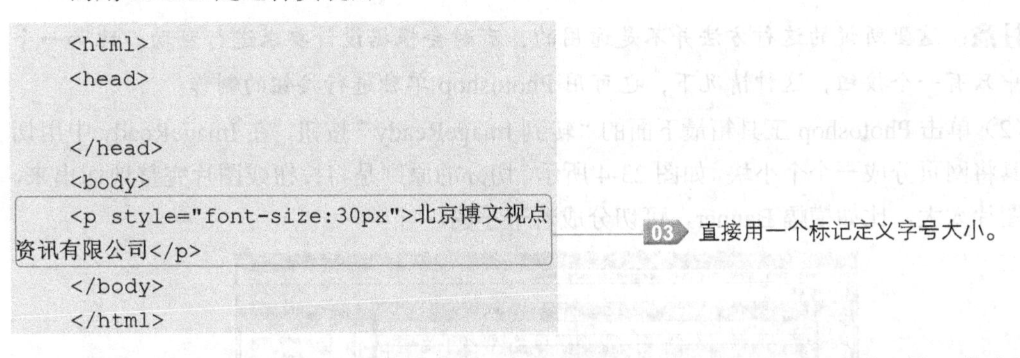

```
<html>
<head>

</head>
<body>
<p style="font-size:30px">北京博文视点
资讯有限公司</p>
</body>
</html>
```


表面上看，用 HTML 实现代码会少一些，但 CSS 定义好 style1 以后，是一劳永逸的，以后所有要应用该样式的文字都可直接套用。但是，在本例中，涉及到定义字号这样的差事时，笔者还是选择了用 HTML 实现，即尽量用 HTML，我们要让 HTML 尽自己所能。

23.1.1　本例的设计流程

下面讲一下本例的设计流程，读者在以后的网页设计中可参考。抛开网页前期需求分析等事项，单就设计网页这个工作而言，可参照下面的步骤进行：

- 设计好网页效果图，准备好素材（图片、文档等）；
- 按照效果图用 HTML 实现页面布局；

➢ 将素材放到网页中，并添加链接或别的功能；
➢ 边做边预览效果，即时修改。

23.1.2 准备素材

网页上面的图片素材或按钮，一般需要用 Photoshop 等处理软件进行处理。大致步骤如下，读者可进行参考，这部分工作一般分工给美术设计者。

（1）先用 Photoshop 将网页所有的内容设计好，如图 23-3 所示（关于 Photoshop 的使用不是本书的讲解范围，读者可参考其他图书）。这一步需要前期需求分析，并有大量的美工设计。

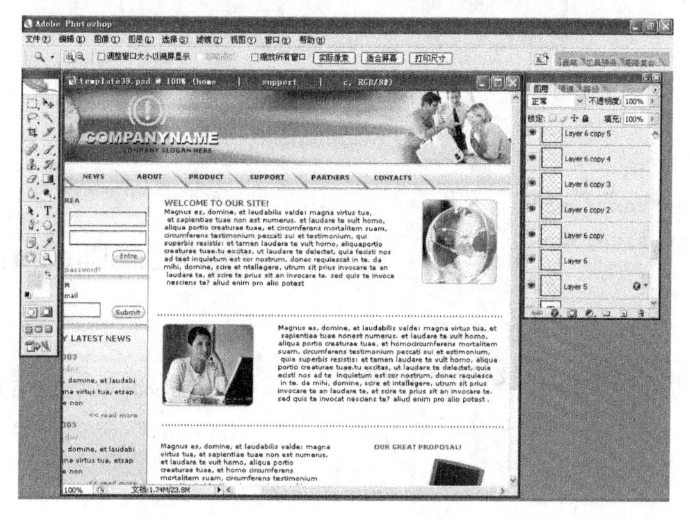

图 23-3 用 Photoshop 设计好网页内容

注意：这里所说的这种方法并不是通用的，有时会根据设计要求进行变动。比如一个网页中只有一个按钮，这种情况下，也可用 Photoshop 单独进行按钮的制作。

（2）单击 Photoshop 工具箱最下面的“转到 ImageReady”按钮，在 ImageReady 中用切片工具将网页分成一个个小块，如图 23-4 所示。切分的原则是将按钮或图片完整地切出来，如果图片太大，比如横幅 Banner，可切分成若干小图。

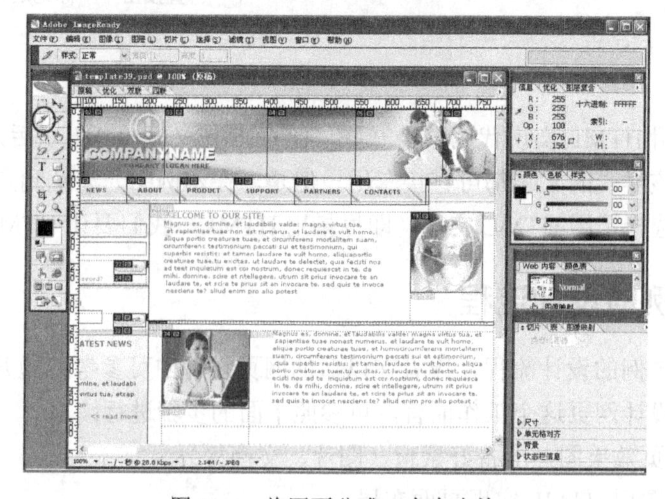

图 23-4 将网页分成一个个小块

（3）切分好后，从菜单选择“文件\将优化结果存储为”，如图 23-5 所示，将图片导出后的结果如图 23-6 所示，被切分的小图片全部被存放到一个文件夹下。

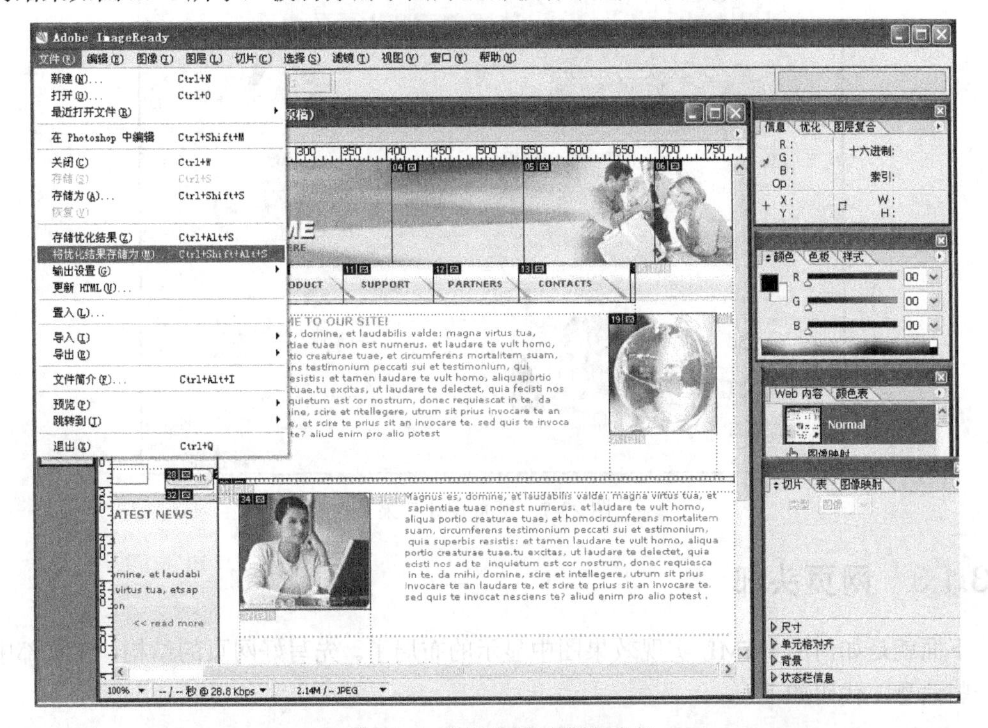

图 23-5 将切分好的图片另存

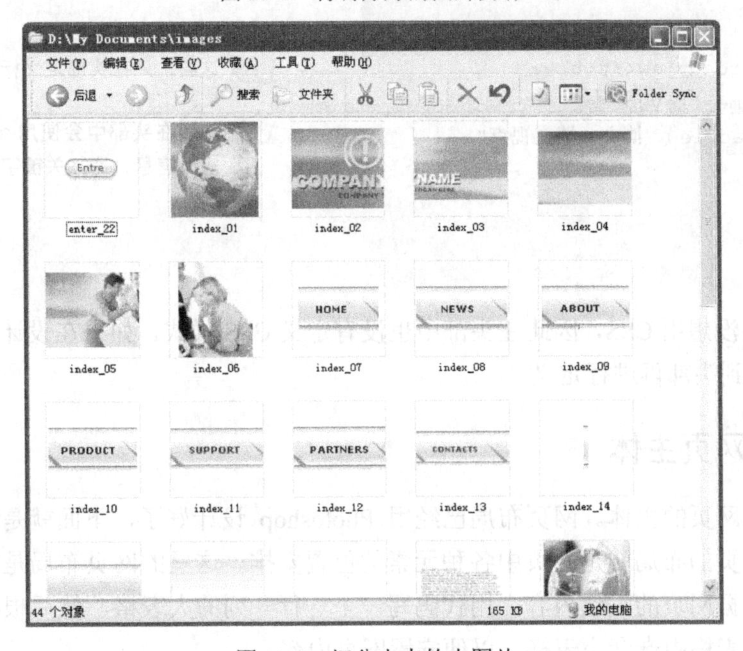

图 23-6 切分出来的小图片

这样，网页设计者在制作网页，背景颜色、字体、字号、颜色等都可用网页设计软件或 HTML 实现，图片直接调用就可以了，最终的设计出的网页如图 23-7 所示。

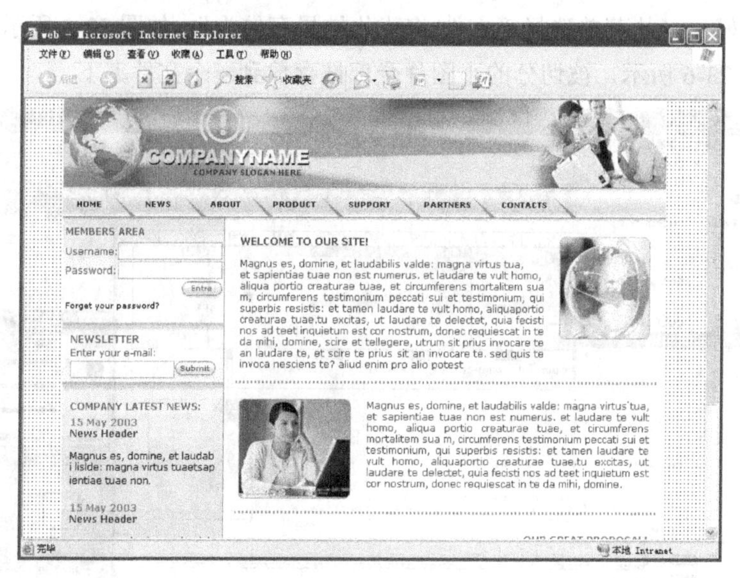

图 23-7　网页设计效果

23.1.3 网页头部

下面就是如何用 HTML 实现效果图中显示的布局了。先写好网页的结构，在头部中定义一些信息，代码如下：

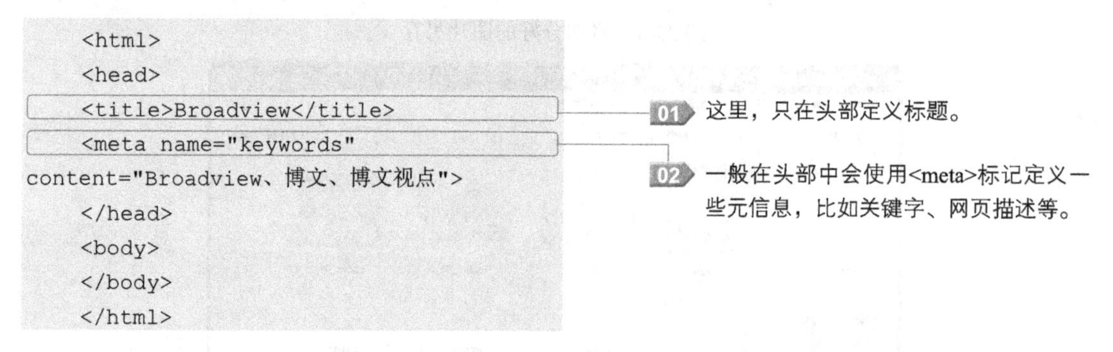

```
<html>
<head>
<title>Broadview</title>
<meta name="keywords"
content="Broadview、博文、博文视点">
</head>
<body>
</body>
</html>
```

01 这里，只在头部定义标题。

02 一般在头部中会使用<meta>标记定义一些元信息，比如关键字、网页描述等。

由于压根没想用 CSS，因此在头部中也没有定义 CSS 样式。如果在设计过程中要用到 CSS，可返回到头部再进行定义。

23.1.4 网页主体

下面设计网页的主体。网页布局已经用 Photoshop 设计好了，下面就是如何用代码实现的问题。网页的布局就是网页中各种元素的位置安排。这里的网页布局是使用表格来实现的，就是根据网页的大致内容，用代码写一个一行一列的大表格，然后根据网页内容的需要，再在大表格中嵌套小表格，以便安置网页内容。

1．规划布局

先用代码写一个大表格，代码如下：

```
<html>
<head>
```

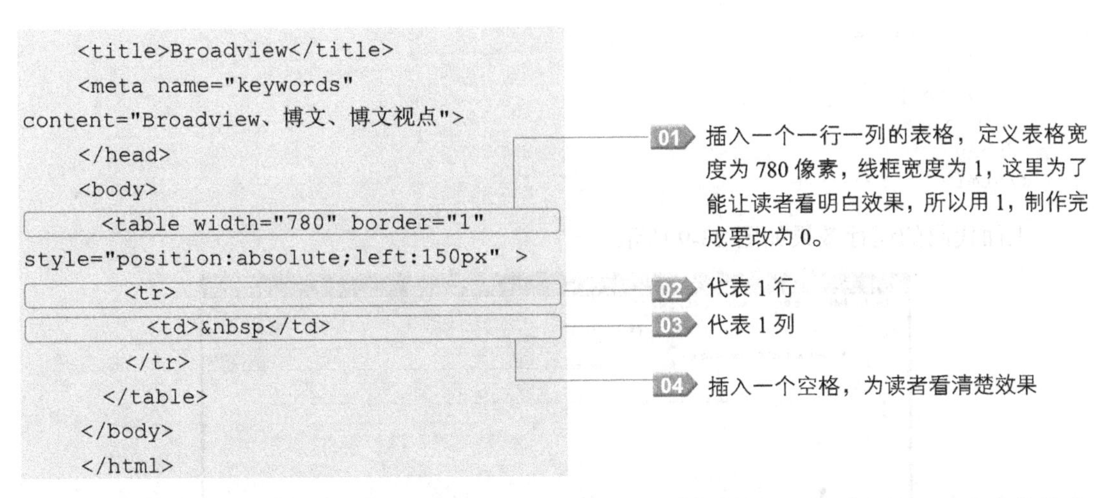

```
    <title>Broadview</title>
    <meta name="keywords"
content="Broadview、博文、博文视点">
    </head>
    <body>
      <table width="780" border="1"
style="position:absolute;left:150px" >
        <tr>
          <td> </td>
        </tr>
      </table>
    </body>
    </html>
```

01 插入一个一行一列的表格，定义表格宽度为 780 像素，线框宽度为 1，这里为了能让读者看明白效果，所以用 1，制作完成要改为 0。

02 代表 1 行

03 代表 1 列

04 插入一个空格，为读者看清楚效果

下列代码运行效果如图 23-8 所示。由于我们没有对表格的高度作定义，因此表格的高度会随着网页中的内容的增加而增加。

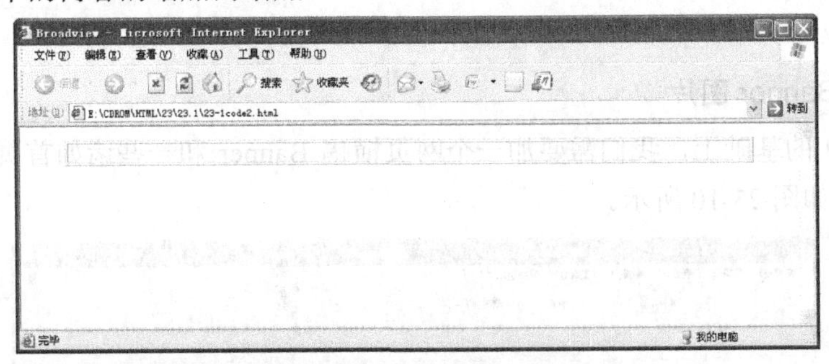

图 23-8　插入一个大表格

大表格写好后，我们先试着插入图片，看看表格的高度会不会随着内容的增加而增加。根据图 23-1 上图显示，网页顶部要插入带有金属质感的图片，因此在大表格中嵌套一个一行一列的小表格，代码如下：

```
    <html>
    <head>
    <title>Broadview</title>
    <meta name="keywords"
content="Broadview、博文、博文视点">
    </head>
    <body>
      <table width="780" border="1"
style="position:absolute;left:150px" >
        <tr>
          <td>
            <table width="780" border="0"
cellpadding="0" cellspacing="0"
style="background-image:url(images/index
_02.jpg)">
              <tr>
                <td><img
src="images/index_01.jpg"  width="97"
height="23" border="0" usemap="#Map"
alt=""></td>
              </tr>
```

01 此段代码就是在上段代码的基础上新增的代码，即插入一个一行一列的表格，在表格中存放图片。

```
          </table>
        </td>
      </tr>
    </table>
  </body>
  </html>
```

上面代码的运行效果如图 23-9 所示。

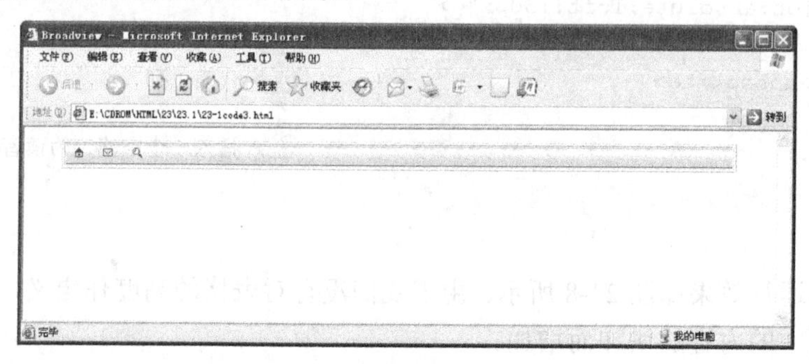

图 23-9 运行效果

2. 添加 Banner 图片

在图 23-9 的基础上，我们需要加一个网页横幅 Banner 和一些诸如首页、公司、服务等链接图片，如图 23-10 所示。

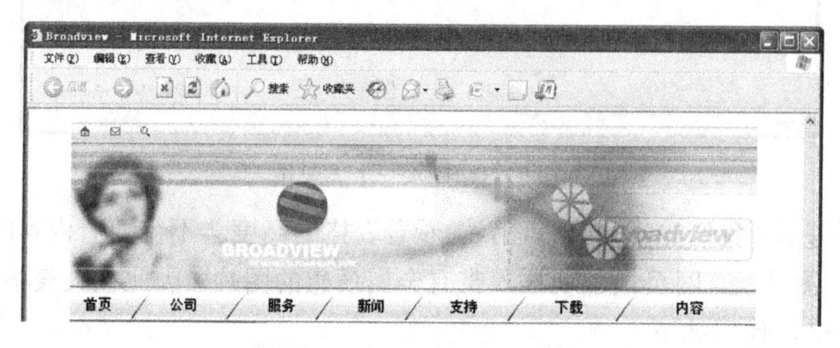

图 23-10 要实现的效果

网页横幅 Banner 是在用 Photoshop 准备素材的时候，被切成了 4 个小图，分别为 index_04.jpg、index_05.jpg、index_06.jpg 和 index_07.jpg，位于“CDROM\html\23\23.1\images”下。我们仍用嵌套表格的方法实现，在大表格中再嵌入如下代码，效果如图 23-11 所示。

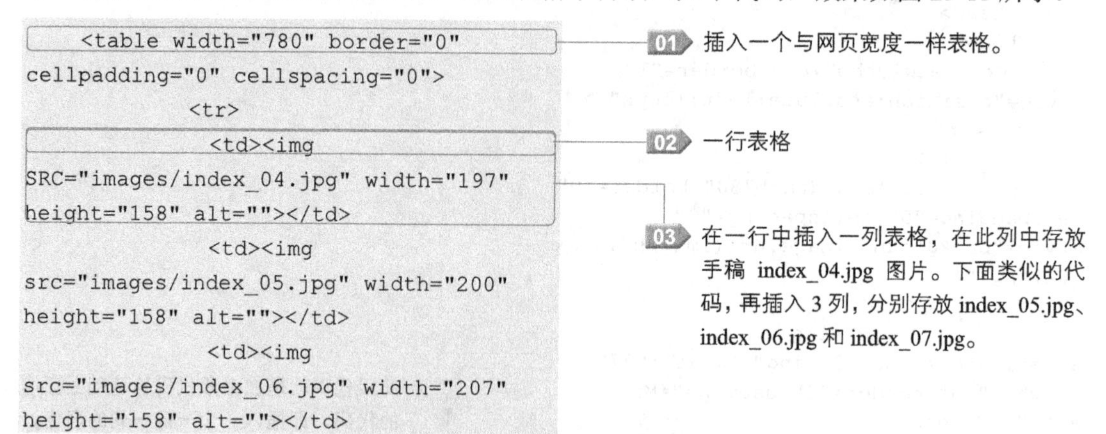

```
    <table width="780" border="0"
cellpadding="0" cellspacing="0">
          <tr>
            <td><img
SRC="images/index_04.jpg" width="197"
height="158" alt=""></td>
            <td><img
src="images/index_05.jpg" width="200"
height="158" alt=""></td>
            <td><img
src="images/index_06.jpg" width="207"
height="158" alt=""></td>
```

01 插入一个与网页宽度一样表格。

02 一行表格

03 在一行中插入一列表格，在此列中存放手稿 index_04.jpg 图片。下面类似的代码，再插入 3 列，分别存放 index_05.jpg、index_06.jpg 和 index_07.jpg。

```
            <td><IMG
src="images/index_07.jpg" width="176"
height="158" alt=""></td>
          </tr>
    </table>
```

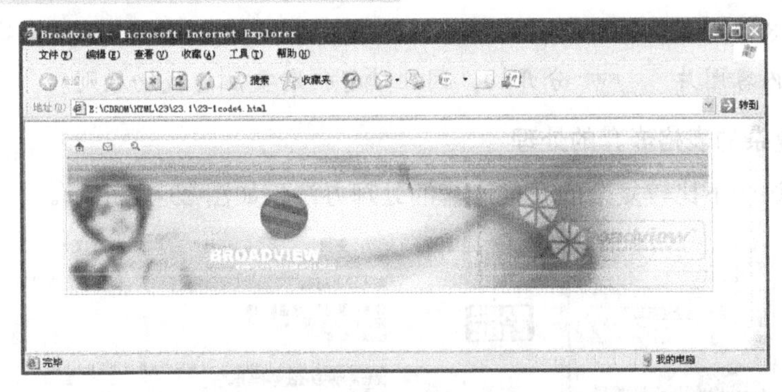

图 23-11　代码运行效果

关于图 23-11 的完整源代码，请参见“CDROM\HTML\23\23.1”下的“23-1code4.txt”。

3．添加主要链接

在 Banner 下面要加入首页、公司、服务、新闻、支持、下载、内容 7 项链接，这些都在 Photoshop 中做好了，分别存为相应的图片。下面用代码实现，在大表格中再嵌套一个 1 行 8 列的表格。代码如下，运行效果如图 23-10 所示。

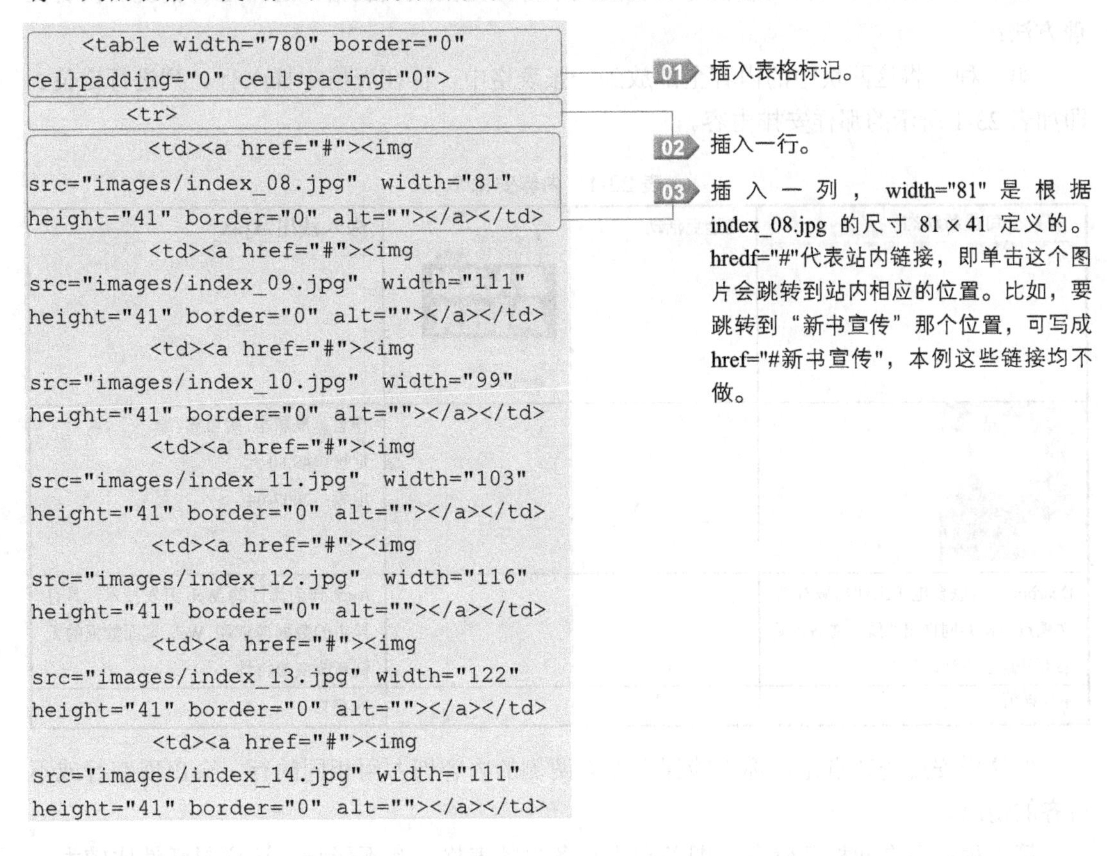

```
    <table width="780" border="0"
cellpadding="0" cellspacing="0">
       <tr>
         <td><a href="#"><img
src="images/index_08.jpg"  width="81"
height="41" border="0" alt=""></a></td>
         <td><a href="#"><img
src="images/index_09.jpg"  width="111"
height="41" border="0" alt=""></a></td>
         <td><a href="#"><img
src="images/index_10.jpg"  width="99"
height="41" border="0" alt=""></a></td>
         <td><a href="#"><img
src="images/index_11.jpg"  width="103"
height="41" border="0" alt=""></a></td>
         <td><a href="#"><img
src="images/index_12.jpg"  width="116"
height="41" border="0" alt=""></a></td>
         <td><a href="#"><img
src="images/index_13.jpg" width="122"
height="41" border="0" alt=""></a></td>
         <td><a href="#"><img
src="images/index_14.jpg" width="111"
height="41" border="0" alt=""></a></td>
```

01 插入表格标记。

02 插入一行。

03 插入一列，width="81" 是根据 index_08.jpg 的尺寸 81×41 定义的。hredf="#"代表站内链接，即单击这个图片会跳转到站内相应的位置。比如，要跳转到“新书宣传”那个位置，可写成 href="#新书宣传"，本例这些链接均不做。

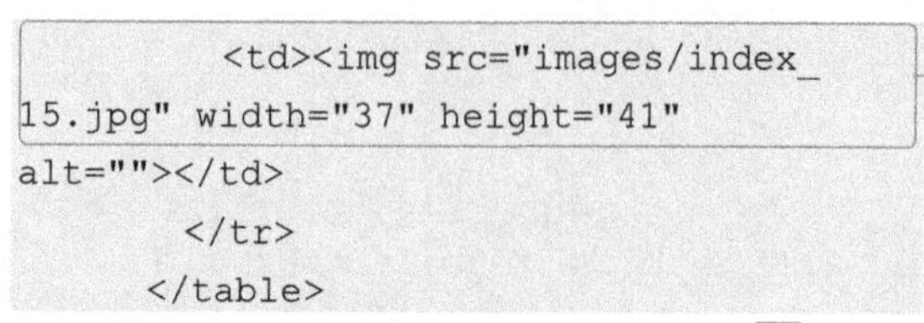

```
        <td><img src="images/index_
15.jpg" width="37" height="41"
alt=""></td>
      </tr>
    </table>
```

04 类似这样插入 8 列，并存放相应的图片。

提示：第 8 列存放延伸出来图片 。这个图片是用切片裁切时留下的多余图片，不应该将该图片与内容图片 内容 分开切，因此读者一定要注意裁切原则。

4．比较复杂的表格嵌套的处理

这里需要讲一下比较复杂的表格嵌套的处理办法，如图 23-12 所示。

图 23-12　较复杂的表格

位于左侧的公司最新动态栏与右侧的图书介绍是两大块表格，通常这种情况有两种处理方法：

第一种：将这两块中的内容全部放到一张表格中，再在表格中插入行、列进行定位。即如表 23-1 所示的那样安排内容。

表 23-1　内容安排 1

公司最新动态	送金豆活动		深入浅出 Ajax
			作者：夏慧军 魏雪辉 编 定价：49.80 元 出版：2007-04
Dearbook 特联合电子工业出版社博文视点公司共同推出“预订赠书、买书双倍送金豆活动”。			Ajax 作为流行的 Web 开发技术，具有异步的数据请求和 Web 页面数据的无刷新改变等特性。
详情			<<更多

但这样安排的缺点是，你不能保证左右两侧的内容都占用相同的行，会出现空行或不对齐的情况。

第二种：左右两栏各管各，即各自设计各自的表格，互不影响，这样灵活性比较大。

即如表 23-2、表 23-3 所示。本案例中采用的就这种方法。

表 23-2

公司最新动态	送金豆活动
Dearbook 特联合电子工业出版社博文视点公司共同推出“预订赠书、买书双倍送金豆活动”。	
详情	

表 23-3

	深入浅出 Ajax
	作者：夏慧军 魏雪辉 编 定价：49.80 元 出版：2007-04
	Ajax 作为流行的 Web 开发技术，具有异步的数据请求和 Web 页面数据的无刷新改变等特性。
	<<更多

接下来我们按照第 2 种方法写代码，这里只讲左侧公司最新动态下面第一个表格是如何实现的，即只实现如图 23-13 所示的效果，学习是触类旁通的，其他内容的安排读者可效仿此方法。

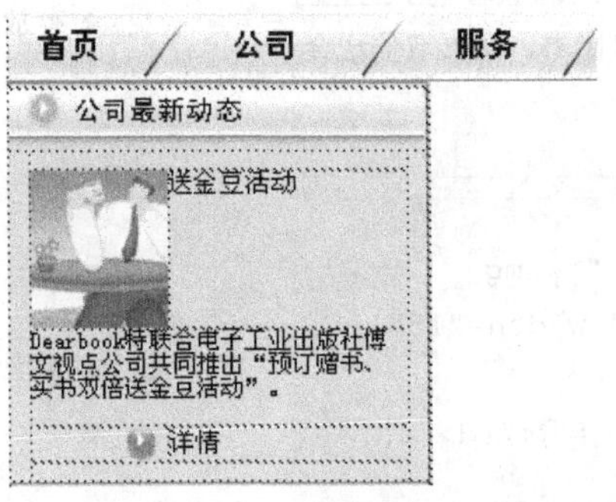

图 23-13 表格设计

其实，这只是一个表格嵌套的问题，很简单，只不过要定义好表格的宽度，不要让表格跑到右侧占用别的内容的地盘。代码如下：

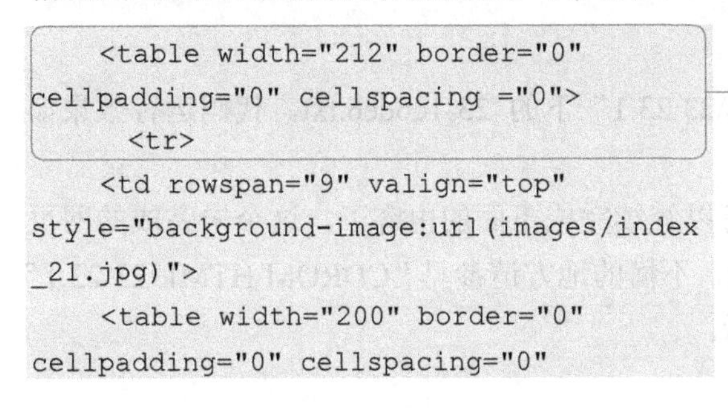

```
    <table width="212" border="0"
cellpadding="0" cellspacing ="0">
      <tr>
    <td rowspan="9" valign="top"
style="background-image:url(images/index
_21.jpg)">
    <table width="200" border="0"
cellpadding="0" cellspacing="0"
```

01 考虑到类似“送金豆活动”这样的动态下面还有几个，因此有必要设插入一个表格存放这些内容。这里插入一个宽 212，左对齐的表格，这样表格的位置就被限定住了。

```
style="background-image:url(images/index
_21.jpg)" >
        <tr>
          <td valign="top"><img src=
"images/index_16.jpg" width="210"
height="31" alt=""></td>
        </tr>
        <tr>
          <td align="center">
    <table width="90%"  border="0"
cellspacing="0" cellpadding="0">
    </td>
        </tr>
        <tr>
          <td colspan="3"></td>
        </tr>
        <tr>
          <td valign="top"><img
src="images/index_24.jpg" width="70"
height="79" alt=""></td>
          <td valign="top"
style="font:15px" >送金豆活动</td>
        </tr>
        <tr>
          <td colspan="3"> <p
style="font:14px"> Dearbook 特联合电子工业出
版社博文视点公司共同推出“预订赠书、买书双倍送金
豆活动”。</p></td>
        </tr>
        <tr>
          <td align="right"><img
src="images/index_28.jpg" width="18"
height="18" alt=""></td>
          <td colspan="2">详情</td>
        </tr>
        </td>
      </tr>
    </table>
    </table>
    </table>
```

02 在表格的列中插入一个背景图片。

03 在此行此列中放置公司最新动态图。

04 在此一行两列的单元格中存放 index_24.jpg 和标题“送金豆活动”。

05 存放主题简介文字，用<font>定义字号。

06 实现这个效果：详情。

上段完整的代码请见“CDROM\HTML\23\23.1”下的 23-1code6.txt。代码运行效果如图 23-14 所示。

读者如果学懂了以上介绍的方法，就可以继续完成下面的内容了，这个未完成的网页就留给读者来完成吧，正好有了实践的机会。不懂的地方请参见“CDROM\HTML\23\23.1”下的“23-1.txt”，完成的效果如图 23-1 所示。

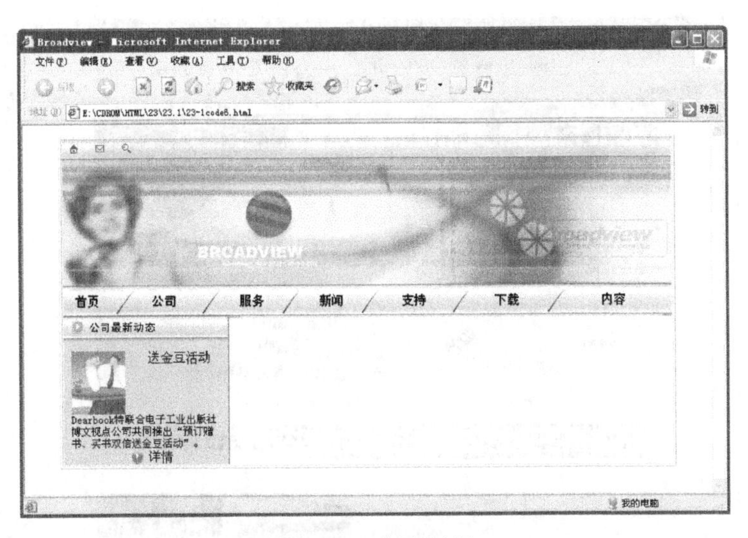

图 23-14 运行效果

提示：做网页设计，需要学习的知识比较多，有美工方面的，有代码方面的，当你把网页中的元素安排在各自的位置，整个网页看上去很美观的时候，应该会产生一种成就感吧。在实际的网页设计中，还需要考虑网页显示的速度、代码优化、搜索引擎的喜好、交互性、数据查询等，前方的路还很长，不过我们已经在快速前进了。

23.2 CSS 综合案例

HTML 的综合案例主要用的是 HTML 本身的语法，所以本案例本着灵活应用 CSS 样式的思想，使网页设计更加简单化、成熟化。让读者体验到 CSS 的用武之地。

本案例的最终效果已经使用 Photoshop 等软件设计好了。图 23-15 就是这个案例完成后的效果图，从直观上感觉，是不是没有上一个案例复杂？对，主要是因为该案例的网页布局比较简单，内容也比较集中。

23.2.1 本案例的设计思路

本案例的整体设计思路就是如何使用 CSS 实现最终效果。首先就将图 23-15 看作为要完成的“蓝图”。然后按照下面的实现思路进行操作：

- 第一步分析效果图
- 第二步裁切素材图片
- 第三步提取尺寸
- 第四步规划布局
- 第五步编写 CSS 样式文件
- 第六步插入图片和调整内容

提示：本案例为某公司的首页，一个简单的网页，没有建立链接，如果想要建立相关链接，读者可以参照 HTML 综合案例。

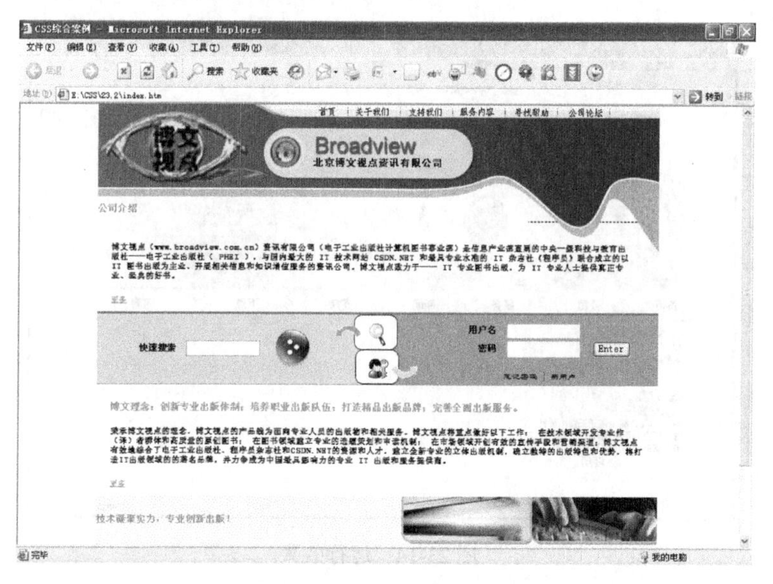

图 23-15　CSS 案例完成后的网页效果

23.2.2 分析效果图

观察网页可以发现，该网页的图和文字排放的位置都比较分明，要么就是一大段文字，要么就是一大块图。而且，网页的图标也放的很零散，很容易裁切和调整。所以我们首先要利用 Photoshop 的工具分析和制作效果图。

23.2.3 裁切图片

因为网页的图片比较容易分离出来，所以我们在裁切图片时尽量将整个图片裁切下来。如图 23-16 所示，裁切的方法在 HTML 案例中已经详细讲解过，这里就不再赘述。我们在裁切过程中遵守的原则就是能用完整的图就用完整图，不要分开裁切。

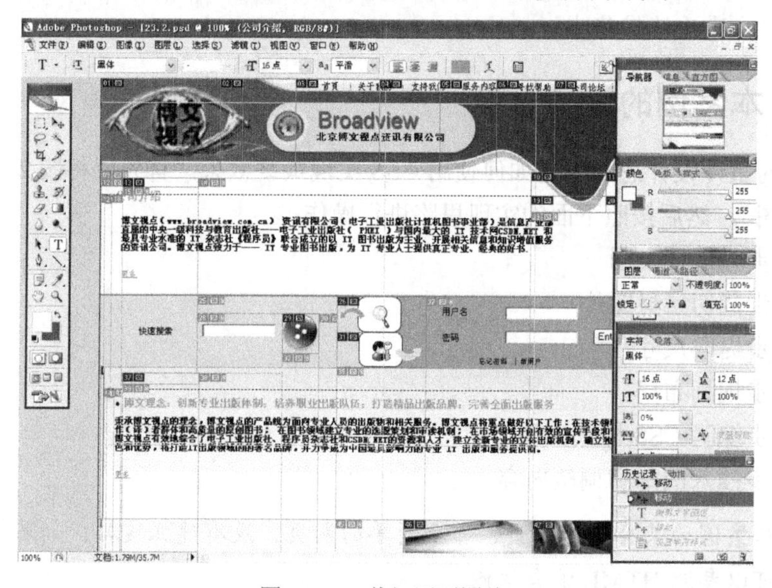

图 23-16　裁切网页图片

但是，对于网页头部的大图，一次裁切下来会很大，这样特大的图一次性放到网页中也会影响到网页的显示速度，所以要将头部的这种大图裁切成多个小图，然后再挨个将其插入到网页中，这样在网页显示的时候就会提高图片的显示速度。

还有一点要说明的是，利用 ImageReady 导出的所有图片并不是都要再插入到网页中，因为使用 Photoshop 的切片工具时，裁切好一个图片后，和它相连的四周同时也被裁切成了图片，但是文字内容这一类的图片我们是不需要再利用的，所以导出图片还要注意取舍。如图 23-17 所示的图片为我们要在网页中要用的所有图片。

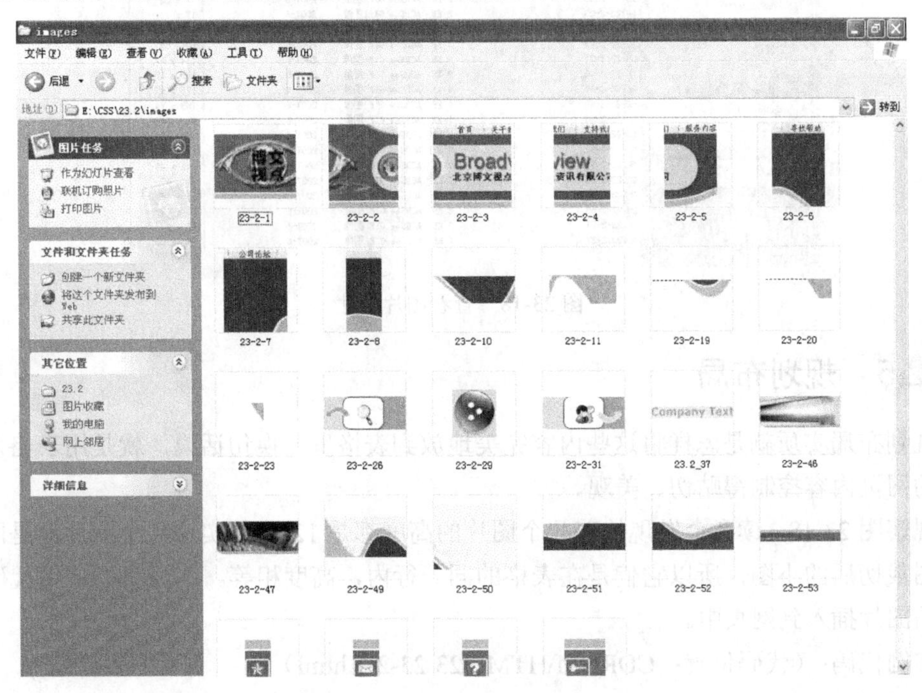

图 23-17 网页中要插入的图片

23.2.4 提取尺寸

提取尺寸的目的就是为了网页布局，因为我们在使用表格布局时，一定要确定好表格的宽度和高度，这样做出来的网页才会整齐、美观。而表格的宽度的和高度就是由它所放的内容来决定，文字内容好控制，就是多写几行、少写几行的事；头疼的就是图片，如果表格尺寸不合适，显示的图片就不好看；表格过大有空白，表格过小显示不完整，甚至尺寸设置有偏差，图片都会变形，等等。

确定图片的尺寸势在必行了，那怎么确定图片的尺寸啊？很简单，我们已经将这些图片都提取出来并放到了 images 的文件夹下。现在打开这个文件夹，然后选择“查看>详细信息”，这时所有图片的尺寸就都显示到了窗口内，如图 23-18 所示。

这些尺寸是很重要的。有了这些尺寸的指引，我们才可以设计表格。下面我们就根据这些尺寸来设计网页的表格。

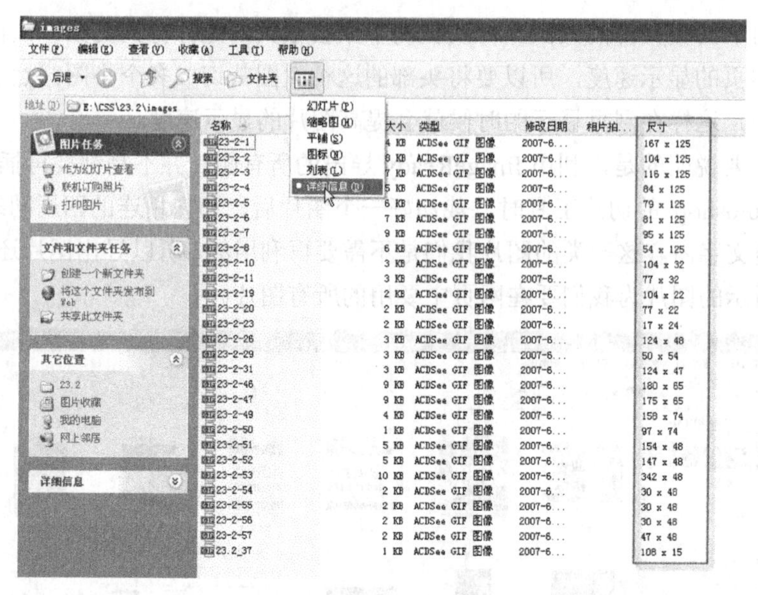

图 23-18　查看图片尺寸

23.2.5 规划布局

规划布局实质就是怎样将这些内容完美地放到表格里，换句话说，就是用表格怎样将我们的网页内容控制得贴切、美观。

观察图 23-18，读者会发现挨着几个图片的高度都是 125，其实这几个图片就是网页头部大图裁切后的小图，所以它们是在表格的同一行内，高度相等。下面我们就用代码将这一行的图片插入到网页中。

实例代码：（代码位置：CDROM\HTML\23\23-2-1.html）

```
<html>
<head>
</head>
<body style="margin-top:0;margin-left:0;">
<table width="780" border="0" align="center" cellpadding="0" cellspacing="0">
  <tr>
    <td width="167"><img src="images/23-2-1.gif" width="167" height="125"
alt=""></td>
    <td width="104"><img src="images/23-2-2.gif" width="104" height="125"
alt=""></td>
    <td width="116"><img src="images/23-2-3.gif" width="116" height="125"
alt=""></td>
    <td width="84"><img src="images/23-2-4.gif" width="84" height="125"
alt=""></td>
    <td width="79"><img src="images/23-2-5.gif" width="79" height="125"
alt=""></td>
    <td width="81"><img src="images/23-2-6.gif" width="81" height="125"
alt=""></td>
    <td width="95"><img src="images/23-2-7.gif" width="95" height="125"
alt=""></td>
    <td><img src="images/23-2-8.gif" width="54" height="125" alt=""></td>
  </tr>
</table>
```

```
</body>
</html>
```

图 23-19　插入头部图片

很简单吧，图 23-19 就是网页头部的效果图。转眼间网页的小部分就已经完成。整个网页下来也是同样的简单，方法得当必将事半功倍。其他表格的设计是一样的，先考虑好内容的宽度和高度，然后按照内容的宽度和高度设计表格就可以了。

23.2.6　编写 CSS 样式文件

好像上面说了半天都没有用上 CSS，没关系，姗姗来迟的往往是更有内涵的。CSS 样式文件的定义很灵活，可以放在 HTML 文件内，也可以单独定义一个 CSS 文件，然后再在 HTML 文件中调用。本案例的代码采用的是直接在 HTML 头部定义的内部样式表方法，因为涉及的 CSS 样式比较少。但是如果要制作大量相同样式的网页时，最好选用链入外部样式表方法，因为使用该方法不仅能减少重复工作量，而且方便以后的修改和编辑，有利于站点的维护。

首先看图 23-20，其中用线框起来的就是该网页用到的所有样式。样式的定义也很简单，就是对网页中字体的控制，字体、字号、文字颜色等。如果我们要把这段代码单独定义为一个 CSS 文件，就直接把这些样式的定义拷贝过去，然后保存为.css 的文件，最后再在 HTML 文件中调用这个 CSS 文件。

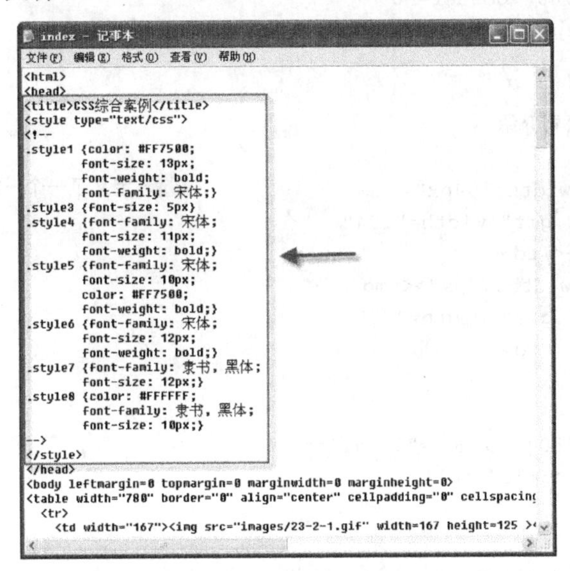

```
<html>
<head>
<title>CSS综合案例</title>
<style type="text/css">
<!--
.style1 {color: #FF7500;
        font-size: 13px;
        font-weight: bold;
        font-family: 宋体;}
.style3 {font-size: 5px}
.style4 {font-family: 宋体;
        font-size: 11px;
        font-weight: bold;}
.style5 {font-family: 宋体;
        font-size: 10px;
        color: #FF7500;
        font-weight: bold;}
.style6 {font-family: 宋体;
        font-size: 12px;
        font-weight: bold;}
.style7 {font-family: 隶书, 黑体;
        font-size: 12px;}
.style8 {color: #FFFFFF;
        font-family: 隶书, 黑体;
        font-size: 10px;}
-->
</style>
</head>
<body leftmargin=0 topmargin=0 marginwidth=0 marginheight=0>
<table width="780" border="0" align="center" cellpadding="0" cellspacin
  <tr>
    <td width="167"><img src="images/23-2-1.gif" width=167 height=125 ><
```

图 23-20　定义 CSS 样式

如图 23-21 所示使用的是链入外部样式表方法。因为我们将样式文件都放到了文件 23-2.css 这个文件夹下，所以链接到该文件即可调用所有样式，最后运行代码的网页效果是一样的。读者也可以自己动手试一下，本案例的完整源代码见光盘 CDROM\HTML\23\index.html。

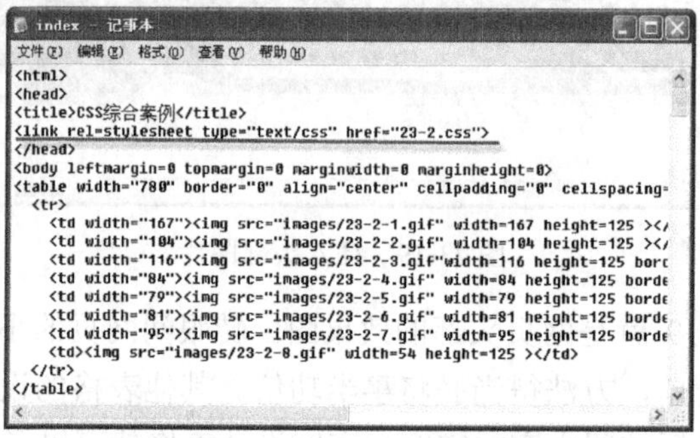

```
index - 记事本
文件(F) 编辑(E) 格式(O) 查看(V) 帮助(H)
<html>
<head>
<title>CSS综合案例</title>
<link rel=stylesheet type="text/css" href="23-2.css">
</head>
<body leftmargin=0 topmargin=0 marginwidth=0 marginheight=0>
<table width="780" border="0" align="center" cellpadding="0" cellspacing=
  <tr>
    <td width="167"><img src="images/23-2-1.gif" width=167 height=125 ></
    <td width="104"><img src="images/23-2-2.gif" width=104 height=125 ></
    <td width="116"><img src="images/23-2-3.gif"width=116 height=125 borc
    <td width="84"><img src="images/23-2-4.gif" width=84 height=125 borde
    <td width="79"><img src="images/23-2-5.gif" width=79 height=125 borde
    <td width="81"><img src="images/23-2-6.gif" width=81 height=125 borde
    <td width="95"><img src="images/23-2-7.gif" width=95 height=125 borde
    <td><img src="images/23-2-8.gif" width=54 height=125 ></td>
  </tr>
</table>
```

图 23-21　应用链入外部样式表

23.2.7 插入图片和调整内容

样式和布局都准备好，那剩下的事就是填充内容和调整细节。在插入图片和文字时，还有好多细节的问题需要考虑，如图片之间的距离，图片离边框的距离等。如图 23-22 中有文字也有图片，这又该怎么定义？而且图中标明的空白位置和间距又是怎么控制的呢？

请参看代码，如图 23-23 所示，都是用表格控制的。没有什么深奥的东西。下面逐步说明。

实例代码（代码位置：CDROM\HTML\23\23-2-1.html）

```
    <html>
    <head>
    </head>
    <body
style="margin-top:0;margin-left:0;">
    <table width="780" border="0"
align="center" cellpadding="0"
cellspacing="0">
      <tr>
        <td><span>公司介绍
</span> </td>
        <td style="width:104px"><img
src="images/23-2-10.gif" width="104"
height="32" alt=""></td>
        <td style="width:77px"><img
src="images/23-2-11.gif" width="77"
height="32" alt=""></td>
      </tr>
    </table>
    <table width="780" border="0" align
="center" cellpadding="0" cell
spacing="0">
      <tr>
        <td><table width="780" border="0"
```

01 定义了一个一行三列的表格。

```
cellspacing="0" cellpadding="0">
        <tr>
          <td><table width="100%"
border="0" cellspacing="0"
cellpadding="0">
            <tr>
              <td
style="height:21px;background-color:#FFF
FFF"> </td>
            </tr>
          </table></td>
          <td style="width:181px"><table
width="181" border="0" cellspacing="0"
cellpadding="0">
            <tr>
              <td
style="width:104px"><img
src="images/23-2-19.gif" width="104"
height="22" alt=""></td>
              <td><img
src="images/23-2-20.gif" width="77"
height="22" alt=""></td>
            </tr>
          </table></td>
        </tr>
      </table></td>
    </tr>
    <tr>
      <td><table width="780" border="0"
cellspacing="0" cellpadding="0">
        <tr>
          <td align="center"><table
width="95%"  border="0" cellspacing="0"
cellpadding="0">
            <tr>
              <td
style="height:10px"></td>
            </tr>
            <tr>
              <td><p>博文视点
(www.broadview.com.cn) 资讯有限公司（电子工业
出版社计算机图书事业部）
    是信息产业部直属的中央一级科技与教育出版社
——电子工业出版社（PHEI），与国内最大的 IT 技术
网站 CSDN.NET 和最具
    专业水准的 IT 杂志社《程序员》联合成立的以
IT 图书出版为主业、开展相关信息和知识增值服务的资
讯公司。博文视点致力
```

02 定义了表格的高度为 21 像素，背景颜色为白色。而内容就是空格。目的就是要插入一个高度为 21 像素的空白条。反映到网页中就是“更多”到其上面文字的距离。

03 单元个里嵌套一个一行一列的表格。

04 单元格里嵌套定义的一个一行两列的表格。

```
于—— IT 专业图书出版，为 IT 专业人士提供真
正专业、经典的好书。</p>
                    <p>
              <u>更多<br><br></u></p>
                </td>
              </tr>
            </table></td>
            <td style="width:17px"
valign="top"><img
src="images/23-2-23.gif" width="17"
height="24" alt=""></td>
          </tr>
        </table></td>
      </tr>
    </table>
    </body>
    </html>
```

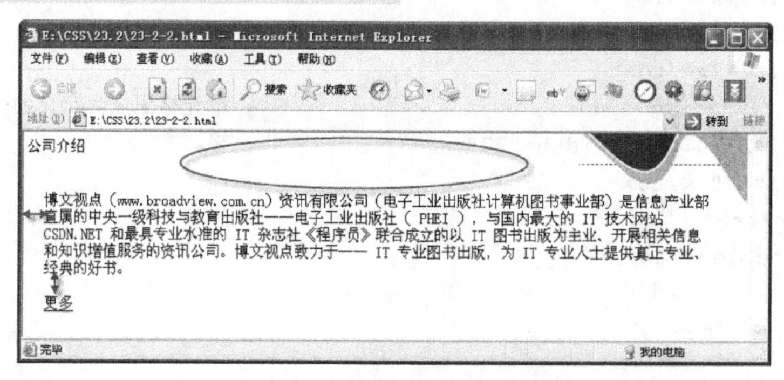

图 23-22　结合定义网页文字和图片

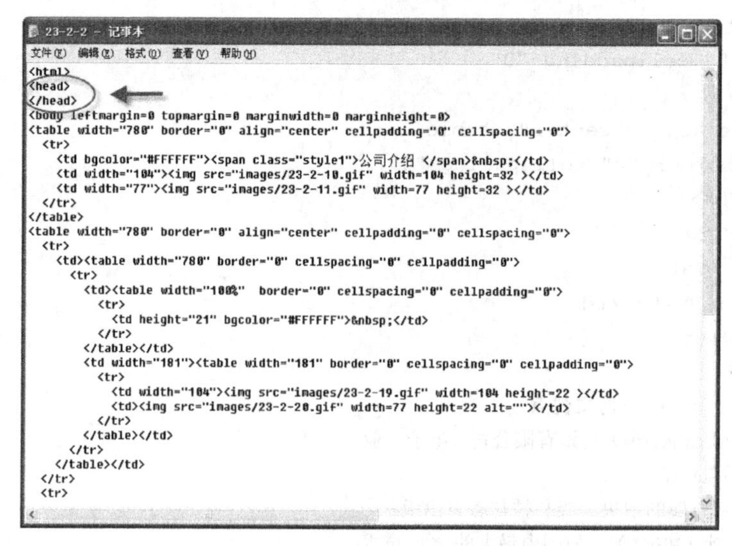

```
<html>
<head>
</head>
<body leftmargin=0 topmargin=0 marginwidth=0 marginheight=0>
<table width="780" border="0" align="center" cellpadding="0" cellspacing="0">
  <tr>
    <td bgcolor="#FFFFFF"><span class="style1">公司介绍 </span> </td>
    <td width="104"><img src="images/23-2-10.gif" width=104 height=32 ></td>
    <td width="77"><img src="images/23-2-11.gif" width=77 height=32 ></td>
  </tr>
</table>
<table width="780" border="0" align="center" cellpadding="0" cellspacing="0">
  <tr>
    <td><table width="780" border="0" cellspacing="0" cellpadding="0">
      <tr>
        <td><table width="100%"  border="0" cellspacing="0" cellpadding="0">
          <tr>
            <td height="21" bgcolor="#FFFFFF"> </td>
          </tr>
        </table></td>
        <td width="181"><table width="181" border="0" cellspacing="0" cellpadding="0">
          <tr>
            <td width="104"><img src="images/23-2-19.gif" width=104 height=22 ></td>
            <td><img src="images/23-2-20.gif" width=77 height=22 alt=""></td>
          </tr>
        </table></td>
      </tr>
    </table></td>
  </tr>
  <tr>
```

图 23-23　网页文字和图片结合的代码

图 23-22 中，读者是否发现文字的样式和我们完成后的效果图不一样？那是因为我们没有给该段 HTML 文件应用 CSS 样式，看图 23-23 圈选的部位。只要再给标记之间加上需

要定义的样式即可。这里没有应用，是想给读者留一个实践的机会，读者可以按照自己的想法来设置自己喜欢的样式，看看网页的效果会有什么变化。

不积跬步，无以至千里！做什么事的根源都是一样的，那就是要从小事做起，从点滴做起。做网页也是一样，看似很神奇的网页，实际上当看到它的实质后，就觉得原来如此。也就是几行代码，没什么难的。

23.3　网站开发流程

优秀网站的开发需要有一个好的开发流程，在制作网站的过程中，通常遵循以下流程：网站规划、网站设计、网站开发、网站发布、网站维护，此流程不是一个简单的单项流动，而是一个循环的过程，如图 23-24 所示。

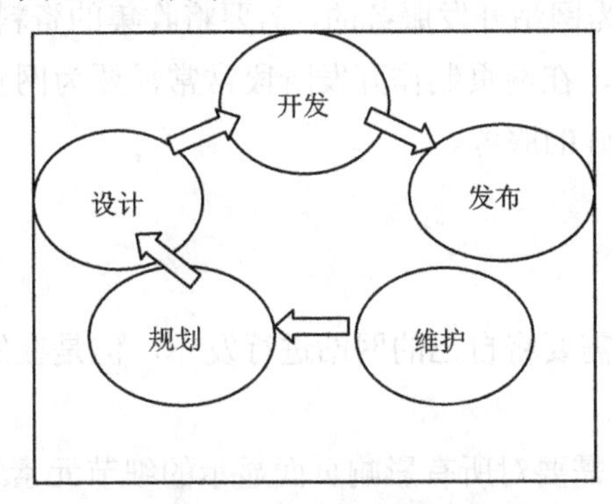

图 23-24　网站开发流程图

23.3.1　网站规划

制作网页文件时，优秀的规划是做好网站的开端，在网站制作初期，进行详细的规划，会给以后的制作工程提高效率，一般而言网站规划包括：

1. **确定网站主题：**建立网站之前，必须先弄清楚建立网站的目的是什么？

2. **需求分析：**确定网站的需求分析一般以用户体验的角度去看问题，分析潜在的用户目标，了解用户的需求是什么，了解用户想从网站得到什么信息等。

3. **确定网站的风格：**制作网站时，确定网站的风格也就是确定了网站内容的表现形式。目前，互联网上的网站多如牛毛，总体而言就只有信息式和图画式两类。所谓信息式，指在网页显示中以发布文字信息为主。所谓图画式，指在网页显示中以图片或者动画为主。

4. **网站技术问题：**在制作网页之前还必须考虑网络速度的问题，影响网页显示速度的最主要因素就是图像的数量和大小，要想加快页面显示的速度最有效的办法就是减少页面中图像的大小和数量。

23.3.2　网站设计

网站建设初期进行详细周密的规划后，就可以进入设计阶段。其实在设计阶段就是对网页元素的合理摆放和布局，在进行页面设计时，要充分考虑到导航系统对整个网站的影响；其次要考虑网页颜色，在制作的过程中可以设置文本、字体、背景等颜色，设计出很多布局效果，因此设计颜色时要注意：

1. **一致性**：确定一种颜色为网站的主色调，最好在所有的页面中都需要使用这个主色调保持这种风格。

2. **可读性**：网页设计不需要做得很花俏，不要有太多的修饰，绝大多数的用户都是需要在网站上查找自己需要的信息，因此在制作网页时，一定要注意网站的可读性。

23.3.3 网站开发

网站设计完成之后，下一步就是网页的具体开发阶段，此阶段是网页设计的最重要阶段，前期的规划和设计都是为网站开发服务的，需要将收集的资料进行整理和合理的布局，添加网页中需要用到的元素，在网页制作开发阶段常常需要为网页添加交互性，以便更好的吸引用户并为用户提供更好的服务。

23.3.4 网站发布

网页制作全部完成后，需要将自己的网站进行发布，但是在发布网站之前必须先进行网站的测试；

1. 在测试网站时，除了需要对所有影响页面显示的细节元素进行测试外，关键是要检测页面中的链接是否正常跳转，以及改变文件的路径是否显示正常。

2. 测试完成后，如果测试都正常了，那么就可以将网页发布到 Internet 上，可以让所有的用户进行浏览。

23.3.5 网站维护

网站发布后并不表示所有的工作完成了，随着网站的发布，后期还需要对网站进行维护，即更新网站的信息，从用户的角度进一步完善网站信息，同时也是跳转到网站开发的第一步：网站规划，从而使网站的运行更加稳定。

23.4 大综合案例

本节将通过一个简单的综合案例来说明表格、表单和一些其他的元素信息在网页中的作用。以下这个案例是全书的最后一个案例，将全面介绍 HTML 中标记和一些属性。样式的应用，主要讲解该网站建设的首页设计和会员注册部分。（**注意：为了效果图的美观，编者在制作页面的过程中，在源文件中添加了<div></div>与样式结合，但没有在下面源代码中体现，有兴趣的读者朋友可以自己在网页制作过程中添加。**）

案例效果如图 23-25 所示。

图 23-25　综合案例效果

本综合案例重点介绍网站的开发过程，需要先进行网站的首页设计，然后进行网站子页面的设计，在网站页面的设计过程中将采用下面讲到的顺序。

23.4.1　首页设计

实例代码（代码位置：CDROM\HTML\23\index.htm）

第一步编写简单的头部文件：

```
<html>
<head>
<title>2008 中国计算机网络安全应急年会暨中国互联网协会网络安全工作年会</title>
</head>
```

第二步：编写网页的主体布局文件

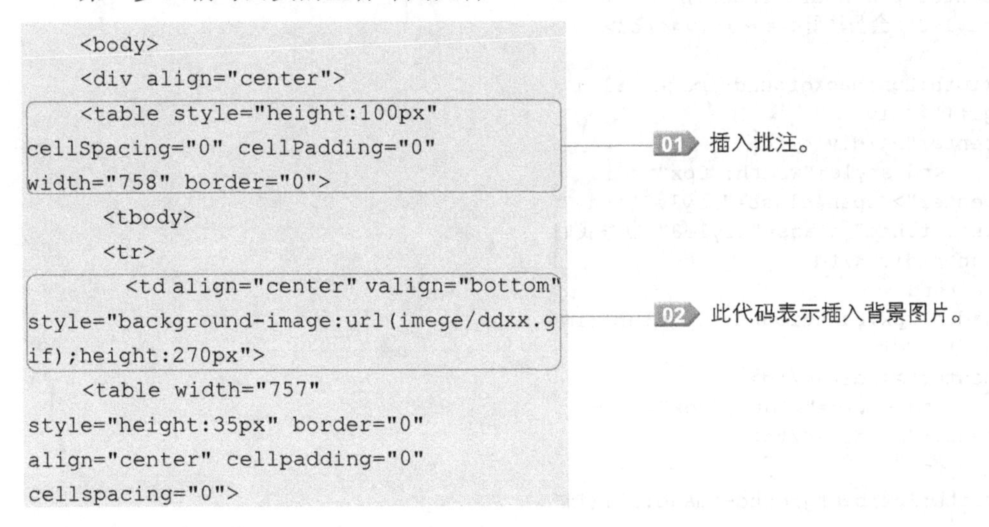

```
<body>
<div align="center">
<table style="height:100px"
cellSpacing="0" cellPadding="0"
width="758" border="0">
  <tbody>
  <tr>
    <td align="center" valign="bottom"
style="background-image:url(imege/ddxx.g
if);height:270px">
<table width="757"
style="height:35px" border="0"
align="center" cellpadding="0"
cellspacing="0">
```

01 插入批注。

02 此代码表示插入背景图片。

```
            <tr>
            <td style="width:70px"><div
align="center"><a href="index.htm"
class="style8">首页</a></div></td>
            <td
style="width:2px;background-image:url(im
ege/xx.gif)"><div
align="center"></div></td>
            <td style="width:70px"><div
align="center"><a href="Previous.htm"
class="style8">历届会议</a></div></td>
            <td
style="width:2px;background-image:url(im
ege/xx.gif)"><div
align="center"></div></td>
            <td style="width:70px"><div
align="center"><a
href="CNCERTCC%20Conference%20Program.ht
m" class="style8">日程安排</a></div></td>
            <td
style="width:2px;background-image:url(im
ege/xx.gif)"><div
align="center"></div></td>
            <td style="width:70px"><div
align="center"><a href="Speakers.htm"
class="style8">演讲嘉宾</a></div></td>
            <td
style="width:2px;background-image:url(im
ege/xx.gif)"><div
align="center"></div></td>
            <td style="width:70px"><div
align="center"><a href="Report.htm"
class="style8">相关报道
 </a></div></td>
            <td
style="width:2px;background-image:url(im
ege/xx.gif)"><div
align="center"></div></td>
            <td style="width:70px"><div
align="center"><a href="zhuce.htm"
class="style8">会员注册</a></div></td>
            <td
style="width:2px;background-image:url(im
ege/xx.gif)"><div
align="center"></div></td>
            <td style="width:70px"><div
align="center"><span class="style2"><a
href="Contact.htm" class="style8">联系我们
</a></span></div></td>
            <td
style="width:2px;background-image:url(im
ege/xx.gif)"><div
align="center"></div></td>
            <td style="width:70px"><div
align="center"></div></td>
            <td
style="width:2px;background-image:url(im
```

03 此段代码表示：嵌套表格，定义导航栏。

```
ege/xx.gif)"><div
align="center"></div></td>
            <td style="width:75px"><div
align="center"><span
class="sp1"></span></div></td>
          </tr>
        </table></TD>
      </TR></TBODY></TABLE>
    <table width="758"
    border="1" cellpadding="0"
cellspacing="0"
style="border-color:#66CCFF;background-c
olor:#f5f5f5" id="secTable">
        <tbody>
          <tr>
            <td
style="width:504px;height:783px"
valign="top"><p> </p>
            </td>
            <td style="width:8px"></td>
            <td style="width:233px"
align="center" valign="top"></td>
          </tr>
        </tbody>
      </table>
        <table style="height:67px"
cellSpacing="0" cellPadding="0"
width="758" border="1">    <tbody>
          <tr>
          <td valign="middle"
style="height:18px;background-color:#338
8FB">
          <div align="center"
class="lianjie"><span
class="sp1"><strong><span class="style2">
友情链接</span></strong></span> </td>
          </tr>
          <tr>
            <td
style="height:21px;border-color:#66CCFF;
background-color:#F5F5F5"> </td>
          </tr>
          <tr>
            <td
style="height:23px;background-color:#338
8FB"><div align="center"><span
class="lianjie"></span> </td>
          </tr>
        </tbody>
      </table>
    </body>
```

网页效果（图 23-26）：

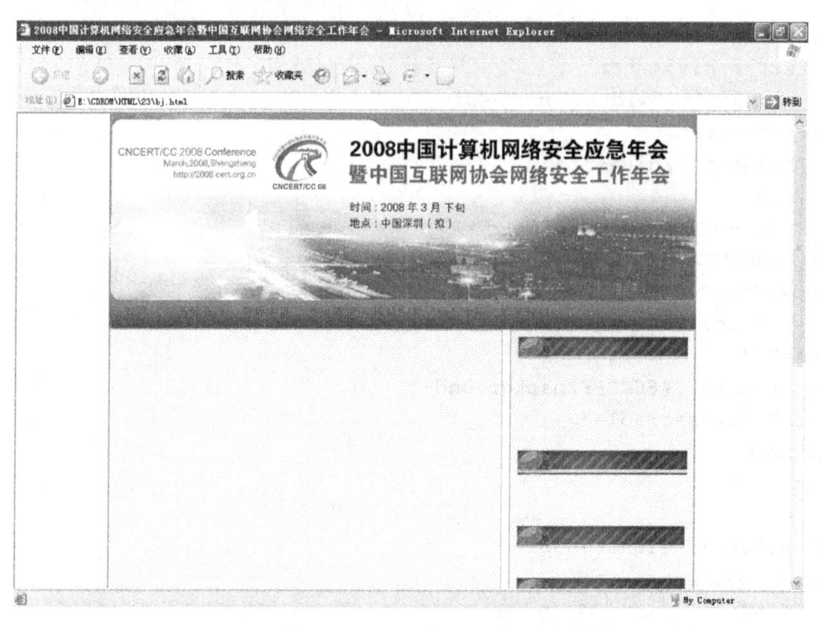

图 23-26　页面布局效果

第三步：在网页中添加网站显示信息

需要添加网站信息的具体位置和信息内容见光盘源文件。

第四步：给网页元素添加 CSS 样式，制作过程时，为了后期维护的方便，需要将样式表定义在网页的头部文件中，在网页主体文件部分需要使用样式时可以直接调用。

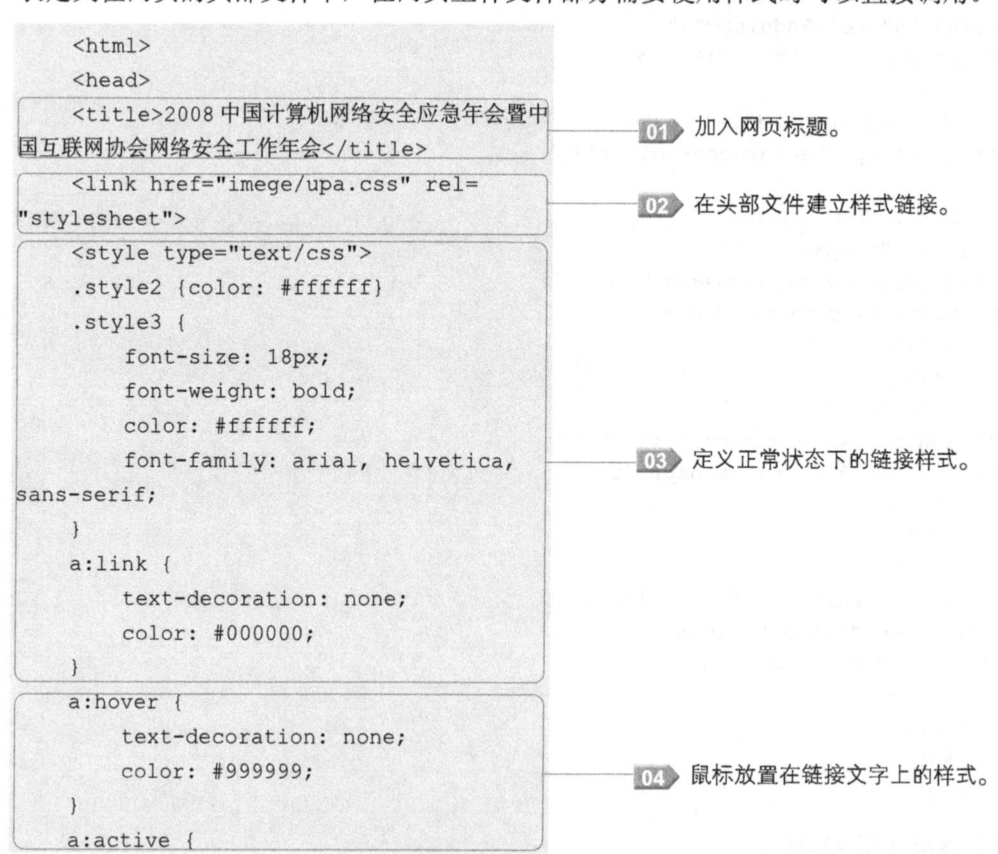

```
    <html>
    <head>
    <title>2008中国计算机网络安全应急年会暨中国互联网协会网络安全工作年会</title>
    <link href="imege/upa.css" rel="stylesheet">
    <style type="text/css">
    .style2 {color: #ffffff}
    .style3 {
        font-size: 18px;
        font-weight: bold;
        color: #ffffff;
        font-family: arial, helvetica, sans-serif;
    }
    a:link {
        text-decoration: none;
        color: #000000;
    }
    a:hover {
        text-decoration: none;
        color: #999999;
    }
    a:active {
```

01 加入网页标题。

02 在头部文件建立样式链接。

03 定义正常状态下的链接样式。

04 鼠标放置在链接文字上的样式。

```
        text-decoration: none;
        color: #666666;
    }
    .style5 {color: #000000}
    .style8 {
        font-size: 12px;
        font-weight: bold;
        color: #f6f6f6;
    }
    .style10 {
        line-height: normal;
        color: #ffffff;
        font-size: 14px;
        font-weight: bold;
    }
    .ziti111111 {
        font-family: arial, helvetica,
sans-serif;
        font-size: 12px;
        text-decoration: none;
        line-height: normal;
    }
    body,td,th {
        font-family: arial, helvetica,
sans-serif;
        font-size: 12px;
        color: #000000;
    }
    body {
        background-image: url();
    }
    </style>
    <style type="text/css">
    <!--
    a:visited {
        text-decoration: none;
    }
    .style11 {font-size: 10}
    .style12 {font-size: 10px}
    -->
    </style>
    </head>
```

05 鼠标单击样式。

06 定义访问过的样式。

07 定义网页中要使用到的样式。

23.4.2 会员注册页面

第一步：将首页文件复制后，将首页文件的主体部分更改成表单的形式。

实例代码（代码位置：CDROM\HTML\23\zhuce.htm）

```
    <!--实例 zhuce 代码 -->
    <html>
    <head>
    <title>2008 中国计算机网络安全应急年会暨中
国互联网协会网络安全工作年会</title>
    </head>
    <body>
    <div align="center">
    <table style="height:100px"
cellSpacing="0" cellPadding="0"
width="758" border="0">
        <tbody>
          <tr>
            <td style="width:504px;
height:783px" valign=top>
          <form action="">
              <table width="360px"
border="1" align="center">
              <tr align="left"
style="background-image:url(imege/111111
.gif)">
                <td height="25" colspan="5"
class="sp1">会员注册</td>
                </tr>
              <tr>
                <td
style="width:28px"> </td>
                <td colspan="2"><div
align="right">用户名:</div></td>
                <td colspan="2"><input
name="user" type="text" id="user">
                  <input type="submit"
name="Submit" onclick="jay(form)" value="
检验"></td>
              </tr>
              <tr>
                <td> </td>
                <td colspan="2"><div
align="right">密码:</div></td>
                <td colspan="2"><input
name="password" type="password"
id="password" maxlength="16"></td>
              </tr>
              <tr>
                <td> </td>
                <td colspan="2"><div
align="right">确认码:</div></td>
                <td colspan="2"><input
name="password2" type="password"
id="password2"></td>
              </tr>
              <tr>
```

```
            <td
style="height:22px"> </td>
            <td colspan="2"><div
align="right">真实姓名:</div></td>
            <td colspan="2"><input
name="xm" type="password"
id="password22"></td>
          </tr>
          <tr>
            <td> </td>
            <td colspan="2"><div
align="right">性别:</div></td>
            <td colspan="2"><input
type="radio" name="radio1"
value="radiobutton">
              男
                <input type="radio"
name="radio2" value="radiobutton">
                女</td>
          </tr>
          <tr>
            <td> </td>
            <td colspan="2"><div
align="right">爱好:</div></td>
            <td colspan="2"><select
name="select"><option value=""></option>
            </select></td>
          </tr>
          <tr>
            <td> </td>
            <td colspan="2"><div
align="right">特长:</div></td>
            <td colspan="2"><select
name="select2"><option value=""></option>
            </select></td>
          </tr>
          <tr>
            <td> </td>
            <td colspan="2"><div
align="right">联系电话:</div></td>
            <td colspan="2"><input
name="lianxi" type="text"
id="lianxi"></td>
          </tr>
          <tr>
            <td> </td>
            <td colspan="2"><div
align="right">E-mail:</div></td>
            <td colspan="2"><input
name="dianyou" type="text"
id="dianyou"></td>
          </tr>
```

```
            <tr>
              <td> </td>
              <td
style="width:31px"> </td>
              <td><input type="button"
name="button" value="提交"
onclick="rec(form)"></td>
           <td><input type="reset"
name="reset"  value="重置"
onclick="re(form)"></td>
            </tr>
          </table>
        </form>
      </table>
    </body>
  </html>
```

01 提交表单信息，调用函数 rec(form)。

02 提交表单信息，调用函数 rec(form)。

网页效果（图 23-27）：

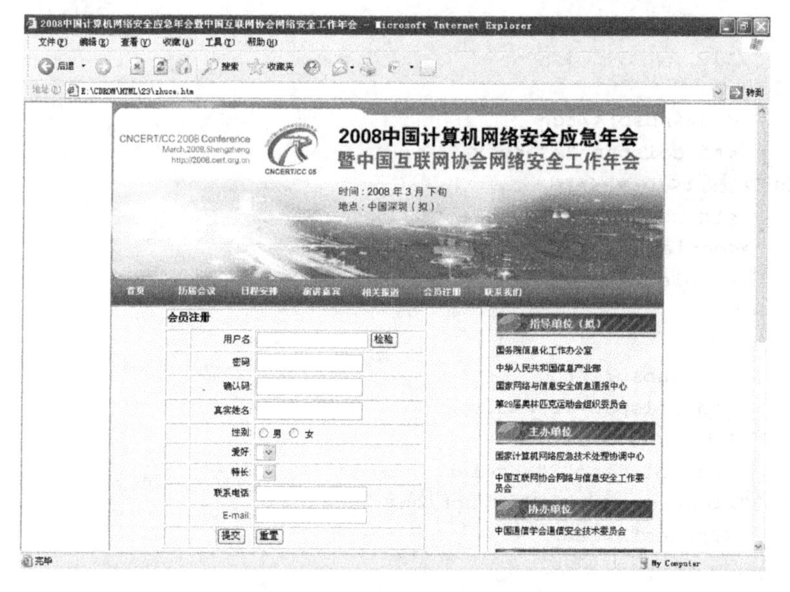

图 23-27　会员注册页面

第二步：在网页的头部文件插入有参函数，对用户输入的表单数据进行客户端验证。

```
    <html>
    <head>
    <title>2008 中国计算机网络安全应急年会暨中
国互联网协会网络安全工作年会</title>
    </head>
    <script type="text/javascript">
function  jay(form)
     {   alert("恭喜您 该用户名未注册！");
      }
     function  rec(form)
     {
           var b=form.password.value;
```

01 此函数模块用于检验输入的用户名是否已经被注册。

```
        var c=form.password2.value;
       { if(c==b)
          alert("恭喜您 注册成功");
        else
          alert("对不起 密码与确认码不一
致! ");
    }
     }
   function re(form)
      {
        form.user.value="";
        form.password.value="";
        form.password2.value="";
        form.xm.value="";
        form.select.value="";
        form.select2.value="";
        form.lianxi.value="";
        form.dianyou.value="";
          }
   </script>
   </html>
```

02 此函数用于进行密码与确认码是否一致的验证。

03 此函数模块用于将表单中的内容清除，方便用户再次输入。

网页效果（图 23-28 和图 23-29）：

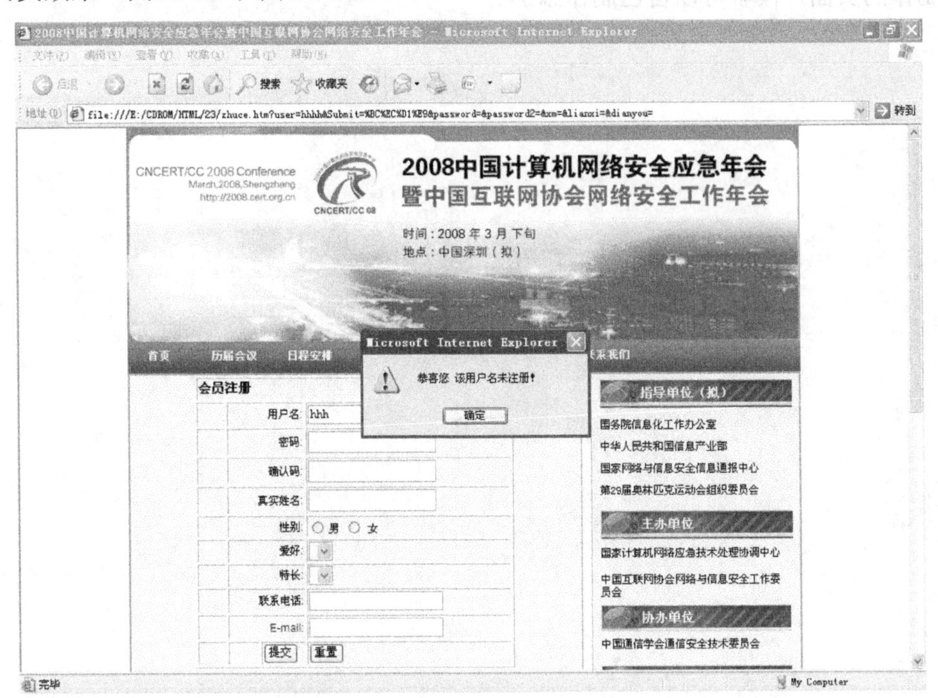

图 23-28　检验用户名是否被注册

效果说明：输入用户名后，单击“检验”按钮，程序会检验该用户名是否被注册。

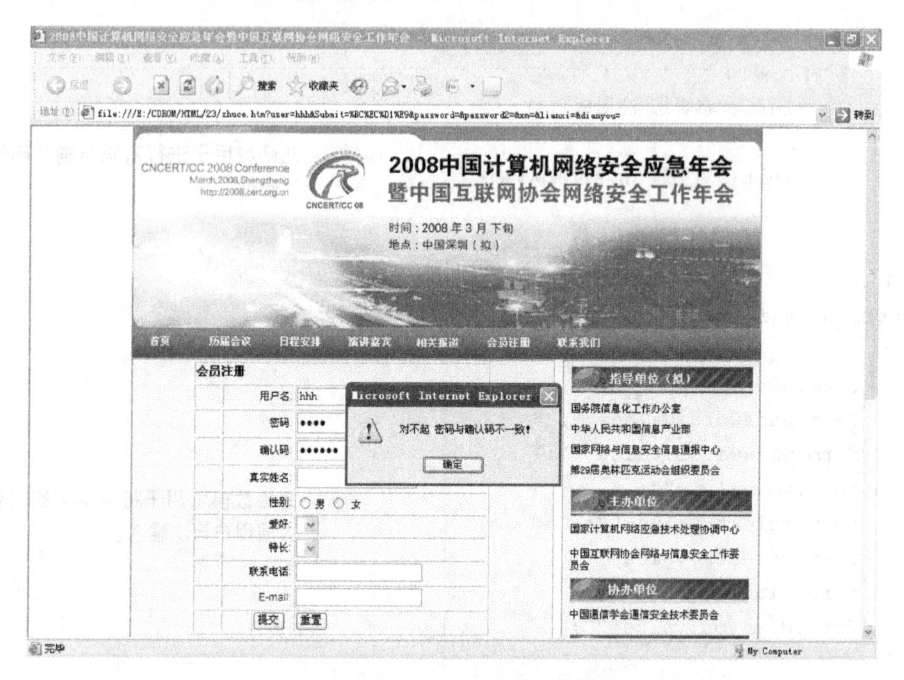

图 23-29　检验密码与确认码是否一致

根据书本内容的需要，本章节给出的实例只有首页和会员注册两个页面，导航栏中还需要制作的页面，读者可以自己制作添加。

第 24 章　移动网站开发

随着互联网的迅速发展，我们不仅可以通过无线网卡随时随地上网，还可以直接利用手持设备浏览网页、下载文件，于是，供手持设备访问的网页制作的需求也变多了。

不过，与通过桌面设备访问的普通网站的开发不同，移动网站的开发经过了一个完全不同的演进历程。幸运的是，目前两者已渐渐趋同。本章特根据目前的技术发展趋势做了修订。

在这里，我们先要说明一点，这里所说的移动网站是指通过便携式设备访问的网站，其实它们与普通的网站没有本质区别。当然，其开发技术的确经过了不同的演进历程。

受限于设备、通信方式等方面的差别，早期的移动网站开发技术与普通网站开发完全不同，比如 WAP 1 所使用的 WML，其编写出的网页实际上是个纯粹的 XML 文档，尽管 WML 和 XHTML 看起来非常接近，但毕竟不通用。

随着 3G 时代的到来，移动互联网的发展日新月异，如今的移动网站开发已与普通网站开发渐渐趋同。

24.1 移动网站与传统网站的区别

简单来说，移动网站与传统网站主要有以下一些不同。

➢ 网络速度略慢，延迟稍大。

尽管当前 3G 网络已相当普及，速度比起 2G 时代有了极大的提高，但访问速度相对传统网络仍是一个需要慎重考虑的因素。

➢ 硬件性能稍差，可用内存略低。

近年来，便携式设备的硬件性能提升很大，主流硬件配置已可与几年前的桌面设备相媲美，然而与当前主流的桌面设备相比仍有一定差距。

➢ 访问设备尺寸不同。

如今的便携式设备尺寸多样，各种高清屏层出不穷，完全不亚于桌面设备，不过为了适应便携这一需求，设备尺寸相比桌面设备明显较小。

➢ 操控方式不同。

显而易见，通常的便携式设备不像桌面设备那样主要使用键盘鼠标等进行操控，更多的是通过手指触摸、晃动等方式来进行操控。

➢ 浏览器种类更多，实际应用的版本也更多。

比起桌面端主要是 IE、Firefox、Chrome、Safari 等几款浏览器，普遍使用的也就是几个最新的版本，便携式设备上的选择明显要多出不少，桌面端的各款浏览器在移动端仍然存在，而且还有很多专为移动设备设计开发的浏览器。此外，各浏览器在移动端普遍是多个版本共存，各自占有一定的份额。

24.2 当前移动网站开发的主要标准

目前，移动网站开发的主要标准包括：

➢ HTML5

➢ XHTML MP

➢ HTML 4.01

一般来说，对于一个全新的站点，建议使用 HTML5 开发，毕竟这是未来一个阶段的发展趋势。而对于多数现有系统的进一步开发，应根据实际情况做全面考量，如果开发量相对较少，则沿用之前的开发技术为佳，否则可以考虑转到 HTML5。

24.3　XHTML MP 语言

XHTML MP（XHTML Mobile Profile）是定义在 WAP 2.0 上面的标记语言（markup language），它是 XHTML 的子集。

虽然采用 XHTML MP 语言编写，其写法也和 XHTML 语言相似，但 WAP 中的页面扩展名却是.wml，而不是.html。通常情况下可以先将网页保存成 HTML 格式文件，待制作完成后再另存为 WML 文件。为了方便读者使用，本章光盘文件都保存为 HTML 格式。

24.3.1　XHTML MP 的语法规则

通常用电脑访问的网站网页是用 HTML 构建的。现在 WAP 2.0 网站是用 XHTML MP 构建的，以供手持设备的访问，如手机、PDA 等。

XHTML MP 是 XHTML 的子集，因此继承了它的语法。XHTML 是更严格和简洁的 HTML 版本。下面来看看 XHTML MP 的语法规则。

➢ 标签必须正确闭合

```
<p>标准教程实例版 第 1 章</p>
```

请注意结束标记一定要加上斜杠。

➢ 标签和属性都必须用小写

正确的写法：

```
<p id="p1">标准教程实例版第 1 章</p>
```

➢ 属性的值必须放置在双引号内

```
<p id="p1">标准教程实例版第 1 章</p>
```

➢ 不支持属性简写

在 HTML 文件中，如下写法是正确的：

```
<input type="checkbox" checked />
```

而 XHTML MP 中必须这样写：

```
<input type="checkbox" checked="checked" />
```

下面再举一个例子：

```
<select multiple="multiple">
 <option>标准教程实例版第 1 章</option>
 <option selected="selected">标准教程实例版第 2 章</option>
 <option>标准教程实例版第 3 章</option>
</select>
```

➢ 标签的嵌套必须正确

不支持标签的重叠，所以下面的写法是错误的。

```
<p><b>标准教程实例版第 1 章</p></b>
```

应该像下面这样写：

```
<p><b>标准教程实例版第 1 章</b></p>
```

24.3.2 XHTML MP 文档结构

XHTML MP 的文档结构与 HTML 基本相似，注意必须包含<html>、<head>、<title>、<body>元素。

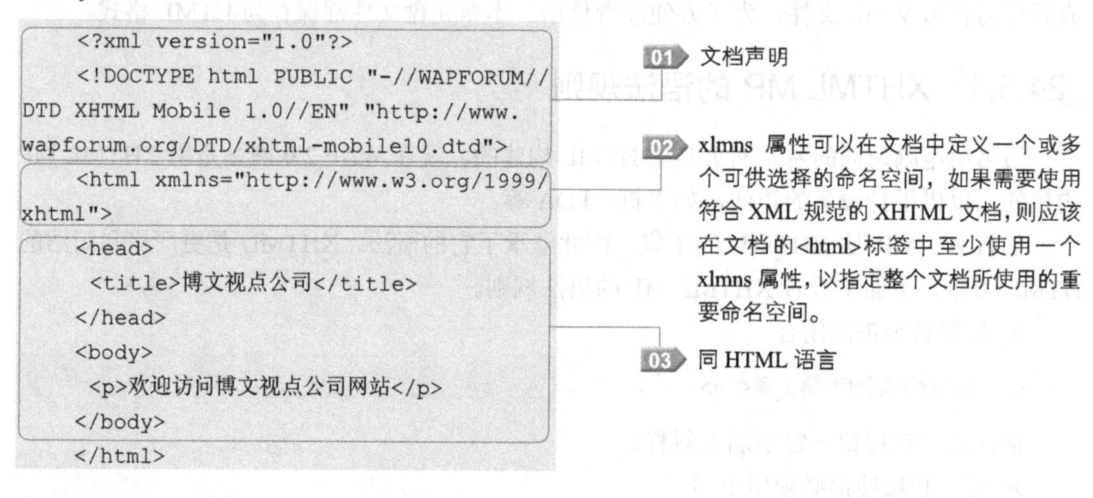

```
<?xml version="1.0"?>
<!DOCTYPE html PUBLIC "-//WAPFORUM//DTD XHTML Mobile 1.0//EN" "http://www.wapforum.org/DTD/xhtml-mobile10.dtd">
<html xmlns="http://www.w3.org/1999/xhtml">
<head>
 <title>博文视点公司</title>
</head>
<body>
 <p>欢迎访问博文视点公司网站</p>
</body>
</html>
```


24.3.3 注释<!-- 注释的内容-- >

基本语法：

```
<!-- 注释的内容-- >
```

语法说明：

与 HTML 相同，给代码添加注释语句时，可以放在 XHTML MP 文件的任何地方，并且不会在网页中被显示出来。

24.3.4 换行

基本语法：

```
<body>
输入要显示的文字内容<br/>
继续输入要显示的内容<br/>
</body>
```

实例代码（代码位置：CDROM\HTML\24\24-1-4.html）

```
<!-- 实例 24-1-4 代码 -->
<?xml version="1.0"?>
<!DOCTYPE html PUBLIC "-//WAPFORUM//DTD XHTML Mobile 1.0//EN" "http://www.wapforum.org/DTD/xhtml- mobile10.dtd">
```

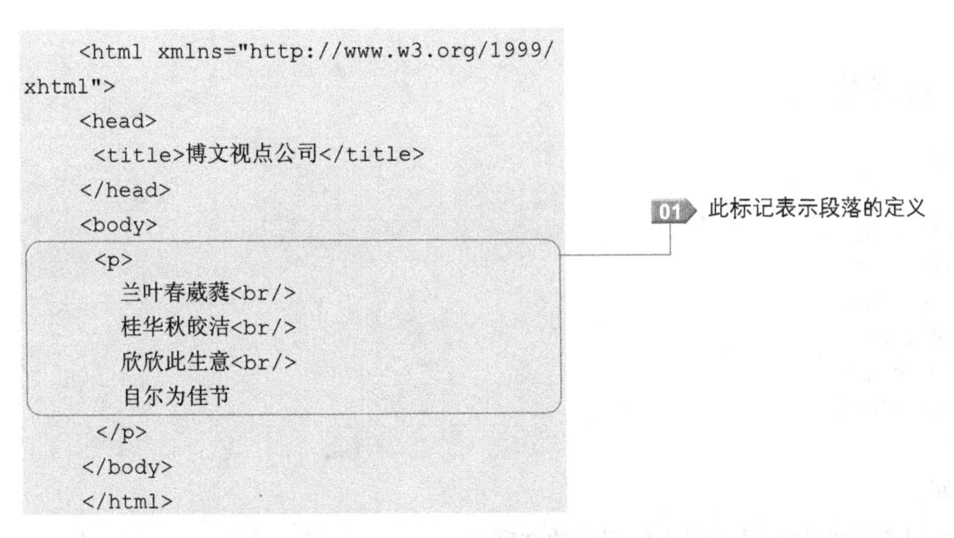

```
    <html xmlns="http://www.w3.org/1999/
xhtml">
    <head>
     <title>博文视点公司</title>
    </head>
    <body>
     <p>
        兰叶春葳蕤<br/>
        桂华秋皎洁<br/>
        欣欣此生意<br/>
        自尔为佳节
     </p>
    </body>
    </html>
```


网页效果（图 24-1）

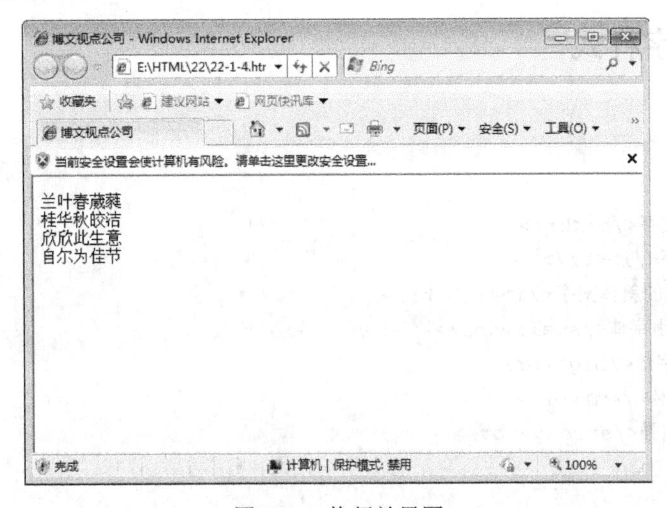

图 24-1　换行效果图

24.3.5　标记<hr/>

基本语法：

```
<body>
 <p>
 输入文字<br/>
 </p>
 <hr/>
 <p>
 输入文字<br/>
 下一行文字
 </p>
</body>
```

语法说明：

这个标记会给你的页面添加一条水平线。注意，这个标记不能在<p></p>标记之间使用！

24.3.6 标题标记

基本语法：

```
<body>
 <h1>标题 1</h1>
 <h2>标题 2</h2>
 <h3>标题 3</h3>
 <h4>标题 4</h4>
 <h5>标题 5</h5>
 <h6>标题 6</h6>
</body>
```

语法说明：

浏览器将以不同的大小显示置于标记中的文字。

24.3.7 文字样式

基本语法：

```
<body>
 <p>
  <b>加粗的文字</b><br/>
  <i>斜体文字</i><br/>
  <b><i>加粗的斜体文字</i></b><br/>
  <small>缩小字体</small><br/>
  <big>增大字体</big><br/>
  <em>强调字体</em><br/>
  <strong>加强</strong><br/>
 </p>
</body>
```

语法说明：

注意有些浏览器并不支持 XHTML MP 支持的标记。你还可以通过 WAP CSS 进行更精确的控制，比如把文字大小设置为 12pt。

24.3.8 预格式文本

基本语法：

```
<body>
 <pre> 有多处空格的文字</pre>
</body>
```

语法说明：

在 XHTML MP 中，段落中的多个空格在手持设备中显示时只显示为一个空格。为了能够保持你希望的格式，可以使用<pre>标签，这样最后显示的格式就和代码中排列的一样了。

24.3.9 无序列表标签

基本语法：

```
<body>
 <ul>
  <li>输入文字</li>
 </ul>
</body>
```

语法说明：

使用<ul>标签来建立无序列表，每个列表项前将显示一个小圆点。<li>标签用来包围每个列表项。

实例代码（代码位置：CDROM\HTML\24\24-1-9.html）

```
<!--实例 24-1-9 代码 -->
<?xml version="1.0"?>
<!DOCTYPE html PUBLIC "-//WAPFORUM//DTD XHTML Mobile 1.0//EN" "http://www.
wapforum.org/DTD/xhtml-mobile10.dtd">
<html xmlns="http://www.w3.org/1999/xhtml">
<head>
  <title>关于秋天的小诗</title>
</head>
<body>
  <p>秋天</p>
 <ul>
  <li>秋天是有落叶的季节</li>
  <li>路上的枫叶掉了一地</li>
  <li>看起来桔黄色的一片</li>
  <li>我喜欢走在上面</li>
 </ul>
</body>
</html>
```

网页效果（图 24-2）

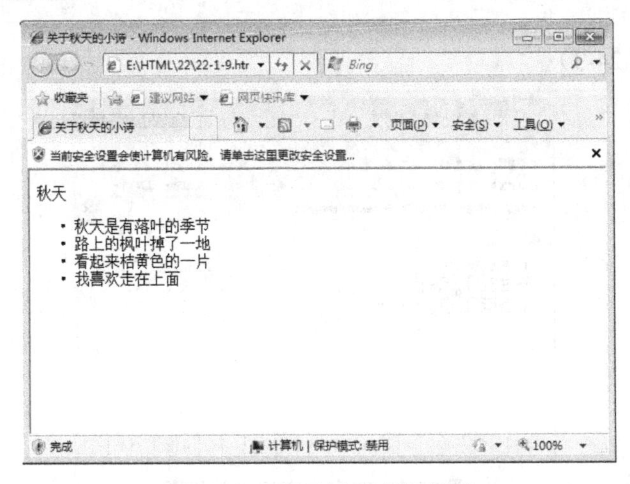

图 24-2 无序列表标签效果图

24.3.10 有序列表标签

基本语法：

```
<body>
 <ol>
 <li>输入文字</li>
 </ol>
</body>
```

语法说明：

使用<ol>标签来建立有序列表，其中，在<ol>标签中可以设置 start 属性的值来决定列表序号的起始值，例如：

```
<ol start="4">
```

利用 WAP CSS 可以对列表的外观进行更精确的控制。例如，可以修改显示序号的方式，比如使用 I、ii、iii 来替代 1、2、3。

实例代码（代码位置：CDROM\HTML\24\24-1-10.html）

```
<!-- 实例 24-1-10 代码 -->
<?xml version="1.0"?>
<!DOCTYPE html PUBLIC "-//WAPFORUM//DTD XHTML Mobile 1.0//EN" "http://www.
wapforum.org/DTD/xhtml-mobile10.dtd">
<html xmlns="http://www.w3.org/1999/xhtml">
<head>
 <title>现代诗集</title>
</head>
<body>
 <p>流沙</p>
 <ol>
  <li>喜看流沙的我</li>
  <li>在秋风春雨中走过</li>
  <li>匆忙的未停留一步</li>
  <li>欣赏美丽的风景辉煌的岁月</li>
 </ol>
</body>
</html>
```

网页效果（图 24-3）

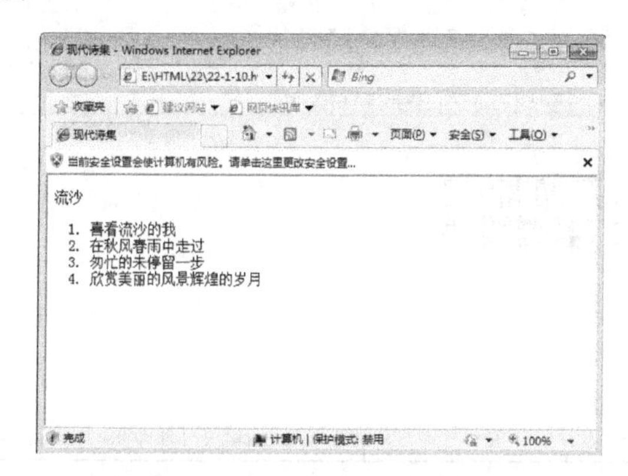

图 24-3 有序列表标签效果图

24.3.11 显示图片

和 HTML 一样，XHTML MP 使用<img>标签来显示图片。height 和 width 属性用来指定图片的高和宽（像素）。

WAP 2.0 支持常用的 GIF、JPG、PNG 图像格式，当然这还跟用户所用设备有关，一些设备只能显示其中一部分格式。要想知道客户端支持哪些图片格式，可以通过检查 HTTP Header 来实现，请看下面的代码：

```
<?xml version="1.0"?>
<!DOCTYPE html PUBLIC "-//WAPFORUM//DTD XHTML Mobile 1.0//EN" "http://www.
wapforum.org/DTD/xhtml-mobile10.dtd">
<html xmlns="http://www.w3.org/1999/xhtml">
<head>
 <title>在 XHML MP 中的图片</title>
</head>
<body>
 <p>
  <img src="马.gif" alt="马的图片" height="50" width="50" />
 </p>
</body>
</html>
```

其中，alt 属性在图片无法显示的时候会显示其设置的文本值。

24.3.12 表格

语法说明：

创建表格所使用的标签和 HTML 中使用的没有区别。其语法请参见本书第 7 章内容。

实例代码（代码位置：CDROM\HTML\24\24-1-13.html）

```
<!-- 实例 24-1-13 代码 -->
<?xml version="1.0"?>
<!DOCTYPE html PUBLIC "-//WAPFORUM//DTD XHTML Mobile 1.0//EN" "http://www.
wapforum.org/DTD/xhtml-mobile10.dtd">
<html xmlns="http://www.w3.org/1999/xhtml">
<head>
 <title>表格</title>
</head>
<body>
 <table>
  <tr>
     <td>不知庭霰今朝落</td>
     <td>疑是林花昨夜开</td>
     <td>白雪纷纷何所似</td>
```

```
    </tr>
    <tr>
      <td>撒盐空中差可拟</td>
      <td>未若柳絮因风起</td>
      <td rowspan="2">不带边框的表格 1</td>
    </tr>
    <tr>
      <td colspan="2">不带边框的表格 2</td>
    </tr>
  </table>
</body>
</html>
```

网页效果（图 24-4）

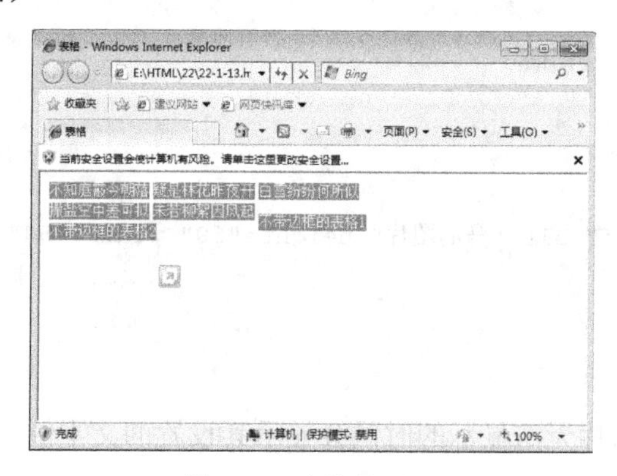

图 24-4　表格效果图

这里显示出来的效果是不带边框的表格。如果要显示边框，可以使用 WAP CSS 来控制。在<head>标签中加入如下代码：

```
<style>
td {
border: thin solid black
}
</style>
```

24.3.13 超链接

基本语法：

```
<a href="URL">链接文字</a>
```

语法说明：

超链接是用来导航的，你可以点击一个链接，然后跳转到其他 XHTML MP 页面。与 HTML 中一样，若滚动到当前页面的指定位置，可以通过<a href="#top">Back to top</a>来实现，#号加上要跳转到位置的<a>标记的 id 值就可以。一些老的机器和浏览器不支持这一用法，如索爱的 T610 和 T68i。

实例代码（代码位置：CDROM\HTML\24\24-1-14.html）

```
<!-- 实例 24-1-14 代码 -->
<?xml version="1.0"?>
<!DOCTYPE html PUBLIC "-//WAPFORUM//
DTD XHTML Mobile 1.0//EN" "http://www.
wapforum.org/DTD/xhtml-mobile10.dtd">
<html
xmlns="http://www.w3.org/1999/xhtml">
<head>
<title>链接到当前页面指定位置</title>
</head>
<body>
<p><a id="top">目录内容表</a></p>
<ul>
<li>如果页面不够长，无法显示效果的话就再多
几个列表项</li>
<li>如果页面不够长，无法显示效果的话就再多
几个列表项</li>
<li>如果页面不够长，无法显示效果的话就再多
几个列表项</li>
<li>如果页面不够长，无法显示效果的话就再多
几个列表项</li>
<li>如果页面不够长，无法显示效果的话就再多
几个列表项</li>
<li>如果页面不够长，无法显示效果的话就再多
几个列表项</li>
<li>如果页面不够长，无法显示效果的话就再多
几个列表项</li>
<li>如果页面不够长，无法显示效果的话就再多
几个列表项</li>
</ul>
<p><a href="#top">回到顶端</a></p>
</body>
</html>
```

01 <a>标记中定义 id 值

02 "#"号后是要跳转的位置

网页效果（图 24-5）

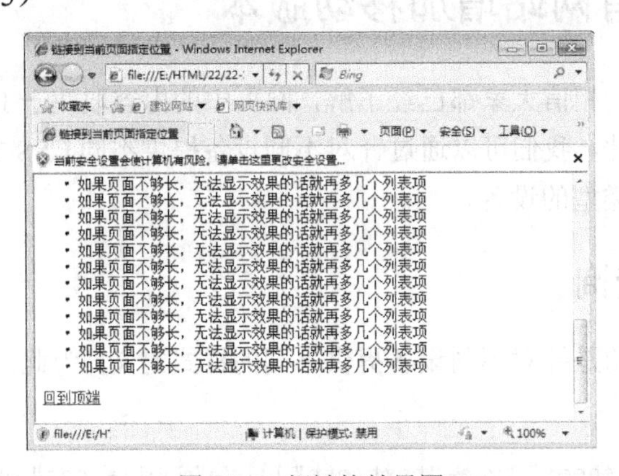

图 24-5　超链接效果图

24.3.14 下拉选择框

语法说明：

与 HTML 相同，基本语法请参见 10.3.12 节。

实例代码（代码位置：CDROM\HTML\24\24-1-15.html）

```
<!-- 实例 24-1-15 代码 -->
<?xml version="1.0"?>
<!DOCTYPE html PUBLIC "-//WAPFORUM//DTD XHTML Mobile 1.0//EN" "http://www.wapforum.org/DTD/xhtml-mobile10.dtd">
<html xmlns="http://www.w3.org/1999/xhtml">
<head>
 <title>下拉选择框</title>
</head>
<body>
 <form method="get" action="xhtml_mp_tutorial_proc.asp">
 <p>
   <select name="动物">
   <option value="A">老虎</option>
   <option value="B">大象</option>
   <option value="C">狮子</option>
   </select>
 </p>
 </form>
</body>
</html>
```

默认选择的代码是：

```
<option value="B" selected="selected">下拉框内容</option>
```

支持多选的代码是（在移动版 Windows 的浏览器中无效）：

```
<select name="selectionList" multiple="multiple">
```

24.4 为已有网站增加移动版本

通过前面的学习，相信大家都已经了解，网页中的内容取决于 HTML 文档，而样式更多地决取于 CSS。因此，我们可以通过针对不同设备提供不同 CSS 文件的方式，来使同一网站同时服务于不同类型的设备。

24.4.1 媒体查询

我们首先需要做的是针对不同设备提供不同的样式定义，为此，在页面的 Header 部分加入下列语句：

```
<link rel="stylesheet" type="text/css" href="mobile.css" media="only screen and
```

```
(max-width: 640px)" />
    <link rel="stylesheet" type="text/css" href="desktop.css" media="screen and
(min-width: 641px)" />
```

以上语句的意思是，如果屏幕最大宽度不超过 640 像素，则用 mobile.css 这个 CSS 文件中指定的样式来对网页元素进行渲染，如果超过了 640 像素，则用 desktop.css 这个 CSS 文件中指定的样式来对网页元素进行渲染。

需要说明的是，在实际开发中，还可能用其他方法对目标设备进行更准确的判断，毕竟移动设备的屏幕分辨率早已今非昔比。

24.4.2　页面宽度

值得一提的是，部分移动设备上的浏览器默认将页面宽度（viewport）设定为 980 像素，因而我们设计好的页面在不同的移动设备上可能有出乎意料的效果，为此，需要在网页头部加入以下代码来进行调整：

```
    <meta name="viewport" content="width=device-width" />
```

以上语句会将该值指定为当前设备的宽度。这一语句并不适用于桌面版本的浏览器，不过桌面版本的浏览器会自动忽略它，因此尽可放心使用。

24.4.3　例子

下面举一个简单的例子加以说明。

首先看网页的 HTML 代码。

```
    <!DOCTYPE html PUBLIC "-//W3C//DTD XHTML 1.0 Transitional//EN"
"http://www.w3.org/TR/xhtml1/DTD/xhtml1-transitional.dtd">
    <html xmlns="http://www.w3.org/1999/xhtml">
    <head>
    <meta http-equiv="Content-Type" content="text/html; charset=utf-8" />
    <meta name="viewport" content="width=device-width">
    <style type="text/css">
    #content {
        float: left;
    }
    #sidebar {
        float: right;
    }
    #footer {
        clear: both;
    }
    </style>
    <link rel="stylesheet" type="text/css" href="mobile.css" media="screen and
(max-width: 480px)" />
    <link rel="stylesheet" type="text/css" href="desktop.css" media="screen and
(min-width: 641px)" />
    </head>
```

```
<body>
<div id="main">
  <div id="header">
    <h1>白云社区</h1>
    <p>这是一个测试站点。</p>
  </div>
  <div id="content">
    <h2>响应式设计</h2>
    <p>响应式 Web 设计的理念是：页面的设计与开发应当根据用户行为以及设备环境（系统平台、屏幕尺寸、屏幕定向等）进行相应的响应和调整。具体的实践方式由多方面组成，包括弹性网格和布局、图片、CSS media query 的使用等。无论用户正在使用笔记本电脑还是 iPad，我们的页面都应该能够自动切换分辨率、图片尺寸及相关脚本功能等，以适应不同的设备。换句话说，页面应该有能力去自动响应用户的设备环境。响应式网页设计就是一个网站能够兼容多个终端——而不是为每个终端做一个特定的版本。这样，我们就可以不必为不断到来的新设备做专门的版本设计和开发了。</p>
  </div>
  <div id="sidebar">
    <h3>推荐博客</h3>
    <a href="">响应式设计（一）</a><br/>
    <a href="">响应式设计（二）</a>
  </div>
  <div id="footer"> 版权所有&copy 2014 </div>
</div>
</body>
</html>
```

不难看出，这是一个常见的工字形网页布局页面，在其中加入了前面提到的媒体查询代码。其中，mobile.css 代码如下：

```
#header h1 {
    font-size: 16px;
    background:#0fF;
}
#header p {
    display: none;
}
h2 {
    font-size: 20px;
}
#sidebar {
    display: none;
}
```

desktop.css 代码如下：

```
#content {
    width: 65%;
}
#sidebar {
    width: 30%;
}
```

具体效果如图 24-6 所示。

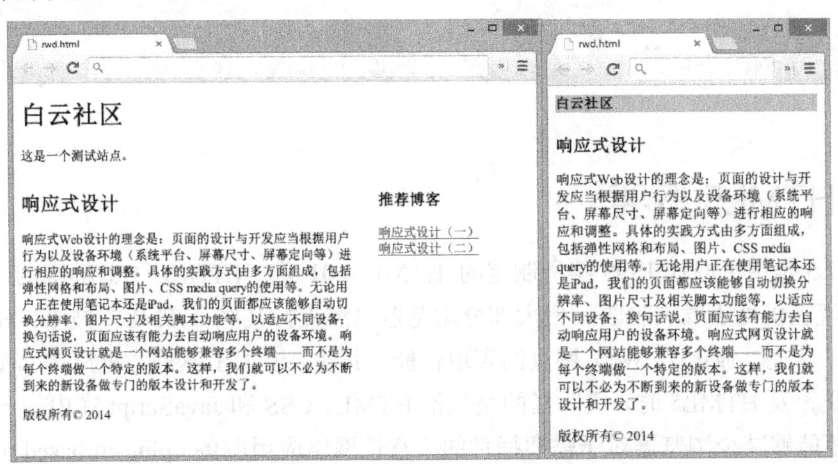

图 24-6　响应式设计演示

在这个例子中，我们针对小屏幕的显示做了调整，隐藏了桌面设备上可以看到的推荐内容，以及页面头部的描述信息，并对网站的标题做了一些显示上的改动。当然，这仅仅是一个非常简单的功能演示，相信大家通过这个简单的例子已经可以领略到同一网页适应不同设备显示的奥妙。

附录 A　HTML5 基本介绍

一、HTML5 概要

HTML5 是用于取代 1999 年所制定的 HTML 4.01 和 XHTML 1.0 标准的 HTML 标准版本，现在仍处于发展阶段，但大部分浏览器已经支持某些 HTML5 技术。HTML 5 有两大特点：首先，强化了 Web 网页的表现性能。其次，追加了本地数据库等 Web 应用的功能。广义论及 HTML5 时，实际指的是包括 HTML、CSS 和 JavaScript 在内的一套技术组合。它希望能够减少浏览器对于需要插件的丰富性网络应用服务（plug-in-based rich internet application，RIA），如 Adobe Flash、Microsoft Silverlight，与 Oracle JavaFX 的需求，并且提供更多能有效增强网络应用的标准集。

在相当长的一段时间内，后继的 HTML5 和其他标准被束之高阁，为了推动 Web 标准化运动的发展，一些公司联合起来，成立了 Web 超文本应用技术工作组（WHATWG，Web Hypertext Application Technology Working Group），他们继续开发 HTML5。第一份正式草案于 2008 年 1 月 22 日公布。正式的 HTML5 标准预计于 2012 年 3 月公布（成书日期为 2011 年 12 月）。其实目前各种最新版的浏览器（Safari5/FireFox/Chrome/Opera/IE9）以及智能手机（iPhone/Android 等）中已经支持 HTML5。相对于传统的 PC 网站，HTML5 在智能手持式设备上已经得到越来越广泛的应用，使用 HTML5 开发的各种移动网站、甚至手机游戏已经越来越多地出现在智能手机上。

目前支持 HTML 的浏览器有：最新版本的 Safari、Chrome、Firefox 以及 Opera 支持某些 HTML5 特性。Internet Explorer 9 将支持某些 HTML5 特性。

二、HTML5 特性

1. 语义特性

HTML5 赋予网页更好的意义和结构。更加丰富的标签将随着对 RDFa 的，微数据与微格式等方面的支持，构建对程序、对用户都更有价值的数据驱动的 Web。

2. 本地存储特性

基于 HTML5 开发的网页 APP 拥有更短的启动时间，更快的联网速度，这些全得益于 HTML5 APP Cache，以及本地存储功能。Indexed DB（html5 本地存储最重要的技术之一）和 API 说明文档。

3. 设备兼容特性

从 Geolocation 功能的 API 文档公开以来，HTML5 为网页应用开发者们提供了更多功能上的优化选择，带来了更多体验功能的优势。HTML5 提供了前所未有的数据与应用接入开放接口。使外部应用可以直接与浏览器内部的数据直接相连，例如视频影音可直接与

microphones 及摄像头相联

4. 连接特性

更有效的连接工作效率，使得基于页面的实时聊天，更快速的网页游戏体验，更优化的在线交流得到了实现。HTML5 拥有更有效的服务器推送技术，Server-Sent Event 和 WebSockets 就是其中的两个特性，这两个特性能够帮助我们实现服务器将数据'推送'到客户端的功能。

5. 网页多媒体特性

支持网页端的 Audio、Video 等多媒体功能，与网站自带的 APPS，摄像头，影音功能相得益彰。

6. 三维、图形及特效特性

基于 SVG、Canvas、WebGL 及 CSS3 的 3D 功能，用户会惊叹于在浏览器中，所呈现的惊人视觉效果。

7. 性能与集成特性

没有用户会永远等待你的 Loading——HTML5 会通过 XMLHttpRequest2 等技术，帮助您的 Web 应用和网站在多样化的环境中更快速的工作。

8. CSS3 特性

在不牺牲性能和语义结构的前提下，CSS3 中提供了更多的风格和更强的效果。此外，较之以前的 Web 排版，Web 的开放字体格式（WOFF）也提供了更高的灵活性和控制性。

三、HTML5 编程的基础

3.1 常用 Web 技术概述

只要提到 Web 网页大家会立即想到 HTML，事实上现在的 Web 网站除了 HTML 外，还得到了其他多种技术的支持。本节将就 HTTP、HTML、CSS、JavaScript 这些技术与 Web 的关系做一些简要介绍。

3.1.1 HTTP

Web 世界中的服务器（Server）与客户端（Client）间是按照 HTTP（Hypertext Transfer Protocol：超文本传输协议）协议确定的规范基础上进行通信的。Web 世界中的服务器与客户端间的关系与现实世界中的普通商店与顾客间的关系类似。

1. 客户端（顾客）使用 Web 浏览器访问任意服务器（商店）。

2. 访问成功（商店开门迎客）后，客户端向服务器提出读取服务器中的名为"index.html"的文档，或听名为"good.mp3"的音乐的请求（Request）。

3. 服务器会针对客户端提出的请求，以返回应答（Response）的形式给客户端（顾客）提供服务。如上所述，HTTP 通信中请求（Request）与应答（Response）是最基本的通信模式。客户端与服务器连接成功后，会向服务器提出某种请求，随后服务器会对此请求做出应答并切断连接。

像上述这样的机制，能保证即使有大量客户端访问服务器，也可以维持服务器与客户端间的通信畅通。而且在不用浪费服务器资源的前提下，有效地保证客户端对服务器内容的访问。

3.1.2 HTML

大家都知道 HTML 是编辑网页用的标示性（Markup）语言，通过 HTML 标签来对信息进行结构化编辑。所谓结构化编辑，对文档来说，就是将文档标题及正文分别用不同的标签包括起来。例如在<h1>与</h1>之间放置文档的标题，如下例。

```
<h1>文档标题</h1>
```

而且，不仅仅是将内容用一个标签括起来，还可以将多个标签以子元素的形式追加进来，构造数型结构。如下所示。

```
<div>
<h2>关于 HTML5</h2>
<div>
<p>HTML5 是 HTML4 的下一代标准。</p>
<p>WHATWG 组织于 2008 年 1 月 22 日公布第一份 HTML5 标准草案。</p>
<p> HTML5 的正式标准定于 2012 年 3 月公布。</p>
</div>
</div>
```

以上 HTML 的树型结构如图 A-1 所示

图 A-1　HTML 的树型结构

3.1.3 CSS

HTML 用于编辑文档的逻辑结构，CSS（Cascading Style Sheets）则用于控制网页的外观显示。可以通过 CSS 指定文字的颜色、大小、背景色等，还可以设置元素的边间距、指示器等。

HTML4 中存在指定文字颜色、大小的<font>标签，以及使文档或图形居中的<center>标签。使用上述这些标签，就算不通过 CSS 也能调整 HTML 网页的外观。但是在这些本身主要负责标示文档逻辑结构的 HTML 文件中加入这些用于外观控制的标签，会让 HTML 文件结构变得越来越复杂，因此 HTML5 标准中已经去掉了这些用于网页外观控制的 <font>、<center>等标签，将网页外观调整的任务全部交给 CSS 来完成。

这样符合 HTML5 标准的 HTML 文件将只是单纯地记述文档逻辑结构的文件了。以下是追加了 CSS 后的 HTML 代码实例，图 A-2 为在浏览器中显示的效果。

```
<!DOCTYPE html>
<head>
<meta charset="utf-8" />
<style>
div{background-color:blue;color:white;padding:24px;}
h2{font-size:24px;border-bottom:2px solid white;}
p{background-color:red;padding:10px;}
</style>
</head>
<body>
<div>
<h2>关于 HTML5</h2>
<div>
<p>HTML5 是 HTML4 的下一代标准。</p>
<p>WHATWG 组织于 2008 年 1 月 22 日公布第一份 HTML5 标准草案。</p>
<p> HTML5 的正式标准定于 2012 年 3 月公布。</p>
</div>
</div>
</body>
</html>
```

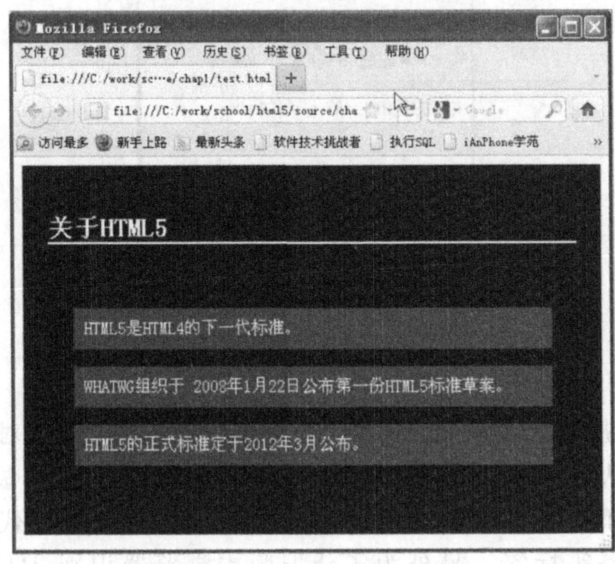

图 A-2 Firefo 浏览器中的显示结果

3.1.4 JavaScript

JavaScript 是一种脚本类型的语言，所谓脚本类型语言一般指编写的程序代码不用经过编译器编译，直接解释执行的编程语言。在 Web 网页中使用 JavaScript 后，可实现与印刷品相同效果的 Web 网页，或者具有各种动态效果的网页。

现在动态网页已经很普遍了，大多数 Web 应用程序中都会积极的使用 JavaScript。近几年非常流行用于异步通信的被称为 Ajax 的技术。使用这种技术后，不用刷新画面就可以更新网页中的局部内容，可以制作更富有交互性的动态网页。另外还出现了许多提高 JavaScript 编程效率的库或框架（Framework），如 jQuery 等。所有的这些不仅大大提高 Web 开发的效率，而且还帮助程序员开发出更复杂、功能更强大的 Web 应用。

3.2　HTML5 程序的书写方式

前面我们已经介绍了 HTML5 的各种新功能，那么从 HTML5 开始，HTML 代码到底会发生什么变化呢？下面从 HTML5 的雏形开始，制作些简单的 Web 网页，让大家了解一下到底发生了哪些改变。

3.2.1　HTML5 代码文件的雏形

最基本的 HTML5 代码文件如下所示，首先追加 HTML5 文档宣言，接着指定字符编码方式以及网页的标题。以上可以说是每个 HTML5 网页必须设置的项目。

```
<!DOCTYPE html>
<meta charset="utf-8" />
<title>最简单的 HTML5 代码</title>
<p>HTML5 是 HTML4 的下一代标准。</p>
```

显示的结果如图 A-3 所示。

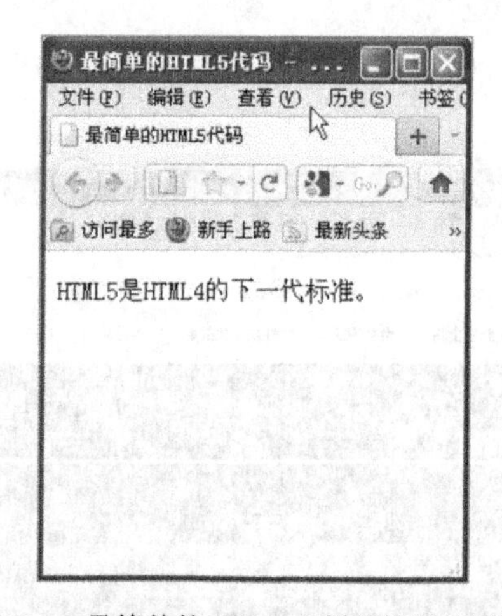

图 A-3　最简单的 HTML5 代码的显示结果

前面已经介绍过 HTML5 的文档类型宣言以及字符代码指定，相对于 HTML4 已经大大简化了，如果要从兼容 HTML4 的角度来说，以上的雏形代码需要做些修改。毕竟许多用户可能仍在使用不支持 HTML5 的旧版本浏览器，而 HTML4 的代码中必须明确使用 <html><head><body>等标签，另外为了让旧版本浏览器识别 HTML5 中新追加的 article>\<section>等标签，因此特意追加上相应的 CSS 样式单。

```
<!DOCTYPE html>
<html lang="zh">
<head>
```

```
<meta charset="utf-8" />
<title>兼容 HTML4 的代码</title>
<style>
article,aside,figure,footer,header,hgroup,
menu,nav,section{display:block;}
</style>
</head>
<body>
<p>HTML5 是 HTML4 的下一代标准。</p>
</body>
</html>
```

3.2.2　智能终端中的 HTML5 代码文件雏形

以上的 HTML5 雏形代码如果在 iPhone 等智能终端中使用，显示出来的文字会非常小，尽管可以手动将显示的文字变大，但要求用户每次这样操作总归是不友好的。就智能终端设备的屏幕来说，大小也是各种各样的。表 A-1 是常用的各智能终端设备的屏幕大小，随着时代的变化，智能终端的屏幕尺寸、分辨率也在逐渐增加。

表 A-1　智能终端的屏幕尺寸

终端名称	屏幕大小（像素）
iPhone 3G/3GS	320*480
iPhone4	960*640
iPad	1024*768
HTC A315c	320*480

尽管智能终端设备的画面尺寸各种各样，开发者并不需要为每一种画面尺寸开发一种版本。HTML5 中提供了一种无论画面尺寸如何，都能以合适外观显示的机制，这就是“viewpoint”。通过在 META 标签中指定 viewport 后，能按照设备屏幕大小以合适的文字大小显示画面。

在 iPhone 手机中 viewport 的宽度初始值为 980px，因此上小节中的雏形画面如果直接在 iPhone 浏览器中，显示出的文字会非常小，如图 A-4 所示。这也是在 iPhone 上浏览 PC 网站时，文字都非常小的原因。

为了解决这个问题，需要使用 viewport，指定阅览网站时最合适的画面大小以及放大比例。如下述代码所示。进行编辑，打开网页时就能显示合适的大小。

```
<!DOCTYPE html>
<html lang="zh">
<head>
<meta charset="utf-8" />
<metaname="viewport" content="width=device-width,user-
scalable=yes,initial-scale=1.0,maximum-scale=3.0"/>
<title>兼容 HTML4 的代码</title>
<style>
p{font-size:12px;}
</style>
</head>
```

```
<body>
<p>HTML5 是 HTML4 的下一代标准。</p>
</body>
</html>
```

加入 viewport 声明后的画面显示效果如图 A-5 所示。

图 A-4　没有设置 viewport 时在 iPhone 中的显示效果

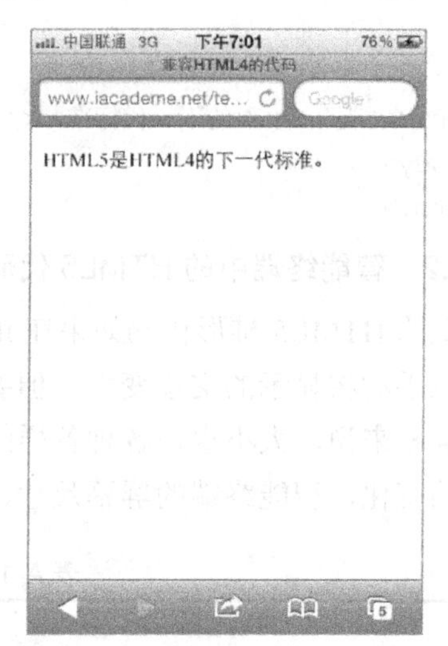

图 A-5　加入 viewport 声明后在 iPhone 中的显示效果

可以在 META 标签的 viewport 中指定画面大小、缩放可否、初始显示比例等。指定语法如下。

```
<meta name="viewport" content="属性 1=值 1, 属性 2=值 2,…"/>
```

可设置的属性如表 A-2 所示。

表 A-2　viewport 中可指定的属性列表

width	宽度（像素）。默认值 980，范围从 200 到 10000.可指定为 device-width
height	高度（像素）。默认值 980，范围从 223 到 10000.可指定为 device-height
intial-scale	初始缩放比例。默认为将网页充满视界范围。测定范围从 minimum-scale 到 maximum-scale
Minimum-scale	初始缩放比例。默认为 0.25。范围从 0 到 10.0
Maximum-scale	最大缩放比例。范围从 0 到 10.0
User-scalable	是否允许进行缩放，指定 yes 或 no

例如，在游戏程序中随意放大/缩小画面是不被允许的，可以如下述代码所示将宽度（320px）固定，不让其放大/缩小。

```
<meta name="viewport" content="width=320, user-scalable=no"/>
```

附录 B　HTML 语法概述

HTML 头部标记

表 B-1　头部标记

标　记	描　述	标　记	描　述
<base>	当前文档的 URL 全称（基底网址）	<style>	设定 CSS 层叠样式表的内容
<title>	设定显示在浏览器左上方的标题内容	<link>	设定外部文件的链接
<isindex>	表明该文档是一个可用于检索的网关脚本	<script>	设定页面中程序脚本的内容
<meta>	有关文档本身的元信息，例如用于查询的关键词，用于获取该文档的有效期等		

元信息标记

表 B-2　<meta>标记属性

属　性	描　述	属　性	描　述
Http-equiv	生成一个 HTML 标题域，它的取值与另一个属性相同，例如 HTTP-EQUIV=Expires，实际取值由 Content 确定	Name	如果元数据是以关键字 / 取值的形式出现的，则 Name 表示关键字，如 Author 或 ID
		Content	关键字 / 取值的内容

HTML 主体标记

表 B-3　<body>标记属性

属　性	描　述	属　性	描　述
Text	设定页面文字的颜色	Alink	设定鼠标正在单击时的链接颜色
Bgcolor	设定页面背景的颜色	Vlink	设定访问过后的链接颜色
Background	设定页面的背景图像	Topmargin	设定页面的上边距
Bgproperties	设定页面的背景图像为固定，不随页面的滚动而滚动	Leftmargin	设定页面的左边距
Link	设定页面默认的链接颜色		

标题标记

表 B-4　标题标记

标　签	描　述	标　签	描　述
<h1>…< / h1>	一级标题	<h4>…< / h4>	四级标题
<h2>…< / h2>	二级标题	<h5>…< / h5>	五级标题
<h3>…< / h3>	三级标题	<h6>…< / h6>	六级标题

文字的修饰标记

表 B-5　文字的修饰标记

标　　记	描　　述	标　　记	描　　述
<b>	粗体	<s>	删除线
<strong>	粗体	<strike>	删除线
<i>	斜体	<address>	地址
<em>	斜体	<tt>	打字机文字
<cite>	斜体	<blink>	闪烁文字（只适用于 Netscape 浏览器）
<sup>	上标	<code>	等宽
<sub>	下标	<samp>	等宽
<big>	大字号	<kbd>	键盘输入文字
<small>	小字号	<var>	声明变量
<u>	下画线		

字体标记

表 B-6　<font>标记的属性

属　　性	描　　述	属　　性	描　　述
Face	字体	Color	颜色
Size	字号		

列表标记

表 B-7　列表的主要标记

标　　签	描　　述	标　　签	描　　述
<ul>	无序列表	<menu>	菜单列表
<ol>	有序列表	<dt>、<dd>	定义列表的标签
<dirl>	目录列表	<li>	列表项目的标签
<dl>	定义列表		

超链接标记

表 B-8　链接标记的属性

属　　性	描　　述	属　　性	描　　述
Href	指定链接地址	Title	给链接提示文字
Name	给链接命名	Target	指定链接的目标窗口

表 B-9　链接的目标窗口属性

属　　性	描　　述	属　　性	描　　述
_parent	在上一级窗口中打开。一般使用分帧的框架页会经常使用	_self	在同一个帧或窗口中打开，这项一般不用设置
_blank	在新窗口中打开	_top	在浏览器的整个窗口中打开，忽略任何框架

图片标记

表 B-10　插入图片标记<img>的属性

属　性	描　述	属　性	描　述
Src	图片的地址	Vspace	垂直间距
Alt	提示文字	Hspace	水平间距
Width、Height	宽度、高度	Align	排列
Border	边框		

表 B-11　图片排列标记<Align>的属性

属　性	描　述	属　性	描　述
Top	文字的中间线居于图片上方	Absbottom	文字的底线居于图片底部
Middle	文字的中间线居于图片中间	Absmiddle	文字的底线居于图片中间
Bottom	文字的中间线居于图片底部	Baseline	英文文字基准线对齐
Left	图片在文字的左侧	Texttop	英文文字上边线对齐
Right	图片在文字的右侧		

表格标记

表 B-12　表格标记

标　签	描　述	标　签	描　述
<table>…< / table>	表格标记	<td>…< / td>	单元格标记
<tr>…< / tr>	行标记		

表 B-13　表格的<tr>标记属性

属　性	描　述	属　性	描　述
Align	行内容的水平对齐	Bordercolor	行的边框颜色
Valign	行内容的垂直对齐	Bordercolorlight	行的亮边框颜色
Bgcolor	行的背景颜色	Bordercolordark	行的暗边框颜色
Background	行的背景图像		

表 B-14　表格的<td>、<th>标记属性

属　性	描　述	属　性	描　述
Align	单元格内容的水平对齐	Bordercolorlight	单元格的亮边框颜色
Valign	单元格内容的垂直对齐	Bordercolordark	单元格的暗边框颜色
Bgcolor	单元格的背景颜色	Width	单元格的宽度
Background	单元格的背景图像	Height	单元格的高度
Bordercolor	单元格的边框颜色		

表单标记

表 B-15　<form>标记属性

属　性	描　述	属　性	描　述
Name	表单的名称	Action	用来定义表单处理程序（一个 ASP、CGI 等程序）的位置（相对地址或绝对地址）
Method	定义表单结果从浏览器传送到服务器的方法，一般有两种方法：get 和 post		

附录 1-16　<form>标记内的标记

标　记	描　述	标　记	描　述
<input>	表单输入标记	<option>	菜单和列表项目标记
<select>	菜单和列表标记	<textarea>	文字域标记

输入标记

表 B-17　<input>标记属性

属　性	描　述	属　性	描　述
Name	域的名称	Type	域的类型

表 B-18　Type 属性值

属　性	描　述	属　性	描　述
Text	文字域	Button	普通按钮
Password	密码域	Submit	提交按钮
File	文件域	Reset	重置按钮
Checkbox	复选框	Hidden	隐藏域
Radio	单选按钮	Image	图像域（图像提交按钮）

菜单和列表标记

表 B-19　菜单和列表标记属性

属　性	描　述	属　性	描　述
Name	菜单和列表的名称	Value	选项值
Size	显示的选项数目	Selected	默认选项
Multiple	列表中的项目多选		

文字域标记

表 B-20　文字域标记属性

属　性	描　述	属　性	描　述
Name	文字域的名称	Cols	文字域的列数
Rows	文字域的行数	Value	文字域的默认值

框架标记

表 B-21 框架标记

标 记	描 述	标 记	描 述
<flameset>	框架集	<iframe>	内联框架
<frame>	框架	<noframe>	无框架

表 B-22 框架标记属性

属 性	描 述	属 性	描 述
SRC	显示页面源文件的路径	FrameSpacing	框架边框宽度属性
Width	框架的宽度	Scrolling	框架滚动条显示属性
Height	框架的高度	NoResize	框架尺寸调整属性
Name	框架的名称	BorderColor	框架边框颜色属性
Align	框架的排列方式，Left 表示居左，Center 表示居中，Right 表示居右	MarginWidth	框架边缘宽度属性
FrameBorder	框架边框显示属性	MarginHeight	框架边缘高度属性

附录 C　CSS 语法概述

字体属性

表 C-1　字体属性

属　　性	描　　述	属　　性	描　　述
font-family	用一个指定的字体名或一个种类的字体族科	font-style	设定字体风格
font-size	字体显示的大小	font-weight	以 bold 为值可以使字体加粗

文本属性

表 C-2　文本属性

属　　性	描　　述	属　　性	描　　述
letter-spacing	定义一个附加在字符之间的间隔数量	text-indent	文字的首行缩进
text-decoration	文本修饰属性允许通过 5 个属性中的一个来修饰文本	line-height	行高属性接受一个控制文本基线之间的间隔值
text-align	设置文本的水平对齐方式，包括左对齐、右对齐、居中、两端对齐		

颜色和背景属性

表 C-3　颜色和背景属性

属　　性	描　　述	属　　性	描　　述
color	定义颜色	background-repeat	决定一个指定的背景图像如何被重复
background-color	设定一个元素的背景颜色	Background-position	设置水平和垂直方向上的位置
background-image	设定一个元素的背景图像		

边框属性

表 C-4　边框属性

属　　性	描　　述	属　　性	描　　述
border	边框	border-fight	右边框
border-top	上边框	border-bottom	下边框
border-left	左边框		

光标属性

表 C-5　光标属性值

属性值	描　述	属性值	描　述
hand	手形	ne-resize	向东北方的箭头
crosshair	交叉十字形	n-resize	向北的箭头
text	文本选择符号	nw-resize	向西北的箭头
wait	Windows 的沙漏形状	w-resize	向西的箭头
default	默认的光标形状	sw-resize	向西南的箭头
help	带问号的光标	s-resize	向南的箭头
e-resize	向东的箭头	se-resize	向东南的箭头

定位属性

表 C-6　定位属性

属　性	描　述	属　性	描　述
position	absolute（绝对定位）、relative（相对定位）	z-index	决定层的先后顺序和覆盖关系，值越高的元素会覆盖值比较低的元素
top	层距离顶点纵坐标的距离	clip	限定只显示裁切出来的区域
left	层距离顶点横坐标的距离	overflow	当层中的内容超出层所能容纳的范围时，设置溢出
width	层的宽度	visibility	这一项是针对嵌套层的设置，嵌套层是插入在其他层中的层，分为嵌套的层（子层）和被嵌套的层（父层）
height	层的高度		

区块属性

表 C-7　区块属性

属　性	描　述	属　性	描　述
width	设定对象的宽度	clear	指定在一个元素的某一边是否允许有环绕的文字或对象
height	设定对象的高度	padding	决定了究竟在边框与内容之间应该插入多少空间距离
float	让文字环绕在一个元素的四周	margin	设置一个元素在 4 个方向上与浏览器窗口边界或上一级元素的边界距离

列表属性

表 C-8　列表属性

属　性	描　述	属　性	描　述
list-style-type	设定引导列表项目的符号类型	position	决定列表项目所缩进的程度
bullet	选择图像作为项目的引导符号		

滤镜属性

表 C-9 滤镜

滤 镜	描 述	滤 镜	描 述
alpha	透明的层次效果	gray	灰度效果
blur	快速移动的模糊效果	invert	将颜色的饱和度及亮度值完全反转
chroma	特定颜色的透明效果	mask	遮罩效果
dropshadow	阴影效果	shadow	渐变阴影效果
flipH	水平翻转效果	wave	波浪变形效果
nlipV	垂直翻转效果	xray	X 射线效果
glow	边缘光晕效果		

附录 D　JavaScript 语法概述

JavaScript 对象

表 D-1　JavaScript 对象

对　象	语　法	对　象	语　法
anchor	<a name="anchorname" anchortext > </a>	History	history.go(delta)
button	<input type="button" name="objectname" value="buttontext" [onclick="handlertext"]>	link	<a href=locationorurl target="windowname" [onclick="handlertext"] [onmouseover="handlertext"]> linktext </a>
checkbox	<input type="checkbox" name="objectname" [checked] [onclickt="handlertext"]> Texttodisplay	location	location.property
Date	vamame = new date(parameters)	math	math.propertyname math.methodname(parameters)
document	<body background="backgroundimage" bgcolor="#backgroundcolor" fgcolor="#foregroundcolor" link="#unfollowedlinkcolor" alink="#activatedlinkcolor" vlink="#followediinkcolor" [onload="handlertext"] [onunload="handlertext"]> </body>	password	<input type="password" name="objectname" [value="textvalue"] size=integer>
form	<form name="objecmame target="windowname" action="serverurl" method=get | post [onsubmit="handlertext"]> </form>	radioButton	<input type="radio" name="objectname" value="buttonvalue" [checked] [onelick="handlertext"]> texttodisplay

续表

对　象	语　法	对　象	语　法
reset	<input [name="objectname"] type="reset" value="buttontext" [onclick="handlertext"]>	Text	<input type="text" name="objectname" value="textvalue" size=integer [onblur="handlertext"] [onchange="handlertext"] [onfocus="handlertext"] [onselect="handlertext"]>
selection	<select name="objectname" [size="value"] [multiple] [onblur="handlertext"] [onchange="handlertext"] [on focus="handlertext"]> <option [selected]> texttodisplay [… <option> texttodisplay] </selec>	textArea	<textarea name="objectname" rows="integer" cols="integer" [onblur="handlertext"] [onchange="handlertext"] [onfocus="handlertext"] [onselect="handlertext"]> texttodisplay </textarea>
string	Stringname.property | method	window	window, property | method
submit	<input type="submit" name="objectname" value="buttontext" [onclick="handlertext"]>		

JavaScript 对象属性

表 D-2　JavaScript 对象属性

属　性	应 用 于	属　性	应 用 于
Action	Form 对象	loadedDate	Document 对象
elements		location	
method		referrer	
target		title	
alinkColor	Document 对象	vlinkColor	
Anchors		checked	checkbox, radioButton 对象
bgColor		defaultChecked	
fgColor		current	History 对象
forms		length	history, form, frames, links, options, radioButton, string 对象
lastModified		name	button, checkbox, form, password, radioButton, reset, submit, Text, textArea 对象
linkColor		value	
links			

续表

属　性	应 用 于	属　性	应 用 于
defaultSelected	Selection 对象	E	Math 对象
index		LN2	
options		LN10	
selected		PI	
selectedIndex		SQRTI_2	
text		SQRT2	
defaultStatus frames parent		hash	Location 对象
		Host	
		Hostname	
Self	Window 对象	href	
Status		pathname	
top		port	
window		protocol	
defaultValue	password, text, textArea 对象	search	

JavaScript 的方法

表 D-3　JavaScript 的方法

语　法	应 用 于	语　法	应 用 于
abs(arg)	Math 对象	window.open("URL", "windowName", ["windowFeatures"])	Window 对象
acos(arg)			
asin(arg)			
atan(arg)		prompt(message, input default)	
ceil(arg)		timeoutID=setTimeout(expression,msec)	
cos(arg)		string, anchor(name)	String 对象
exp(arg)		big()	
log(arg)		blink(()	
floor(arg)		bold()	
max(arg1, arg2)		charAt(index)	
min(arg1, arg2)		fixed()	
pow(arg1, arg2)		fontcolor(color)	
Random		fontsize(size)	
round(arg)		indexOf(character, [fromIndex])	
sin(arg)		italics()	
sqrt(arg)		lastindexOf(character, [fromIndex])	
tan(arg)			
alert("message")	Window 对象	link(location)	
clearTimeout(timeoutID)		small()	
close()		sub()	
confirm("message")		substring(a, b)	

续表

语　法	应 用 于
sup()	String 对象
toLowerCase()	
toUpperCaseO	
assign()	Location 对象
toString()	
back()	History 对象
forward()	
go(delta / "string")	
submit()	Form 对象
blur()	Password, text, textarea 对象
focus()	
select()	
click()	button, checkbox, radioButton, reset, selection, submit 对象
cleat()	Document 对象
close()	
document.open("MIME type")	
write()	
Writeln()	

语　法	应 用 于
dateObj.getDate()	Date 对象
dateObj.getDay()	
dateObj.getHours()	
dateObjgetMinute()	
dateObj.getMonth()	
dateObj.getSeconds()	
dateObj.getTime()	
dateObj.getTimezoneOffset()	
dateObj.getyear()	
date.parse(date string)	
dateObj.setDate(day)	
dateObj, setHours(hours)	
dateObj.setMinutes(minutes)	
dateObj.setMonth(month)	
dateObj.setSeconds(seconds)	
dateObj.setTime(timevalue)	
dateObj.setYear(year)	
dateObj.toGMTString()	
dateObj.toLocaleString()	
Date.UTC(year, month, mday [,hrs] [, min] [, sec])	
eval(expression)	内建方法

JavaScript 的事件

表 D-4　JavaScript 的事件

事　件	描　述
onClick 事件	当用户单击鼠标按钮时，产生的事件
onDblClick 事件	当用户双击鼠标按钮时，产生的事件
onChange 事件	当文本框的内容改变的时候，发生的事件
onFocus 事件	当光标落在文本框中的时候，发生的事件
onLoad 事件	当当前的网页被显示的时候，发生的事件
onUnLoad 事件	当当前的网页被关闭的时候，发生的事件
onBlur 事件	当光标离开文本框中的时候，发生的事件
onMouseOver 事件	当鼠标移动到页面元素上方时发生的事件
onMouseOut 事件	当鼠标离开页面元素上方时发生的事件
onAbort 事件	当页面上图像没完全下载时，访问者单击浏览器上停止按钮的事件
onAfterUpdate 事件	页面特定数据元素完成更新的事件
onBeforeUpdate 事件	页面特定数据元素被改变且失去焦点的事件
onBounce 事件	移动的 Marquee 文字到达移动区域边界的事件

续表

事　　件	描　　述
onError 事件	页面或页面图像下载出错事件
onFinish 事件	移动的 Marquee 文字完成一次移动的事件
onHelp 事件	访问者单击浏览器上帮助按钮的事件
onKeyDown 事件	访问者按下键盘一个或几个键的事件
OnKeyPress 事件	访问者按下键盘一个或几个键的事件
onKeyUp 事件	访问者按下键盘一个或几个键后释放的事件
onMouseDown 事件	访问者按下鼠标按钮的事件
onMouseMove 事件	访问者鼠标在某页面元素范围内移动的事件
onMouseUp 事件	访问者松开鼠标按钮的事件
onMove 事件	窗口或窗框被移动的事件
onReadyStateChange 事件	特定页面元素状态被改变的事件
onReset 事件	页面上表单元素的值被重置的事件
onResize 事件	访问者改变窗口或窗框大小的事件
onScroll 事件	访问者使用滚动条的事件
onStart 事件	Marquee 文字开始移动的事件
onSubmit 事件	页面上表单被提交的事件

JavaScript 的语法

表 D-5　JavaScript 的语法

语　　法	范　　例

break	function func(x) {
	    var i = 0;
	    while (i < 6) {
	        if(i == 3)
	            break;
	        i++;
	    }
	    return i*x;
	}

1.// comment text 2./* multiple line comment text */	//This is a single-line comment. /* This is a multiple-line comment. It can be of any length, and you can put whatever you want here. */

continue	i = 0;
	n = 0;
	while (i < 5) {
	    i++;
	
	    if(i == 3)
	        continue;
	    n+=i;
	}

续表

语　法	范　例

for ([initial expression]; [condition];
[update expression]) {
statements
}
initial expression = statemem I
variable declartion
	for (var i = 0; i < 9; i++) {
	n+=i;
	myfunc(n);
	}

for (var in obj) {
statements }
	function dump_rops(obj, obj_name) {
	var result = "", i = "";
	for (i in obj)
	result += obj_name + "." + i + + obj[i] + "\n";
	return result;
	}

function name([param] [, param] [
param]) {
statements}
	function calc_sales(units_a, units_b, units_c) {
	return units_a*79 + units_b*129 + units_c*699
	}

if(condition) {
statements
} [else {
else statements
]]
	if (cipher_char == from_char) {
	result = result + to_char;
	x++
	} else
	result = result + clear_char;

return expression;	function square(x) {
	return x * x;
	}

var vamame [= value] [..., vamame [= value]]	var num_hits = 0, cust_no = 0

while (condition) {
statements
}
	n = 0;
	x = 0;
	while(n < 3) {
	n ++; x += n;
	}

with (object) {
statements
}
	with (Math) {
	a = PI * r*r
	x = r * cos(theta)
	y = r * sin(theta)
	)

JavaScript 的保留字

表 D-6　JavaScript 的保留字

abstract	extends	int	super	class	goto	private	true
boolean	false	interface	switch	const	if	protected	try
break	final	long	synchronized	continue	implements	public	var
byte	finally	native	this	default	import	return	void
case	float	new	throw	do	in	short	while
catch	for	null	throws	double	instanceof	static	with
char	function	package	transient	else			

附录 E　颜色关键字对照表

颜色名称	中文名称	十六进制 RGB	十进制 RGB	颜色名称	中文名称	十六进制 RGB	十进制 RGB
aliceblue	艾利斯兰	#f0f8ff	240,248,255	darkslategrey	暗瓦灰色	#2f4f4f	47,79,79
antiquewhite	古董白	#faebd7	250,235,215	darkturquoise	暗宝石绿	#OOcedl	0,206,209
aqua	浅绿色	#00ffff	0,255,255	darkviolet	暗紫罗兰色	#9400d3	148,0,211
aquamarine	碧绿色	#7fffd4	127,255,212	deeppink	深粉红色	#ff1493	255,20,147
azure	天蓝色	#f0ffff	240,255,255	deepskyblue	深天蓝色	#OObfff	0,191,255
beige	米色	#f5f5dc	245,245,220	dimgray	暗灰色	#696969	105,105,105
bisque	桔黄色	#ffe4c4	255,228,196	dodgerblue	闪蓝色	#1e90ff	30,144,255
black	黑色	#000000	0,0,0	firebrick	火砖色	#b22222	178,34,34
blanchedalmond	白杏色	#ffebcd	255,235,205	floralwhite	花白色	#fffaf0	255,250,240
blue	蓝色	#0000ff	0,0,255	forestgreen	森林绿	#228b22	34,139,34
blueviolet	紫罗兰色	#8a2be2	138,43,226	fuchsia	紫红色	#ff00ff	255,0,255
brown	褐色	#a52a2a	165,42,42	gainsboro	淡灰色	#dcdcdc	220,220,220
burlywood	实木色	#deb887	222,184,135	ghostwhite	幽灵白	#t8f8ff	248,248,255
eadetbhle	军蓝色	#5f9eaO	95,158,160	gold	金色	#ffd700	255,215,0
chartreuse	黄绿色	#7fff00	127,255,0	goldenrod	金麒麟色	#daa520	218,165,32
chocolate	巧克力色	#d2691e	210,105,30	gray	灰色	#808080	128,128,128
coral	珊瑚色	#ff7f50	255,127,80	green	绿色	#008000	0,128,0
cornflowerblue	菊蓝色	#6495ed	100,149,237	greenyellow	黄绿色	#adff2f	173,255,47
comsilk	米绸色	#fffSdc	255,248,220	honeydew	蜜色	#f0fif0	240,255,240
crimson	暗深红色	#dc143c	220,20,60	hotpink	热粉红色	#ff69b4	255,105,180
cyan	青色	#00ffff	0,255,255	indianred	印第安红	#cd5c5c	205,92,92
darkblue	暗蓝色	#00008b	0,0,139	indigo	靛青色	#4b0082	75,0,130
darkcyan	暗青色	#008b8b	O．139,139	ivory	象牙色	#fffff0	255,255,240
darkgoldenrod	暗金黄色	#b8860b	184,134,11	khaki	黄褐色	#f0e68c	240,230,140
darkgray	暗灰色	#a9a9a9	169,169,169	lavender	淡紫色	#e6e6fa	230,230,250
darkRreen	暗绿色	#006400	0,100,0	lavenderblush	淡紫红	#fifOf5	255,240,245
darkkhaki	暗黄褐色	#bdb76b	189,183,107	lawngreen	草绿色	#7cfc00	124,252,0
darkmagenta	暗洋红	#8b008b	139,0,139	lemonchiffon	柠檬绸色	#fffacd	255,250,205
darkolivegreen	暗橄榄绿	#556b2f	85,107,47	lightblue	亮蓝色	#add8e6	173,216,230
darkorange	暗桔黄色	#ffSc00	255,140,0	lightcoral	亮珊瑚色	#f08080	240,128,128
darkorchid	暗紫色	#9932cc	153,50,204	lightcyan	亮青色	#e0ffff	224,255,255
darkred	暗红色	#8b0000	139,0,0	lightgoldenrodyellow	亮金黄色	#fafad2	250,250,210
darksalmon	暗肉色	#e9967a	233,150,122	lightgray	亮灰色	#d3d3d3	211,211,211
darkseagreen	暗海蓝色	#8fbc8f	143,188,143	lightgreen	亮绿色	#90ee90	144,238,144
darkslateblue	暗灰蓝色	#483d8b	72,61,139	lightpink	亮粉红色	#fib6c1	255,182,193

续表

颜色名称	中文名称	十六进制 RGB	十进制 RGB	颜色名称	中文名称	十六进制 RGB	十进制 RGB
lightsalmon	亮肉色	#ffa07a	255,160,122	palevioletred	苍紫罗蓝色	#db7093	219,112,147
lightseagreen	亮海蓝色	#20b2aa	32,178,170	papayawhip	番木色	#fiefd5	255,239,213
lightskyblue	亮天蓝色	#87cefa	135,206,250	peachpuff	桃色	#ffdab9	255,218,185
lightslategray	亮蓝灰	#778899	119,136,153	peru	秘鲁色	#cd853f	205,133,63
lightsteelblue	亮钢蓝色	#b0c4de	176,196,222	pink	粉红色	#frc0cb	255,192,203
lightyellow	亮黄色	#ffffe0	255,255,224	plum	洋李色	#dda0dd	221,160,221
lime	酸橙色	#00ff00	0,255,0	powderblue	粉蓝色	#b0e0e6	176,224,230
limegreen	橙绿色	#32cd32	50,205,50	purple	紫色	#800080	128,0,128
linen	亚麻色	#faf0e6	250,240,230	red	红色	#ff0000	255,0,0
magenta	红紫色	#ff00ff	255,0,255	rosybrown	褐玫瑰红	#bc8f8f	188,143,143
maroon	粟色	#800000	128,0,0	royalblue	皇家蓝	#4169e1	65,105,225
mediumaquamarine	中绿色	#66cdaa	102,205,170	saddlebrown	重褐色	#8b4513	139,69,19
mediumblue	中蓝色	#0000cd	0,0,205	salmon	鲜肉色	#fa8072	250,128,114
mediumorchid	中粉紫色	#ba55d3	186,85,211	sandybrown	沙褐色	#f4a460	244,164,96
mediumpurple	中紫色	#9370db	147,112,219	seagreen	海绿色	#2e8b57	46,139,87
mediumseagreen	中海蓝	#3cb371	60,179,113	seashell	海贝色	#fff5ee	255,245,238
mediumslateblue	中暗蓝色	#7b68ee	123,104,238	sienna	赭色	#a0522d	160,82,45
mediumspringgreen	中春绿色	#00fa9a	0,250,154	silver	银色	#c0c0c0	192,192,192
mediumturquoise	中绿宝石	#48d1cc	72,209,204	skvblue	天蓝色	#87ceeb	135,206,235
mediumvioletred	中紫罗蓝色	#c71585	199,21,133	slateblue	石蓝色	#6a5acd	106,90,205
midnightblue	中灰蓝色	#191970	25,25,112	slategray	灰石色	#708090	112,128,144
mintcream	薄荷色	#f5fffa	245,255,250	snow	雪白色	#fffafa	255,250,250
mistyrose	浅玫瑰色	#fre4e1	255,228,225	springgreen	春绿色	#00ff7f	0,255,127
moccasin	鹿皮色	#ffe4b5	255,228,181	steelblue	钢蓝色	#4682b4	70,130,180
navajowhite	纳瓦白	#ffdead	255,222,173	tan	茶色	#d2b48c	210,180,140
navy	海军色	#000080	0,0,128	teal	水鸭色	#008080	0,128,128
oldlace	老花色	#fdf5e6	253,245,230	thisfle	蓟色	#d8bfd8	216,191,216
olive	橄榄色	#808000	128,128,0	tomato	西红柿色	#ff6347	255,99,71
olivedrab	深绿褐色	#6b8e23	107,142,35	turquorse	青绿色	#40e0d0	64,224,208
orange	橙色	#ffa500	255,165,0	violet	紫罗蓝色	#ee82ee	238,130,238
orangered	红橙色	#ff4500	255,69,0	wheat	浅黄色	#f5deb3	245,222,179
orchid	淡紫色	#da70d6	218,112,214	white	白色	#ffffff	255,255,255
palegoldenrod	苍麒麟色	#eee8aa	238,232,170	whitesmoke	烟白色	#f5f5f5	245,245,245
palegreen	苍绿色	#98fb98	152,251,152	yellow	黄色	#ffff00	255,255,0
loaleturquoise	苍宝石绿	#afeeee	175,238,238	yellowgreen	黄绿色	#9acd32	154,205,50

习题参考答案

注：本答案中，习题三部分答案见“习题参考答案及效果”中的其他文件夹。

第 1 章

一、选择题

（1）A

（2）B

（3）C

（4）A

（5）C

二、填空题

（1）“查看>源文件”

（2）所见即所得工具、HTML 代码编辑工具、混合型工具

*（3）元素 标签

（4）HTML

（5）Cascading Style Sheets ，“层叠样式表”，样式表

（6）动态更新

（7）文件头 文件主体 文件主体 文件头

第 2 章

一、

（1）B

（2）A

（3）A

（4）A

（5）C

二、填空题

（1）标记

（2）属性

（3）文档体

（4）单 双 首 尾

（5）href

第 3 章

一、选择题

（1）C

（2）CD

（3）A

（4）C

二、填空题

（1）<head></head>

（2）bgcolor、topmargin、text

（3）头部文件

（4）<meta name=”keywords” content=”value”>

（5）expires　content

（6）同一文件链接　不同文件之间跳转

第 4 章

一、选择题

（1）BC

（2）B

（3）A

（4）A

二、填空题

（1）©

（2）颜色、字体

（3）

（4）<nobr>

（5）<center>

（6）<hr>

（7）size　width　align　color

（8）<!-->　<comment>

（9）黑体　粗体　六

第 5 章

一、选择题

（1）ABD

（2）D

（3）B

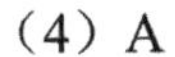

（4）A

二、填空题

（1）在网页中将项目有序或者无序罗列显示

（2）有序列表、无序列表、定义列表

（3）type

（4）type　start　type　start

（5）嵌套列表

（6）自动

（7）有序　列序　<ol> <dl> <dir> <menu> <ul>

第 6 章

一、选择题

（1）D

（2）C

二、填空题

（1）统一资源定位

（2）内部链接和外部链接

（3）<a></a>

（4）href

（5）协议代码、主机地址、具体的文件名

（6）内部链接　外部链接

（7）http

（8）text　vlink　alink

（9）绝对路径　相对路径　根路径

第 7 章

一、选择题

（1）ABC

（2）ABC

（3）ABC

（4）BC

（5）BC

二、填空题

（1）<table></ table >

（2）<th>

（3）<table>　<tr>　<th>　<td>

（4）横行、单元格、表头单元格

（5）<th>　粗体

（6）<tr>　<td>　<th>

（7）<td>　<tr>

（8）box　void

（9）groups　groups

（10）left　center　right

（11）bgcolor　background

第 8 章

一、选择题

（1）ABCD

（2）ABCD

二、填空题

（1）<div></ div >

（2）z-index

第 9 章

一、选择题

（1）ABC

（2）ACD

（3）ABC

（4）B

（5）ACD

二、填空题

（1）框架是一种在一个网页中显示多个网页的技术，通过超链接可以为框架之间建立内容之间的联系，从而实现页面导航的功能

（2）框架的作用主要是在一个浏览器窗口显示多个网页，每个区域显示的网页内容也可以不同

（3）<frameset>　<frame>

（4）窗口框架　子窗口

（5）<frameset>　<body>

（6）rows　cols

（7）<frame>　name　src

（8）rows　cols　border　bordercolor　frameborder

（9）数学　百分比　剩余值

（10）border

（11）不显示框线

（12）_parent　_self

第 10 章

一、选择题

（1）ABCD

（2）ABCD

（3）B

（4）BCD

（5）AC

二、填空题

（1）表单是网页中提供的一种交互式操作手段

（2）一是用 HTML 源代码描述的表单，可以直接通过插入的方式添加到网页中；二是提交后的表单处理，需要调用服务器端编写好的脚本对客户端提交的信息作出回应。

（3）表单

（4）get　post　get

（5）get　255　post　没有限制

（6）input　select　textarea

（7）type　name　size　value　maxlength　chelked　name　type

（8）name　type

（9）text　password　mdio　checkbox　submit　reset　image　file

（10）<option>　name　size　multiple

（11）<option>　src　multiple

（12）<textdrea>　name　rows　cols

（13）name　cols　rows

第 11 章

一、选择题

（1）B

（2）B

（3）A

（4）C

二、填空题

（1）选择符，样式属性和属性值

（2）嵌入样式表、导入外部样式表

（3）层叠样式表　样式表

（4）继承性　层叠性

（5）预定义了一个类选择符，文字为红色

（6）rel="stylesheet"

（7）<style>

（8）.css

（9）<div>

（10）<head>　<style>

第 12 章

一、选择题

（1）ABCD

（2）C

（3）A

（4）B

（5）A

二、填空题

（1）font-style

（2）宋体 、normal

（3）font-family

（4）font-size

（5）font-weight

（6）7　400

（7）7　font-size

（8）pt　px

第 13 章

一、选择题

（1）D

（2）A

（3）A

（4）ABC

（5）A

二、填空题

（1）text-decoration　underline

（2）right　center　justify

（3）word-spacing

（4）underline　overline　blink　none

（5）Line-height:normal|数字|长度|百分比

（6）text-align　vertical-align

第 14 章

一、选择题

（1）C

（2）B

（3）A

（4）AD

（5）B

二、填空题

（1）scroll

（2）右上

（3）background-color　background-image

（4）anchor

（5）color　color

（6）背景图片在水平方向平铺

第 15 章

一、选择题

（1）C

（2）A

二、填空题

（1）border-width 、border-color、border-style

（2）padding-bottom、padding-left、padding-right

（3）border-width　border-color　border-style

（4）position　absolute　relative

第 16 章

一、选择题

（1）ABCD

（2）ABCD

二、填空题

（1）Netscape 公司

（2）一种网页的脚本编程语言，同时也是一种基于对象而又可以被看着是面向对象的一种编程语言，它支持客户端与服务器端的应用程序以及构建的开发

（3）在程序中数值保持不变的量

（4）<script language="avaScript"></script>

第 17 章

一、选择题

（1）ABCD

（2）ABC

（3）ABC

二、填空题

（1）顺序结构、循环结构、选择结构

（2）有参函数和无参函数

（3）> < == !=

（4）Switch

（5）函数名后面的括号中无参数

第 18 章

一、选择题

（1）ABC

（2）AC

（3）C

（4）A

（5）A

二、填空题

（1）可以给用户带来更多的操作性，也可以开发更具交互性、应用性的网页

（2）鼠标单击（onclick）、文本框内容的改变（onchange）

（3）onClick

（4）移到

（5）onChange

第 19 章

一、选择题

（1）ABC

（2）ABD

（3）ABC

（4）A

二、填空题

（1）bgsound

（2）width /height

（3）background

（4）src

（5）height　width

（6）<a>　</a>

第 20 章

一、选择题

（1）A

（2）B

（3）AB

二、填空题

（1）绝对定位

（2）帮助选择、help

（3）层空间　层裁剪　层大小

（4）list-style-position

（5）width　height

第 21 章

一、选择题

（1）D

（2）A

二、填空题

（1）发光的颜色

（2）freq 、phase

（3）视觉滤镜　转换滤镜

（4）Script　VBscript　JavaScript

（5）融合转换滤镜（Blend Transition Filter）

（6）揭示转换滤镜（Reveal Transition Filter）

第 22 章

一、选择题

（1）ABCD

（2）C

（3）ABC

（4）ABD

二、填空题

（1）数据的属性和允许对数据属性进行访问并操作的方法两个部分

（2）(Internet 信息服务)是 Internet Information Server 的简称

（3）alert()

（4）write()

（5）hostmame　　port　　host

电子工业出版社精品丛书推荐

新电脑课堂

一目了然

轻而易举

Excel疑难千寻千解丛书

速查手册

电子工业出版社本季最新最热丛书

新电脑课堂·丛书10周年纪念版·畅销升级版

一目了然

自学成才

要想用好电脑，你需要技高一筹